静電ポテンシャルの定義

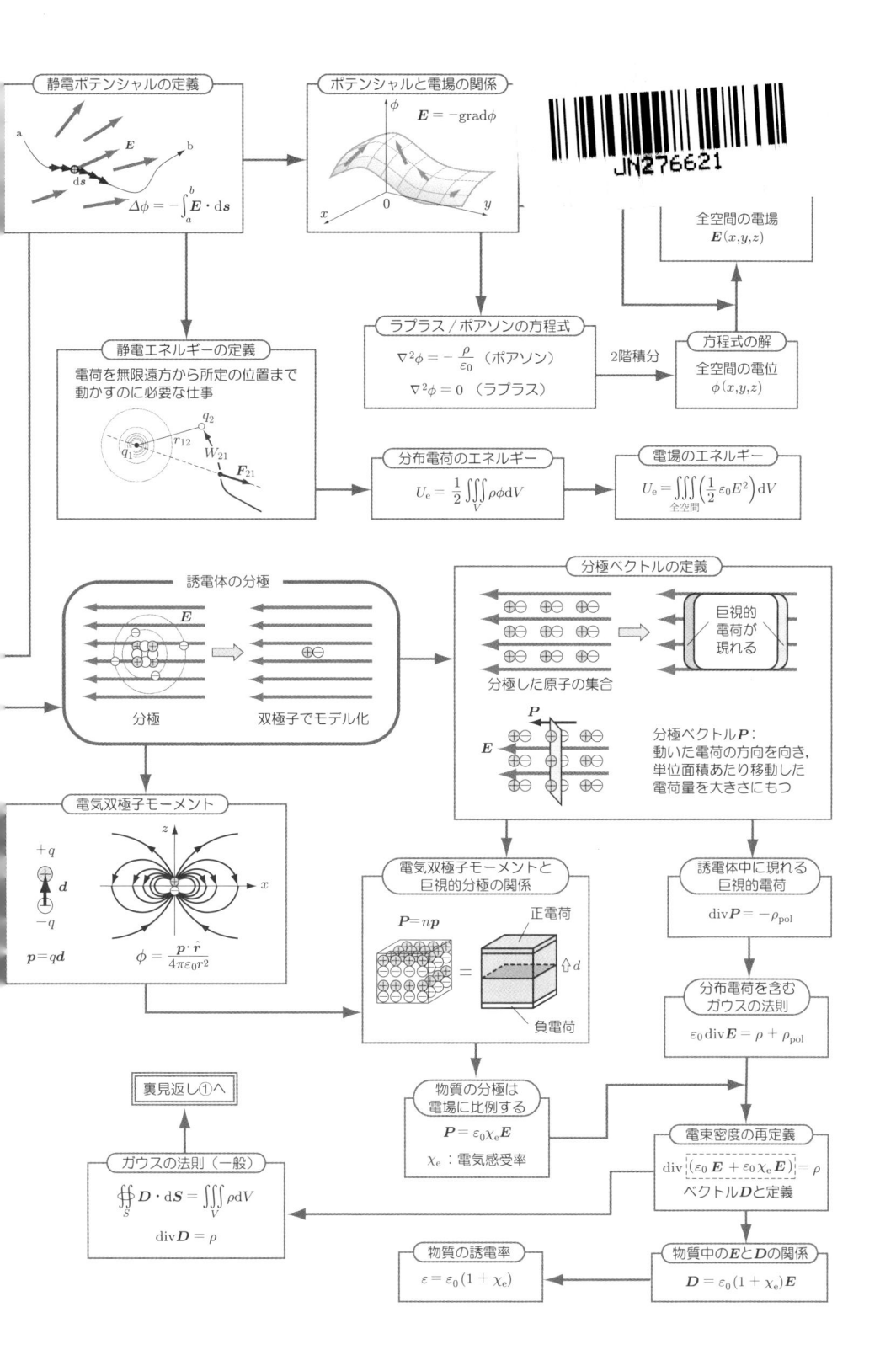

$$\Delta\phi = -\int_a^b \boldsymbol{E}\cdot d\boldsymbol{s}$$

ポテンシャルと電場の関係

$$\boldsymbol{E} = -\mathrm{grad}\,\phi$$

静電エネルギーの定義

電荷を無限遠方から所定の位置まで動かすのに必要な仕事

ラプラス / ポアソンの方程式

$$\nabla^2\phi = -\frac{\rho}{\varepsilon_0} \quad (\text{ポアソン})$$

$$\nabla^2\phi = 0 \quad (\text{ラプラス})$$

2階積分

方程式の解

全空間の電位 $\phi(x,y,z)$

全空間の電場

$\boldsymbol{E}(x,y,z)$

分布電荷のエネルギー

$$U_\mathrm{e} = \frac{1}{2}\iiint_V \rho\phi\,dV$$

電場のエネルギー

$$U_\mathrm{e} = \iiint_{\text{全空間}}\left(\frac{1}{2}\varepsilon_0 E^2\right)dV$$

誘電体の分極

分極 / 双極子でモデル化

分極ベクトルの定義

分極した原子の集合 ⇒ 巨視的電荷が現れる

分極ベクトル $\boldsymbol{P}$：動いた電荷の方向を向き，単位面積あたり移動した電荷量を大きさにもつ

電気双極子モーメント

$$\boldsymbol{p} = q\boldsymbol{d}$$

$$\phi = \frac{\boldsymbol{p}\cdot\hat{\boldsymbol{r}}}{4\pi\varepsilon_0 r^2}$$

電気双極子モーメントと巨視的分極の関係

$$\boldsymbol{P} = n\boldsymbol{p}$$

正電荷 / 負電荷

誘電体中に現れる巨視的電荷

$$\mathrm{div}\,\boldsymbol{P} = -\rho_\mathrm{pol}$$

分布電荷を含むガウスの法則

$$\varepsilon_0\,\mathrm{div}\,\boldsymbol{E} = \rho + \rho_\mathrm{pol}$$

物質の分極は電場に比例する

$$\boldsymbol{P} = \varepsilon_0\chi_\mathrm{e}\boldsymbol{E}$$

χ_e：電気感受率

電束密度の再定義

$$\mathrm{div}(\varepsilon_0\boldsymbol{E} + \varepsilon_0\chi_\mathrm{e}\boldsymbol{E}) = \rho$$

ベクトル $\boldsymbol{D}$ と定義

物質中の $\boldsymbol{E}$ と $\boldsymbol{D}$ の関係

$$\boldsymbol{D} = \varepsilon_0(1+\chi_\mathrm{e})\boldsymbol{E}$$

物質の誘電率

$$\varepsilon = \varepsilon_0(1+\chi_\mathrm{e})$$

ガウスの法則（一般）

$$\oiint_S \boldsymbol{D}\cdot d\boldsymbol{S} = \iiint_V \rho\,dV$$

$$\mathrm{div}\,\boldsymbol{D} = \rho$$

裏見返し①へ

電磁気学
はじめて学ぶ電磁場理論

遠藤雅守——［著］

森北出版株式会社

● 本書の補足情報・正誤表を公開する場合があります．当社 Web サイト（下記）で本書を検索し，書籍ページをご確認ください．

https://www.morikita.co.jp/

● 本書の内容に関するご質問は下記のメールアドレスまでお願いします．なお，電話でのご質問には応じかねますので，あらかじめご了承ください．

editor@morikita.co.jp

● 本書により得られた情報の使用から生じるいかなる損害についても，当社および本書の著者は責任を負わないものとします．

[JCOPY] 〈(一社)出版者著作権管理機構 委託出版物〉
本書の無断複製は，著作権法上での例外を除き禁じられています．複製される場合は，そのつど事前に上記機構（電話 03-5244-5088，FAX 03-5244-5089, e-mail: info@jcopy.or.jp）の許諾を得てください．

まえがき

　本書は，初歩的な電磁気学を一通り学んだ大学生のために書かれた，ベクトル場を使った電磁場理論の教科書である．したがって入門書よりは高いレベルを目指したが，大学初年次に取り組んでもそれほど困難でないように，ベクトル解析の知識を前提としないよう配慮した．また，教科書として使われるだけでなく，副読本として読者が自身で学習する際にも使いやすいよう配慮して書いたつもりである．

　本書で扱う「電磁気学」，正確には「古典電磁気学」は，大学で理数系の学部に進んだ者なら必ず履修しなくてはならない物理の一分野である．しかし，学生諸君の電磁気学に対する評判は必ずしも芳しくない．曰く「公式が多すぎて憶えるのが大変」とか，「目に見えない電場や磁場がイメージできない」とか．

　本書を書き始めるにあたり，大学の図書館に行って，電磁気学の教科書が置かれているコーナーを見た．そこには棚の一つのブロックを最上段から一番下まで占領する，おびただしい数の教科書があった．ここに私が書く一冊を加えるからには，すでにここにある教科書とは「何か」が違うものを生み出したい．

　本書が目指したもの，それは，月並みではあるが「読んで面白い」教科書である．前著『マンガでわかる電磁気学』（2011年，オーム社刊）では，数式をなるべく使わずにイメージでマクスウェル方程式の意味を理解させる，という困難な課題に挑んだ．その過程で，シナリオライターや漫画家など表現のプロフェッショナルの方々から多くのことを教わることができた．本書は，大学の電磁気学講義，といういわば「公式戦」のフィールドで，著者が10年にわたり培ってきたノウハウに加え，新たに得た表現力という武器がどのように使えるか，という挑戦の結果といってよいだろう．

　教科書から「面白さ」を感じられるようになるにはどうしたらよいか．ヒントになったのはTVなどで人気の「歴史ドラマ」である．歴史とは本来面白いものである．しかし，授業で教えられる歴史がまるで面白くなかった，という経験をもつのは私だけではあるまい．「歴史の授業」になく「歴史ドラマ」にあるもの，それは視聴者を惹きつける「ストーリー」なのではないか．

　電磁気学は，歴史ドラマの素材としても大変魅力的な学問分野である．19世紀ヨーロッパ，目に見えない不思議な「電気」と「磁気」の作用は多くの物理学者を惹きつけ，クーロン，ガウス，アンペール，ファラデーといった当代を代表する物理学者たちが未踏の荒野に「法則」という道を切り開いていった．ところが，互いに独立していると思われたそれらの法則がもっと深いところでつながっていることが次第に明ら

かになり，最後にマクスウェルはすべての道が一つのゴール，すなわち「マクスウェル方程式」に至ることを発見する．そして，マクスウェルは真空を伝わる「電磁波」の存在を予言するが，自説が認められないまま癌で早世する．

その後間もなく電磁波の存在はヘルツによって確認され，それはすぐさま「無線通信」として活用された．目に見えず，音も匂いもしない「何か」が，大西洋を越えて瞬時に情報を伝えるのを目の当たりにした当時の人々の驚きはいかばかりだったろうか．そして電磁波のさまざまな工学的応用はその後起こった二度の大戦の流れを支配し，さらに後の時代を大きく変える原動力となって行く．20世紀を代表する物理学者ファインマンは，「一万年後から眺めれば，19世紀最大の事件は『マクスウェル方程式の発見』とされることはほとんど間違いない」と述べている．

電磁気学の多くの教科書は，電磁気学の歴史を追いかけるような形で解説が進むが，これは上述のような魅力的なストーリーが現実にあったことと無縁ではあるまい．本書では，この電磁気学がもつストーリー性を一種の「冒険物語」に仕立ててみた．読者はまずたった一つの公理である「クーロンの法則」を与えられる．そして，そこから電磁気学の深く，複雑な迷路の中へ分け入っていくが，さまざまな法則はすべて後で明らかになるようにマクスウェル方程式に至る伏線なのである．その後，磁場の登場で物語はさらに複雑さを増していくが，最後にそれらはすべて，マクスウェル方程式に鮮やかに収斂する．そして，読者は，マクスウェル方程式から「電磁波」の存在が予言され，そこから「特殊相対性理論」が必然的に示される様を追体験する．最後に電場と磁場を結びつけているのは，実は特殊相対性理論であったことを再確認するのである．

私がかつて大学生だったとき，最も印象に残った授業は，その後卒業研究の指導を仰いだ故・内山太郎先生の「電磁気学」であった．磁場とは特殊相対論のもとで観測される電場であり，特殊相対性理論が正しい証拠は日常生活でも観測できる，という事実を初めて知ったときの驚きと感動は今でもありありと思い出される．私も，力不足ながら，授業を通じて電磁気学と特殊相対性理論の分かちがたい関係をわかりやすく，印象深く教えることに腐心してきた．本書も，電磁気学と相対論の関係についてはかなりの紙幅を割いてその面白さを伝えるべく努力したつもりである．

最後に，本書執筆にあたりその企画段階から多くの有益な助言をいただいた森北出版の塚田真弓氏に御礼を申し上げる．また，本書の下敷きとなった『電磁気学テキスト』は，東海大学理学部物理学科の学生諸君から10年にわたり鍛えられたものである．この場を借りて謝意を表したい．

2013年3月

遠藤雅守

目　次

第0章　電磁気学を学ぶ前に　　1
- 0.1　ベクトル場とスカラ場 …………………………………… 1
- 0.2　場の積分 …………………………………………………… 3
- 0.3　場の微分 …………………………………………………… 6
- 0.4　座標系とベクトル場の微分 ……………………………… 10
- 0.5　演算子 ∇(ナブラ) ………………………………………… 20
- 0.6　場の微分と積分をつなぐ定理 …………………………… 26
- 演習問題 ………………………………………………………… 31

第1章　クーロンの法則　　32
- 1.1　電荷とは何か ……………………………………………… 32
- 1.2　クーロンの法則 …………………………………………… 37
- 1.3　電場 ………………………………………………………… 41
- 1.4　電気力線 …………………………………………………… 45
- 演習問題 ………………………………………………………… 50

第2章　ガウスの法則　　51
- 2.1　電束密度と電束 …………………………………………… 51
- 2.2　ガウスの法則 ……………………………………………… 52
- 2.3　ガウスの法則の応用 ……………………………………… 57
- 2.4　導体と電場 ………………………………………………… 61
- 演習問題 ………………………………………………………… 69

第3章　静電ポテンシャルと静電エネルギー　　73
- 3.1　静電ポテンシャル ………………………………………… 73
- 3.2　ラプラス/ポアソン方程式と境界値問題 ………………… 84
- 3.3　静電エネルギー …………………………………………… 92

| 3.4 コンデンサー | 100 |
| 演習問題 | 107 |

第4章 誘電体と電束密度　115

4.1 E と D	115
4.2 誘電体とは	116
4.3 電気双極子モーメント	121
4.4 物質の誘電率	125
4.5 電場と電束密度	128
4.6 誘電体を含む系の静電エネルギー	135
演習問題	139

第5章 電流と磁場　141

5.1 はじめに	141
5.2 電流の定義	143
5.3 オームの法則	148
5.4 「磁場」の定義	152
5.5 磁束線と磁力線	155
5.6 ビオ–サバールの法則	156
5.7 磁場と特殊相対性理論	159
5.8 アンペールの法則	163
5.9 アンペールの法則の応用	167
演習問題	175

第6章 磁場エネルギーとインダクタンス　177

6.1 ベクトルポテンシャル	177
6.2 電流系のエネルギー	182
6.3 ベクトルポテンシャルのポアソン方程式	192
6.4 インダクタンス	194
演習問題	204

第 7 章　磁性体と磁場　　209

- 7.1　磁石の正体 …………………………………… 209
- 7.2　磁気モーメント ……………………………… 211
- 7.3　磁性体 ………………………………………… 217
- 7.4　物質の透磁率 ………………………………… 223
- 7.5　磁性体を含む系の H と B …………………… 228
- 7.6　磁性体を含む系の静磁エネルギー …………… 232
- 7.7　ヒステリシスと永久磁石 ……………………… 233
- 演習問題 …………………………………………… 238

第 8 章　非定常状態の電磁気学　　244

- 8.1　電磁誘導 ……………………………………… 244
- 8.2　ファラデーの電磁誘導の法則 ………………… 248
- 8.3　電束電流 ……………………………………… 254
- 8.4　マクスウェル方程式 …………………………… 259
- 8.5　電磁波 ………………………………………… 261
- 8.6　エピローグ …………………………………… 271
- 演習問題 …………………………………………… 275

付　録　　277

- A.1　ベクトル演算の公式 …………………………… 277
- A.2　ベクトル微分演算の一覧表 …………………… 279

演習問題解答　　281

参考文献　　301

索　引　　302

コラム目次

- クーロンの法則はどこまで正しいか … 70
- ラプラス/ポアソン方程式の数値解法 … 108
- 電気映像法 … 112
- ベクトルポテンシャルは実在か？ … 206
- 電気力線とマクスウェルの応用テンソル … 240

第0章 電磁気学を学ぶ前に

　さてこれから，諸君は本書を片手に電磁気学の謎を解き明かす冒険へと旅立つわけだが，支度は充分できているだろうか．電磁気学は，他の学問分野と比べても特にさまざまな座標系と，それらの座標系で展開されるベクトル場の微分・積分という概念が登場する機会が多い．そのせいか，入口から学生諸君の「やる気」をそいでいる，という点がなきにしもあらずだ．しかし，裏を返せば，電磁気学は物理学全般にわたって重要な**座標系**，**スカラ場とベクトル場**，**場の微分**，**場の積分**といった概念を具体例で示しながら学ぶ格好の教材なのである．本書ではまずこれらを一度コンパクトに整理した形で提示して，その後電磁気学の基本公理である**クーロンの法則**に入りたい．したがって本章の番号は第1章に先立つ第0章とした．もちろん，本章の内容をあらかじめ完全に理解する必要はない．具体的な問題が出てきたときに，必要に応じて本章を振り返ることで電磁気学の理解をより深めてもらいたい．前提として，

- 1変数関数の微分・積分の概念
- スカラ量とベクトル量の概念
- ベクトルの内積・外積

はすでにわかっているものとして話を進めるのでそのつもりで．

0.1　ベクトル場とスカラ場

　「場」とは何か．場とは「ある物理量が場所ごとに値をもち分布している状態」を表す．英語では「場」は"field"とよばれる．風は目に見えないが，野原 (field) を吹き渡る風が草を揺らすと，あたかも風が通る様子が見えるように感じられる．これが，まさに場のもつイメージだ．物理量にスカラ量とベクトル量があるわけだから，場にも**スカラ場**と**ベクトル場**がある．

　場所ごとに定義される量がスカラ量のとき，それはスカラ場とよばれる．たとえば，部屋の温度を考えよう．暖房を入れても，部屋の温度は均一に暖かくなるわけではなく，天井近くは暖かく，床は冷たくなる．この温度分布が**温度場**だ．スカラ場を視覚的に表すためによく使われるのが図 **0.1**(a) に示す**カラーマップ**である．場の量

2   第 0 章　電磁気学を学ぶ前に

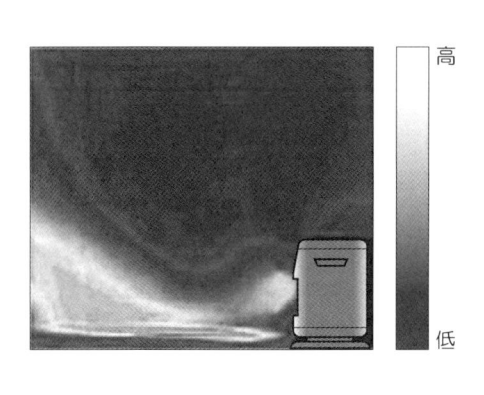

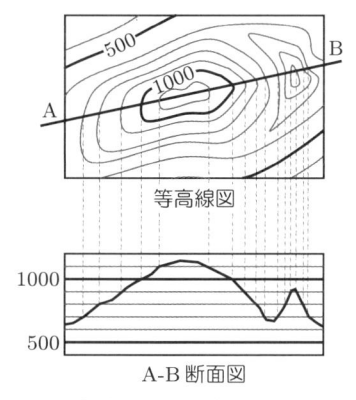

（a）温度場のカラーマップ　　　　　　（b）地図の等高線表示

図 0.1　スカラ場の例

の大きさを色に対応させると，どの場所で物理量が大きいかが一目でわかる．もう一つの代表的な方法が図 (b) に示す**等高線**だ．2 次元の地図を考えよう．この場合，それぞれの地点の**標高**をスカラ量とすればこれは 2 次元スカラ場である．スカラ量 (標高) が等しい点を線で結んでいくと等高線ができ，これを異なる標高で何本も描くと「等高線図」となる．

（イラスト：真西まり/ブックスプラス）

図 0.2　日本列島付近の風速，風向というベクトル場

一方，ベクトル場は，「各点ごとにベクトル量が定義できるような空間」である．といってもイメージがわきにくいので，図 **0.2** の天気予報を見てみよう．明日は東北地方で西から東に向かって強い風が吹くが，北関東は穏やかなようだ．この例ではベクトル量は日本各地の「風向」と「風速」である．このように，ベクトル場を表すためには各点のベクトル量の「向き」と「大きさ」の情報を同時に示す必要がある．最も

一般的な方法は，この図のようにベクトル場を等間隔に区切り，各点に矢印を置いてベクトル量の向きと大きさを示す方法である．他にもさまざまな方法が考案されており，用途によって使い分けられている．

0.2 場の積分

我々が扱うベクトル場は，電磁気学の法則に従って発生した場である．たとえば，真空中に一つの電荷を置いてやると，電荷の回りに**電場**というベクトル場ができる．置かれた電荷と電場にはどんな関係があるか．電磁気学で現れるさまざまな場の特徴を調べるために，我々は場を微分したり積分したりしたい．まずは積分からその概念をマスターしよう．

0.2.1 ベクトル場の線積分

ベクトル場 $\boldsymbol{A}$ の線積分は以下のように表される．

$$U = \int_a^b \boldsymbol{A} \cdot \mathrm{d}\boldsymbol{s} \tag{0.1}$$

線積分とは，始点 a から終点 b まである経路を進みつつ，ベクトル場 $\boldsymbol{A}$ と微小線要素ベクトル $\mathrm{d}\boldsymbol{s}$ との内積を取り，これを合計する演算である．線積分の結果得られる値 U は，内積の結果がスカラであるからスカラ量となる．これを**図 0.3** のように川の流れの中をあらかじめ決められた経路に沿って[†]手漕ぎボートで進む様子でたとえよう．$\boldsymbol{A}$ を川の流れにたとえると，積分要素 $\boldsymbol{A} \cdot \mathrm{d}\boldsymbol{s}$ は，ボートが $\mathrm{d}\boldsymbol{s}$ 進んだときに，進行方向に押されたかどうかを表す．もし進行方向に押されたなら $\boldsymbol{A} \cdot \mathrm{d}\boldsymbol{s}$ は正の値をとり，進行方向が流れに直角なら積分要素は 0 になる．したがって，積分結果 U は，点 a から点 b まで移動した結果，ボートが着いた位置が流れの「上流」なのか「下流」なのかを計算していることになる．

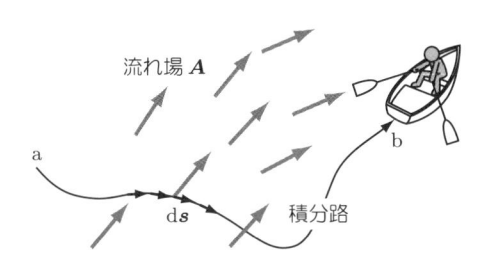

図 0.3 ベクトル場の線積分

[†] ボートが流されることは考えない，ということ．

線積分の特別な場合として，よく使われるのが周回積分である．記号 $\oint$ を使い，周回路 L の周回積分を

$$U = \oint_L \boldsymbol{A} \cdot \mathrm{d}\boldsymbol{s} \tag{0.2}$$

と書こう．これは，決められた経路に沿って川の中を一周回ることを意味する．流れが一様な川でこれを行うと，ループの前半は川に流され，後半は流れに逆らうので，一周すると $U = 0$ になる．しかし，鳴門の渦潮の様な，渦巻く流れの周囲を回ることを考えよう．このとき，ボートは常に潮の流れに乗って，流れに押されるように一周することができる．つまり，$\oint \boldsymbol{A} \cdot \mathrm{d}\boldsymbol{s}$ が値をもつということは，そのループの中に渦が含まれていることを意味する．周回積分と渦の定量的な関係は 0.3.2 項「ベクトルの回転 (rot)」(→ p.7) で議論する．

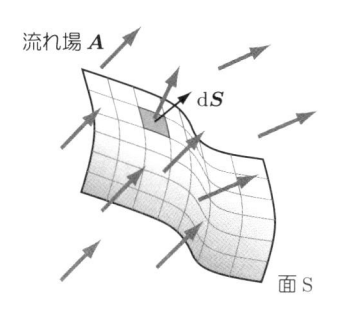

0.2.2 ベクトル場の面積分

ベクトル場の面積分は以下のように表される．

$$U = \iint_S \boldsymbol{A} \cdot \mathrm{d}\boldsymbol{S} \tag{0.3}$$

面積分とは図 **0.4** に示すように，ある面を微小面積要素 $\mathrm{d}S$ に分解し，ベクトル場 $\boldsymbol{A}$ と面積要素ベクトル $\mathrm{d}\boldsymbol{S}$ の内積を取り，これを合計する演算である．面積要素ベクトル $\mathrm{d}\boldsymbol{S}$ は，「面積 $\mathrm{d}S$ の大きさをもち，面の法線方向を向いたベクトル」と定義される．面積分の結果得られる値 U は，内積の値がスカラであるからスカラ量となる．

図 **0.4** ベクトル場の面積分

面積分を，水の中に置かれた漁網をくぐる水でたとえよう．$\boldsymbol{A}$ を水の流れのベクトル場，$\mathrm{d}\boldsymbol{S}$ は網の目と考える．$\boldsymbol{A} \cdot \mathrm{d}\boldsymbol{S}$ のもつ意味は，「水が一つの網目を通ってどちら側に，どのくらい抜けたか」である．内積は二つのベクトルが平行のときが最大で，垂直のときゼロになるから，内積をとることによって一つの網目を抜ける水の量

が得られるのをイメージできるだろうか．これらを網全体で合計すれば，網を通り抜けた水の量を合計することになる．

面積分の特別な場合として，閉じた曲面で積分を行う場合を記号 $\oiint$ で区別しよう．閉曲面 S の面積分を

$$U = \oiint_S \boldsymbol{A} \cdot \mathrm{d}\boldsymbol{S} \tag{0.4}$$

と書く．一様な流れの中に袋状の漁網を投げ込むと，水は網の片側から入り，反対側から出ていくから差し引きで出入りはゼロである．次に，網の中に一匹のタコがいて墨を吐く状況を想像しよう．着色した海水は網の中で生まれるから，着色水の流れをベクトル場とすれば，$\oiint \boldsymbol{A} \cdot \mathrm{d}\boldsymbol{S}$ は正の値をもつ．

すなわち，ベクトル場において，閉曲面での面積分が正の値をもつということは，その中にベクトル場がわき出す源がある，ということを意味している．面積分と涌き出しの関係は 0.3.1 項「ベクトルの発散 (div)」(→ p.6) で議論する．

0.2.3 スカラ場の体積積分

1次元，2次元とくれば次は3次元．ただしベクトル場を直接3次元空間で積分することはできない．体積積分の概念があるのはスカラ場だけだ．スカラ場の体積積分は以下のように表される．

$$U = \iiint_V \phi \mathrm{d}V \tag{0.5}$$

体積積分とは，図 **0.5** に示すようにある体積を微小体積要素 $\mathrm{d}V$ に分解し，ある微小体積におけるスカラ量 ϕ にその微小体積 $\mathrm{d}V$ を掛け，これを合計する演算である．体積積分の結果得られる値 U はもちろんスカラ量である．

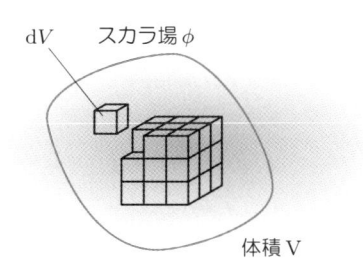

図 0.5 スカラ場の体積積分

体積積分が役に立つのは，密度で定義された物理量から合計を求めたいときである．コップの水に溶けた砂糖を考えよう．溶けている砂糖の「濃度」[g/mL] はわかって

いるとする．飲んだときの甘さだね．では，コップ一杯に砂糖はどれくらい溶けているか，といえば，(濃度) × (水の体積) という計算をすればよい．次に，濃度がコップの上の方と下の方で異なっている場合はどう考えるか．この場合は砂糖の濃度を ρ で表し，

$$m = \iiint_V \rho \mathrm{d}V \tag{0.6}$$

という計算をコップの体積 V 全体にわたり行えばよい．電磁気学においては電荷はしばしば「電荷密度」という物理量で表される．これは，単位体積あたりにどれほどの電荷が含まれているか，という「電荷の濃度」を表す量で，ある体積に含まれる全電荷量を知りたければ電荷密度の体積積分を行う．

0.3　場の微分

　続いて，場の微分について考える．$y = f(x)$ という関数の微分は「x が微小量 $\mathrm{d}x$ 変化したときの y の変化量が $\mathrm{d}y$ であるとき，$\dfrac{\mathrm{d}y}{\mathrm{d}x}$」と定義される．そしてそれは $y = f(x)$ をグラフで表したとき，その点における「グラフの傾き」という特徴を与える量であった．場の微分も同じようなもので，場の物理量の，ある点における性質を調べることができる演算である．電磁気学で登場する場の微分には，ベクトル場の微分である**発散** (div)，**回転** (rot) と，スカラ場の微分である**勾配** (grad) がある．以下，一つ一つ見ていこう．

0.3.1　ベクトル場の発散 (div)

　はじめにベクトル場の**発散**について考える．ベクトル場 $\boldsymbol{A}$ のある場所に小さな立方体 ΔV を置く．この立方体の表面で面積分を実行しよう．閉曲面の面積分の定義から，その解は立方体の中から外へどれほど $\boldsymbol{A}$ が流れ出しているかを示す．これを立方体の体積で割る．つまり，これは「単位体積あたりの流出量」という物理量になる．

　次に，立方体の体積をどんどん小さくしていく．すると，ある点では計算結果はゼロにならず，どんな小さな体積で囲んでも常に中から外への流出が観測される．これを「ベクトル場 $\boldsymbol{A}$ の発散」，$\mathrm{div}\,\boldsymbol{A}$ と定義しよう．

$$\mathrm{div}\,\boldsymbol{A} = \lim_{\Delta V \to 0} \frac{\oiint_S \boldsymbol{A} \cdot \mathrm{d}\boldsymbol{S}}{\Delta V} \tag{0.7}$$

発散は，日本語では「湧き出し」とよばれることもある．英語では "divergence" で，div はその略語である．

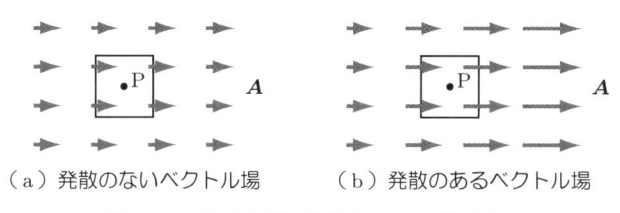

（a）発散のないベクトル場　　　（b）発散のあるベクトル場
図 0.6　ベクトル場の発散をイメージした図

　発散のあるベクトル場と発散のないベクトル場を比較してみる．わかりやすいように 2 次元で考えよう．**図 0.6** の点 P を小さな四角で囲み，そこに入ってくるベクトル量と出てゆくベクトル量を観察する．図 (a) では矢印は一様なので，ベクトルの収支勘定をすれば合計は 0 になる．ところが，図 (b) では，入ってくる矢印より出てゆく矢印の方が長い．ベクトル場全体としては左から右へ流れているが，明らかに図 (b) は，どの小さな領域をとってもベクトル量の収支がゼロにならない．この場合，図 (b) のベクトル場にはあらゆるところに発散がある．

0.3.2　ベクトル場の回転 (rot)

　発散と比べ，ベクトル場の回転はイメージしにくい．そこでまず，ベクトル場の周回積分をイメージするため，流れるプールに浸かってみよう．ある経路でゆっくりと円を描くように歩いてみる．流れが一様なとき，はじめは水が胸に当たるのを感じるが，途中から水が背中から当たる．水がどちらから当たるか，というのは流れのベクトルと歩く方向の微小線要素ベクトルの内積をとることと同じなので，一周回ったとき，体の前と後ろ，どちらに水が当たっていたかを合計したものが周回積分値である．流れが一様なとき，周回積分の値は必ずゼロになる．ところが，水が渦を巻いているプールで，渦を囲むように一周歩いてみると，水は必ず体の前後どちらか一方に当たる．つまり周回積分の値はゼロにならない．

　ベクトル場 A のある場所で小さなループを L 考え，その経路で周回積分を実行する．次に，積分値を周回路の面積 ΔS で割る．するとこれは，「単位面積あたりの渦の強さ」という物理量になる．次に，周回路の面積をどんどん小さくしていく．すると，どんな小さな面積で囲んでも計算結果がゼロにならない点がある．これを「ベクトル場 A の回転」，$\mathrm{rot}\,A$ と定義しよう．物理学では，「渦とは $\mathrm{rot}\,A$ がゼロにならない点である」と定義される．

　ここで，3 次元空間では「ある点のまわりの回転」には無数の選択肢があることに気づくと思う．ベクトル場の回転はどの方向に回ったときの線積分値をとるのだろうか．ここで，$\mathrm{rot}\,A$ の周回路，すなわち ΔS の法線は「周回積分が最も大きくなる方向」にとる，と約束する．これは，**図 0.7** のように，面 ΔS の法線が ΔS 近傍のベク

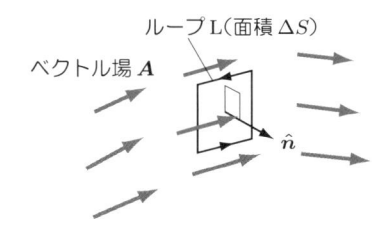

図 0.7 ベクトル場の回転の周回方向とベクトルの向きの定義

トル $\boldsymbol{A}$ と直交しているときが最も大きくなることがわかるだろう．周回方向と法線ベクトルの関係は，周回方向に対して右ねじが進む方向を面の法線と約束する．

rot $\boldsymbol{A}$ の定義を数式で書くと以下のようになる．

$$\mathrm{rot}\,\boldsymbol{A} = \lim_{\Delta S \to 0} \frac{\oint_L \boldsymbol{A} \cdot \mathrm{d}\boldsymbol{s}}{\Delta S} \hat{\boldsymbol{n}} \tag{0.8}$$

ここで $\hat{\boldsymbol{n}}$ は面の法線方向を向いた大きさ 1 のベクトル，「単位ベクトル」である．単位ベクトルの意味については 0.4.1 項で述べる (→ p.10)．回転は，英語では "rotation" で，rot はその略語である．ベクトル場の発散はスカラ量であったが，ベクトル場の回転は面の法線方向を向いたベクトル量となることに注意する．

 回転のあるベクトル場と回転のないベクトル場を比較してみる．わかりやすいように 2 次元で考えよう．図 0.8 の点 P を囲む周回積分を実行する．図 (a) では積分値がゼロになるが，図 (b) では，片方の経路で常にベクトル $\boldsymbol{A}$ の値が大きいため，P 点をどこに置いても積分値はゼロにならない．積分路を反時計回りにとったとき線積分の値が正になるから，図 (b) には紙面を裏から表に貫く方向に向かう rot $\boldsymbol{A}$ があらゆるところに存在するということになる．いい換えれば，図 (b) にはあらゆるところに反時計回りの微細な渦があり，その結果が図のようなベクトル場を生む原動力になっているのだ．

（a）回転のないベクトル場　　（b）回転のあるベクトル場

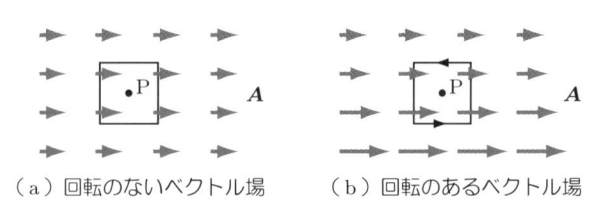

図 0.8 ベクトル場の回転をイメージした図

0.3.3 スカラ場の勾配 (grad)

最後に，スカラ場の微分である**勾配**について考える．わかりやすい例として，標高をスカラ量 ϕ とする 2 次元スカラ場を考えよう．場所により標高が違う，ということはボールを置くとボールは転がり出す．つまり，標高が場所ごとに異なる場はいたるところが坂道，ということだ．これをベクトル場と考え，スカラ場の「勾配」，gradϕ と名づける．勾配ベクトルはスカラ量の変化率を大きさとし，向きはスカラ量が最も大きく増える方向，すなわち坂を登る方向と定義する．ここで，微分可能な滑らかな関数で表されるスカラ場には必ず勾配があり，ある点の勾配は一つしかない，という事実を指摘しておこう．坂道のたとえでいえば，小さなボールを静かに置き，それが自然に転がる方向の逆方向が勾配ベクトルの向きとなる．

2 次元スカラ場の勾配ベクトルをイメージしたものが図 **0.9** である．坂が急なところは gradϕ は大きく，坂が緩やかなところは gradϕ は小さい．

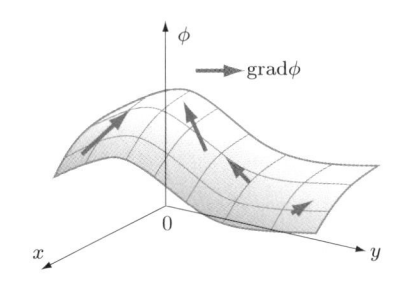

図 **0.9** スカラ場の勾配をイメージした図

gradϕ の定義を数式で書くと以下のようになる．

$$\mathrm{grad}\phi = \frac{\mathrm{d}\phi}{\mathrm{d}s}\hat{s} \qquad (0.9)$$

ここで，ベクトル s はスカラ量 ϕ が最も大きく変化する方向に取り，$\hat{s}$ はその単位ベクトル (→ p.10) である．勾配は，日本語では「傾き」とよばれることもある．英語では "gradient" で，grad はその略語である．

今はわかりやすいように 2 次元スカラ場を例にとったが，頭の中で「3 次元スカラ場の勾配ベクトル場」をイメージしてみよう．たとえば，君は蜜蜂で，蜜を探して飛び回っている．あるところで，君は菜の花のよい匂いを感知した．花を見つけるために，君は周囲を飛び回り，匂いが最も強くなる方向に進むだろう．それが「匂い分子の濃度場」というスカラ場の勾配ベクトルの方向である．

今度は 3 次元の温度場を考える．場の勾配をとったとき，その値が大きければそこには大きな温度差がある，ということになる．温度差があれば温度の高いところから

低いところへ熱の流れが起こるだろう．このように，勾配は，あるスカラ場の空間分布が何らかの「流れ」の原因を生むような場合に，その流れのベクトル場を与える微分演算である．

0.4 座標系とベクトル場の微分

さて，ここまでで我々はスカラ場とベクトル場の微分と積分の考え方について一通り学んだ．しかし，実際に計算を行うには座標系を定義して，場を座標の関数で表し，その関数の微分・積分を実行しなくてはならない．本節では3次元空間を表す座標系と，代数計算で表される場の微分について学ぶ．

0.4.1 単位ベクトル

はじめに，ベクトルを代数的に表す方法である**単位ベクトル**について説明しよう．ベクトル量とは「大きさ」と「方向」をもつ物理量だが，ここから大きさの情報を取り出すとベクトル $\boldsymbol{A}$ に対応するスカラ量が得られる．一般にこれは $|\boldsymbol{A}|$ と書かれるが，ベクトル量の大きさだけを問題にすることはよくあるので，本書ではベクトル $\boldsymbol{A}$ の大きさを細字の A と書く，と約束しよう．

そして，ベクトル $\boldsymbol{A}$ を A で割れば，必ず「ベクトル $\boldsymbol{A}$ の方向を向き，大きさ1のベクトル」ができあがる．これを「$\boldsymbol{A}$ 方向の単位ベクトル $\hat{\boldsymbol{A}}$」と名づける．

$$\hat{\boldsymbol{A}} = \frac{\boldsymbol{A}}{A} \tag{0.10}$$

$\boldsymbol{A}$ と A は同じ次元だから，単位ベクトルに次元はない．A がベクトル $\boldsymbol{A}$ から「大きさ」の情報を取り出したものであるのに対して，単位ベクトル $\hat{\boldsymbol{A}}$ は，$\boldsymbol{A}$ からその「方向」という情報だけを取り出したもの，といえるだろう．

3次元空間に互いに直交する三つの方向を取り，それらの方向を向く単位ベクトルを定義する．ここでは仮に $\hat{e}_1$, $\hat{e}_2$, $\hat{e}_3$ とする．**図 0.10** のように，あらゆるベクトル $\boldsymbol{A}$ は，$\hat{e}_1$, $\hat{e}_2$, $\hat{e}_3$ の方向を向いたベクトル $\boldsymbol{A}_1$, $\boldsymbol{A}_2$, $\boldsymbol{A}_3$ の合成で表される．さ

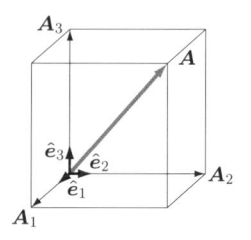

図 0.10 単位ベクトルとベクトル量の成分表示

らに，A_i は $\hat{e}_i$ と A_i の積で表されるから，A は

$$A = A_1\hat{e}_1 + A_2\hat{e}_2 + A_3\hat{e}_3 \tag{0.11}$$

と表せる．ここで A_i をベクトル A の**成分**とよび，上の表現をベクトルの**成分表示**とよぶ．普通，ベクトルを成分表示するさいは単位ベクトルは座標軸の方向をとる，と約束するのでこれを省略して

$$A = (A_1, A_2, A_3) \quad \text{または} \quad A = \begin{pmatrix} A_1 \\ A_2 \\ A_3 \end{pmatrix} \tag{0.12}$$

と書く．成分表示されたベクトルは，どの座標系で考えているかにより意味がまったく異なるので注意すること．

一般に，n 次元空間の点を一意に決めるためには n 個の座標が必要であることが証明されている．したがって 3 次元の座標系には三つの座標が必要なわけだが，それらがどんな量であるかについてはかなりの任意性がある．そして，3 次元空間でよく使われる座標系には**デカルト座標** (直交座標)，**円筒座標**，**極座標**があり，考えるべき問題の対称性により使い分ける．

0.4.2 デカルト座標

図 0.11 は，3 次元デカルト座標とその単位ベクトルである．デカルト座標とは，三つの固定された，互いに直交する軸 x, y, z を座標軸として，点の位置は図のように座標軸への射影で表す座標系である．3 次元デカルト座標においては，単位ベクトルの記号は i, j, k とするのが習慣である．

ベクトル場 A があったとき，ある点における $\mathrm{div}\,A$ を求める計算について考える．3 次元デカルト座標系において，関数 $A(x, y, z)$ は 3 成分それぞれが (x, y, z) の関数

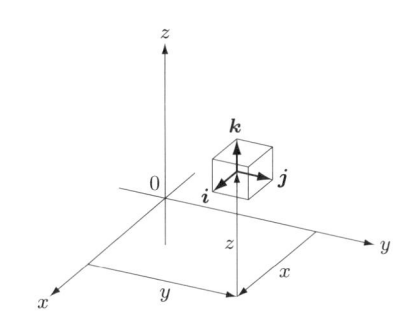

図 0.11 デカルト座標の成分と単位ベクトル

$$\boldsymbol{A}(x,y,z) = \begin{pmatrix} A_x(x,y,z) \\ A_y(x,y,z) \\ A_z(x,y,z) \end{pmatrix}$$

で表され，それぞれの関数に対して三つの独立変数による偏微分 $\dfrac{\partial}{\partial x}$, $\dfrac{\partial}{\partial y}$, $\dfrac{\partial}{\partial z}$ が考えられるから，3次元ベクトル場の偏微分には「A_x を x で微分したもの」「A_x を y で微分したもの」... と合計 9 個の成分が考えられる．

図 0.12 のように，ある点 (x_0, y_0, z_0) を中心に，大きさ $(\mathrm{d}x, \mathrm{d}y, \mathrm{d}z)$ の小さな立方体を考えよう．立方体が充分小さければ，面積分の値は「面中央の $\boldsymbol{A}$」と「各面の面積ベクトル」の内積で表してもよいだろう．さらに，各面の法線が座標軸方向の単位ベクトルに一致していることから，内積は

面 A： $\quad \boldsymbol{A} \cdot \mathrm{d}\boldsymbol{S} = -A_x(x, y_0, z_0)\mathrm{d}y\mathrm{d}z \quad$ (0.13)

面 B： $\quad \boldsymbol{A} \cdot \mathrm{d}\boldsymbol{S} = A_x(x+\mathrm{d}x, y_0, z_0)\mathrm{d}y\mathrm{d}z \quad$ (0.14)

となる．面 A は法線ベクトルが $-\boldsymbol{i}$ 方向であることに注意．

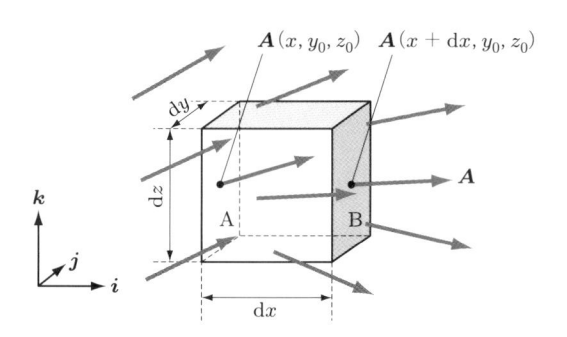

図 0.12 デカルト座標において，ベクトル場 $\boldsymbol{A}$ の発散を求める計算

A_x の x による偏微分は

$$\frac{\partial A_x}{\partial x} = \lim_{\mathrm{d}x \to 0} \frac{A_x(x+\mathrm{d}x, y_0, z_0) - A_x(x, y_0, z_0)}{\mathrm{d}x}$$

と定義される一方で，面 A と面 B の面積分は式 (0.13)，(0.14) で表せるから，これらを加えたものを U_x とすると，U_x は以下のように表せることがわかる．

$$U_x = \{A_x(x+\mathrm{d}x, y_0, z_0) - A_x(x, y_0, z_0)\}\mathrm{d}y\mathrm{d}z = \frac{\partial A_x}{\partial x}\mathrm{d}x\mathrm{d}y\mathrm{d}z$$

これを全 6 面で行えば，立方体の表面において実行した $\boldsymbol{A}$ の面積分は以下のように表される．

$$U = U_x + U_y + U_z = \left(\frac{\partial A_x}{\partial x} + \frac{\partial A_y}{\partial y} + \frac{\partial A_z}{\partial z}\right)\mathrm{d}x\mathrm{d}y\mathrm{d}z$$

div$\boldsymbol{A}$ は，閉曲面の面積分値を体積で割ったものなので，立方体の体積 $\mathrm{d}x\mathrm{d}y\mathrm{d}z$ で割り，

$$\mathrm{div}\,\boldsymbol{A} = \frac{\partial A_x}{\partial x} + \frac{\partial A_y}{\partial y} + \frac{\partial A_z}{\partial z} \tag{0.15}$$

が得られる．すなわち，デカルト座標においてベクトル場の発散を知るには，ベクトル関数の 9 個の偏微分のうち三つを選び足せばよい，ということがわかった．

次に，ベクトル場 $\boldsymbol{A}$ の回転について考えよう．ベクトル場の回転をとるとき，周回積分の向きは「rot$\boldsymbol{A}$ が最も大きくなる方向」であったことを思い出そう．しかし，成分表示されたベクトル場では，回転ベクトルもまた成分で表すことができる．そして，rot$\boldsymbol{A}$ の x 成分 $(\mathrm{rot}\,\boldsymbol{A})_x$ は，x 軸方向を軸とする微小ループの線積分をとればよいことが証明されている．では，先ほどと同じ微小体積を使い，$(\mathrm{rot}\,\boldsymbol{A})_x$ を計算してみよう．**図 0.13** を見ながら過程を追いかけて欲しい．

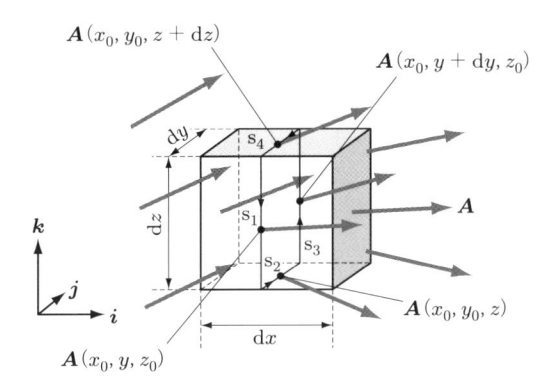

図 0.13 デカルト座標において，ベクトル場 $\boldsymbol{A}$ の回転を求める計算

周回積分のパスを，面の法線が x 軸方向に一致する $\mathrm{s}_1 \sim \mathrm{s}_4$ にとる．立方体が充分小さければ，線積分の値は「経路中央の $\boldsymbol{A}$」と「経路ベクトル s_i」の内積で表してもよいだろう．さらに，経路 s_i の方向が座標軸方向に一致していることから，内積は

経路 s_1：$\quad \boldsymbol{A} \cdot \mathrm{d}\boldsymbol{s} = -A_z(x_0, y, z_0)\mathrm{d}z \tag{0.16}$

経路 s_3：$\quad \boldsymbol{A} \cdot \mathrm{d}\boldsymbol{s} = A_z(x_0, y + \mathrm{d}y, z_0)\mathrm{d}z \tag{0.17}$

となる．経路 s_1 は向きが $-\boldsymbol{k}$ 方向であることに注意．

そして，経路 s_1 の積分と経路 s_3 の積分を足したものを U_{x1} とすると，これは以下のように表せる．

$$U_{x1} = \{A_z(x_0, y+\mathrm{d}y, z_0) - A_z(x_0, y, z_0)\}\mathrm{d}z = \frac{\partial A_z}{\partial y}\mathrm{d}y\mathrm{d}z$$

同様に,経路 s_2 と s_4 の和 U_{x2} は

$$U_{x2} = \{-A_y(x_0, y_0, z+\mathrm{d}z) + A_y(x_0, y_0, z)\}\mathrm{d}y = -\frac{\partial A_y}{\partial z}\mathrm{d}y\mathrm{d}z$$

であり,周回積分の値は $U_{x1} + U_{x2}$ だから

$$U_x = U_{x1} + U_{x2} = \left(\frac{\partial A_z}{\partial y} - \frac{\partial A_y}{\partial z}\right)\mathrm{d}y\mathrm{d}z$$

となる.rot$\boldsymbol{A}$ は,周回積分値を周回路の面積で割ったものなので,$\mathrm{d}y\mathrm{d}z$ で割り,

$$(\mathrm{rot}\boldsymbol{A})_x = \left(\frac{\partial A_z}{\partial y} - \frac{\partial A_y}{\partial z}\right)$$

が得られる.これを,y 成分,z 成分で行えば,rot$\boldsymbol{A}$ は

$$\mathrm{rot}\boldsymbol{A} = \begin{pmatrix} \dfrac{\partial A_z}{\partial y} - \dfrac{\partial A_y}{\partial z} \\ \dfrac{\partial A_x}{\partial z} - \dfrac{\partial A_z}{\partial x} \\ \dfrac{\partial A_y}{\partial x} - \dfrac{\partial A_x}{\partial y} \end{pmatrix} \tag{0.18}$$

となる.デカルト座標におけるベクトル場の回転は,ベクトル関数の 9 個の偏微分のうち 6 個を選び,式 (0.18) のように組み合わせればよい,ということがわかった.

ここで,興味深い事実を指摘しておこう.3 次元ベクトル場には 9 個の偏微分があるが,div で使われる 3 成分と rot で使われる 6 成分は独立してる.つまり,div と rot は互いに補うような微分操作になっている,ということなのだ.この事実から生まれる重要で有用な定理に

> ベクトル場の回転で定義されるベクトル場には発散がない
> $$\mathrm{div}(\mathrm{rot}\boldsymbol{A}) = 0 \tag{0.19}$$

というものがある.証明は,式 (0.18) の各成分をそれぞれ x, y, z で偏微分,それらを足し合わせる div の演算をすればすべて消えてしまうことから簡単に示される.

最後に,スカラ場 ϕ の勾配について考えよう.gradϕ というベクトルは,デカルト座標では $(\mathrm{grad}\phi)_x$, $(\mathrm{grad}\phi)_y$, $(\mathrm{grad}\phi)_z$ の 3 成分に分解できる.そして,それぞれの成分は座標軸方向の偏微分で

$$(\mathrm{grad}\phi)_x = \frac{\partial \phi}{\partial x}\boldsymbol{i}, \quad (\mathrm{grad}\phi)_y = \frac{\partial \phi}{\partial y}\boldsymbol{j}, \quad (\mathrm{grad}\phi)_z = \frac{\partial \phi}{\partial z}\boldsymbol{k}$$

となることが知られている．まとめれば，

$$\mathrm{grad}\phi = \frac{\partial \phi}{\partial x}\boldsymbol{i} + \frac{\partial \phi}{\partial y}\boldsymbol{j} + \frac{\partial \phi}{\partial z}\boldsymbol{k} \tag{0.20}$$

である．簡単に証明しておこう．**図 0.14** において，ϕ_0, ϕ_1 で表された面は ϕ が一定の値を持つ等位面で，面の距離を Δs とする．$\mathrm{grad}\phi$ の定義は，Δs 方向の単位ベクトル $\hat{\boldsymbol{s}}$ を使い

$$\mathrm{grad}\phi = \lim_{\Delta s \to 0} \frac{\phi_1 - \phi_0}{\Delta s} \hat{\boldsymbol{s}} \tag{0.21}$$

である．ここで $\hat{\boldsymbol{s}}$ をデカルト座標の各成分に分解したものを (s_x, s_y, s_z) とする．今，ϕ_0 面から ϕ_1 面に，x 軸に沿って動きながら乗り移ることを考えよう．定義から Δs は面を垂直に貫いている．x 軸に平行に動きつつ ϕ を観察するなら，ϕ が ϕ_0 から ϕ_1 になるまで動く距離，つまり図 0.14 の Δx は Δs, s_x と

$$\Delta s = \Delta x s_x$$

の関係にある．一方，$\mathrm{grad}\phi$ の x 方向成分は $\mathrm{grad}\phi$ と $\boldsymbol{i}$ の内積を取ればよく，

$$(\mathrm{grad}\phi)_x = \lim_{\Delta s \to 0} \frac{\phi_1 - \phi_0}{\Delta s} \hat{\boldsymbol{s}} \cdot \boldsymbol{i} = \lim_{\Delta s \to 0} \frac{\Delta \phi}{\Delta s} s_x = \lim_{\Delta s \to 0} \frac{\Delta \phi}{\Delta s} \frac{\Delta s}{\Delta x} = \lim_{\Delta s \to 0} \frac{\Delta \phi}{\Delta x}$$
$$= \frac{\partial \phi}{\partial x}$$

となり，確かに ϕ の偏微分が $\mathrm{grad}\phi$ の各成分に一致することが示された．

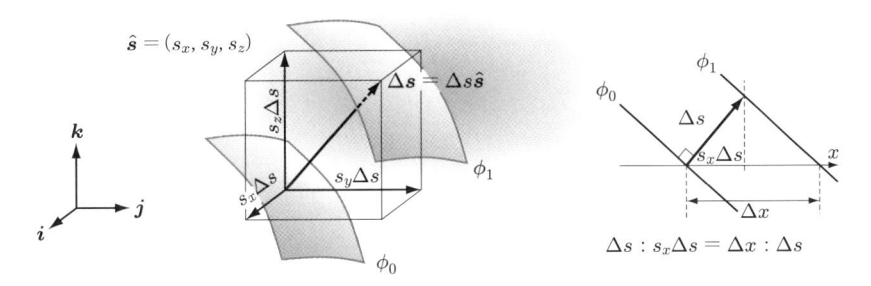

図 0.14 デカルト座標において，スカラ場 ϕ の勾配を求める計算

ここで，$\mathrm{grad}\phi$ の回転を取ってみる．x 成分は

$$(\mathrm{rot}(\mathrm{grad}\phi))_x = \left(\frac{\partial}{\partial y}\frac{\partial \phi}{\partial z} - \frac{\partial}{\partial z}\frac{\partial \phi}{\partial y}\right) = 0$$

と恒等的にゼロで，他成分も同様だから，以下の定理が成り立つことがわかる．

> スカラ場の勾配で定義されるベクトル場には回転がない
> $$\mathrm{rot}(\mathrm{grad}\phi) = 0 \tag{0.22}$$

勾配場がもつこの性質は，直感的には以下のように考えることができる．「ベクトル場 $\boldsymbol{A}$ の回転」とは，ある微細な周回経路でベクトル量 $\boldsymbol{A}$ の周回積分を行い，それを面積で割ったものである．では，どんな経路で周回積分しても積分値がゼロとなるベクトル場があったらどうだろうか．当然，$\mathrm{rot}\boldsymbol{A}$ はあらゆるところでゼロである．一方，$\boldsymbol{A}$ があるスカラ場 ϕ の勾配のとき，線積分 $\int_{\mathrm{a}}^{\mathrm{b}} \boldsymbol{A} \cdot \mathrm{d}\boldsymbol{s}$ は a 点と b 点のスカラ量 ϕ の差になる (図 **0.15**)．これは，地図上の a 点から b 点まである経路に沿って歩くことにたとえればわかりやすい．この場合，「勾配の線積分」とは，経路に沿って歩きながら高さの変化を測ることにほかならず，その合計は最終的にどれくらい高さが変化したか，つまり $\phi(\mathrm{b}) - \phi(\mathrm{a})$ になることがわかるだろう．したがって，a 点と b 点が同じ場所になるような積分，つまり周回積分は経路をどう取っても積分値はゼロなのだ．そのため，勾配場は至るところ回転がゼロとなる．

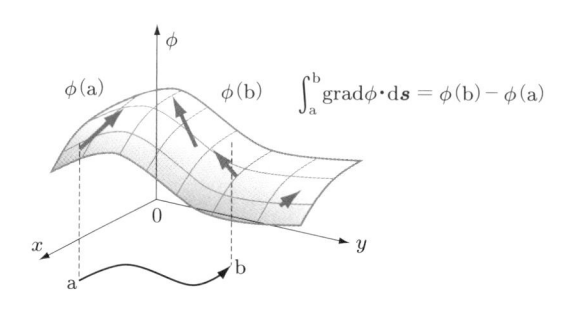

図 0.15 スカラ場の勾配ベクトルを線積分すると，終点と始点のスカラ量の差が解となる．したがって勾配ベクトル場で周回積分を実行すると必ずゼロとなる．

0.4.3 円筒座標

図 **0.16** は，3 次元円筒座標とその単位ベクトルである．円筒座標とは，点の位置を xy 平面内の径方向の長さ r，r の x 軸を基準とした角度 φ，z 軸への射影 z で表す座標系である．座標軸に沿った三つの直交する単位ベクトルは，図のように定義する．記号は，本書では $\hat{\boldsymbol{r}}$, $\hat{\boldsymbol{\varphi}}$, $\hat{\boldsymbol{z}}$ としよう．

円筒座標と，この後述べる極座標にはデカルト座標と異なる特徴がある．それは，

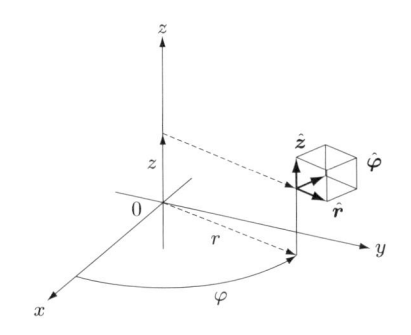

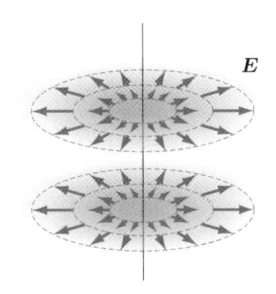

図 0.16 円筒座標の成分と単位ベクトル

図 0.17 円筒対称に分布する電場のイメージ

- 座標を表す独立変数 φ は角度であり，長さの次元をもたない
- 単位ベクトルの方向が座標点ごとに異なる

ということである．これらの性質は，ベクトル場の微分を座標系の独立変数 (r,φ,z) で表そうとするときに多少の複雑さを伴う．では，なぜわざわざ面倒な円筒座標を使うかというと，たとえば電場ベクトル $\boldsymbol{E}$ が図 0.17 のように円筒対称であるとき，電場は単に $\boldsymbol{E} = [E_r(r),0,0]$ と簡単に表されるからである．一方，同じ場をデカルト座標で表そうとすると，電場は $\boldsymbol{E} = (E_x, E_y, 0)$ と 2 成分をもち，さらに各成分が $E_x(x,y)$，$E_y(x,y)$ と 2 変数の関数となるため計算は相当に煩雑となる．

ベクトル場 $\boldsymbol{A}$ が円筒座標で表されているとき，div$\boldsymbol{A}$ を求める計算について考える．図 0.18 のように，点 (r_0,φ_0,z_0) を中心に，単位ベクトルの方向に稜線が一致した，大きさ $(dr, rd\varphi, dz)$ の小さな 6 面体を仮定する．発散を計算するため，デカルト座標と同様に面積分を考える．今度は，法線が $\hat{\boldsymbol{r}}$ 方向を向いた面は徐々に大きくなっていくため，これを偏微分で表すと余計な項が現れる．

面 A： $\boldsymbol{A} \cdot d\boldsymbol{S} = -A_r(r,\varphi_0,z_0)rd\varphi dz$

面 B： $\boldsymbol{A} \cdot d\boldsymbol{S} = A_r(r+dr,\varphi_0,z_0)(r+dr)d\varphi dz$

$$U_r = \frac{\partial A_r}{\partial r}rdrd\varphi dz + A_r(r+dr,\varphi_0,z_0)drd\varphi dz \quad (0.23)$$

これは以下のように書き換えられる．

$$U_r = \frac{1}{r}\frac{\partial (rA_r)}{\partial r}rdrd\varphi dz \quad (0.24)$$

式 (0.24) の微分を実行すると式 (0.23) になることを確認しておくこと．ここで $A_r(r+dr,\varphi_0,z_0)$ と $A_r(r,\varphi_0,z_0)$ の違いは $dr \to 0$ で消滅する．6 面体の体積は $rdrd\varphi dz$ なので，div$\boldsymbol{A}$ は

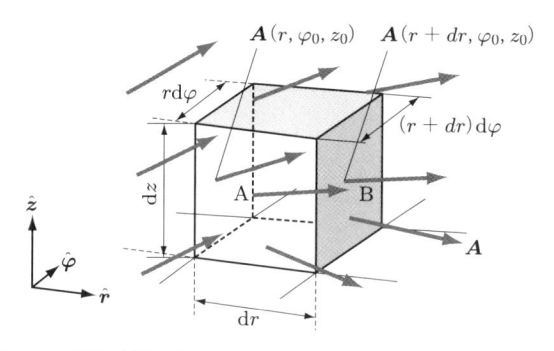

図 0.18 円筒座標において，ベクトル場 $\boldsymbol{A}$ の発散を求める計算

$$\mathrm{div}\,\boldsymbol{A} = \frac{1}{r}\frac{\partial(rA_r)}{\partial r} + \frac{1}{r}\frac{\partial A_\varphi}{\partial \varphi} + \frac{\partial A_z}{\partial z} \tag{0.25}$$

となる．

円筒座標における $\mathrm{rot}\,\boldsymbol{A}$ の表現も，デカルト座標にならって丹念に計算すれば，座標成分の偏微分で表現できる．詳細は省き，結果だけを示すと

$$\mathrm{rot}\,\boldsymbol{A} = \begin{pmatrix} \dfrac{1}{r}\dfrac{\partial A_z}{\partial \varphi} - \dfrac{\partial A_\varphi}{\partial z} \\ \dfrac{\partial A_r}{\partial z} - \dfrac{\partial A_z}{\partial r} \\ \dfrac{1}{r}\left\{\dfrac{\partial(rA_\varphi)}{\partial r} - \dfrac{\partial A_r}{\partial \varphi}\right\} \end{pmatrix} \tag{0.26}$$

である．

スカラ場の勾配 $\mathrm{grad}\,\phi$ は，デカルト座標と同様に ϕ を単位ベクトル方向で偏微分したものが $\mathrm{grad}\,\phi$ の各成分となる．ここで，6 面体の φ 方向の稜線の長さは $r\mathrm{d}\varphi$ だから (**図 0.18** 参照)，微分は

$$\lim_{\mathrm{d}\varphi \to 0} \frac{\mathrm{d}\phi}{r\mathrm{d}\varphi} = \frac{1}{r}\frac{\partial \phi}{\partial \varphi}$$

となる．まとめると，円筒座標における勾配は

$$\mathrm{grad}\,\phi = \frac{\partial \phi}{\partial r}\hat{\boldsymbol{r}} + \frac{1}{r}\frac{\partial \phi}{\partial \varphi}\hat{\boldsymbol{\varphi}} + \frac{\partial \phi}{\partial z}\hat{\boldsymbol{z}} \tag{0.27}$$

と表される．

0.4.4 極座標

図 0.19 は，3 次元極座標とその単位ベクトルである．極座標とは，点の位置を原点からの距離 r，$\boldsymbol{r}$ ベクトルが z 軸となす角 θ，$\boldsymbol{r}$ の xy 平面内射影が x 軸からなす角度

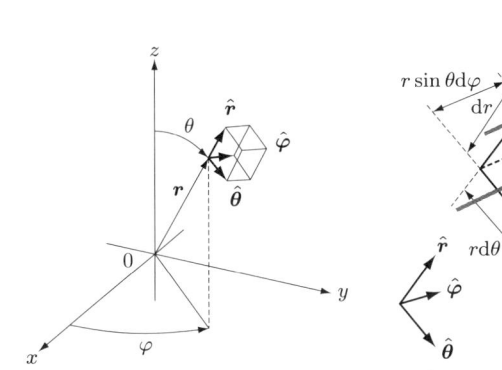

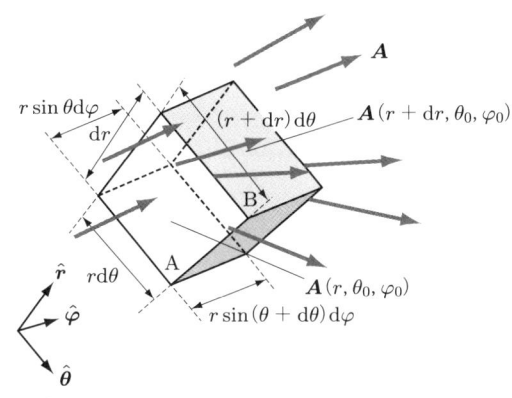

図 0.19 極座標の成分と単位ベクトル

図 0.20 極座標において，ベクトル場 A の発散を求める計算

φ で表す座標系である．座標軸に沿った三つの直交する単位ベクトルは，図のように定義する．記号は，本書では $\hat{r}$, $\hat{\theta}$, $\hat{\varphi}$ としよう．

ベクトル場 A が極座標で表されているとき，$\mathrm{div}\,A$ を求める計算について考えよう．計算は円筒座標よりさらに複雑になる．**図 0.20** のように点 $(r_0, \theta_0, \varphi_0)$ を中点にして，単位ベクトルの方向に稜線が一致した大きさ $(\mathrm{d}r, r\mathrm{d}\theta, r\sin\theta \mathrm{d}\varphi)$ の小さな 6 面体を仮定する．円筒座標と同様，$\hat{r}$ に垂直な面の面積分を合計してみよう．

面 A： $A \cdot \mathrm{d}S = -A_r(r, \theta_0, \varphi_0) r^2 \sin\theta \mathrm{d}\theta \mathrm{d}\varphi$

面 B： $A \cdot \mathrm{d}S = A_r(r+\mathrm{d}r, \theta_0, \varphi_0)(r+\mathrm{d}r)^2 \sin\theta \mathrm{d}\theta \mathrm{d}\varphi$

$$U_r = \frac{\partial A_r}{\partial r} r^2 \sin\theta \mathrm{d}r \mathrm{d}\theta \mathrm{d}\varphi$$
$$+ 2A_r(r+\mathrm{d}r, \theta_0, \varphi_0) \sin\theta \mathrm{d}r \mathrm{d}\theta \mathrm{d}\varphi \tag{0.28}$$

ここで，高次の微少量 $(\mathrm{d}r^2)$ は落とした．これは以下のように書き換えられる．

$$U_r = \frac{1}{r^2} \frac{\partial (r^2 A_r)}{\partial r} r^2 \sin\theta \mathrm{d}r \mathrm{d}\theta \mathrm{d}\varphi \tag{0.29}$$

式 (0.29) の微分を実行すると式 (0.28) になることを確認しなさい．ここで $A_r(r+\mathrm{d}r, \theta_0, \varphi_0)$ と $A_r(r, \theta_0, \varphi_0)$ の違いは $\mathrm{d}r \to 0$ で消滅する．

$\hat{\theta}$ に垂直な面，$\hat{\varphi}$ に垂直な面の計算も相当面倒だがここでは省略する．6 面体の体積は $r^2 \sin\theta \mathrm{d}r \mathrm{d}\theta \mathrm{d}\varphi$ なので，$\mathrm{div}\,A$ は

$$\mathrm{div}\,A = \frac{1}{r^2} \frac{\partial (r^2 A_r)}{\partial r} + \frac{1}{r\sin\theta} \frac{\partial (\sin\theta A_\theta)}{\partial \theta} + \frac{1}{r\sin\theta} \frac{\partial A_\varphi}{\partial \varphi} \tag{0.30}$$

となる．

rot $\boldsymbol{A}$ の表現は結果だけ示すと，

$$\mathrm{rot}\boldsymbol{A} = \begin{pmatrix} \dfrac{1}{r\sin\theta}\left\{\dfrac{\partial(\sin\theta A_\varphi)}{\partial\theta} - \dfrac{\partial A_\theta}{\partial\varphi}\right\} \\ \dfrac{1}{r}\left\{\dfrac{1}{\sin\theta}\dfrac{\partial A_r}{\partial\varphi} - \dfrac{\partial(rA_\varphi)}{\partial r}\right\} \\ \dfrac{1}{r}\left\{\dfrac{\partial(rA_\theta)}{\partial r} - \dfrac{\partial A_r}{\partial\theta}\right\} \end{pmatrix} \tag{0.31}$$

である．

スカラ場の勾配 gradϕ は，デカルト座標と同様に ϕ を単位ベクトル方向で微分したものが gradϕ の各成分となる．ここで，6 面体の稜線が**図 0.20** のように dr, $rd\theta$, $r\sin\theta d\varphi$ であることを考えると，極座標における勾配は

$$\mathrm{grad}\phi = \frac{\partial\phi}{\partial r}\hat{\boldsymbol{r}} + \frac{1}{r}\frac{\partial\phi}{\partial\theta}\hat{\boldsymbol{\theta}} + \frac{1}{r\sin\theta}\frac{\partial\phi}{\partial\varphi}\hat{\boldsymbol{\varphi}} \tag{0.32}$$

と表される．

0.5　演算子 ∇（ナブラ）

0.5.1　∇ の定義

さてここで，デカルト座標において演算子 ∇ を定義しよう．

$$\nabla \equiv \frac{\partial}{\partial x}\boldsymbol{i} + \frac{\partial}{\partial y}\boldsymbol{j} + \frac{\partial}{\partial z}\boldsymbol{k} \tag{0.33}$$

これを「ナブラ」と名づける．ナブラは，形式的にはベクトルである．ナブラという名前は，古代アッシリアの三角形をした竪琴 Nebel に由来するものだそうだ．逆三角形の記号を数学者ハミルトン (William Rowan Hamilton) が使い始め，マクスウェル等が「ナブラ」とよび，その後定着したものだという．電磁場理論を探索するための道しるべとなる大変重要な記号である．座標成分の偏微分に単位ベクトルを掛けたこの演算子は，単体では物理的意味をもたない．しかし，これをベクトルと考え，ベクトル場，スカラ場に作用させると面白いことが明らかになる．

まずは，∇ をスカラ場 ϕ に作用させる．ここで「作用させる」というのは，ナブラ演算子の右側にある関数をナブラの中の三つの成分で以下のように微分する，ということだ．

$$\nabla \phi = \left(\frac{\partial}{\partial x}\boldsymbol{i} + \frac{\partial}{\partial y}\boldsymbol{j} + \frac{\partial}{\partial z}\boldsymbol{k}\right)\phi = \frac{\partial \phi}{\partial x}\boldsymbol{i} + \frac{\partial \phi}{\partial y}\boldsymbol{j} + \frac{\partial \phi}{\partial z}\boldsymbol{k} = \mathrm{grad}\phi$$

スカラ場 ϕ にナブラを作用させると，$\mathrm{grad}\phi$ が得られることがわかる．続いて，ナブラとベクトル場 $\boldsymbol{A}$ の内積を取る．内積は成分どうしの掛け算だから，それぞれの微分を $\boldsymbol{A}$ のそれぞれの成分に作用させ，

$$\nabla \cdot \boldsymbol{A} = \left(\frac{\partial}{\partial x}, \frac{\partial}{\partial y}, \frac{\partial}{\partial z}\right) \cdot (A_x, A_y, A_z) = \frac{\partial A_x}{\partial x} + \frac{\partial A_y}{\partial y} + \frac{\partial A_z}{\partial z} = \mathrm{div}\,\boldsymbol{A}$$

と，$\mathrm{div}\,\boldsymbol{A}$ が得られる．こうなると，rot も同様の計算で定義できる，と看破した諸君は勘がよい．やってみよう．

$$\nabla \times \boldsymbol{A} = \left(\frac{\partial}{\partial x}, \frac{\partial}{\partial y}, \frac{\partial}{\partial z}\right) \times (A_x, A_y, A_z) = \begin{vmatrix} \boldsymbol{i} & \boldsymbol{j} & \boldsymbol{k} \\ \frac{\partial}{\partial x} & \frac{\partial}{\partial y} & \frac{\partial}{\partial z} \\ A_x & A_y & A_z \end{vmatrix} = \begin{pmatrix} \frac{\partial A_z}{\partial y} - \frac{\partial A_y}{\partial z} \\ \frac{\partial A_x}{\partial z} - \frac{\partial A_z}{\partial x} \\ \frac{\partial A_y}{\partial x} - \frac{\partial A_x}{\partial y} \end{pmatrix}$$

$$= \mathrm{rot}\,\boldsymbol{A}$$

以上のように，場の微分はナブラベクトルとスカラ場，ベクトル場の演算で記述できることが明らかになった．以降は，grad, div, rot の代わりに ∇ を使うので慣れておくようにしよう．

$$\mathrm{grad}\phi = \nabla \phi \tag{0.34}$$

$$\mathrm{div}\,\boldsymbol{A} = \nabla \cdot \boldsymbol{A} \tag{0.35}$$

$$\mathrm{rot}\,\boldsymbol{A} = \nabla \times \boldsymbol{A} \tag{0.36}$$

0.5.2 円筒座標，極座標の ∇ と grad, div, rot

円筒座標，極座標においても ∇ を定義して，grad, div, rot を ∇ と場の積で定義することができる．しかし，これらの座標系は先に述べたように「単位ベクトルの方向が座標により異なる」ことと「座標を表す独立変数が長さの次元をもたない」ことから，その定義と計算方法は少々面倒である．

∇ の定義は「単位ベクトル方向の微分という大きさをもち，単位ベクトルの方向を向いた三つのベクトルの和」と考える．円筒座標系では φ 方向微分は $rd\varphi$ で割ることだから，ナブラベクトルは以下のようになるだろう．

$$\nabla = \frac{\partial}{\partial r}\hat{\boldsymbol{r}} + \frac{1}{r}\frac{\partial}{\partial \varphi}\hat{\boldsymbol{\varphi}} + \frac{\partial}{\partial z}\hat{\boldsymbol{z}} \tag{0.37}$$

すると，$\mathrm{grad}\phi$ はただちに $\nabla\phi$ で表されることがわかるだろう．念のために式 (0.27) と式 (0.37) を見比べておくように．

次に，$\mathrm{div}\,\boldsymbol{A}$ について考える．デカルト座標の場合，内積は「成分どうしの積をとり，それらを加える」ことで計算できた．しかし，円筒座標の場合は慎重に計算しなくてはいけない．まず，ナブラと $\boldsymbol{A}$ の内積を単位ベクトルを使って正確に表現する．

$$\nabla \cdot \boldsymbol{A} = \left(\frac{\partial}{\partial r}\hat{\boldsymbol{r}} + \frac{1}{r}\frac{\partial}{\partial \varphi}\hat{\boldsymbol{\varphi}} + \frac{\partial}{\partial z}\hat{\boldsymbol{z}}\right) \cdot (A_r\hat{\boldsymbol{r}} + A_\varphi\hat{\boldsymbol{\varphi}} + A_z\hat{\boldsymbol{z}})$$

ナブラとは「その後ろにある関数を微分する」演算子だから，正直に計算するとこれは以下のようになる．

$$\nabla \cdot \boldsymbol{A} = \frac{\partial(A_r\hat{\boldsymbol{r}} + A_\varphi\hat{\boldsymbol{\varphi}} + A_z\hat{\boldsymbol{z}})}{\partial r}\hat{\boldsymbol{r}} + \frac{1}{r}\frac{\partial(A_r\hat{\boldsymbol{r}} + A_\varphi\hat{\boldsymbol{\varphi}} + A_z\hat{\boldsymbol{z}})}{\partial \varphi}\hat{\boldsymbol{\varphi}}$$
$$+ \frac{\partial(A_r\hat{\boldsymbol{r}} + A_\varphi\hat{\boldsymbol{\varphi}} + A_z\hat{\boldsymbol{z}})}{\partial z}\hat{\boldsymbol{z}}$$

次に，括弧の中の微分を丹念に計算する．$\dfrac{\partial(A_r\hat{\boldsymbol{r}})}{\partial r}$ を例にとるとこれは，

$$\frac{\partial(A_r\hat{\boldsymbol{r}})}{\partial r} = \frac{\partial A_r}{\partial r}\hat{\boldsymbol{r}} + A_r\frac{\partial \hat{\boldsymbol{r}}}{\partial r}$$

となる．微分が 9 個あるから，それぞれが積の微分で二倍に増えて項の数は 18 になるが，単位ベクトルの微分は大部分が消えてしまう．たとえば $\hat{\boldsymbol{r}}$ ベクトルは座標が $\hat{\boldsymbol{r}}$ 方向に移動しても向きが変わらないから $\dfrac{\partial \hat{\boldsymbol{r}}}{\partial r} = 0$ である．事情が異なるのは $\hat{\boldsymbol{\varphi}}$ 方向微分で，図 **0.21** のように

$$\frac{\partial \hat{\boldsymbol{r}}}{\partial \varphi} = \hat{\boldsymbol{\varphi}}, \qquad \frac{\partial \hat{\boldsymbol{\varphi}}}{\partial \varphi} = -\hat{\boldsymbol{r}}$$

である．最後に，後ろから単位ベクトルを掛ける．同じ単位ベクトルどうしの内積は 1，異なる単位ベクトルどうしの内積はゼロだから，結局生き残るのは

$$\mathrm{div}\,\boldsymbol{A} = \frac{\partial A_r}{\partial r} + \frac{A_r}{r} + \frac{1}{r}\frac{\partial A_\varphi}{\partial \varphi} + \frac{\partial A_z}{\partial z}$$

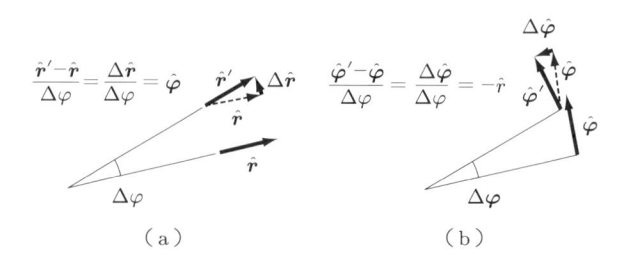

図 **0.21** 円筒座標における単位ベクトルの微分

で，変形すれば式 (0.25) と同じ

$$\mathrm{div}\,\boldsymbol{A} = \frac{1}{r}\frac{\partial (rA_r)}{\partial r} + \frac{1}{r}\frac{\partial A_\varphi}{\partial \varphi} + \frac{\partial A_z}{\partial z} \tag{0.38}$$

を得る．

外積についても同様に考える．

$$\nabla \times \boldsymbol{A} = \left(\frac{\partial}{\partial r}\hat{\boldsymbol{r}} + \frac{1}{r}\frac{\partial}{\partial \varphi}\hat{\boldsymbol{\varphi}} + \frac{\partial}{\partial z}\hat{\boldsymbol{z}}\right) \times (A_r\hat{\boldsymbol{r}} + A_\varphi\hat{\boldsymbol{\varphi}} + A_z\hat{\boldsymbol{z}}) \tag{0.39}$$

を div のときと同様丹念に計算していくわけだが，ここで外積の場合，

- 同じ単位ベクトルどうしの外積はゼロ
- $\hat{\boldsymbol{r}} \times \hat{\boldsymbol{\varphi}} = \hat{\boldsymbol{z}}$, $\hat{\boldsymbol{\varphi}} \times \hat{\boldsymbol{z}} = \hat{\boldsymbol{r}}$, $\hat{\boldsymbol{z}} \times \hat{\boldsymbol{r}} = \hat{\boldsymbol{\varphi}}$

の関係があることに注意しよう．計算の結果は再掲しないが式 (0.26) と同じになる．ぜひ，一度は必ず自分でやってみることをお勧めする．

極座標系についても，同じ考え方を用いる．極座標系における単位ベクトル方向の微小線要素は図 0.20 を見て

- $\hat{\boldsymbol{r}}$ 方向：dr
- $\hat{\boldsymbol{\theta}}$ 方向：$rd\theta$
- $\hat{\boldsymbol{\varphi}}$ 方向：$r\sin\theta d\varphi$

であることがわかるから，極座標系における ∇ 演算子は

$$\nabla = \frac{\partial}{\partial r}\hat{\boldsymbol{r}} + \frac{1}{r}\frac{\partial}{\partial \theta}\hat{\boldsymbol{\theta}} + \frac{1}{r\sin\theta}\frac{\partial}{\partial \varphi}\hat{\boldsymbol{\varphi}} \tag{0.40}$$

と定義されることがわかる．再び，$\mathrm{grad}\,\phi$ が $\nabla\phi$ で表されることを，式 (0.32) と見比べて確認しておこう．

極座標の場合，θ, φ が角度の変数なので，単位ベクトルの微分は円筒座標よりさらに複雑である．

$$\frac{\partial \hat{\boldsymbol{r}}}{\partial \theta} = \hat{\boldsymbol{\theta}}, \quad \frac{\partial \hat{\boldsymbol{\theta}}}{\partial \theta} = -\hat{\boldsymbol{r}}, \quad \frac{\partial \hat{\boldsymbol{r}}}{\partial \varphi} = \sin\theta\hat{\boldsymbol{\varphi}}, \quad \frac{\partial \hat{\boldsymbol{\theta}}}{\partial \varphi} = \cos\theta\hat{\boldsymbol{\varphi}}, \quad \frac{\partial \hat{\boldsymbol{\varphi}}}{\partial \varphi} = -\sin\theta\hat{\boldsymbol{r}} - \cos\theta\hat{\boldsymbol{\theta}}$$

の関係に注意して式を変形すると，

$$\mathrm{div}\,\boldsymbol{A} = \frac{\partial A_r}{\partial r} + \frac{A_r}{r} + \frac{1}{r}\frac{\partial A_\theta}{\partial \theta} + \frac{A_r}{r} + \frac{\cos\theta}{r\sin\theta}A_\theta + \frac{1}{r\sin\theta}\frac{\partial A_\varphi}{\partial \varphi}$$

が生き残り，変形すれば

$$\mathrm{div}\,\boldsymbol{A} = \frac{1}{r^2}\frac{\partial (r^2 A_r)}{\partial r} + \frac{1}{r\sin\theta}\frac{\partial (\sin\theta A_\theta)}{\partial \theta} + \frac{1}{r\sin\theta}\frac{\partial A_\varphi}{\partial \varphi} \tag{0.41}$$

が得られる．rot については詳しく述べないが，丁寧に計算すれば必ず式 (0.31) の形になるから，各自やってみること．

以上見てきたように，円筒座標でも極座標でも div, rot, grad は ∇ と場の積，という形で表現できることがわかる．この関係はもっと一般的な座標系に拡張できて，

互いに直交する三方向の基底ベクトルが定義される座標系ならどんな座標系でも ∇ を定義できて，場の微分は ∇ を作用させることで得られることが証明されている．

0.5.3 ラプラシアン ∇^2

スカラ場において勾配をとり，その発散をとる演算はラプラシアンとよばれ，電磁気学では重要な意味をもつ．∇ を用いて表すと，

$$\nabla \cdot (\nabla \phi) = \nabla^2 \phi \tag{0.42}$$

となるので，一般的にラプラシアンは ∇^2 と書かれる．$\triangle$ と書く流儀もあるので憶えておこう．デカルト座標系でラプラシアンを書き下すと，

$$\nabla^2 \phi = \frac{\partial^2 \phi}{\partial x^2} + \frac{\partial^2 \phi}{\partial y^2} + \frac{\partial^2 \phi}{\partial z^2} \tag{0.43}$$

となることは容易に確認できる．では，円筒座標と極座標ではどうなるか．これは，定義式 (0.42) から出発し，∇ 演算子の定義を丹念に計算してゆけば，比較的容易に以下の形が得られる．

円筒座標：$\nabla^2 \phi = \dfrac{1}{r}\dfrac{\partial}{\partial r}\left(r\dfrac{\partial \phi}{\partial r}\right) + \dfrac{1}{r^2}\dfrac{\partial^2 \phi}{\partial \varphi^2} + \dfrac{\partial^2 \phi}{\partial z^2}$ \hfill (0.44)

極座標：$\nabla^2 \phi = \dfrac{1}{r^2}\dfrac{\partial}{\partial r}\left(r^2\dfrac{\partial \phi}{\partial r}\right) + \dfrac{1}{r^2 \sin\theta}\dfrac{\partial}{\partial \theta}\left(\sin\theta\dfrac{\partial \phi}{\partial \theta}\right) + \dfrac{1}{r^2 \sin^2\theta}\dfrac{\partial^2 \phi}{\partial \varphi^2}$

\hfill (0.45)

ベクトル場においても，ラプラシアンは定義できる．この場合，ベクトルの各成分をスカラとみなし，それぞれについてラプラシアンの演算を実行すればよい．念のためデカルト座標で書き下しておくと，

$$\nabla^2 \boldsymbol{A} = \begin{pmatrix} \dfrac{\partial^2 A_x}{\partial x^2} + \dfrac{\partial^2 A_x}{\partial y^2} + \dfrac{\partial^2 A_x}{\partial z^2} \\ \dfrac{\partial^2 A_y}{\partial x^2} + \dfrac{\partial^2 A_y}{\partial y^2} + \dfrac{\partial^2 A_y}{\partial z^2} \\ \dfrac{\partial^2 A_z}{\partial x^2} + \dfrac{\partial^2 A_z}{\partial y^2} + \dfrac{\partial^2 A_z}{\partial z^2} \end{pmatrix} \tag{0.46}$$

である．円筒座標，極座標にもベクトルラプラシアンは定義できる．しかしその導出も，導出された結果もかなり複雑である．本書ではこれらの導出過程は示さず，結果だけを巻末付録 A.2 にまとめた．必要なときに参照してほしい．

ラプラシアンとはどういう演算か，その「意味」を考えてみよう．場のスカラ量にラプラシアンを作用させることの物理的意味は，「ある点の物理量を，その周りの平均値と比較する」ことである．説明が容易な 1 次元で説明しよう．関数 $y = f(x)$ は，

(a) 関数　　　　(b) 1階微分　　　　(c) 2階微分

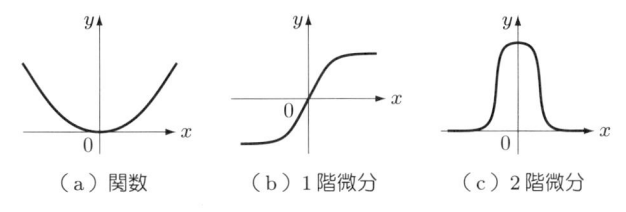

図 0.22 ラプラシアンを直感的に理解するため1次元で考える

図 0.22(a) のように $x=0$ 近くで下に凸で，その外側の領域では直線的に変化しているとする．これを1階微分すると図 (b) のようになり，$f'(x)$ は原点近くでマイナスからプラスに変化し，その外側の領域では水平である．これをさらに微分すれば，図 (c) のように原点付近でのみ正の値をもつ関数が得られるだろう．したがって，関数を2階微分したものは，その関数が調べている領域で周りに比べて出っ張っているか，凹んでいるかを教えてくれる．これを3次元空間で行うのが ∇^2 だから，

$\nabla^2 \phi > 0$ 　　ϕ の値は周りの平均値より小さい (凹)

$\nabla^2 \phi = 0$ 　　ϕ の値は周りの平均値にちょうど等しい

$\nabla^2 \phi < 0$ 　　ϕ の値は周りの平均値より大きい (凸)

となることがわかるだろう．

第3章で詳しく学ぶが，静電場において，ポアソンの方程式とよばれる以下の関係が成立する．

$$\nabla^2 \phi = -\frac{\rho}{\varepsilon_0}$$

ここで左辺の ϕ は「静電ポテンシャル」というスカラ場で，右辺は「電荷の密度」ρ を「真空の誘電率」ε_0 という物理定数で割ったものである．これを今の解釈に沿って考えると，ポアソンの方程式は**図 0.23** に示されるように「ある点の静電ポテンシャ

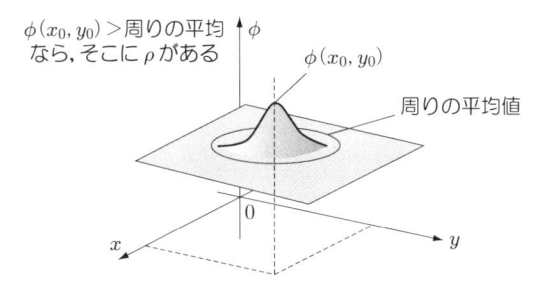

図 0.23 ポアソンの方程式を視覚的に理解するための図．わかりやすいように2次元で考えている．

ルが，その周りの平均値より高い (凸) ときには，そこには正の電荷密度が存在する」ということを数式的に記述しているのにほかならないことが理解できるだろう．ぴんと張ったゴム膜のどこか1カ所に剛球を置くと，そこを中心に膜が漏斗状にへこむが，ポアソンの方程式は，電荷が作るポテンシャル場もそれと同様であることを教えている．

0.6 場の微分と積分をつなぐ定理

0.6.1 ガウスの発散定理

ガウスの発散定理は，ベクトル場の発散に関連した以下のような定理である．

> **ガウスの発散定理**：任意のベクトル場 $\boldsymbol{A}$ について，
> $$\iiint_V (\nabla \cdot \boldsymbol{A}) dV = \oiint_S \boldsymbol{A} \cdot d\boldsymbol{S} \tag{0.47}$$
> が成立する．すなわち $\boldsymbol{A}$ の涌き出しを体積 V で積分したものは，V の表面 S で $\boldsymbol{A}$ を面積分したものに等しい．

ガウスの発散定理が言わんとしていることを図に表せば**図 0.24**のようになる．ガウスの発散定理は，電磁気学で頻繁に登場する大変重要な定理である．本項では，この定理の意味と，なぜこの定理が成り立つのかを理解してもらいたい．厳密な証明も可能だが，ここでは意味がわかりやすい定性的な証明を紹介する．

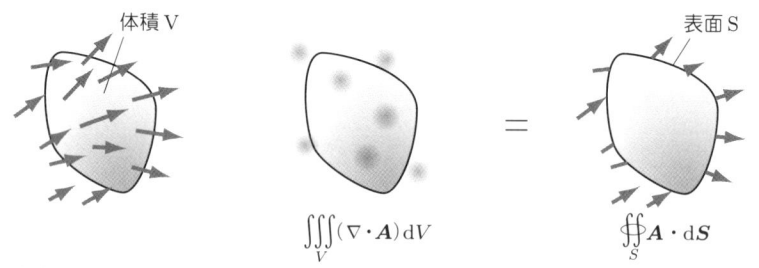

（a）ベクトル場 $\boldsymbol{A}$　（b）$\boldsymbol{A}$ の湧き出しを V で積分　（c）$\boldsymbol{A}$ を V 表面 S で面積分

図 0.24　ガウスの発散定理の意味するところを図解してみた

$\mathrm{div}\,\boldsymbol{A}$ の定義は，「小さな体積の表面で $\boldsymbol{A}$ を面積分してそれを体積で割る」ことであった．**図 0.25** の，一つの立方体を a と名づけ，ベクトル $\boldsymbol{A}$ を面 1〜面 6 で面積分した値を $a_1...a_6$ としよう．すると，$(\mathrm{div}\,\boldsymbol{A})dV$ は $a_1 + a_2 + a_3 + a_4 + a_5 + a_6$ とな

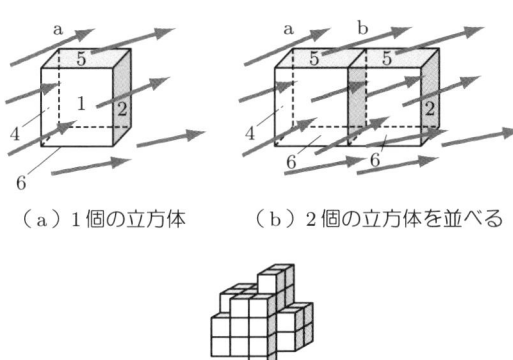

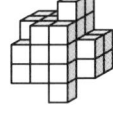

(a) 1個の立方体　　（b) 2個の立方体を並べる

(c) 重なっている面は面積分がすべて打ち消し合う

図 0.25 ガウスの発散定理を証明する

る．これを，連続する小さな体積で行い，足していったらどうなるか考えよう．立方体 a の隣に立方体 b を置く．b の面積分の合計は $b_1 + b_2 + b_3 + b_4 + b_5 + b_6$ だが，これらを足すと a_2 と b_4 が打ち消し合ってゼロになる．なぜなら a の面 2 と b の面 4 は一致しており，法線ベクトルが逆だから．このようにして，$(\text{div}\,\boldsymbol{A})\mathrm{d}V$ を隣り合う立方体で足していくと，重なっている面はすべて打ち消し合い，残るのは V の表面に出ている面のみになる．すなわち

$$\sum (\text{div}\,\boldsymbol{A})\mathrm{d}V = \sum (\text{V 表面での}\,\boldsymbol{A}\,\text{の面積分})$$

で，立方体の体積をゼロに漸近させればこれは

$$\iiint_V (\nabla \cdot \boldsymbol{A})\mathrm{d}V = \oiint_S \boldsymbol{A} \cdot \mathrm{d}\boldsymbol{S}$$

となる．直感的な理解でいえば，ベクトル量がたとえば水の流れとすると，袋で囲まれた内部の全涌き出し量を知りたければ内部のすべての点を調べる必要はなく，袋が膨張しつつあるかどうかを調べるだけでよい，ということを意味している．

ガウスの発散定理は，ベクトル場とその発散の関係に関する定理だが，一方で体積積分をその表面積分に置き換える定理ともいえる．このとき，積分の次元が一つ減るので，ちょっと格好をつけて「ガウスの発散定理で表面積分に落とす」などという人もいる．

0.6.2 ストークスの定理

ストークスの定理は，ベクトル場の回転に関連した以下のような定理である．

> **ストークスの定理**：任意のベクトル場 $\boldsymbol{A}$ について，
> $$\iint_S (\nabla \times \boldsymbol{A}) \cdot \mathrm{d}\boldsymbol{S} = \oint_s \boldsymbol{A} \cdot \mathrm{d}\boldsymbol{s} \tag{0.48}$$
> が成立する．すなわち $\boldsymbol{A}$ の回転を面 S で面積分したものは，S の周囲を回る経路 s で $\boldsymbol{A}$ を周回積分したものに等しい．

ストークスの定理が言わんとしていることを図に表せば**図 0.26** のようになる．ストークスの定理も，ガウスの発散定理と並び電磁気学で頻繁に登場する大変重要な定理である．同じく定性的な証明を紹介する．

rot $\boldsymbol{A}$ の定義は，「小さなループで $\boldsymbol{A}$ を周回積分してそれを面積で割る」ことであった．**図 0.27** の，一つの矩形ループを a と名づけ，ベクトル $\boldsymbol{A}$ を経路 1〜経路 4 で線積分した値を $a_1 \ldots a_4$ としよう．すると，rot $\boldsymbol{A} \cdot \mathrm{d}\boldsymbol{S}$ は $a_1 + a_2 + a_3 + a_4$ となる．これを，連続する小さなループで行い，足していったらどうなるか考えよう．ループ a

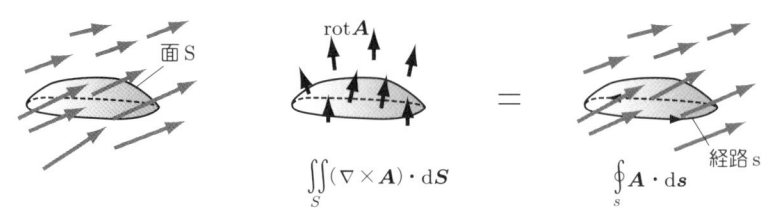

（a）ベクトル場 $\boldsymbol{A}$　（b）$\boldsymbol{A}$ の回転を S で面積分　（c）$\boldsymbol{A}$ を S のへり s で周回積分

図 0.26 ストークスの定理の意味するところを図解してみた

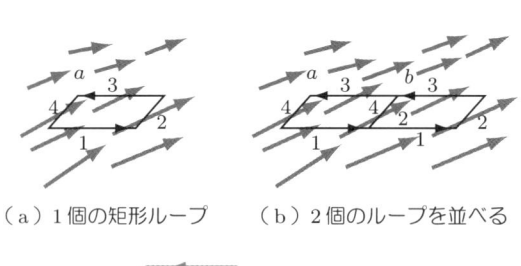

（a）1 個の矩形ループ　（b）2 個のループを並べる

（c）重なっている線は線積分がすべて打ち消し合う

図 0.27 ストークスの定理を証明する

の隣にループ b を置く．b の線積分の合計は $b_1 + b_2 + b_3 + b_4$ だが，これらを足すと a_2 と b_4 が打ち消し合ってゼロになる．なぜなら a の経路 2 と b の経路 4 は一致しており，積分方向が逆だから．このようにして，rot$\bm{A} \cdot \mathrm{d}\bm{S}$ を隣り合うループで足していくと，重なっている線はすべて打ち消し合い，残るのは S のへりに沿った経路のみになる．すなわち

$$\sum \mathrm{rot}\bm{A} \cdot \mathrm{d}\bm{S} = \sum (\text{S のへりでの}\bm{A}\text{の周回積分})$$

で，ループの面積をゼロに漸近させればこれは

$$\iint_S (\nabla \times \bm{A}) \cdot \mathrm{d}\bm{S} = \oint_s \bm{A} \cdot \mathrm{d}\bm{s}$$

となる．直感的な理解で言えば，ベクトル量がたとえば水の流れとすると，ある範囲に渦が存在するかどうかを調べるにはすべての点を調べる必要はなく，捜索範囲の周囲をぐるりと回りつつ自分の進行方向に沿った流れ成分を調べればよい，ということだ．もし一周回ったときに正味で後ろから押される時間が長かったとしたしたら，それは経路が囲んだ渦に流された結果である，ということを意味している．

ストークスの定理は，ベクトル場とその回転の関係に関する定理だが，一方で面積分を面のへりを回る周回積分に置き換える定理ともいえる．ガウスの法則と同様，このとき次元が一つ減るので，やはりこれも「積分の次元を落とす」定理である．

第0章のまとめ　　場とその微分・積分：基本装備を整えよう

場の積分

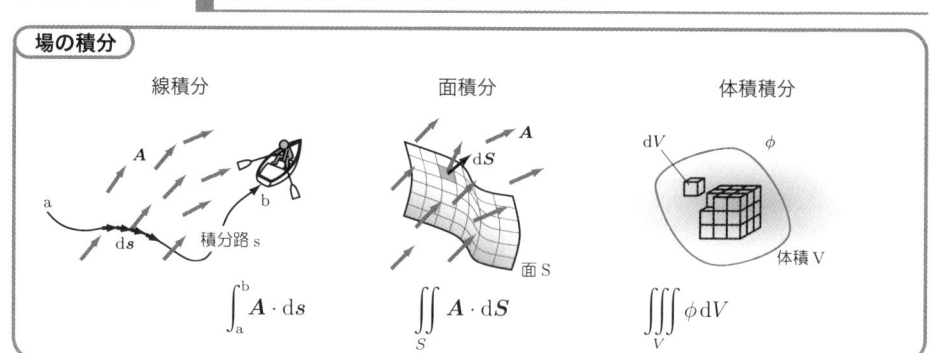

線積分

$$\int_a^b \boldsymbol{A} \cdot d\boldsymbol{s}$$

面積分

$$\iint_S \boldsymbol{A} \cdot d\boldsymbol{S}$$

体積積分

$$\iiint_V \phi \, dV$$

場の微分

div (発散)のあるベクトル場 ― 面積分／体積

rot (回転)のあるベクトル場 ― 線積分／面積

スカラ場とその grad (勾配)

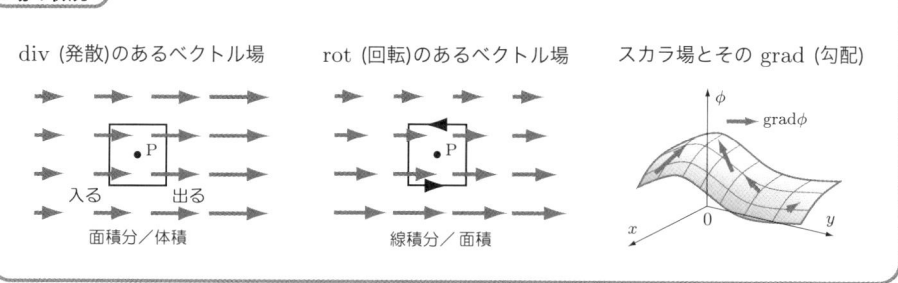

∇(ナブラ)

定義：
$$\nabla \equiv \left(\frac{\partial}{\partial x}\boldsymbol{i} + \frac{\partial}{\partial y}\boldsymbol{j} + \frac{\partial}{\partial z}\boldsymbol{k}\right)$$

$$\mathrm{div}\,\boldsymbol{A} = \nabla \cdot \boldsymbol{A}$$
$$\mathrm{rot}\,\boldsymbol{A} = \nabla \times \boldsymbol{A}$$
$$\mathrm{grad}\,\phi = \nabla \phi$$

場の微分はナブラと場の演算に置き換えられる

微分と積分をつなぐ定理

ガウスの発散定理

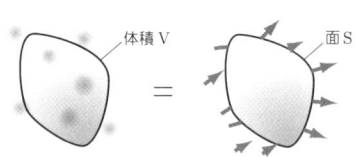

重要公式
$$\iiint_V (\nabla \cdot \boldsymbol{A}) dV = \oiint_S \boldsymbol{A} \cdot d\boldsymbol{S}$$

3次元　→　2次元
$\boldsymbol{A}$の発散　←　$\boldsymbol{A}$

ストークスの定理

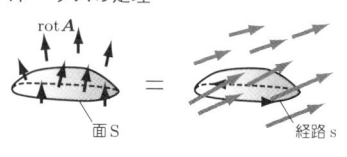

重要公式
$$\iint_S (\nabla \times \boldsymbol{A}) \cdot d\boldsymbol{S} = \oint_s \boldsymbol{A} \cdot d\boldsymbol{s}$$

2次元　→　1次元
$\boldsymbol{A}$の回転　←　$\boldsymbol{A}$

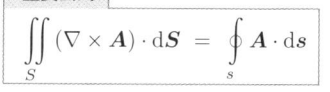

演習問題

0.1 あるベクトル場 $\bm{A}$ は，円筒座標系で $\bm{A} = (1/r, 0, 0)$ と表される．このベクトル場をデカルト座標で表しなさい．

0.2 **問図 0.1** のように，x 軸方向を向いた一様なベクトル場 $\bm{A} = (A, 0, 0)$ がある．xy 平面内，原点を中心とした図の様な半径 r の半円の経路で，このベクトル場の線積分を実行しなさい．

0.3 **問図 0.2** のように，z 軸方向を向いた一様なベクトル場 $\bm{A} = (0, 0, A)$ がある．原点を中心とした図のような半径 r，$z \geq 0$ の半球表面で，このベクトル場の面積分を実行しなさい．

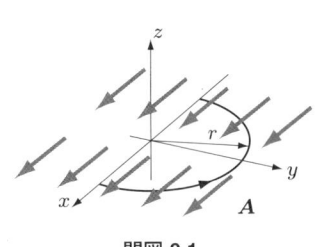

問図 0.1

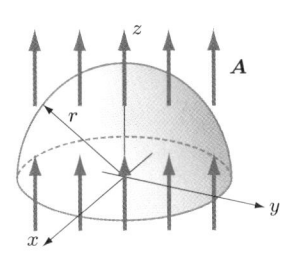

問図 0.2

0.4 デカルト座標でベクトル場 $\bm{A} = (A_x, A_y, A_z)$ が定義されているとき，$\bm{B} = \mathrm{rot}\,\bm{A}$ を成分ごとに書き下しなさい．教科書を見ないでもできるようになること．

0.5 スカラ場 $\phi = r$ の勾配，∇r をデカルト座標と極座標で計算しなさい．

0.6 次のようにベクトル場の微分を二つ組み合わせたもののうち，意味があるものはどれか．
① grad・div ② grad・rot ③ grad・grad ④ div・grad ⑤ div・div
⑥ div・rot ⑦ rot・grad ⑧ rot・div ⑨ rot・rot

0.7 円筒座標系でベクトル場 $\bm{A}$ が a を定数として $(0, ar, 0)$ と表されたとする．このとき，**問図 0.3** のように，xy 平面内で原点を中心とする半径 R の円形積分路を考える．この経路に沿って $\bm{A}$ を線積分したものが，円内部の $\mathrm{rot}\,\bm{A}$ の面積分に等しいこと，すなわちストークスの定理が成り立つことを示しなさい．

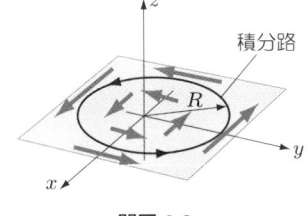

問図 0.3

0.8 ガウスの発散定理を用いて，閉曲面 S で囲まれる領域の体積は以下の計算で求められることを示しなさい．

$$V = \frac{1}{3} \oiint_S \bm{r} \cdot d\bm{S}$$

第1章 クーロンの法則

さあ、基本装備を調えたら出発だ。多くの教科書と同様、本書もスタート地点は**電荷**と**クーロンの法則**の定義だ。意外に思うかもしれないが、電荷とは何か、なぜそれらはクーロンの法則に従うのか、これを電磁気学の理論で説明することはできない。こういう、理論体系の内部では説明できない事実は「公理」とよばれ、これは頭から信じることと約束する。しかし、基本的に、我々が学ぼうとする古典電磁気学の公理はこれだけである[†]。それなのに電磁気学の何と複雑なことか。我々はクーロンの法則を表現する手段である**電場**、**電気力線**という概念を学び、複雑怪奇な電磁現象を一つずつスタート地点と結んでゆく方法で、迷わないように電磁気学の奥深くへと分け入ってゆく。

1.1 電荷とは何か

1.1.1 ラザフォードの原子モデル

我々の世界を作っている原子。それは、正(プラス)の電荷をもった粒子と負(マイナス)の電荷をもった粒子からできている。このことがわかったのは長い人類の歴史の中でようやく100年ほど前のことなのだ。**図1.1**のように原子の中心には**原子核**があり、原子核は正電荷をもった**陽子**と電荷をもたない**中性子**がぎっしりと詰まっている。そして、その周りを負電荷の**電子**がまるで惑星のように回っている、というのが

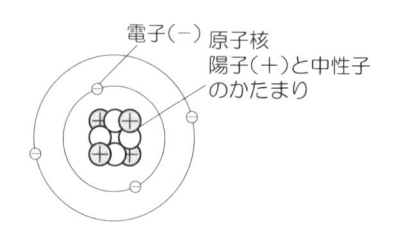

図1.1 原子の古典的モデル

[†] ほかにも特殊相対性理論とか、「慣性系の同等性」など、他の物理学でも信じられている事実はもちろん信じる。

原子のモデルである．原子の質量はほとんどが原子核のもので，相対的に考えると電子は核から遠いところを回っている．たとえば，電子の軌道を野球場くらいの大きさとすると，原子核はピンポン玉くらいの大きさになる．

実はこのモデルは 100 年ほど前に提唱された非常に素朴なもので，**ラザフォードの原子モデル**といわれている．より正確な量子力学的描写では「陽子，中性子，電子は粒子ではなく量子とよばれる存在である．電子は原子核の周りに存在するがその位置は不確定で，存在確率の波 (波動関数) が定在波になっている」と理解されている．しかし多くの場合図 1.1 のモデルは大変よい近似を与えるし，我々が学ぶ範囲の電磁気学ではこれで支障はないので，本書では原子とはこういうものと考えよう．

1.1.2 電荷の性質

琥珀を布でこすると細かい埃がくっつくことから，物体を引きつける不思議な力，静電気力の存在は紀元前から知られていた．「電気」を表す英単語 electricity は「琥珀」を表すギリシャ語 "$\eta\lambda\varepsilon\kappa\tau\rho o\nu$" が語源となっている．その後，18 世紀末までの研究により，電荷には以下のような性質があることがわかっていた．

- 電荷には正 (プラス) と負 (マイナス) の二種類が存在する．それ以外の電荷はない．
- 電荷は保存する量である．
- 同種の電荷は反発し，異種の電荷は引き合う．これを**静電気力**とよぶ．
- 電荷間に働く力は，距離の自乗に反比例する．

そして，現代においてもそれ以上のことはわかっていない，というのが正直なところである．**電荷の保存**とはどういうことかというと，ある閉じた系の正味の電荷量 (正電荷量から負電荷量を引いた量) はどんな変化があっても変わらない，というものである．これは，相対論でも量子論でも成り立つ極めて強い保存則である．現代では原子核のしくみが明らかになり，陽子がさらに小さな素粒子から成っていることがわかっている．たとえば，陽子と電子を無理やりくっつけると中性子ができることが知られていて，陽子とは「中性子から電子が抜けた状態」とみることもできるのだ．しかし，中性子を陽子と電子に分割しても電荷の正味量はゼロのままである．現代においても，「電荷の正体は何なのか」「なぜ電荷は保存する量なのか」「なぜ電荷間に働く力は距離の自乗に反比例するのか」という疑問に明解な解はない．

観測事実から，電子が原子核の周りを回っているのは異符号の電荷間に働く引力によって電子が原子核に捕らえられているためであることがわかっている．一方，同符号の電荷は互いに斥力を及ぼし合うのに原子核がバラバラになってしまわないのは，静電気力と異なる力が陽子と中性子を結びつけているからである．

安定状態の原子には原子核の陽子と同数の電子が存在する．ところが，一番外側の軌道を回る電子は原子核の支配力が弱いため，自由に動き回ることがよくある．一方で，その内側の軌道を回る電子はより強い力で原子核から引かれているのでめったなことでは原子核の周りを離れない．原子核の支配を逃れた電子は自由な負電荷として振る舞い，電子を失った原子は全体として正電荷をもつ．そこで，原子核と，内側の軌道の電子を一つの正電荷と考え，原子を「中心にある正電荷とその周りを回る数個の電子」でモデル化する．簡略化された**図 1.2** のモデルもよく使われる．

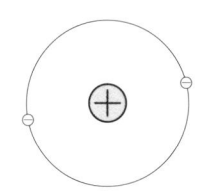

図 1.2 簡略化された原子モデル

本書で考える範囲では，あらゆる電荷の源は陽子 (+) か電子 (−) である．両者は異符号だが同じ大きさの電荷をもつ．したがって，一つの電子，あるいは陽子がもつ電荷量が電荷量の最小単位で，これを**素電荷** e とよぶ．現代の標準的単位系である **MKSA 単位系** (5.4.1 項で詳述．→ p.154) では電荷の大きさを測る単位は**クーロン**で，名前はこの後すぐ登場する**クーロンの法則**の発見者クーロンにちなむ．電荷量クーロン [C] の定義については第 5 章で詳しく述べるが，1 C の電荷量とは「1 A の電流が 1 秒流れたときに移動した電荷量」である．クーロンを単位とすると素電荷の大きさは $1.602176487 \times 10^{-19}$ C である[†]．

> **素電荷**：一つの電子，あるいは陽子がもつ電荷の量で，電荷量の最小単位．
> $$e = 1.602176487 \times 10^{-19} \text{ C}$$

当然のことながら，観測されるあらゆる電荷量は素電荷の整数倍である．

1.1.3　導体と絶縁体

物質，すなわち我々を取り巻く石やプラスチックや金属，そして我々の体は原子どうしが結びついてできている．これもまた非常におおまかな分類だが，原子どうしの結びつきの種類により我々は物質を三種類に分類する．

[†] 素電荷は測定値で，その精密な値は測定技術の進歩によりたびたび見直される．本書の値は「平成 24 年度版理科年表」を参照した．

- 絶縁体：電子が原子核に捕らえられていて，自由には動けない物質．
  　　　　例：ガラス，ゴム，木など．
- 導　体：一部の電子が原子核の間を自由に移動できる物質．
  　　　　例：銅，アルミニウム，鉄など．
- 半導体：導体と絶縁体の中間的な性質をもつ物質．
  　　　　トランジスタやダイオードなどは半導体からできている．

絶縁体，導体，半導体の原子の結合状態を模式的に示したものが図 **1.3** である．図 (a) の絶縁体の原子どうしは互いに一番外側の電子を共有する形で結合している．こうなると，電子は原子核に強く束縛されて動くことができない．一方，図 (c) の導体の原子は，一番外側を回っている電子が容易に原子核から離れるような性質をもっている．原子核は規則正しく並んでいて動かないが，原子核から離れた電子は核の間を自由に動き回ることができる．電子が外に飛び出してしまうかというと，そうはならない．自由電子は「自由」とはいっても原子核集団の引力に支配されているから，その引力を振り切るには相当大きな運動エネルギーが必要なのだ．図 (b) の半導体の振る舞いは，ひとことで言えば導体と絶縁体の中間で，自由電子はある条件のときだけ現れる．半導体をうまく使うと，一方向にだけ電流が流れるような仕掛けを作ることができるため，トランジスタやダイオードなどの電子部品は半導体で作られる．

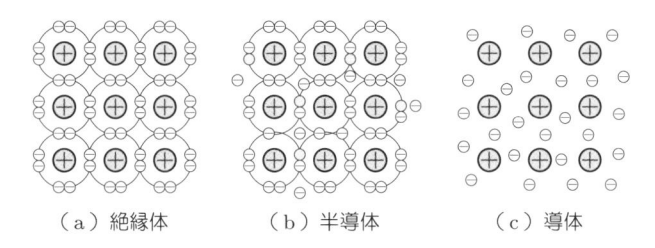

（a）絶縁体　　　（b）半導体　　　（c）導体

図 1.3　絶縁体，半導体，導体の結合状態をモデル化したもの

1.1.4 帯電させるということ

電磁気学は電荷をもった物体の振る舞いについて考える学問である．では，物体が電荷をもつとはどういうことだろうか．絶縁体の原子は互いに電子を共有して安定になっているため電子は容易に原子の支配を逃れることはないが，それでも例外はあって，一番外側，絶縁体表面の原子には束縛がゆるい電子がある．あるいは逆に，共有結合するペアのない原子は，外からきた電子を捕捉しやすいだろう．

図 **1.4** のように電子を手放しやすい材料と電子を捕捉しやすい材料をくっつけて引きはがすと，電子が一方の材料から他方の材料へ乗り移る．このとき，電子を受け

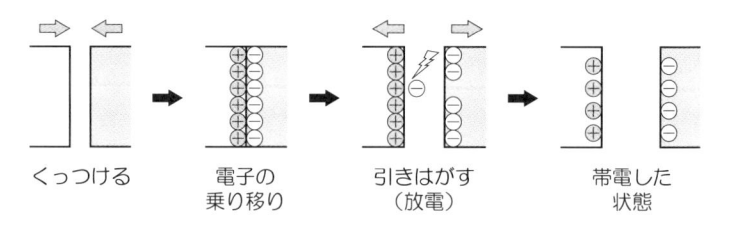

くっつける　電子の　引きはがす　帯電した
　　　　　乗り移り　（放電）　　状態

図 1.4 絶縁体が帯電する様子を模式的に示す

取った方は全体として負電荷が過剰，電子を手放した方は正電荷が過剰である．前者を「負に帯電した状態」，後者を「正に帯電した状態」という．帯電した絶縁体では，電荷は発生した場所から移動することはなく，片側の表面にとどまる．正に帯電した物質は，実際には電子がはぎ取られた状態なのだが，以降，我々はこれを「正電荷粒子が付着した状態」と考えよう．こう考えるとイメージがつかみやすくなる．

異符号に帯電した物体どうしが近くにあると，それらは互いに静電気力で相手の電荷を引きつける．図 1.4 で絶縁体を引きはがそうとするとき，電子が空気の層を乗り越えて負に帯電した物体から正に帯電した物体に飛び込む．このとき電子が空気の分子にぶつかり，激しい音と光を発する．これを**放電現象**とよぶ．日常生活でも，乾燥した日にセーターを脱ぐと，静電気がパチパチというのを経験するだろう．これは，セーターが正に帯電し，シャツが負に帯電するために起こる現象である．セーターとシャツが離れる過程でシャツの電子が空気の壁を越えてセーターに飛び込んだ音を君たちは聞いているわけだ．正電荷の粒子と負電荷の粒子が出会うと，それらは互いに中和して消滅する．実際には，物体に含まれる陽子と電子の数が同数になる，ということなのだが．

次に導体の帯電について考える．金属は，負電荷を一つか二つ失った原子が規則正しく並んでいて，その周りを自由に移動できる負電荷が飛び回っている，というのがモデルである．帯電した導体をモデル化するときは，**図 1.5** のように過剰な電荷以外の，正負同量の電荷の存在は考えないようにする．そして，導体の固まりの中を自由

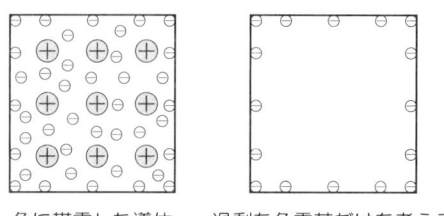

負に帯電した導体　　過剰な負電荷だけを考える

図 1.5 導体が帯電する様子を模式的に示す

に移動できる正電荷，または負電荷の粒子が存在する，というモデルを考える．自由に移動できる電荷は互いに反発力を及ぼすため，導体に与えられた電荷はなるべく遠ざかろうとして，結果として表面に分布する．電荷を与えられた導体の性質については第2章で詳しく考えよう．

帯電した絶縁体を使い，導体を帯電させる方法の一例を**図1.6**に示す．二つの導体を細い導線でつなぎ，片側の導体に負に帯電した絶縁体を近づける(図(a))．ただし接触はさせない．導体の自由電子は反発力で遠ざかり，導線を越えて反対側の導体まで移動する．一方，導体全体で合計すれば正負の電荷は同量のままだから，絶縁体に近い方には正電荷が生じる．ここで，導線を切断しよう(図(b))．すると，もはや電荷は自由に行き来することはできないので，左の導体は負に，右の導体は正に帯電する．切り離された導体に生じた電荷は，互いに遠ざかろうとして表面に分布する．

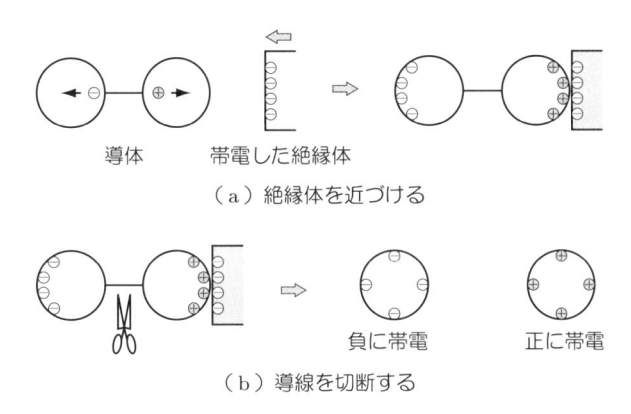

(a) 絶縁体を近づける

(b) 導線を切断する

図1.6 帯電した絶縁体を使い，帯電した導体を作る方法

1.2 クーロンの法則

どんな理論体系にも，「理屈抜きで信じる前提」が最低一つはある．そして，その前提を説明するには，その理論の外に出る必要がある．たとえて言えば，ニュートン力学は $\bm{F} = m\bm{a}$ のたった一つの式で説明できる非常に美しい，完成された理論体系だが，なぜ加速度が力に比例するのかは説明しない．

本書で学ぶ電磁気学とは，これまでに説明した「電荷」なるものの存在を認め，「そのような性質をもつ電荷がどのように振る舞うかを体系化する学問」ということができるだろう．ある理論体系を考えるとき，その理論体系の中では説明できない事実を数学では**公理**という．そして，公理を前提として成り立つ事実は**定理**とよばれるが，

これはスポーツでいう「ルール」と「ゲーム」の関係にたとえられるだろう．『これがルールだ．あとはゲームを楽しめ』とある物理学者は言った．我々も本書を通じて，「電磁気学」というゲームを一緒に楽しもうではないか．

1.2.1 点電荷とクーロンの法則

電磁気学のルールブックの前文が「電荷の存在とその保存則」とすると，第一条は「点電荷の定義」で始まるだろう．点電荷とは，「大きさをもたない点状の領域に存在するある大きさの電荷」である．電子は現代の物理学でも大きさをもたない粒子であると考えられているから，これは厳密に点電荷といえる．しかし，**パウリの排他律**という量子力学の規則により，二つ以上の電子を同じ位置に置くことはできない．したがって素電荷より大きい電荷量をもつ点電荷は観念上の存在である．しかし，「観測している領域より充分小さな領域に集中した電荷」は，近似的にはある電荷量をもつ点電荷と考えてよいだろう．

次に，二つの点電荷の間に成り立つ**クーロンの法則**を定義する．クーロンの法則は18世紀末にフランスの物理学者シャルル・ド・クーロン (Charles-Augustin de Coulomb) がねじり秤を使った巧みな実験から導き出した以下の法則である．

> **クーロンの法則**：点電荷と点電荷が及ぼし合う力は同符号なら斥力，異符号なら引力である．その大きさは電荷量の積に比例し，電荷間の距離の自乗に逆比例する．

ここから，電荷間の静電気力は一般に**クーロン力**とよばれる．電荷 q_1 と q_2 が互いにクーロン力を及ぼし合う様子を**図 1.7** に示す．引力，斥力は二つの電荷を貫く線の方向を向いたベクトル量であるから，単位ベクトルを使って表せば

$$\boldsymbol{F} = k\frac{q_1 q_2}{r^2}\hat{\boldsymbol{r}} \tag{1.1}$$

$\boldsymbol{F}$	力 [N]	k	クーロン定数 [Nm²/C²]
q_i	電荷量 [C]	r	電荷間距離 [m]

$$|\boldsymbol{F}_{ij}| = k\frac{q_1 q_2}{r^2}$$

図 1.7 クーロンの法則

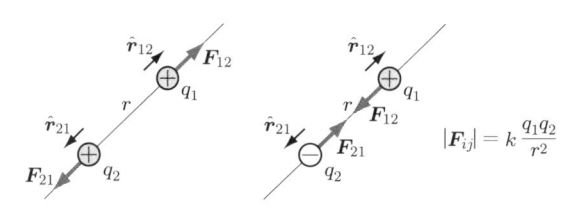

となる．クーロン力といえどもニュートン力学に違反するわけではないから，作用・反作用の法則から $\bm{F}_{12} = -\bm{F}_{21}$ である．クーロン定数は力の単位と電荷の単位を整合させるために導入されるもので，単位系をどう取るかにより異なる．

かつて，電磁気学にはさまざまな単位系があった．クーロン定数が「1」となるように電荷の測り方を決めた単位系もあったが今では廃れてしまった．現代標準のMKSA単位系では力の単位は[N](ニュートン)で，クーロン定数は

$$k = \frac{1}{4\pi\varepsilon_0}$$

ε_0　　真空の誘電率=$8.85418782 \times 10^{-12}$ [C^2/Nm^2] または [F/m]

である[†]．「真空の誘電率」とは何なのか，なぜ 4π が出てくるのか，これらはこれから徐々に明らかにしていこう．

さて，上で述べたように，「点電荷」とは観念上の存在で実際には任意の電荷量の点電荷を作ることはできない．しかし，我々はこのクーロンの法則を「証明できない公理」として認めよう．実際，過去に行われたさまざまな実験により，クーロンの法則は 10^{-17} の精度で正しいことが確認されている．では，クーロンの法則は無限の精度で成り立つ宇宙の真理かというと，それは誰にもわからないし，電磁気学はそのことについては疑問を挟まない．存在しない点電荷について定義されたクーロンの法則がなぜ正しいと信じられるか，その理由については2章のコラム (→ p.70) を参照して欲しい．

1.2.2　分布電荷

ほとんどの場合，我々が扱う問題は「物体」という数え切れないほど多くの原子集団がもつ数え切れないほどの素電荷の集合について考える．そこで，これを「分布した点電荷」と考え，**電荷密度**で表そう．たとえるなら，砂糖水の甘さを表すのに，砂糖の分子をいちいち数えるのではなく「1 cm^3 あたりに溶けている砂糖の量」で表すようなものだ．

図 1.18(a) のように体積に分布している電荷密度を表す物理量，すなわち**体積電荷密度**は [C/m^3] である．電荷は砂糖水の中の砂糖分子のように均一に分散しており，どんな小さな体積を取っても，その中に含まれる電荷を体積で割れば一定の値になる，と考える．もちろん，電荷密度が場所により異なる値を取る場合もあるだろう．大切なのは，分布電荷を考えるときは，電荷を「連続な量」と考える，ということだ．したがって，体積をゼロとすれば中に含まれるのは一つの電子ではなく，電荷量はゼロと考える．もちろん，これは近似的概念なので，原子スケールの物理を考えるときには

[†] 真空の誘電率は，素電荷と違って定義値である．これは，現代では真空の光速度が定義値だからだ．

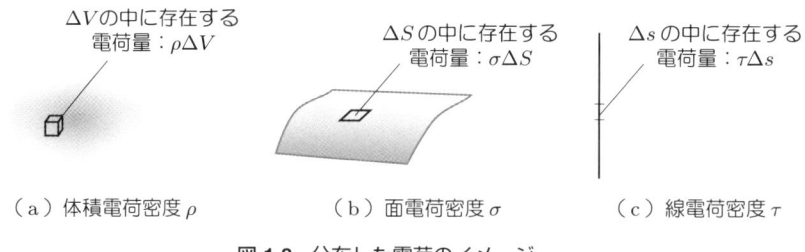

ΔVの中に存在する 電荷量：$\rho\Delta V$	ΔSの中に存在する 電荷量：$\sigma\Delta S$	Δsの中に存在する 電荷量：$\tau\Delta s$
（a）体積電荷密度 ρ	（b）面電荷密度 σ	（c）線電荷密度 τ

図 1.8　分布した電荷のイメージ

「電荷密度」という考え方は慎重に適用する必要がある．しかし，驚くべきことに，原子核に含まれる陽子の電荷ですら電荷密度の考え方が通用することがわかっている．

すべての物体には原子核の正電荷と電子の負電荷が膨大な数，等量含まれているが，物体の外から見てクーロン力を感じることはない．これを，分布電荷の考え方を使い「正と負の等しい電荷密度が同じ空間に重なり合って存在し，中和しているため電荷密度がゼロになっている」とする．

図 (b) のように，電荷の分布が考えているスケールに比べてずっと薄い面上に広がっているとき，電荷の存在は**面電荷密度** [C/m^2] で定義される．帯電した絶縁体や導体は面電荷でよく近似される．さらに，図 (c) のように電荷が太さのない線状に分布しているとみなせる場合を**線電荷密度**といい，物理量は [C/m] である．

1.2.3　重ね合わせの原理

クーロンの法則には「点電荷の存在」に加え，もう一つ重要な前提がある．それは**重ね合わせの原理**が成立する，ということである．重ね合わせとは，図 **1.9** のように電荷がたとえば三つあるとき，ある電荷 q_1 が感じるクーロン力は q_1 と q_2 の間のクーロンの法則で求められる力と，q_1 と q_3 の間のクーロンの法則で求められる力のベクトル和になる，ということだ．「あたり前」と思うかもしれないが，日常生活ではむ

$$\boldsymbol{F} = \boldsymbol{F}_{12} + \boldsymbol{F}_{13}$$

$$\boldsymbol{F}_{12} = k\frac{q_1 q_2}{r_{12}^2}\hat{\boldsymbol{r}}_{12}$$

$$\boldsymbol{F}_{13} = k\frac{q_1 q_3}{r_{13}^2}\hat{\boldsymbol{r}}_{13}$$

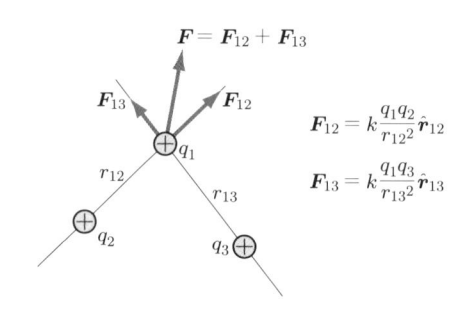

図 1.9　重ね合わせの原理

しろ重ね合わせの原理が成り立たない現象の方が多い．太郎と花子は実は親密だが，二郎が来ると急によそよそしくなる，というシチュエーションはよくあるだろう？

重ね合わせの原理，別名「線形性」はクーロンの法則と並ぶ電磁気学の大きな柱で，これが成り立つからこそ電磁気学の基本法則は美しいマクスウェル方程式に書き表すことができるのだ．では，重ね合わせの原理が成り立つことを我々はどのように納得すればよいのだろうか．クーロンの法則は，任意の大きさの点電荷について成り立つ公理であることを我々は認めた．したがって，点電荷 q_2 と q_3 が同じ場所にあれば，これらが q_1 に及ぼすクーロン力は

$$\bm{F} = k\frac{q_1(q_2+q_3)}{r^2}\hat{\bm{r}} = k\frac{q_1 q_2}{r^2}\hat{\bm{r}} + k\frac{q_1 q_3}{r^2}\hat{\bm{r}} \tag{1.2}$$

でなくてはならない．これは，q_1 が q_2 と q_3 から感じるクーロン力の合力となっている．同じ場所にあって互いに干渉しない q_2 と q_3 だから，遠ざけたとしても q_1 が感じる力はやはり q_1-q_2 間のクーロン力と q_1-q_3 間のクーロン力の合力になるだろう．このように，クーロンの法則が成り立てば必然的に導き出される重ね合わせの原理であるが，観測事実としてこれが破られた，という実験結果もまた報告されていない．我々は，これもクーロンの法則と同じく電磁気学の基本公理として認めよう．

1.3 電　場

はじめに，我々は電荷どうしが及ぼし合う力を一対一のクーロン力で定義した．しかしこれは電荷が複数あるときには大変不便な考え方だ．そこで，**電場**という考え方を導入する．電場は単に複数の電荷が互いに及ぼし合うクーロン力を記述するだけでなく，**遠隔作用**から**近接作用**への考え方の転換という重要な意味をもっている．

1.3.1 近接作用と遠隔作用

電荷 q_1 と電荷 q_2 があるとき，これらは互いに図 1.7 のようなクーロン力を及ぼし合っている．電荷がいくつあっても，それらは重ね合わせの原理で互いのクーロン力を足し合わせればよいから，電荷が動かなければ電磁気学はクーロン力だけで完全に記述することができる．しかし，本書では第 5 章「電流と磁場」，第 8 章「電磁誘導」で学ぶように，動く電荷は磁場を作り，電磁波の発生源ともなる．その本質は，「クーロン力は遅れて伝わる」，ということだ．「どんな作用も真空の光速度を超えて伝わることがない」というのはアインシュタインの特殊相対性理論から導き出される帰結だが，クーロン力もその例外ではない．歴史的には順番は逆で，クーロン力が遅れて伝わることから電磁波が発生することが説明できて，電磁波の性質からアインシュタインは特殊相対性理論を発見した．クーロン力が瞬時には伝播しない，という性質をう

まく説明するにはどうすればよいかというと，電荷が周りの電荷に及ぼす作用を**電場**というベクトル場で表せばよい．ぴんと張ったゴム膜を想像しよう．そこに一つのおもりを置く．すると図**1.10**(a)のように膜がへこみ，周囲の膜は坂道となる．試しに小球を置いてみると，小球はあたかもおもりに引かれるかのごとく坂道を転がり落ちる．これを，「おもりを置くことにより膜の緊張状態が変化し，それが外側に向かって伝播していく」と解釈するのが**近接作用**の考え方である．ここで，「変化はおもりから全空間に向かって徐々に伝播していく」という発想の転換は重要である．この場合，小球が感じている力はおもりが原因となっている，というより「小球がいるところのゴム膜が傾いたため」に感じられる．これが「近接作用」たるゆえんである．そして，クーロン力とは，確かにそこに電場が存在する証拠として観測される一つの現象に過ぎない，と考える．

（a）近接作用の考え方　　（b）遠隔作用の考え方

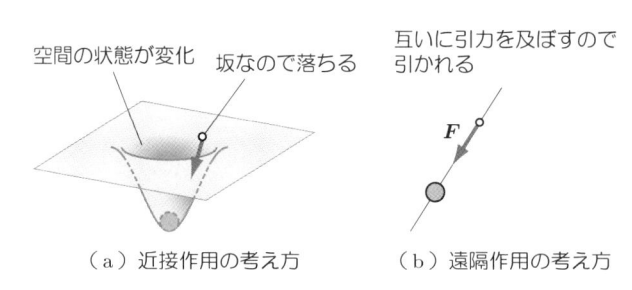

図 1.10　近接作用と遠隔作用の考え方をおもりとゴム膜で説明する

あらかじめ注意しておくが，この「電場」なる考え方は単に説明を容易にするため便宜的に作り出されたものではなく，電場は物理的実体なのだ．これについては本書を読み進めるにつれ徐々に明らかになっていく．

一方，小球が中央に向かってころがり落ちるのはそこが坂道だから，とは考えず，図 (b) のようにおもりと小球が互いに力を及ぼし合うから，と考えるのが**遠隔作用**である．クーロンの法則は遠隔作用の考え方で定義された法則である．系が時間的に変化しないとき両者を区別する方法はないため，近接作用の正しさが認められたのはクーロンの法則の発見から数十年後のことであった．

1.3.2　点電荷が発する電場

電場は「1 C の電荷が置かれたとき，その電荷が感じる力で表されるベクトル場」と定義される．もちろん，1 C の電荷を置くことで新たな電場が作られてしまうから，仮想的な無限に小さい「試験電荷」q を考え，電場は試験電荷が感じる力 $\bm{F}$ を使い

$$\bm{E} = \frac{\bm{F}}{q} \tag{1.3}$$

と定義する．電場の単位は式 (1.3) から [N/C] であるが，これは一般には [V/m] とされる．[V] は電圧の単位としておなじみだろう．なぜ電場がこう表されるか，理由については第 3 章で「静電ポテンシャル」を定義するまではお預けとしておこう．

> **電場**：1 C の電荷が 1 N のクーロン力を感じるとき，そこには 1 V/m の電場がある，と定義する．電場 $\boldsymbol{E}$ の空間に置かれた電荷 q は
> $$\boldsymbol{F} = q\boldsymbol{E} \tag{1.4}$$
> のクーロン力を感じる．

電荷が動かない限りは近接作用も遠隔作用も同じ結果を与えるが，本章から第 4 章までは時間的に変化しない系の振る舞いをあえて近接作用論で考えよう．この後すぐわかるが，「電場」という考え方は単に近接作用論が正しい，という意味だけでなく，複雑な問題を容易に理解する道具としても便利なものである．

原点に一つの点電荷 q_0 があるとき，その周りの電場はどうなるか．試験電荷 q を置けば，q が感じる力はクーロンの法則からただちに

$$\boldsymbol{F} = k \frac{q \cdot q_0}{r^2} \hat{\boldsymbol{r}} \tag{1.5}$$

だから，電場は

$$\boldsymbol{E} = k \frac{q_0}{r^2} \hat{\boldsymbol{r}} \tag{1.6}$$

である．これをベクトル矢印で書くと**図 1.11** のようになる．ただし，電場の大きさを正直に書くと非常にわかりにくい図になってしまうので，矢印の長さはイメージと思ってもらいたい．

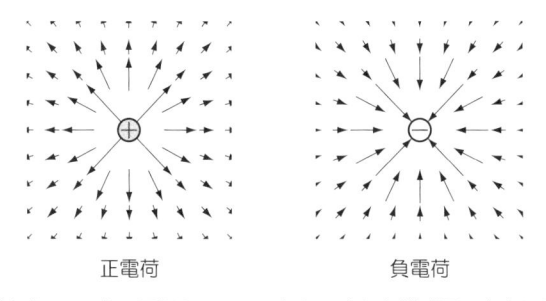

正電荷　　　　負電荷

図 1.11 点電荷が周りに作る電場をベクトル矢印で表した模式図．本来は電場の大きさは距離の逆自乗で減衰するため，矢印の長さは正しくない．

1.3.3 分布電荷が発する電場

クーロン力に重ね合わせが成り立つのだから,電場にも重ね合わせが成立する.二つ以上の点電荷があるとき,空間の電場はそれぞれの点電荷が作る電場のベクトル和になる.二つの電荷 q_1 と q_2 が作る電場は**図 1.12**(a) のように

$$\boldsymbol{E} = k\frac{q_1}{r_1^2}\hat{\boldsymbol{r}}_1 + k\frac{q_2}{r_2^2}\hat{\boldsymbol{r}}_2 \tag{1.7}$$

となることはすぐわかるだろう.ここでポイントは,どんな組み合わせのどんな電荷が来ても,「ある場所の電場」は一つのベクトル量になる,ということだ.同じ大きさで正・負二つの電荷が作る電場は式 (1.7) をすべての点で計算して,図 1.12(b) のようになる.

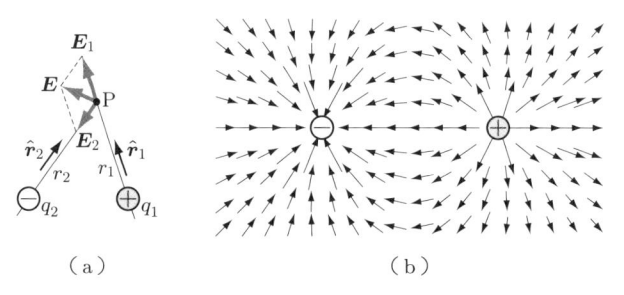

図 1.12 (a) 正・負の点電荷が点 P に作る電場の計算と,(b) 全空間で計算された電場の様子.見やすさのため,矢印の長さは正しく描かれていない.

電荷が三つ以上あるときは総和記号を使い,以下のように表すことができる.

$$\boldsymbol{E} = \sum_i k\frac{q_i}{r_i^2}\hat{\boldsymbol{r}}_i = k\sum_i \frac{q_i}{r_i^2}\hat{\boldsymbol{r}}_i \tag{1.8}$$

電荷密度が作る電場は,微小体積要素 ΔV に含まれる電荷 $\rho\Delta V$ を点電荷とみなせば式 (1.8) が使えて,$\Delta V \to 0$ で総和が積分に置き換えられる.**図 1.13** に示されるように,電荷密度を位置ベクトル $\boldsymbol{r}'$ の関数として,位置ベクトル $\boldsymbol{r}$ にある点 P の電場を表す式は以下のようになる.

$$\boldsymbol{E} = k\iiint_V \frac{\rho(\boldsymbol{r}')\mathrm{d}V}{R^2}\hat{\boldsymbol{R}} \quad (\boldsymbol{R} = \boldsymbol{r} - \boldsymbol{r}') \tag{1.9}$$

原理的には式 (1.9) を丹念に計算すれば,あらゆる電荷分布が作る電場が計算できる.ただし,この方法で電場を求めるためには「ベクトル量の 3 次元積分」を実行する必要があり,計算は相当に厄介である.そのため,電磁気学の法則をもとに,電場をより容易に計算するいくつかの方法が編み出されている.**ガウスの法則**は第 2 章で,**ラプラス/ポアソンの方程式**は第 3 章で学ぼう.

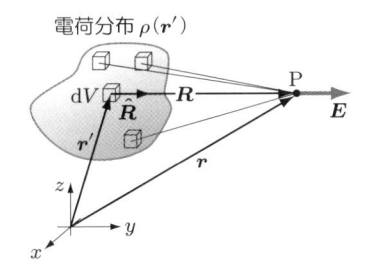

図 1.13 連続分布する電荷が点 P に作る電場の計算方法

1.4 電気力線

1.4.1 電気力線の引き方

　前節までの議論で，電荷があれば電場というベクトル場が定義されることが明らかになった．しかし一般に任意分布の電荷から電場を求めるのは至難の業であるし，結果として求められる電場も電荷からの距離の自乗に逆比例する大きさをもつため，一般に使われる矢印の表現では上手く表現できない (本書の図 1.11，図 1.12 は矢印の長さが正しくない)．これらの問題を同時に解決するのが「電気力線」という考え方である．電気力線のアイデアは電磁誘導を発見したマイケル・ファラデー (Michael Faraday) にまでさかのぼる．彼は，電荷から「何かが湧き出し空間を流れている」と考えると，空間に満ちる電場がうまく表現できることに気がついた．そして，その「何か」を表す流線を描くのが電気力線の表現方法である．

　電気力線は，以下のルールに従って引かれる．

> 1. 電気力線は正電荷から発して負電荷に吸い込まれる．正負の電荷量が釣り合わないとき，電気力線は無限の彼方に消える．
> 2. 点電荷が発する電気力線の本数は電荷量に比例する．
> 3. 2 本の電気力線が交わったり，枝分かれしたりすることはない．
> 4. 電気力線は互いに離れようとし，1 本の電気力線はゴムのように縮もうとする．

　連続分布する電荷から電気力線を引くのは難しい作業だが，いくつかの点電荷があるとき，電気力線を引くのはそれほど難しいことではない．そして，電気力線の分布からは以下の情報が読み取れる．

> 1. 電気力線の向きはその場所の電場の向きに一致する.
> 2. 電気力線の密度はその場所の電場の大きさに比例する.

つまり，ルールに従って電気力線を引けば，結果として得られた図が電場の様子を代表するわけだ.

まずは，もっとも簡単な，一つの点電荷から出る電気力線について考える．ルール 1，4 により，電気力線は正電荷の場合は電荷から始まる等間隔の外向きの線，負電荷の場合は等間隔の内向きの線となる．本数は適当でよいが，大きさ 1 の電荷あたり 12 本とした (**図 1.14**)．電荷量が 2 倍になったら電気力線は 24 本描く必要がある.

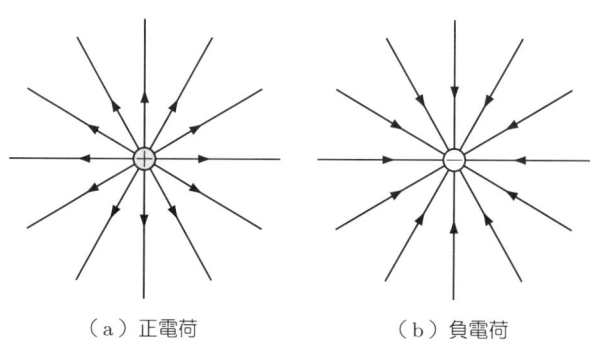

（a）正電荷　　　　　（b）負電荷

図 1.14 一つの点電荷とその周りの電気力線

続いて，**図 1.15** のように二つの点電荷があるときの電気力線の様子を描いてみよう．今度はルール 3，4 が重要になってくる．まずは同符号の電荷が向き合っているとき，ルール 3 により電気力線は二つの電荷の中央の点線を越えることができない.

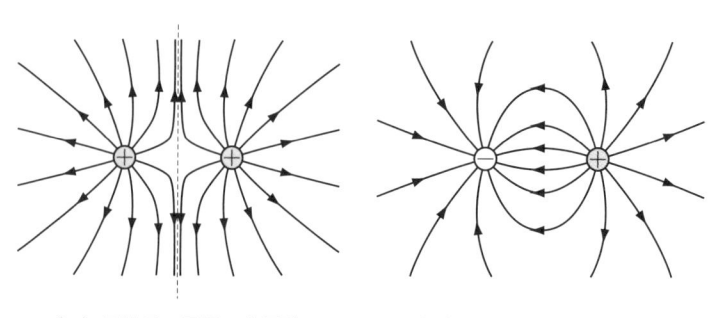

（a）同符号，同量の点電荷　　　　　（b）異符号，同量の点電荷

図 1.15 同じ大きさの二つの点電荷とその周りの電気力線

そして，ルール 4 に従い，電気力線は図 (a) のように分布することがわかる．電荷が異符号のとき，正電荷から発した電気力線はすべて負電荷に吸い込まれる．このときも，力線は互いに遠ざかろうとしながら，なるべく最短距離で二つの電荷を結ぶように引かれる．図 (b) と図 1.12 を見比べて，電気力線が電場の様子を代表していることを確認しよう．

　正負の電荷量が異なるとき，電気力線は一部が無限遠に消える．大きさ 1 の正電荷と大きさ 1/2 の負電荷が置かれたときの力線の様子を**図 1.16** に示す．電気力線のルールをすべて満足するように引くと，どうやってもこの図のとおりにしか線は引けない．ここから電場の様子を想像することはたやすいだろう．一方，式 (1.7) だけから電場の様子をイメージするのはほとんど無理だ．「電気力線」という表現方法の威力を感じて欲しい．もっと複雑な系の場合，電気力線の描き方には相当のコツがいるが，とりあえずは描かれたものを理解する能力があればよい．

　最後に，ここまでは紙面に平行な面内の電気力線についてしか説明しなかったが，電気力線は実際には 3 次元空間に広がっている，ということを指摘しておこう．これを手で描くのは相当大変だが，コンピューターに頼めば苦もなく**図 1.17** のような 3 次元の電気力線を描いてくれる．

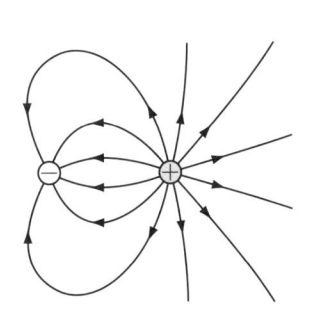

図 1.16　大きさ 1 の正電荷と大きさ 1/2 の負電荷があるときの電気力線の様子

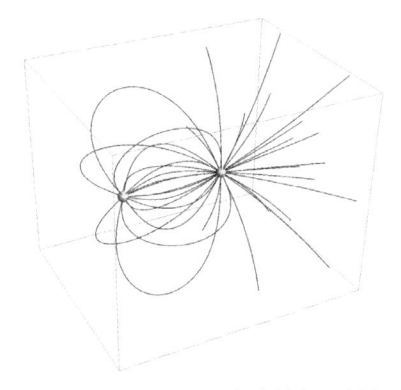

図 1.17　図 1.16 の電気力線を 3 次元で表現したもの

1.4.2　電気力線の意味

　「ルール」に従い電気力線を引くと，それが結果的に電場分布を表すことになる．その理由は何だろうか．説明の順番の都合上から電気力線の概念をここで紹介したが，今まで学んだ事実だけで電気力線の正当性をきちんと説明することはできない．そこで，電気力線の意味については本書を一通り読み終えてからもう一度考えてもらうとして，ここでは直感的に理解してもらうだけにとどめよう．

正電荷から電気力線が出て負電荷に吸い込まれるというルールは，クーロンの法則の逆自乗則と深い関わりがある．点電荷 q から発する電場を電荷から半径 r の球面で面積分する．半径 r において電場は

$$\bm{E} = k\frac{q}{r^2}\hat{\bm{r}} = \frac{q}{4\pi\varepsilon_0 r^2}\hat{\bm{r}}$$

と一定の大きさで，球面を垂直に貫く．したがって面積分は電場の大きさと面積を掛け，

$$\iint_S \bm{E}\cdot\mathrm{d}\bm{S} = \frac{q}{4\pi\varepsilon_0 r^2}\iint_S \mathrm{d}S = \frac{q}{\varepsilon_0} \tag{1.10}$$

と球の半径によらない．実は，この関係は半径 r の球面に限らず，点電荷を囲むどんな閉曲面でも成立する．これが**ガウスの法則**なのだが，詳しくは第 2 章で改めて説明する．とにかく，電場を電荷から発する「何か」にたとえると，それは増えたり減ったりすることなく，必ず電荷を囲む閉曲面から外に出て行くものであることが理解される．これを，電荷から発する，電荷量に比例する本数の線で表すと，極めてよいモデルとなる．電気力線が電荷以外のところから発したり，途中で二股に分かれたりしないのも「電場を閉曲面で積分したものは内部の電荷量に比例する」という性質から直接説明できる．式 (1.10) から，内部に電荷を含まない閉曲面で電場を積分すると値がゼロになることがわかるだろう．つまり，電気力線は勝手に増えたり減ったりしない．

電気力線が交わらない，というのは，電気力線が電場を代表するという性質を表している．電場はベクトル場だから，ある点においては一つのベクトルが定義されなくてはならない．互いに交わらない線は，向きがその線の方向で，大きさが線の密度であるようなベクトル場を代表することができる．そして，力線が縮もうとすること，互いに反発することは，クーロン力を表現している．力線が縮もうとする性質は異符号の電荷が引き合うクーロン力を表し，互いに遠ざかろうとする性質は同符号の電荷が反発し合うクーロン力を表している．これは図 1.15 を見れば明白だろう．

「電荷から一定の本数発して，決して交わらず，互いに反発しようとして，自身が縮もうとする」ような線は，逆符号の電荷を引き寄せ，同符号の電荷を反発させる．しかもその大きさはきっちりクーロンの法則に従う．だから，「ルール」に従って引かれた電気力線は電場，すなわち電荷が受ける力の向きと大きさを代表する，というのが電気力線の原理である．ただし，これだけの説明では，肝心の「なぜ力線は互いに反発し，一本の力線は縮もうとするか」についての説明が不足している．これについては 7 章のコラム「マクスウェルの応力テンソル」(→ p.240) で理解を補ってもらいたい．

第 1 章のまとめ　クーロンの法則：電荷とは何か？　電場とは何か？

理屈抜きに認める公理

- この世には正電荷と負電荷がある
- 電荷は保存する量である
- 同符号の電荷は反発，異符号の電荷は吸引
- 電荷間に働く力はクーロンの法則に従う
- 点電荷の存在
- 重ね合わせの原理

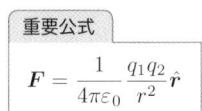

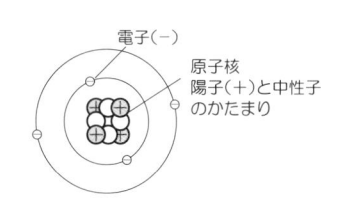

重要公式
$$F = \frac{1}{4\pi\varepsilon_0}\frac{q_1 q_2}{r^2}\hat{r}$$

電子（−）
原子核
陽子（＋）と中性子
のかたまり

電場の定義

- 電荷 q が F を受ける場所に電場 E がある，と考える
  → 遠隔作用から近接作用への転換

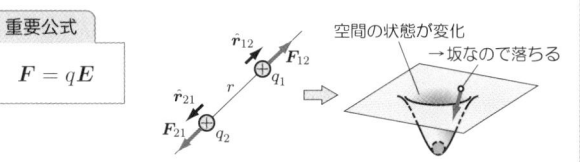

重要公式
$$F = qE$$

- 原点にある点電荷 q_0 が作る電場

重要公式
$$E = \frac{1}{4\pi\varepsilon_0}\frac{q_0}{r^2}\hat{r}$$

空間の状態が変化
→坂なので落ちる

電気力線

- 電気力線は正電荷から発して負電荷に吸い込まれる
- 点電荷が発する電気力線の本数は電荷量に比例する
- 2 本の電気力線が交わったり，枝分かれしたりすることはない
- 電気力線は互いに離れようとし，1 本の電気力線はゴムのように縮もうとする

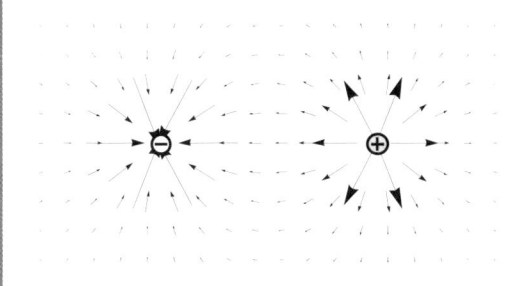

逆自乗の場で矢印表現はわかりにくい

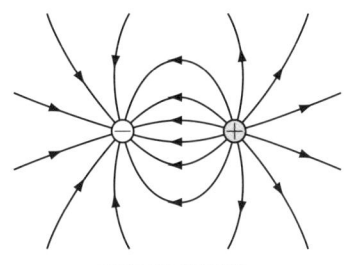

電場の直感的な理解
（理論的な裏付けはマクスウェルの応力）

演習問題

1.1 1.0 m 離れて置かれた二つの $+1.0$ C の点電荷が互いに反発し合う力の大きさを求めなさい．

1.2 デカルト座標系で座標 (x_0, y_0, z_0) に置かれた $+Q$ の点電荷が作る電場をデカルト座標で示しなさい．

1.3 問図 **1.1** のように，距離 $2a$ 離れた点 A に $-Q$，点 B に $+Q$ の点電荷を置く．点 A, B の中点 C に垂直で，線分 AB から距離 d 離れた P 点における電場をデカルト座標で示しなさい．

1.4 問図 **1.2** のように，半径 R の細いリング状導体に電荷 Q を与える．電荷は一様に分布していると仮定して，リング中心を通る線上，距離 z における電場の大きさと向きを計算しなさい．

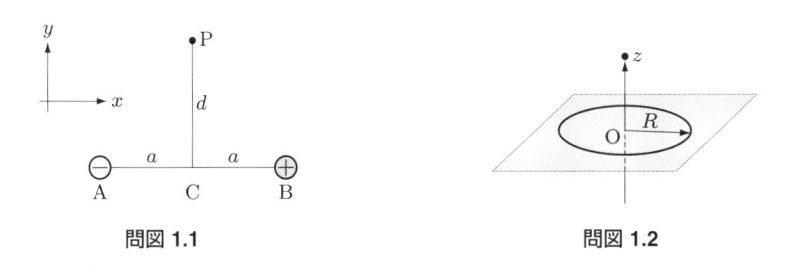

問図 1.1

問図 1.2

1.5 無限に長い直線上に密度 τ の線電荷がある．直線から距離 r 離れた P 点の電場を求めなさい．

> **ヒント**：問図 **1.3** のように座標系を取り，微小線電荷要素 $\tau\mathrm{d}z$ が P 点に作る電場を積分する．系の対称性より，z 成分の電場は相殺して消えてしまうので，計算は r 成分についてのみ行えばよい．

1.6 問図 **1.4** のように配置された正電荷，負電荷がある．突起の位置を出発点として，電気力線の様子を図示しなさい．

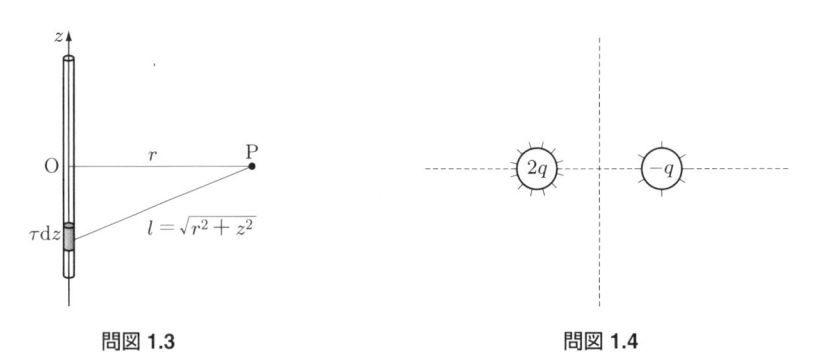

問図 1.3

問図 1.4

第2章 ガウスの法則

前章で,「電荷から決まった本数の電気力線が出る」と考えると電場の様子,そして電荷が及ぼし合う力が直感的に理解できることを知った.偉大な数学者にして物理学者のカール・フリードリヒ・ガウス (Carl Friedrich Gauss) が 1813 年に発見した[†]**ガウスの発散定理** (→ p.26 参照) を静電気学に適用すると,今日**ガウスの法則**とよばれる重要かつ有用な関係式を得る.本章では,電磁気学が単なる経験則から「場の理論」に変わるきっかけとなった「ガウスの法則」を中心に学ぼう.

2.1 電束密度と電束

はじめに,**電束密度ベクトル**という概念を導入しよう.電束密度 D とは「電場 E に真空の誘電率 ε_0 を掛けた物理量」とする.

$$\bm{D} = \varepsilon_0 \bm{E} \tag{2.1}$$

ε_0 の単位は $[\mathrm{C}^2/(\mathrm{Nm}^2)]$ で,電場の単位は $[\mathrm{N/C}]$ だから,掛けると電束密度の単位は $[\mathrm{C/m}^2]$ となる.つまり電束密度は「単位面積あたり電荷」という意味をもつ量になっていることがわかる.定義から,真空中では E と D は大きさと次元が異なるだけで,まったく同じ分布をしているので,定数 ε_0 を掛けるのは便宜的なもののように感じられるかもしれない.しかし,第4章で「誘電体」を考えるとき,E と D の意味の違いがはっきりするのでお楽しみに.

続いて**電束**を定義する.電束とは「ある面で電束密度の面積分をした結果得られる量」とする.

$$\Phi_\mathrm{e} = \iint_S \bm{D} \cdot \mathrm{d}\bm{S} \tag{2.2}$$

面積分は基本装備一式に含まれている.忘れた人は 0.2.2 項 (→ p.4) を見直してほしい.出てきた量はスカラ量で,電束密度に面積を掛けた値,すなわち電荷と同じ次元 [C] をもつ量である.

[†] 実際にはラグランジュ (Joseph-Louis Lagrange) が 50 年も前に発見していたのだが,歴史上,こういうことはよくある.

ここで，一つ注意がある．アメリカで書かれた多くの教科書と日本の一部の教科書では，電束を「電場ベクトルを面積分した値」と定義している (たとえば文献 [2])．

$$\Phi_\mathrm{e} = \iint_S \boldsymbol{E} \cdot \mathrm{d}\boldsymbol{S} \quad (\text{アメリカ流})$$

これは，クーロンの法則にクーロン定数が出てこないように電荷の単位が決められていた頃の名残で，電束密度が $\boldsymbol{D} = \varepsilon_0 \boldsymbol{E}$ と定義されている現代の MKSA 単位系ではやはり電束は $\boldsymbol{D}$ の面積分であるべきだと思う．電磁気学の教科書には，このほかにも多くの統一されていない物理量や概念が登場する．残念なことだが，これは受け入れるしかないので，本書では曖昧な物理量，単位については他書との違いに触れつつ進んでいきたい．

2.2 ガウスの法則

2.2.1 積分形のガウスの法則

図 2.1 のように，大きさ q の点電荷を囲む半径 r の球面を考える．この球表面で電束を計算してみよう．点電荷が発する電場は球面に垂直で，電場は半径が一定の球面上のどこでも同じ大きさだから，電束の計算は電束密度の大きさ $D = \varepsilon_0 E$ と球の表面積を掛ければよいことがわかる．半径 r の位置の電場 E は $\dfrac{q}{4\pi\varepsilon_0 r^2}$ だから，電束は

$$\begin{aligned}\Phi_\mathrm{e} &= \varepsilon_0 \frac{q}{4\pi\varepsilon_0 r^2} \cdot 4\pi r^2 \\ &= q\end{aligned} \tag{2.3}$$

である．なんと，計算すると係数が全部打ち消し合って，きっちり q だけが残った．タネを明かせば，「真空の誘電率 ε_0」は，点電荷を囲む面を貫く電束がちょうど q になるように決められているのだ．

電束が球の半径によらず一定になる理由は，電束の計算が「電気力線の本数を数えている」のと等価であることに気づけば理解できる．電気力線は電場ベクトルを表す

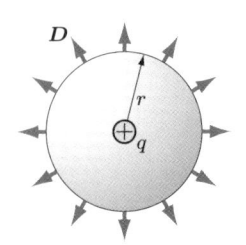

図 2.1 点電荷 q を囲む球面で D を積分

力線だから，ある面を電気力線が何本貫くか数えるというのはその面で電束密度ベクトルを面積分するのと同じ数学的操作なのである．点電荷から発する電気力線は一定だから，クーロン定数を $\frac{1}{4\pi\varepsilon_0}$ と定めた現代の電磁気学では点電荷を囲む球面を貫く電束は半径によらず q となる．

ここで，「電気力線は正電荷から一定の本数発して無限遠に向かい，途中で枝分かれしない」性質を思い出そう．すると，球面に限らずどんな面でも上で示した関係が成り立つのではないかと推測される．これを数式で表したものが，以下に示される**ガウスの法則**である．

> **ガウスの法則 (積分形 1)**： 点電荷を囲む任意の閉曲面上で電束密度ベクトル $\boldsymbol{D}$ を積分したものは，点電荷の大きさに等しい．
> $$\oiint_S \boldsymbol{D} \cdot \mathrm{d}\boldsymbol{S} = q \tag{2.4}$$

では，これを証明しよう．**図 2.2** のように，原点に置かれた点電荷 q とそれをとり囲む閉曲面 S を考える．面 S 上の面積要素 $\mathrm{d}S$ において電束密度ベクトルを面積分する．面が充分小さければ $\boldsymbol{D}$ は定ベクトルとみなせるので，積分は $\varepsilon_0 \boldsymbol{E} \cdot \mathrm{d}\boldsymbol{S}$ で与えられる．これにクーロンの法則を代入すると，以下のようになる．

$$\varepsilon_0 \boldsymbol{E} \cdot \mathrm{d}\boldsymbol{S} = \frac{q}{4\pi r^2} \hat{\boldsymbol{r}} \cdot \mathrm{d}\boldsymbol{S} \tag{2.5}$$

ここで，内積 $\hat{\boldsymbol{r}} \cdot \mathrm{d}\boldsymbol{S}$ は，面積要素ベクトルの大きさ $\mathrm{d}S$ と角度 θ を使い，$\mathrm{d}S \cos\theta$ と書ける．したがってそれは半径 r の球面上に $\mathrm{d}S$ が落とす影，$\mathrm{d}S'$ とも書ける．さらに，$\mathrm{d}S'$ と相似で，半径 1 の球面上に取られた面 $\mathrm{d}S''$ を考える．両者の面積比は，球

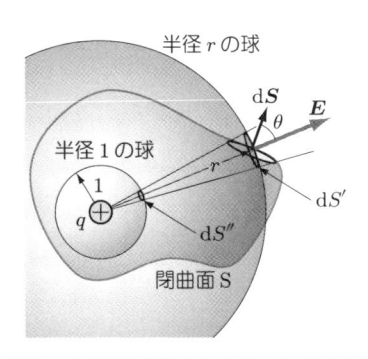

図 2.2 点電荷 q を囲む閉曲面 S でガウスの法則を証明する

の半径の比率を自乗して $1:r^2$ だから，最終的に $\hat{\boldsymbol{r}} \cdot \mathrm{d}\boldsymbol{S} = r^2 \mathrm{d}S''$ を得た．これを式 (2.5) に代入して，面 S で積分すれば，

$$\oiint_S \boldsymbol{D} \cdot \mathrm{d}\boldsymbol{S} = \frac{q}{4\pi} \oiint \mathrm{d}S''$$

を得る．ここで，$\oiint \mathrm{d}S''$ は何かというと，これは「半径 1 の球の表面積」を意味している．もちろん，値は 4π だ．したがって

$$\oiint_S \boldsymbol{D} \cdot \mathrm{d}\boldsymbol{S} = q$$

の関係が成り立つことが示された．

　ガウスの法則は，静電気学において，電場とその源である電荷の関係を示したきわめて有用な関係式である．また，ここではガウスの法則の概念を説明するために「電気力線」の助けを借りたが，その証明はクーロンの法則だけを前提としている．つまり，順番はむしろ逆で，クーロンの法則がガウスの法則を導くから「電気力線」という考え方もまた成り立つといえる．また，電束密度とは，大きさ q の点電荷から発する電束の総量を q とするように決めた数え方であることがわかった．

　続いて，**図 2.3** のように複数の電荷があるときのガウスの法則を考える．複数の点電荷 q_i が面 S の中に置かれている場合は重ね合わせの原理を使い，$\oiint_S \boldsymbol{D} \cdot \mathrm{d}\boldsymbol{S}$ は面 S の中にあるすべての電荷の合計となるだろう．

$$\oiint_S \boldsymbol{D} \cdot \mathrm{d}\boldsymbol{S} = q_1 + q_2 + q_3$$

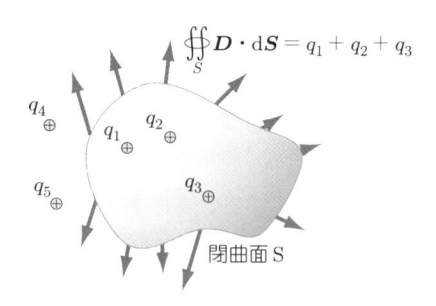

図 2.3 複数の電荷がある場合

　一方，点電荷 q が面 S の外に置かれている場合，図 2.2 と同様の計算を行えば，ある $\mathrm{d}S''$ に対応する複数の $\mathrm{d}\boldsymbol{S}$ があることに気づく．**図 2.4** の場合，$\mathrm{d}\boldsymbol{S}_1$ と電束密度の内積は

$$\varepsilon_0 \boldsymbol{E}_1 \cdot \mathrm{d}\boldsymbol{S}_1 = \frac{q}{4\pi r_1^2} \cdot r_1^2 \mathrm{d}S'' = \frac{q}{4\pi} \mathrm{d}S''$$

2.2 ガウスの法則

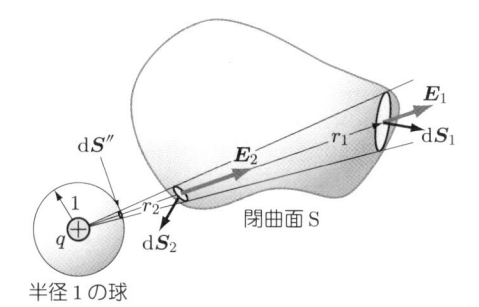

図 2.4 電荷が閉曲面の外側にある場合. ある $\mathrm{d}S''$ に対応する $\mathrm{d}S$ が必ず偶数個あり, それらは法線ベクトルが逆方向であるため打ち消し合う.

で, $\mathrm{d}\boldsymbol{S}_2$ と電束密度の内積は

$$\varepsilon_0 \boldsymbol{E}_2 \cdot \mathrm{d}\boldsymbol{S}_2 = -\frac{q}{4\pi r_2^2} \cdot r_2^2 \mathrm{d}S'' = -\frac{q}{4\pi}\mathrm{d}S''$$

となり, ちょうど打ち消し合うことがわかる. したがってこれをすべての $\mathrm{d}S''$ にわたり積分すれば,

$$\oiint_S \boldsymbol{D} \cdot \mathrm{d}\boldsymbol{S} = 0$$

となる. つまり, 閉曲面外側の電荷は電束の面積分に影響を与えない. したがって, 複数の点電荷があるときのガウスの法則は

$$\oiint_S \boldsymbol{D} \cdot \mathrm{d}\boldsymbol{S} = \sum_i q_i \qquad (\text{ただし, } i \text{ は S 内部のものだけ数える})$$

である. これを**図 2.5** のように電荷が連続的に分布する場合に拡張するとガウスの法則は以下のように表される.

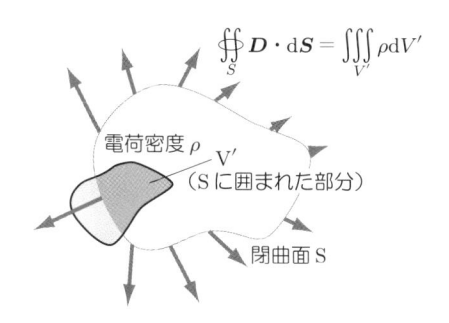

図 2.5 分布する電荷において成り立つガウスの法則

$$\oiint_S \boldsymbol{D} \cdot \mathrm{d}\boldsymbol{S} = \iiint_{V'} \rho \mathrm{d}V' \quad \begin{pmatrix} \text{ただし，V' は電荷の存在する領域} \\ \text{のうちSにより切り取られる体積} \end{pmatrix}$$

右辺の積分範囲を閉曲面Sの内側全体，Vに広げても積分値は変わらないから，これは結局以下のように書くことができる．

> **ガウスの法則 (積分形 2)**：任意の閉曲面上で電束密度ベクトルを面積分したものは，閉曲面内部の全電荷量に等しい．
> $$\oiint_S \boldsymbol{D} \cdot \mathrm{d}\boldsymbol{S} = \iiint_V \rho \mathrm{d}V \tag{2.6}$$

2.2.2 微分形のガウスの法則

次に，この定理を「微分形」に変形しよう．これは，0.6.1項で証明したガウスの発散定理 (→ p.26) を利用すればよい．

ガウスの発散定理から，
$$\oiint_S \boldsymbol{D} \cdot \mathrm{d}\boldsymbol{S} = \iiint_V \mathrm{div}\,\boldsymbol{D} \mathrm{d}V$$

一方，式 (2.6) で示されたように
$$\oiint_S \boldsymbol{D} \cdot \mathrm{d}\boldsymbol{S} = \iiint_V \rho \mathrm{d}V$$

であるから，
$$\iiint_V \mathrm{div}\,\boldsymbol{D} \mathrm{d}V = \iiint_V \rho \mathrm{d}V$$

が任意の積分範囲で成立する．二つの積分が任意の範囲で一致するとき，中身の関数は同一でなくてはならないので，以下の関係が成立する．

> **ガウスの法則 (微分形)**：電荷密度は，電束密度ベクトルを発散する．
> $$\mathrm{div}\,\boldsymbol{D} = \rho \tag{2.7}$$

式 (2.7) は，ある場所における電荷密度と，その場所の電場についてのみ述べていることに注目しよう．したがってこの式は**近接作用**の立場に立っている．一方，その

証明はクーロンの法則のみを前提に行ってきたから，ガウスの法則の微分形は「電荷が動かない」という前提では電磁気学の基本公理，クーロンの法則と等価な内容をもつ．そして，電荷が時間的に変化するとき，遠隔作用で記述されたクーロンの法則はその適用範囲を超えてしまうが，ガウスの法則の微分形はあくまで局所的な電荷と電場の関係であるから電荷が時間変化しても適用される．したがって式 (2.7) は，時間変化する場合にも成り立つ，クーロンの法則の拡張版ということができる．

2.3　ガウスの法則の応用

　一般に，分布する電荷が作る電場を求めるのは困難な作業だ．第一原理に立ち返って，微小体積の電荷が発する電場をすべて重ね合わせる方法なら原理的にはどんな分布の電荷でも式 (1.9) を使い電場を求めることができるが，実行しようとすると大変な作業である．第 3 章で述べるが，この作業を軽減するため電荷が作るポテンシャル (スカラ場) を計算し，そこから電場を求めることが可能で，実用的にはこの方法がよく使われる．しかし，ガウスの法則と，これから説明する「対称性」についての議論を使えば，対称性のよい分布をした電荷が作る電場は驚くほど簡単に求めることができる．

2.3.1　対称性の議論

　対称性の議論とは何か．それは，「物理の法則はどの方向にも等しく作用する」という我々の信念だ．これが正しいという証明はされていないが，エネルギー保存則をはじめ多くの法則がこの対称性に立脚しているし，反例も見つかっていない．そこで，電磁気学の法則もあらゆる方向に等しく働く，と信じるのは妥当な考え方だろう．

　たとえば球状の，一様な密度の正電荷があるとする．電場の向きが球から外向きであることは疑いもないが，対称性の議論により電場の大きさは，電荷の中心から半径 r の面上ではどこでも同じだろう，と考える．同時に，電場の方向は球面に垂直，正確に $\hat{r}$ 方向のベクトルでなくてはいけない．なぜなら，ベクトルの方向がそれ以外になると，どこかでこの系は非対称にみえることになってしまうから．つまり，電磁気学の法則が対称なら，球対称の電荷が発する電場は球対称であるべきだ，というのが「対称性の議論」である．今の議論で，電場を調べる参照面を**ガウス面**とよぶ．そして，ガウスの法則を利用して電場の様子を知るためには，都合のよいガウス面を見つけるセンスが重要である．ガウス面が決まった後は，以下の手続きに沿って計算すれば，系の電場が決定できる．

ガウスの法則を用いて電場を決定する手続き：

1. 系の対称性を考察し，ガウス面を決める．
2. その面で，積分形のガウスの法則，式 (2.6) を適用する．このとき，ガウス面をうまく取れば，左辺の面積分は「電束密度 D(定数)」×「電場が垂直に貫いている面の面積」と書けるはずである．
3. 右辺は，もちろんガウス面内部に存在する全電荷．
4. できた等式を D について解けば面上の電束密度の大きさがわかり，ε_0 で割れば電場の大きさ E がわかる．
5. 電場の方向は対称性の議論から明らかだから，系の電場 $\boldsymbol{E}$ が決定できる．

次に，いくつかの例でガウスの法則を用いた電場決定方法を学ぼう．

2.3.2 球状電荷

はじめに，**図 2.6** のように，一様な密度 ρ で球状に分布した電荷が作る電場について考えよう．P 点の電場を正直な積分で求めるには，半径 a の球内部のすべての電荷が P 点に作る電場を積分で足し合わせなくてはならず，これは大変な計算である．余談だが，かのニュートンが地球と地球上の物体の間に働く万有引力を計算しようとして同じ問題に直面し，解決するのに 20 年かかった，というのは有名な話である．しかしこの問題はガウスの法則を利用すれば一瞬で解答可能なのだ．

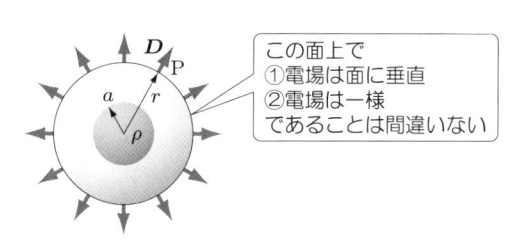

図 2.6 一様な密度で球状に分布する電荷の中心から r の位置の電場を計算

対称性の議論から，以下の推定が成り立つ．

1. 点 P における電場は，図のような P 点を含む半径 r の球面に垂直なベクトルに違いない．
2. 球面上の電束密度の大きさ D は一様であろう．

これだけのことがわかると，半径 r の球面をガウス面としてガウスの法則を適用すれば，積分は (電束密度の大きさ)×(球の表面積) で計算できることがわかる．計算は，r

が電荷の半径 a より外側の場合と内側の場合で分けて考える必要がある．$r > a$ の場合は全電荷がガウス面に含まれる．全電荷を Q として，あらかじめ電束密度を $\varepsilon_0 E$ で表せば，

$$\varepsilon_0 E \cdot 4\pi r^2 = Q \quad \longrightarrow \quad E = \frac{Q}{4\pi\varepsilon_0 r^2} \tag{2.8}$$

となる．これだけの計算を 18 世紀にやってのければ，君も「天才」とよばれることは間違いない．ここで，系が球対称のとき，全電荷が発する電場が中心に置かれた点電荷が発する電場と同じであることは注目に値する．

第 1 章で定義された「点電荷」は実際には存在せず，クーロンの法則を定義するための観念的なものであった．しかし，クーロンの法則が正しければガウスの法則も正しく，ガウスの法則は球対称の電荷と点電荷が等価であることを導くから，球対称の電荷が作る電場を厳密に測定すればクーロンの法則の正当性は保障できるわけだ (章末のコラム → p.70 を見よ)．

Q を $\frac{4}{3}\pi a^3 \rho$ で書き直せば，以下の形を得る．

$$E = \frac{1}{4\pi\varepsilon_0 r^2} \cdot \frac{4}{3}\pi a^3 \rho = \frac{\rho a^3}{3\varepsilon_0 r^2} \tag{2.9}$$

続いて，$r < a$ の場合について考える．今度はガウス面の内側に含まれる電荷は $\frac{4}{3}\pi r^3 \rho$ であることに注意する．計算の要領はまったく同じで，結果は

$$\varepsilon_0 E \cdot 4\pi r^2 = Q \quad \longrightarrow \quad E = \frac{\rho r}{3\varepsilon_0} \tag{2.10}$$

となることがわかる．$r = a$ の場合はどちらの式で計算しても同じ値となる．これはわりあい大切なことで，電荷が連続分布する系において電場の大きさが不連続に変わることはない．分布する電荷が作る電場の連続性については第 3 章 (→ p.92) で学ぶ．

2.3.3 無限に長い棒状電荷

次は，図 **2.7** のように電荷が一様な密度 ρ で，無限に長い円柱状に分布している場合を考える．この場合，対称性の議論から電場は柱に対して垂直な方向で，柱の中心軸から半径 r の円周上ではどこでも一様であるといえるだろう．今度は，ガウス面を半径 r，長さ L の円筒状に取ろう．電場は放射状なので，円筒の上下面と電場は平行．電束の定義から，この面を貫く電束はゼロとなる．また，電束は円筒の側面を垂直に貫くから，積分は (電束密度の大きさ)×(円筒の側面積) となる．$r > a$ の場合は

$$\varepsilon_0 E \cdot 2\pi r L = \pi a^2 \rho L \quad \longrightarrow \quad E = \frac{a^2 \rho}{2\varepsilon_0 r} \tag{2.11}$$

で，$r < a$ の場合は

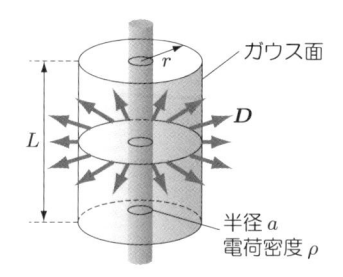

図 2.7　一様な密度で棒状に分布する電荷の中心から r の位置の電場を計算

$$\varepsilon_0 E \cdot 2\pi r L = \pi r^2 \rho L \quad \longrightarrow \quad E = \frac{r\rho}{2\varepsilon_0} \tag{2.12}$$

である．$r = a$ の場合はどちらの式で計算しても同じ値となる．

2.3.4　無限に広い板状電荷

最後に，**図 2.8** のように一様な密度 ρ で無限に広い平板状に分布する電荷が作る電場について考えよう．対称性の議論から，電場は電荷面と垂直に，面から遠ざかる方向を向いている．したがって，ガウス面として電荷面に平行な底面をもつ，長さ $2x$，底面積 S の円筒を考える．対称性から電場は円筒の上下面から垂直に出ていくのみで，円筒を電荷に対して上下対称に置けば，対称性の議論から上下面の電場は同じ大きさである．電束の面積分は(電束密度の大きさ)×(円筒の底面積)× 2 で計算できる．$x > d/2$ の場合は円筒に含まれる電荷は $\rho d S$ だから，

$$\varepsilon_0 E \cdot 2S = \rho d S \quad \longrightarrow \quad E = \frac{\rho d}{2\varepsilon_0} \tag{2.13}$$

となる．ここまでの議論で，円筒の長さ $2x$ がまったく不要であったことに気づいただろうか．つまり，無限に広い板状電荷から発せられる電場は，板の外側ではどこまでも一定の向きと大きさをもつ．

一方，$x < d/2$ の場合は

$$\varepsilon_0 E \cdot 2S = 2\rho x S \quad \longrightarrow \quad E = \frac{\rho x}{\varepsilon_0} \tag{2.14}$$

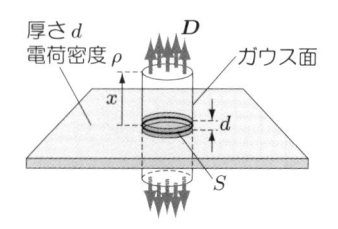

図 2.8　一様な密度で板状に分布する電荷の中心から x の位置の電場を計算

である.$x = d/2$ の場合はどちらの式で計算しても同じ値となる.

以上いくつかの例で,ガウスの法則を応用して分布電荷が作る電場を求める方法を紹介した.しかし,この方法が適用できるためには,電場の大きさが一定とみなせるガウス面の存在が不可欠で,それは対称性のよい,単純な電荷分布でのみ期待できるものである.電荷の分布が複雑で対称性の考え方が使えない問題はコンピューターを使い数値的に解くしかないし,現実の問題はほとんどがそういった難しい問題なのである.

2.4 導体と電場

2.4.1 導体とは何か

第1章で,この世の物質は大きく「導体」と「誘電体」に分かれる,と説明した.したがって,静電場に置かれた導体,誘電体がどのように振る舞うか,というのは電磁気学の重要な問題の一つである.誘電体の問題は第4章でじっくり考えることにして,ここでは導体と電場の関係について考えてみよう.

はじめに,電磁気学では導体を以下のような性質をもつ,ひとかたまりの物体と定義する.

- 数多くの電荷をもつが正負の電荷を同量含むため電気的にに中性
- 少なくとも正負どちらかの電荷は自由に動くことができる

金属は導体の代表選手で,1 cm^3 あたりおよそ 10^{23} 個くらいの自由電子があり,金属原子の間を自由に移動している.イオンが溶けている液体や電離した気体も上の条件に当てはまるため導体である.

導体が電場のある空間に置かれるとどうなるか.導体の自由な電荷は,電場が存在するかぎりどこまでも動き続ける.裏を返せば,導体の自由な電荷が動いていない,ということはそこには電場はないといえる.導体の自由な電荷を水のようなものと考えればわかりやすいだろう.水は高低差があるときに流れ,水平になれば止まる.今はこの「流れが止まった」状態について議論しよう.このような,導体の自由な電荷が静止した状態を**静電平衡状態**と名づける.「平衡」とは「釣り合い」という意味だから,これは自由な電荷に働く二つ以上の力が釣り合っている状態である.いったいどういう状態なのか,これから見ていこう.

2.4.2 静電平衡

典型的な導体である金属に,**図 2.9** のように突然外部から静電場をかけるとどうなるか.導体内部の電子は電場を感じて移動を始める.電子がいなくなったところは正

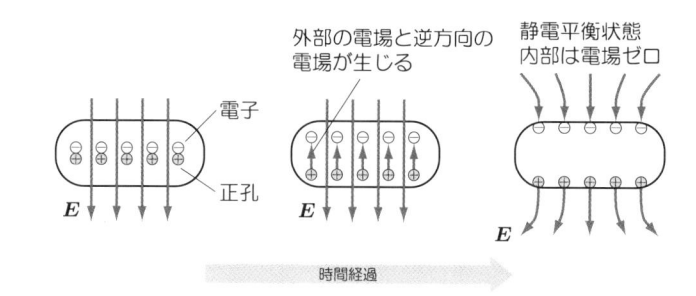

図 2.9 導体に外部から電場が与えられたときの，導体内部の荷電粒子の動き

電荷が余った状態で，第1章で述べたようにこれは正電荷をもつ粒子と考えてよい．この仮想的正電荷は**正孔**とよばれている．つまり，導体に電場を加えると，自由に動ける正負の電荷が現れる．ここで，電荷保存則から正負の電荷の量は等しい．導体内部の正電荷から負電荷に電気力線が走るが，これは図のように，ちょうど外部の電場を打ち消す方向である．充分時間が経った後には，外部電場と内部電場は完全に打ち消し合い，金属内部の電場は0になり，したがって電子は再び静止する．これは，導体に加えた外部電場と，内部で生まれた正負電荷が作る電場がつり合ったため自由な電荷が静止した，とも考えられる．これが「平衡」という意味だ．

「充分」といっても，手に持てるくらいの大きさの金属が平衡状態に達するまでの時間はナノ秒のオーダーである．わずかでも金属内部に電場が存在すれば電子はそれを打ち消すように動くので，金属内部の電場は常に0に保たれる．これは，器に入れた水は，必ず水面が平らになって平衡するアナロジーを考えれば容易に理解できよう．

> **導体の静電平衡の定理1**：
> 導体が静電平衡状態にあるとき，導体内部には電場が存在しない．

続いて導体表面を考えよう．導体内部に電場はないから，外部からやってきた電気力線は，導体表面に誘導された電荷で終端して内部に入ることが防がれる，と解釈できる．このとき，電気力線は必ず導体表面に垂直に刺さる．すなわち導体表面の電場は表面に垂直であることが示される．

簡単に証明しよう．平衡状態とは，導体内部の電荷が動かないことを意味する．一方，導体表面の電場が導体に垂直でなければ，それは導体表面に沿ったベクトル成分をもつことになる．導体表面の自由な電荷はこの電場を感じて動くことになるから，導体が平衡状態であるという前提に反する．したがって平衡状態では導体表面の電場

は導体に垂直である．証明終わり．

> **導体の静電平衡の定理2**：
> 導体表面において，電場ベクトルは導体面に垂直である．したがって電気力線は導体表面に垂直に刺さる．

2.4.3 帯電した導体の静電平衡

続いて，導体に電荷を与えてみる．典型的な金属である銅は 8.5×10^{22} cm^{-3} 程度の自由電子をもつ．クーロンに換算するとおよそ 1.4×10^4 C/cm^3 となるが，導体に与えることのできる最大の電荷はその10桁以上小さいわずかな量である．大きなプールにスポイトで着色水を垂らしたようなものだ．理由は，1Cの電荷を1m離したとき，電荷間に働く力の大きさを計算すればわかる．計算結果は 9.0×10^9 N で，たとえるなら90万トン，という世界最大のタンカーくらいの質量がのしかかってくるときの力に相当する．ここから，1Cの余剰な電荷を作ることがどれほど困難かが理解できるだろう．この計算結果と，わずか 1 cm^3 の銅に含まれる自由な電荷量の多さは興味深い対照をなしている．実は，これが「電流と磁場」に深い関わりをもつのだがそれについては第5章で学ぼう．

さて，導体に与えられた余剰電荷はどのように分布するか．電荷を担う粒子，たとえば電子は，導体の中を自由に動き回ることができる．かつ，粒子どうしは同じ符号の電荷をもつので反発する．系は互いの荷電粒子がもっとも遠い状態で安定するが，これは，電荷がこれ以上遠ざかれない，導体表面に分布した状態である．

> **導体の静電平衡の定理3**：
> 導体に電荷を与えると，余剰電荷は導体表面にのみ分布する．

平衡状態で導体内部に余剰電荷が存在できないことを，ガウスの法則を使い証明することができる．図 **2.10** のように平衡状態にある導体で，導体表面からわずかに内側をガウス面としてガウスの法則を適用する．すると，平衡状態の定理1からガウス面には電場が存在しないから，ガウス面の内側に正味の電荷は存在しないことになる．実際には，導体内部には無数の正電荷と負電荷が存在しているのだが，仮に，わずかにでも正電荷と負電荷の数的バランスが崩れると，そこに電場が発生，足りない方の電荷がただちにやってきて電場を打ち消してしまう．結果的に余剰な電荷はすべ

$$\oiint_S \boldsymbol{D} \cdot \mathrm{d}\boldsymbol{S} = 0 \quad \therefore \iiint_V \rho \mathrm{d}V = 0$$

ガウス面

面の内側に正味電荷は存在しない

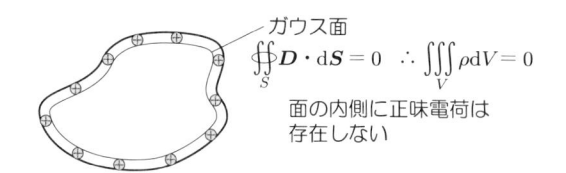

図 2.10 導体に与えられた余剰電荷は，平衡状態ではすべて表面に分布することの説明

て行き場のない表面に分布するというわけだ．

続いて，導体に電荷が与えられたとき，表面の電場と導体表面の電荷分布の関係をみてみよう．密度はわからないが，すべての電荷が導体の表面にあることは上の議論で保証されている．その密度を σ としよう．**図 2.11** のように，導体表面近くに，薄いパンケーキのような体積を仮定しよう．パンケーキの直径は充分小さく，中の電荷密度と表面の電束密度は一定と考えてよい．ここに，ガウスの法則を適用する．注意するべきは，導体内部には電場が存在しないので，すべての電場ベクトルはパンケーキの「表側」から「垂直に」出ているということである．

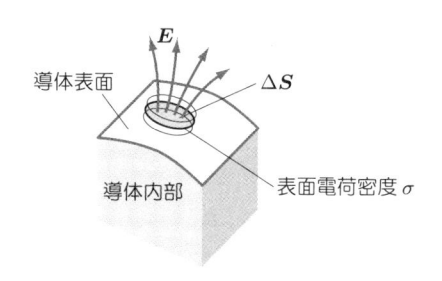

図 2.11 帯電した導体とその表面から発する電場ベクトル．薄いパンケーキのような領域でガウスの法則を適用．

すると面積分は単純なかけ算になって，

$$\oiint_{\Delta S} \boldsymbol{D} \cdot \mathrm{d}\boldsymbol{S} = D \cdot \Delta S = Q = \sigma \Delta S$$

で，上式より $D = \sigma$ の関係が得られる．

導体の静電平衡の定理 4：

導体の表面電荷密度 σ と，導体表面から垂直に発せられる電束密度 $\boldsymbol{D}$ の間には

$$D = \varepsilon_0 E = \sigma \tag{2.15}$$

の関係がある．

一般に，導体表面の電荷密度がどうなるかは，導体の形状に依存するため簡単には知ることができない．複雑な形状の場合は，導体表面に電荷を置いていって，内部の電場がゼロとなるような解を探索することになる．いくつかの数値計算法が知られているが，これ以上は踏み込まないことにしよう．しかし，導体の形の対称性がよい場合は表面電荷密度も対称性の議論から解析的に計算できる．たとえば半径 a の球状導体に Q [C] の電荷が与えられた場合，表面電荷密度は一定の大きさになり，その大きさは全電荷を表面積で割って $\dfrac{Q}{4\pi a^2}$ となる．式 (2.15) から，表面から外に発せられる電場の大きさは

$$E = \frac{Q}{4\pi\varepsilon_0 a^2} \tag{2.16}$$

となり，ガウスの法則から求めた式 (2.8) で $r = a$ とした解に一致する．

2.4.4 静電遮蔽

最後に，内部に空洞をもつ導体について考えよう．導体に囲まれた空洞には面白い性質があり，それはまた極めて有用でもある．

> **導体の静電平衡の定理 5**：
> 導体に囲まれた内側の空間には，外側からの電場が一切侵入できない．
> これを**静電遮蔽**とよぶ．

なぜ静電遮蔽が成り立つか，定性的な説明を試みる．空洞をもつ導体の中で，空洞を囲むようにガウスの法則を適用する．平衡状態ではガウス面，すなわち導体内部の電場はゼロだから，空洞を含むその内側に正味の電荷がないことがわかる．「正味の電荷はない」ということは，正・負等量の電荷があることは許される．一方で導体内部に電荷はないことはあきらかだから，可能性としては空洞の表面が一部は正に，一部は負に帯電している状態だけが考えられる．これがあり得ないことを示そう．そのために，静電遮蔽に関する以下の定理を証明する．

> **導体の静電平衡の定理 6**：
> 平衡状態では導体から発した電気力線が導体に戻ってくることはない．

図 **2.12** のように，導体表面から始まって，導体表面で終わる電気力線を考えよう．ここで電気力線のルール 4 (→ p.45) を思い出す．電気力線は縮もうとする性質と互

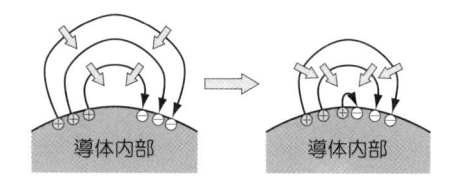

図 2.12 一つの導体から出て同じ導体に戻る電気力線は消滅する

いに反発する性質をもっているから，何の支えもない一番内側の電気力線はどんどん縮んでいくだろう．縮む電気力線は正電荷と負電荷を接近させ，最後には消えてしまう．すると，一つ外側の電気力線が支えを失い，縮んでいく．実際にはナノ秒の時間スケールで起こる現象だが，このようにして，仮に導体で始まって導体で終わる電気力線が一時的にあったとしてもそれはすべて消えてしまう．図 2.9 のような系で導体から発する電気力線が消えないのは，他端がどこか別な場所につながっているためである．そのため，電気力線の張力と，互いの反発力が釣り合った状態が図のような状態となるわけだ．

　この考え方を中空の導体に適用すれば，導体内側に仮定した正・負ペアの電荷は電気力線の張力に導かれて中和してしまうことが明らかだろう．このようにして，導体に囲まれた空間には電気力線が侵入できないこと，すなわち導体外側に電場があってもその影響を受けないことを示すことができた (**図 2.13**)．

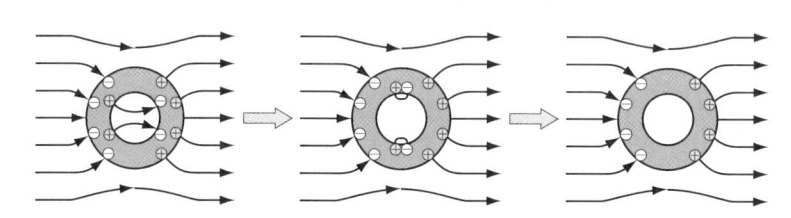

図 2.13 中空の導体の内側にできた電気力線はただちに消滅する

　静電遮蔽の性質は，実用的にはたとえば非常に精巧な電子機器を大きな電場の近くで使いたい場合に，機器を保護する方法として使われる．身近な例では，なぜ携帯電話の電波で，極めて精巧な電子機器である自分自身が誤動作しないのかという疑問に答えるのが静電遮蔽である．

　歴史的には，ファラデーが，静電遮蔽が雷の防護に役立つことをデモンストレーションするため自ら金属製の籠に入り，外から高電圧放電を浴びせかけさせたという逸話が伝えられている．「雷が鳴ったら車の中に逃げ込めば安全」というのは，静電遮蔽に基づいた考えである．静電遮蔽を日常生活で実感するのが，たとえばビルやトンネルの中で，ラジオや携帯電話が使えないという現象である．大地はかなり良好な

導体とみなすことができ，ビルは鉄筋に囲まれている．一方の電波は電場の振動現象なので，静電遮蔽された中に侵入することができない．厳密にはどちらも完全な遮蔽ではないが，電波はその波長より短い隙間には侵入できないという性質があるので，静電遮蔽が成立する．一方，電子レンジはガラス製ドアに金属製の網が仕込んであるが，これは同じ原理で電磁波を箱の中に閉じこめる工夫である．

第2章のまとめ　ガウスの法則：経験則から場の理論へ

ガウスの法則

- 電束密度：$D = \varepsilon_0 E$　電気力線を数える　　ε_0：真空の誘電率
- 電束：$\Phi_e = \iint_S D \cdot dS$
- 電束を閉曲面で積分した値は閉曲面内部の電荷に一致する

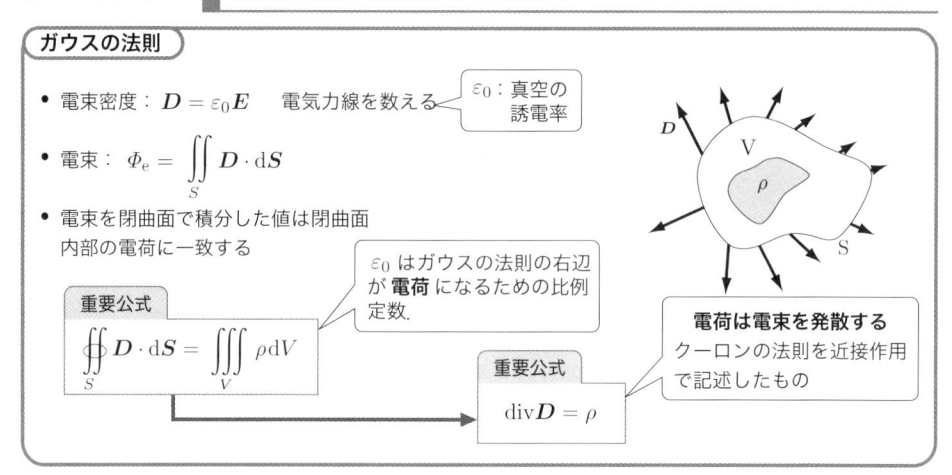

ε_0 はガウスの法則の右辺が **電荷** になるための比例定数．

重要公式
$$\iint_S D \cdot dS = \iiint_V \rho\, dV$$

重要公式
$$\mathrm{div}\, D = \rho$$

電荷は電束を発散する
クーロンの法則を近接作用で記述したもの

ガウスの法則の応用

- 系の **対称性** を見抜く ← 電場のおよその分布を推定
- **ガウス面** を決める
- ガウス面上の電束密度を大きさ D と仮定
- D の面積分を求める
- ガウス面内側の電荷を求める
- D について解けば，未知の電束密度が判明　ε_0 で割れば電場 E がわかる

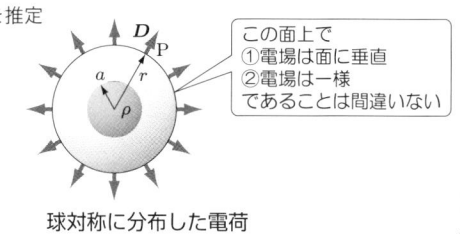

この面上で
①電場は面に垂直
②電場は一様
であることは間違いない

球対称に分布した電荷

導体の静電平衡

1. 内部には電場が存在しない
2. 電気力線は導体に垂直に刺さる
3. 電荷は導体表面にのみ分布する
4. 表面電荷密度 σ と，電場 E の関係 →
5. 導体で囲まれた内側の空間には外部からの電場が侵入できない
   → **静電遮蔽**

重要公式
$$D = \varepsilon_0 E = \sigma$$

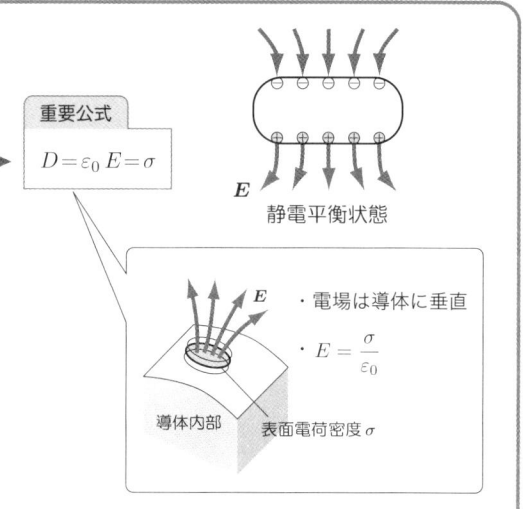

静電平衡状態

- 電場は導体に垂直
- $E = \dfrac{\sigma}{\varepsilon_0}$

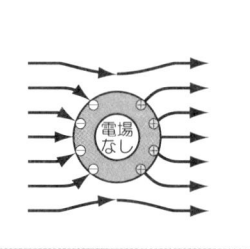

導体内部　　表面電荷密度 σ

演習問題

2.1 問図 2.1 のように，点電荷 $+q$ から $\bm{R}$ の位置に，$\bm{R}$ に垂直な半径 a の円板状の領域を考える．
(1) この領域を貫く電束を計算せよ．
(2) 半径 a を無限に大きくすると答が $q/2$ となることは計算するまでもなくただちにいえる．理由を述べなさい．

2.2 問図 2.2 のように球対称に分布した電荷がある．したがって電荷密度は半径 r のみの関数である．このとき，関数を適当に選べば，電場の大きさが半径に依存しないようにできる．r の関数を示しなさい．

問図 2.1

問図 2.2

2.3 円筒座標において，$r>0$ の範囲で $\bm{E}=(A/r,0,0)$ と表される電場がある．ここで A は定数である．このとき $r>0$ の範囲に電荷が存在しないことを示せ．

2.4 日常見られる「電荷が溜まった状態」が，いかに少ない電荷量であるかを知るための見積りをしてみよう．シチュエーションは，セーターを脱いだ後にドアノブに触り，「パチン」と放電が飛んだ状況とする．
- 空気の絶縁破壊強度は 35 kV/cm
- 放電はほとんどの場合 1 cm 未満の距離で起こる
- ドアノブも指も導体と近似してよい

指先を囲む閉曲面でガウスの法則を適用し，指先に溜まった電荷のおよその量を割り出しなさい．

2.5「導体に余剰な電荷を与えると，平衡状態では電荷はすべて表面に分布する」という定理をガウスの法則を使い示しなさい．

2.6 問図 2.3 のように，球状の導体を球殻状の導体で囲み，両者を細い導線で接続した．内側の導体に負電荷を与えたとき，平衡状態で電荷はどのように分布するか，⊖ 記号で示しなさい．

2.7 2枚の導体板を接近させて置いたものは「コンデンサー」とよばれ，電荷を蓄積することができる (詳しくは次章で説明する)．導体板が平行で充分広ければ，電場は**問図 2.4** のように導体の間にのみ，均一に存在すると近似できる．導体板の面積を S，電場の大きさを E とするとき，導体板に蓄積されている電荷量を求めなさい．

問図 2.3　　　　　　　　　問図 2.4

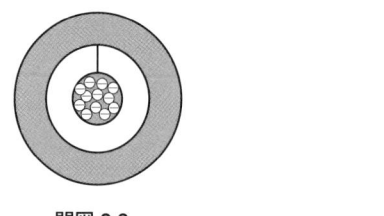

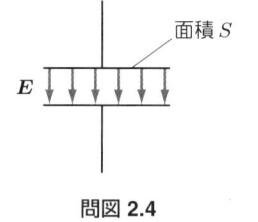

2.8 金属の自由電子密度を計算してみよう．銅の密度は $9.0\ \mathrm{g/cm^3}$，原子量は約 64 である．自由電子は原子あたり 1 個として，銅の自由電子密度 $[1/\mathrm{cm^3}]$ を計算せよ．

クーロンの法則はどこまで正しいか

物理の理論は一般に，その理論の枠内では説明できない事実を「公理」として認め，それが正しいならどんなことが起こるか，というのを説明するものである．よく知られたニュートン力学の公理は「質量の加速度は与えられた力に比例する」という事実で，数式では $\boldsymbol{F}=m\boldsymbol{a}$ と書かれるが，ニュートン力学の範囲では「なぜ力と加速度が比例するか」は考えない．

本書で学ぶ「古典電磁気学」の公理は第 1 章で述べた「クーロンの法則」である．法則にその名を冠するクーロンは図 1 のような精密なねじり秤を使い，電荷間に働く力が距離の逆自乗に比例することを確かめた．しかし，現代の装置で再現された実験では，この測定法では精度が不十分で「逆自乗則」を確認するのは難しく，クーロンはどうやら自説に都合の悪いデータは棄却したのではないか，ともいわれている．クーロンが電荷間に働く力を逆自乗則ではないかと推測した根拠は当時知られていた万有引力の法則である．「自然界はすべからく単純で美しい法則に従う」，という信念が彼を (偶然？) 歴史的な大発見に導いたのだろう [3]．

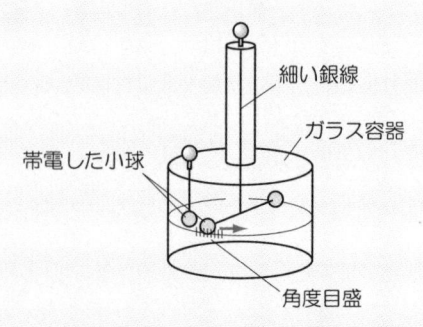

図 1　クーロンが「クーロンの法則」を発見した実験装置

コラム：クーロンの法則はどこまで正しいか　71

　クーロンより先に，静電気力が逆自乗則に従うことを精密に測った科学者がいた．それは万有引力定数の決定で歴史に名を残すキャベンディッシュ (Henry Cavendish) である．**図2**は彼の実験装置の概念図である．実験は以下の手順で行われた．装置は球状の内側導体を2分割できる球殻状の外側導体で囲み，それらを細い導線でつないだ構造をしている．最初，キャベンディッシュは，外側の導体に電荷を与えた．そして，導線を注意深く切り離した後，外側の球殻を取り去った．ここで，導体の静電平衡の定理は，電場の概念，そしてクーロンの法則と直接結びついた定理であることに注意しよう．静電平衡の定理が正しければ，電荷はすべて外側導体の表面に分布するはずだから，内側導体には電荷がないはずである．つまり，『帯電した導体の，表面以外のところに電荷が分布していなければクーロンの法則が成り立っている』ことを示すことになる．はたして，当時の測定精度の限界内で，内側導体には電荷が見い出されなかった．キャベンディッシュは，クーロンの法則の逆自乗則は2%以内の精度で正しい，と結論づけた．

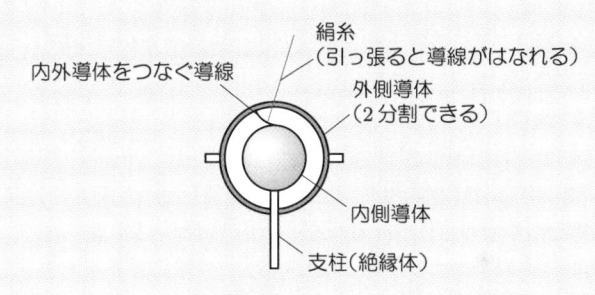

図2　キャベンディッシュが電荷間に働く力の逆自乗則を証明した実験装置

　電荷間に働く力の法則が今日「キャベンディッシュの法則」とよばれないのは，彼が持ち前の内気さからこの結果を公表しなかったからで，この歴史的に重要な実験はおよそ100年後，マクスウェルにより再発見された．マクスウェルがキャベンディッシュの業績を称えて興した「キャベンディッシュ研究所」は現代でも世界を代表する超一流の研究機関として知られている．マクスウェルは自身でもキャベンディッシュの実験を再現し，精度を 5×10^{-5} まで高めている．

　その後，現代に至るまで，「逆自乗則」はどこまで正しいか，というのは基礎物理学の重要な研究テーマの一つである．装置の洗練度は時代の最先端を取り入れてどんどん上がっていったが，基本的にはキャベンディッシュと同様，同心球殻導体の内側に電荷が残るかどうか，で逆自乗則の成立性をみている．記念碑的研究といえるのがウィリアムス (E. R. Williams) らによって1971年に行われたもので，高周波の電圧と光ファイバーを介した測定で誤差要因を徹底的に排し，逆自乗則は $2.7\pm 3.1\times 10^{-16}$ 以下の精度で正しい，と結論づけた．

　量子力学によれば，光は「光子」とよばれる一種の粒子とみなせる．特殊相対性理論の帰結により，光子が光速で進むためには質量 (静止質量) は厳密にゼロでなくてはいけな

い．しかし，仮に光子がわずかでも静止質量をもつならマクスウェル方程式は破綻を来たし，その結果としてクーロンの法則が成立しないことが示される．

1980年以降では「逆自乗則からの破れ」を測る実験は「光子の静止質量の上限」を計測する実験に取って代わられている．実験装置も，導体球殻を用いる方法から，より精度の高いそれ以外の方法へと移った．ウィリアムスらの実験から推測される光子の静止質量の上限は 1.6×10^{-50} kg だったが，2003年にルオ (Jun Luo) らはトロイダルコイル (→ p.176) とねじり秤を用いた精密な装置を作成，磁気的な計測によって光子質量の上限を 1.2×10^{-54} kg とした．これが，筆者の知る現在の最小記録である．一方，銀河の寿命といった天文学的な観測事実と既知の物理法則からも光子質量の上限が推測できて，現在のところ，光子の静止質量はあったとしても 10^{-60} kg よりは小さいだろう，というのが大方の見方である．

なぜ，科学者はこれほど躍起になって「クーロンの法則がどこまで正しいか」を追求しているのだろうか．一つには，チャンピオンデータを得たい，という陸上選手のような競争意識もあるだろう (そして，科学者はそういう競争が大好きだ)．しかし，クーロンの法則が厳密に成り立つかどうかということは，我々の住む宇宙が本当に3次元なのか，というより根源的な疑問への解答のヒントともなっている．30年ほど前，量子力学と相対性理論を統合する「超弦理論」という時間と空間についての基礎理論が提唱された．それによると，我々の住む世界は実は10次元で，我々に見えている3次元以外の「余剰次元」は折りたたまれて見えなくなっているだけだ，と考えられる．一方，クーロンの法則，あるいはガウスの法則が成り立つのは，この宇宙がきっちり3次元である，という有力な証拠である．なぜなら，電場が r^{-2} で減衰する，という事実と電気力線を閉曲面で積分すると一定量になる，という事実が同時に成り立つのは空間が3次元である証拠だからだ．

もし実験の結果，宇宙的なスケールでクーロンの法則がわずかに破れているようなことが見つかれば，そのときは現在考えられているような宇宙の歴史が否定される，ということもないとはいえない．歴史的には，量子論も，相対論も，観測された事実と当時の理論 (ニュートン力学) のわずかなズレをトコトン追求した結果生まれたものであることを忘れてはいけない．現代最高の測定技術をもってしてもほころびが見られないクーロンの法則がどこで破れるのか，あるいは人類にそれを見つけることは不可能なのか，興味は尽きない．

第3章 静電ポテンシャルと静電エネルギー

本章では，静電場におけるポテンシャルとエネルギーについて学ぶ．ここで諸君はニュートン力学の基本的な知識は持ち合わせている，と期待している．**力学的仕事**とは物体に力を加え，その方向に動かしたときの(力)×(移動距離)で定義される．そして，重力のような**保存力**の場では**ポテンシャルエネルギー**が定義できて，保存力に逆らって仕事をするとポテンシャルエネルギーが増加する．クーロン力も保存力であり，やはりポテンシャルエネルギーが定義できる．驚くべきことに，クーロン力がポテンシャルエネルギーをもてる，ということは，最後には「電場がエネルギーをもっている」という事実と等価であることが示される．第1章ではクーロン力を再定義しただけの存在であった**電場**が，エネルギーを担う実在であることが本章で明らかになるわけだ．

3.1 静電ポテンシャル

3.1.1 静電ポテンシャルの定義

まず，クーロン力がする仕事について考える．図 3.1 のように電場 E のなかで電荷 q をある方向に ds だけ動かすとき，クーロン力がした仕事 dW は

$$dW = \bm{F} \cdot d\bm{s} = q\bm{E} \cdot d\bm{s}$$

と書ける．電荷が電場の中を点 a から点 b まで動いたとすると，電荷に働くクーロン力がした仕事は線積分して

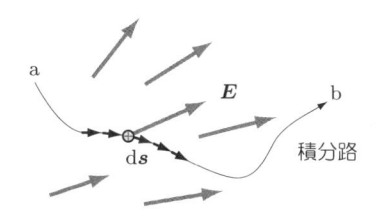

図 3.1 点 a から点 b まで電場中を動く電荷に対して電場がする仕事

$$W = q \int_a^b \boldsymbol{E} \cdot \mathrm{d}\boldsymbol{s}$$

である．我々は，クーロン力は電場によってもたらされるもの，と考えるから（近接作用），以降は「クーロン力がした仕事」を「電場がした仕事」とよぶことにする．

ここで，クーロン力が**保存力**であれば，電荷を点 a から点 b まで移動させたとき電場がした仕事は経路によらない．実際，この後すぐ証明するが，静的なクーロン力は保存力である．すると，静電場にはポテンシャルエネルギーが定義できる．電荷 q を点 a から点 b まで動かしたとき，ポテンシャルエネルギーの変化は

$$\Delta U = -q \int_a^b \boldsymbol{E} \cdot \mathrm{d}\boldsymbol{s}$$

である．マイナスの符号がつくのは，積分の結果が電場のした仕事だから，点 a にある電荷はまだ仕事をする前の状態で，仕事をする余力，つまりポテンシャルエネルギーを多くもつ，ということを示す．このとき，電荷量 1 C あたりのポテンシャルエネルギーを点 a と点 b の**静電ポテンシャルの差**と定義する．すなわちこれは a から b まで電場を積分，負号をつけた値にほかならない．

静電ポテンシャル：静電場において，2 点を通る任意の経路に沿って電場を積分した値は経路によらない．積分値を「静電ポテンシャルの差 $\Delta \phi$」と名づける．

$$\Delta \phi = -\int_a^b \boldsymbol{E} \cdot \mathrm{d}\boldsymbol{s} \tag{3.1}$$

ここで「1 C の電荷を移動したとき電場が 1 J の仕事をするようなポテンシャルの差」を「1 V（ボルト）」と定義する．したがって [V] は [J]/[C] の次元をもつ．「ボルト」という名前は，「ボルタ電池」を発明したイタリア人科学者アレッサンドロ・ボルタ (Alessandro Giuseppe Antonio Anastasio Volta) にちなむ．

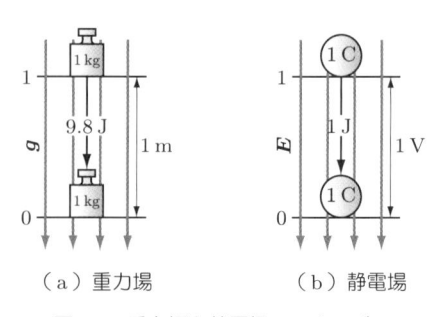

（a）重力場　　　（b）静電場

図 3.2　重力場と静電場のアナロジー

静電ポテンシャルは，図 3.2 のように重力場における「高さ」のアナロジーで理解するとわかりやすいだろう．高さとは「地面から垂直に測った距離」だが，これは「1 kg の質量を動かしたときに，重力が 9.8 J の仕事をする高低差」といっているのと同じことである．したがって静電ポテンシャルもある物理量の「高さ」と考えるとわかりやすいだろう．そのため静電ポテンシャルは**電位**ともよばれていて，2 点のポテンシャルの差は**電位差**ともいわれる．

電位差は相対的な量だが，ある点のポテンシャルを原点と決めればあらゆる点のポテンシャルが絶対値で定義できる．このようにして定義されたスカラ場を，静電場が作る**静電ポテンシャル場**とよぼう．後で厳密に証明されるが，任意の静電場，すなわち任意に分布する電荷には必ず対応するポテンシャル場が定義できる．多くの場合，ポテンシャル場の原点は電場の存在しない無限遠方をゼロと定義する．

ここで，電位差 [V] は電場の線積分で求められるから，(電場)×(距離) という次元をもつことに注意しよう．そこから逆に，電場の次元が [V/m] とも書けることがわかる．第 1 章で電場を定義したとき，その次元は [N/C] であるが一般には [V/m] と書かれる，と述べた．そのタネ明かしが静電ポテンシャル [V] の定義である．もちろん [N/C] と [V/m] が同じ次元であることは以下のように明らかである．

$$\frac{[V]}{[m]} = \frac{[J]}{[C][m]} = \frac{[N][m]}{[C][m]} = \frac{[N]}{[C]}$$

3.1.2 等電位面

電場とポテンシャルの関係を考えるため，もっとも簡単な例として，図 3.3 のような一様な電場を考えよう．一様な電場中に置かれた電荷はどこにいても等しい力を受ける．最初，大きさ E の電場に沿って，1 C の電荷を距離 d 動かしてみる．このとき電場がした仕事は Ed であることはすぐわかる．したがって，ab 2 点の電位差は

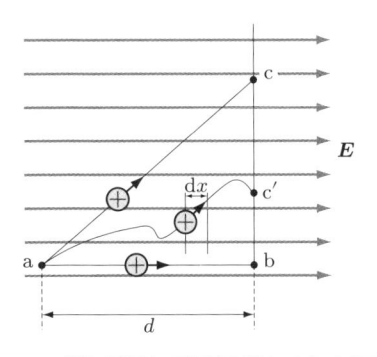

図 3.3　一様な電場中で電荷を動かすときの仕事

$$\phi_{\mathrm{b}} - \phi_{\mathrm{a}} = -Ed$$

だ (a を基準に取ると，b の電位が低い). 大きさ q の電荷が電場に沿って d 動いたときに電場がした仕事は qEd で，その分だけ電荷は自らがもつポテンシャルエネルギーを失ったことになる．これを，

$$(\text{電荷が失ったエネルギー}) = (\text{電位差}) \times (\text{電荷量})$$

と考えよう．こうすると，電位差を最初に求めておけば，どんな大きさの電荷がどう動いても，ポテンシャルエネルギーの変化をすぐ計算できる．ポテンシャルエネルギーの差を ΔU とすると，これは

静電ポテンシャルと静電エネルギーの関係

$$\Delta U = q\Delta\phi \tag{3.2}$$

と書ける．ここで，**負電荷は電位の高い場所の方が小さなエネルギーをもつ点に注意**する．ポテンシャルも電場も正電荷の振る舞いを基準に決められているから，電荷の符号が変わればもつ意味も逆になるわけだ．

続いて，電荷を動かす経路が，まっすぐだが電場方向と一致しない場合を考える．終点の位置を，b 点から見て電場に垂直な c 点としよう．仕事の原理から考えて，電荷が失ったポテンシャルエネルギーは電場に沿った移動距離に等しい．したがって，電荷が ab 間を動いたときも ac 間を動いたときも，電場がした仕事は同じである．これを「b 点と c 点は等電位である」という．

続いて，a 点から任意の経路に沿って，bc を結ぶ線上の点，c′ まで 1 C の電荷を動かしてみる．こういう場合，仕事は積分計算になり，ac′ 間の電位差は

$$-\int_{\mathrm{a}}^{\mathrm{c}'} \boldsymbol{E} \cdot \mathrm{d}\boldsymbol{s}$$

であるが，これは，経路をどうとっても $-Ed$ となる．これは，経路に沿った移動 $\mathrm{d}\boldsymbol{s}$ と $\boldsymbol{E}$ の内積が，常に電場方向の微小距離 $\mathrm{d}x$ と E の積になることからわかる．ここから，「電場に垂直な線分の上はあらゆる点で同電位である」という洞察が得られるだろう．

ここで bc を通る，電場に垂直な線を**等電位線**と名づける．電場は 3 次元空間に広がっているので，等電位の点を結んだものは面になる．これを**等電位面**とよぶ．等電位面は任意の電位 ϕ に対して定義できるが，普通は等しい電位差 $\Delta\phi$ ごとに置く．図 3.3 において 3 次元的な等電位面を描けば**図 3.4** のように，等間隔に並んだ平面になる．

ここで,「等電位面は電気力線 (電場ベクトル) に必ず直交する」理由を証明しておこう. 今, **図 3.5** のように等電位面を斜めに貫く電気力線があるとする. すると, 電場には等電位面に垂直な成分 E_n と平行な成分 E_t が存在することになる. 電荷を E_t に沿って動かすと電場 E_t が仕事をする. すなわち等電位面上に電位差があることになる. これは,「等電位面は電位が等しい面」という前提に反する. したがって等電位面と電気力線は直交していなくてはならない.

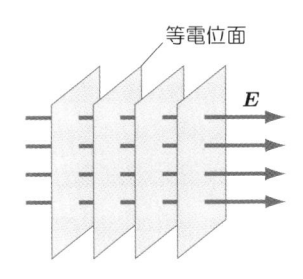

図 3.4 一様な電場と, 等間隔に並んだ等電位面

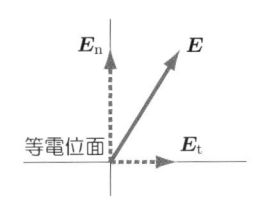

図 3.5 等電位面が電気力線 (電場ベクトル) と直交することを証明

> **等電位面の性質**:等電位面は電気力線 (電場ベクトル) に必ず直交する.

> 💡 **ヒント**: 電位差の正負, ポテンシャルエネルギーの増加・減少は間違えやすく, 公式を正直に適用するのは少々危ない. ここでちょっとしたコツを教えよう. まず, 2 点間の電位差は式 (3.1) で計算するが, このとき符号は考えず大きさだけを計算する. 続いて, a 点から b 点まで正の電荷を動かすのは楽か, 大変か考える. 電場ベクトルに従うとき, 電荷は電場に押されるので動かすのは楽だ. このとき, 電荷を動かす仕事は電場に手伝ってもらっているので, 電場が正の仕事をしてポテンシャルエネルギーが減少した, と考える. つまり b 点の電位が低い. 動かすのが大変なときは, 大変な分がポテンシャルエネルギーとして蓄えられるから, b 点の方が電位が高いと判断できる. このコツを会得するとケアレスミスをすることはまずなくなる.

3.1.3 点電荷が作るポテンシャル場

次に, もっとも基本的な電荷である, 大きさ q の点電荷が自分の周りに作るポテンシャルについて考え, クーロン力が保存力であることを示そう. まずは復習だ. 大きさ q の点電荷が自らの周りに張る電場は

$$E = \frac{1}{4\pi\varepsilon_0} \frac{q}{r^2} \hat{r}$$

である. 今, 点電荷が作る電場の中を, **図 3.6** のように点 a から点 b まで 1 C の試験電荷を動かしてみる. 試験電荷を 1 C に選んだので, 電場のした仕事 W に負号をつ

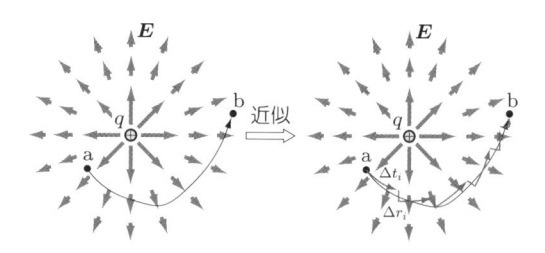

図 3.6 点電荷の q 周りで，1Cの試験電荷をa点からb点まで動かす仕事について考える

けたものが2点の電位差 $\Delta\phi$ だ．ここで，a点からb点までの移動を，近似的に「円周に沿った動き Δt_i」と「半径に沿った動き Δr_i」の集合と考える．クーロン力は常に半径方向なので，Δt_i の動きに対して電場は仕事をしないことに注意しよう．すると，電場のした仕事 W は Δr_i の動きだけを加えればよく，以下のように表されるだろう．

$$W \sim \sum_i \boldsymbol{E}_i \cdot \Delta \boldsymbol{r}_i = \sum_i E_i \Delta r_i$$

Δt_i, Δr_i をゼロに漸近させれば近似した経路は実際の経路と一致し，総和は積分で置き換えられ，

$$\Delta\phi = -W = -\int_{ra}^{rb} E\mathrm{d}r = -\int_{ra}^{rb} \frac{q}{4\pi\varepsilon_0 r^2}\mathrm{d}r = \frac{q}{4\pi\varepsilon_0}\left\{\frac{1}{r_\mathrm{b}} - \frac{1}{r_\mathrm{a}}\right\} \quad (3.3)$$

とa点とb点がどこにあっても電位差は電荷からの距離の差のみで決まることがわかる．結局，点電荷 q の周りで試験電荷を動かしたときに電場がする仕事は，**図 3.7** のように最初に電荷を半径方向に動かし，その後一定の半径で動かしても同じ，ということが示された．

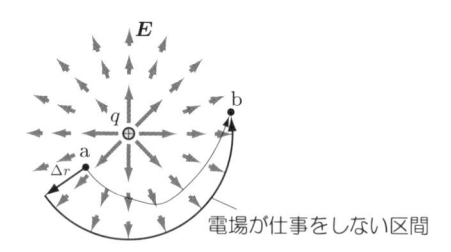

図 3.7 点電荷の作る電場の周りで試験電荷を動かしたとき電場がする仕事は，結局図のような経路で動かした場合と変わらないことが示される

力がした仕事が経路によらないとき，力に対応したポテンシャル場，今の場合は電位が定義できる．多くの場合，電位の基準は無限遠方の電位をゼロとするので，点電荷の周りの電位は式 (3.3) のa点を無限遠に置いて，以下のように表される．

> 大きさ q の点電荷の周りの電位
> $$\phi(r) = \frac{q}{4\pi\varepsilon_0 r} \tag{3.4}$$

点電荷の周りの等電位面について考えてみよう．当然，等電位面は電荷を囲む球殻の集合となる．断面を描けば**図 3.8**(a)だ．電荷に近づくほど球殻の間隔が狭くなっているが，これは電位が r^{-1} に比例して変化するからで，$r \to 0$ の極限では ($q > 0$ のとき) 電位は正の無限大に発散する．しかし，我々はこのようなことは実際にはない，と考えている．第1章で述べたように，現在の理論では電子は大きさのない点状粒子と考えられているが，半径が極端に小さい (たとえば 10^{-35} m=プランク長) 領域では古典電磁気学の理論は通用しないと考えているからだ．それでも「点電荷」という考え方に正当性があるのは，球対称に分布した電荷が発する電場と仮想の点電荷が発する電場がまったく同じであることが，ガウスの法則によって保証されているからである (→ p.58)．したがって，我々はこの問題に関してはこれ以上深く考えない，ということにしよう．点電荷の周りの電位を坂道でたとえると図 (b) のようになり，電荷に近づくにつれ急に傾斜が増していく様子がわかる．

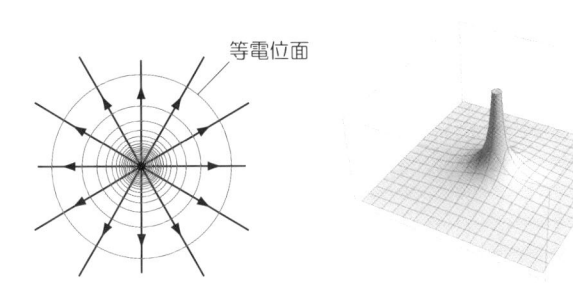

（a）点電荷の周りの電気力線と等電位面をある平面で切って示したもの

（b）左図を立体的に表したもの

図 3.8 点電荷の周りの等電位面

3.1.4 分布する電荷が作るポテンシャル場

クーロンの法則と電場に**重ね合わせの原理**が働くから，連続分布する電荷が作る電場の計算は，電荷を微小な体積に分割し，それぞれを点電荷とみなして電場を足し合わせればよい．では，同じ考え方がポテンシャルにも通用するだろうか．答を先に言ってしまうと，これも通用する．簡単に証明しておこう．今，**図 3.9** のように1 C

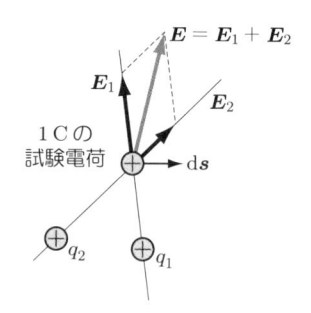

図 3.9 二つの点電荷からクーロン力を受ける試験電荷

の試験電荷が，点電荷 q_1 と q_2 が作る電場の中にいるとしよう．電荷 q_1 の作る電場を $\boldsymbol{E}_1$，電荷 q_2 の作る電場を $\boldsymbol{E}_2$ とする．電場は重ね合わせ可能なので，試験電荷が感じる電場は

$$\boldsymbol{E} = \boldsymbol{E}_1 + \boldsymbol{E}_2$$

となる．試験電荷を $\mathrm{d}\boldsymbol{s}$ 動かしたとき電場がした仕事は $\mathrm{d}W = \boldsymbol{E} \cdot \mathrm{d}\boldsymbol{s}$ だ．しかしこれはベクトルの分配則を使い

$$\mathrm{d}W = \boldsymbol{E}_1 \cdot \mathrm{d}\boldsymbol{s} + \boldsymbol{E}_2 \cdot \mathrm{d}\boldsymbol{s}$$

と分解できる．この形は，$\mathrm{d}W$ が $\boldsymbol{E}_1$ がする仕事と $\boldsymbol{E}_2$ がする仕事の和で表されることを示している．したがって電位にも重ね合わせの原理が適用できることが示された．

連続分布する電荷の，微小体積要素 ΔV_i に含まれる電荷が $\rho \Delta V_i$ で，そこから距離 r 離れた点の電位 $\Delta \phi_i$ は式 (3.4) を使い

$$\Delta \phi_i \approx \frac{\rho \Delta V_i}{4\pi \varepsilon_0 r}$$

である．

すべての電荷が作る電位 ϕ は $\Delta \phi_i$ を足し合わせたものだから，$\phi \approx \dfrac{1}{4\pi \varepsilon_0} \sum_i \dfrac{\rho \Delta V_i}{r_i}$

となる．$\Delta V \to 0$ で総和を積分に置き換えれば，連続分布する電荷が作るポテンシャルの表式が完成する．**図 3.10** のように，電荷密度を位置ベクトル $\boldsymbol{r}'$ の関数として，位置ベクトル $\boldsymbol{r}$ にある点 P の電場を表せば以下のようになる．

$$\phi(\boldsymbol{r}) = \frac{1}{4\pi \varepsilon_0} \iiint_V \frac{\rho(\boldsymbol{r}') \mathrm{d}V'}{R} \qquad (\boldsymbol{R} = \boldsymbol{r} - \boldsymbol{r}') \tag{3.5}$$

第 1 章では，電場について同じような計算を行い，連続分布する電荷が作る電場について式 (3.5) と同じような表式を導いた (式 (1.9) → p.44)．しかし，よく見比べてみると，こちらの方がずっと簡単な形をしている．なぜなら，右辺の積分は**スカラ量**なので，単純な足し算で計算できるから．

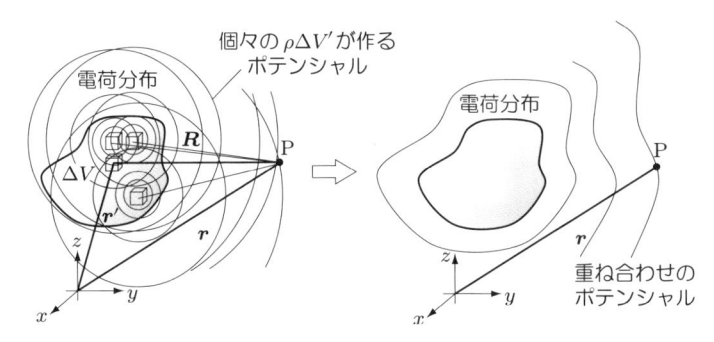

図 3.10 分布する電荷が作る静電ポテンシャルの考え方

複数の点電荷，あるいは連続分布する電荷が作る静電ポテンシャル場でも当然，等電位面と電気力線は直交する．電気力線と等電位面 (2 次元の場合は線) を描いた図は，電場の様子を直感的に理解するのに大変便利なためよく使われる．例として，向い合わせに置かれた正負の点電荷が作る電気力線と等電位面，平行に置かれた，帯電した導体板が作る電気力線と等電位面を**図 3.11** に示す．

（a）向い合わせに置かれた正負の点電荷

（b）平行に置かれた，帯電した導体板

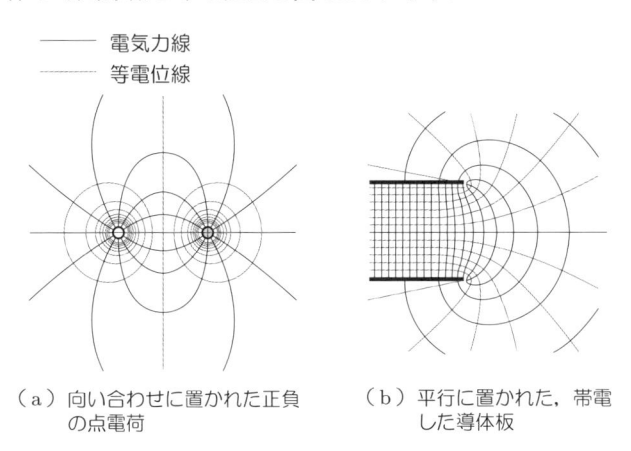

図 3.11 電気力線と等電位面

図 (b) に示す導体板の系において，導体板と等電位面の関係に注目しよう．一般に，平衡状態の導体表面はその形状によらず至るところ同電位である．これは，導体の平衡状態の定理 2 (→ p.63) より，電場が導体から垂直に発することと，「等電位面と電気力線が直交する」性質からただちにいえる．導体の平衡状態の性質 1 から導体内部には電場がないから，当然導体内部も表面と同電位である．これを「導体の静電平衡の定理 7」としておこう．

> **導体の静電平衡の定理 7**：平衡状態の導体は至るところ同電位である．

　図 (b) は，奥行き方向に無限に広い 2 次元の系である．このとき，憶えておくと便利な性質がある．それは，「2 次元の系では，等電位線と電気力線で囲まれる四角形はどこでも縦横の比率が一定」というものである．等電位線をどの程度の間隔で引くかは電気力線と同様に任意だが，図のように等電位線と電気力線で作られる四角形が導体板間の空間で正方形になるように調整する．すると，導体板外側の空間でも，等電位線と電気力線で囲まれる「歪んだ四角形」の四辺の長さはほぼ同じとなる．これは，電気力線のみが書かれた図に等電位線を書き込むときの重要なヒントになるだろう．

　ここまでの学習で，我々は電荷があればポテンシャル場が定義でき，その計算は電荷分布から電場分布を求めるより楽であることを知った．では，あらゆる点のポテンシャルがわかっているとして，そこから電場を逆算することはできるのだろうか．次にその点について考察しよう．

3.1.5　ポテンシャルと電場の関係

　ここまでの議論で，電位とは 1 C の電荷が電場中でもつポテンシャルエネルギーであること，静電場には必ず電位が定義できることを述べてきた．ここでは，逆に電位から電場を知る方法について考えよう．3.1.2 項で説明した，「電気力線と等電位面は必ず直交する」という定理を思い出す．ここから，$\phi = \phi_0 + \Delta\phi$ の面から $\phi = \phi_0$ の面に乗り移るには電場に沿って移動するのが最短距離であることは明らかである．**図 3.12** のように移動方向を $\Delta\bm{s}$ とすればポテンシャルの定義から

$$\bm{E}\cdot\Delta\bm{s} = E\Delta s = -\Delta\phi \quad\longrightarrow\quad E = -\frac{\Delta\phi}{\Delta s}$$

の関係がある．符号がマイナスなのは，電場に沿って動けばポテンシャルが下がるからだ．「スカラ場がもっとも大きく変化する方向で，その変化率をもつベクトル場」は，第 0 章で学んだ「スカラ場の勾配」の定義そのものである．したがって，我々は

> **電場と電位の関係**
>
> $$\bm{E} = -\mathrm{grad}\phi \tag{3.6}$$

という重要な定理を得た．

　ポテンシャルと電場の関係についてはもっと直感的に考えることができる．ポテンシャルとは電場を積分したものだから，「微分の反対が積分」という関係を思い出せ

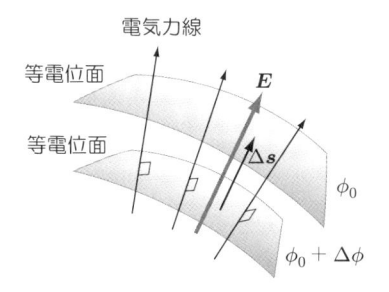

図 3.12 二つの等電位面と，それに直交する電気力線．力線 (電場) に沿って Δs 移動するとポテンシャルが $-\Delta\phi$ 変化する．

ば，ポテンシャル場を微分すれば電場が得られるのは至極当然のことなのだ．

次に，$\boldsymbol{E} = -\mathrm{grad}\phi$ にベクトル場の定理，式 (0.22) を適用する．すると，ただちに

$$\mathrm{rot}(\mathrm{grad}\phi) = 0 \quad \longrightarrow \quad \mathrm{rot}\boldsymbol{E} = 0$$

であることがわかる．

静電場の定理：静電場には回転 (rot) がない，すなわち

$$\mathrm{rot}\boldsymbol{E} = 0 \tag{3.7}$$

この定理の物理的意味を考えよう．**図 3.13** のように静電場の存在する空間で，a 点から b 点まで任意の経路を通って電場を線積分することを考える．次に，b 点から a 点まで，行きと異なる経路で電場を積分して戻れば，これは周回積分となる．ここにストークスの定理を適用すれば，

$$W = \oint_s \boldsymbol{E} \cdot \mathrm{d}\boldsymbol{s} = \iint_S \mathrm{rot}\boldsymbol{E} \cdot \mathrm{d}\boldsymbol{S} \tag{3.8}$$

で，静電場には至るところ回転がないから W は常にゼロである．行きの経路を変え

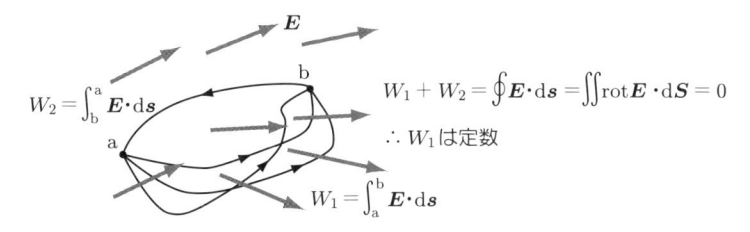

図 3.13 $\mathrm{rot}\boldsymbol{E} = 0$ が，電場にポテンシャルが存在する必要十分条件であることを証明

てもこの関係は変わらないから，これは，a 点から b 点まで電場を積分した値は積分の経路によらない，ということを意味している．あるベクトル場がポテンシャルをもつための必要十分条件は，任意の経路における 2 点間の線積分が等しい値をもつことだから，rot $\boldsymbol{E} = 0$ とは，「静電場には対応するポテンシャルが存在する」ことの必要十分条件である．

もう一つ，ポテンシャルと電場の重要な関係について述べる．今，電場 $\boldsymbol{E}$ を生むポテンシャル ϕ があったとして，それに $\mathrm{grad}\phi' = 0$ となるようなスカラ場 ϕ' を加える．すると，新たに作られたポテンシャル場はあらゆる点で $\phi + \phi'$ の大きさをもつ．次に，$\phi + \phi'$ が作る電場を計算してみよう．

$$\boldsymbol{E}' = -\mathrm{grad}(\phi + \phi') = -\mathrm{grad}\phi - \mathrm{grad}\phi' = -\mathrm{grad}\phi = \boldsymbol{E}$$

つまり，静電ポテンシャル場に $\mathrm{grad}\phi' = 0$ なる任意のスカラ場を加えたものは，元のポテンシャル場と同じ電場を生じる．これを**ポテンシャルの任意性**という．たとえば，君のいる場所はビルの 3 階で地上からの高さは 10 m かもしれないが，海抜で測れば 50 m になるだろう．高さはどこを基準に取るかで異なる値を取るが，だからといって感じられる重力が変わるわけではない．

> **ポテンシャルの任意性**：静電ポテンシャル場 ϕ に，$\mathrm{grad}\phi' = 0$ なる任意のスカラ場を加えたものは，すべて元のポテンシャル場と同じ電場を生じる．

3.2 ラプラス/ポアソン方程式と境界値問題

3.2.1 ラプラス/ポアソン方程式の導出

第 2 章で登場したガウスの法則の微分形に，たった今判明したポテンシャルと電場の関係を代入する．

$$\mathrm{div}\,\boldsymbol{E} = \frac{\rho}{\varepsilon_0}, \quad \boldsymbol{E} = -\mathrm{grad}\phi \quad \longrightarrow \quad -\mathrm{div}(\mathrm{grad}\phi) = \frac{\rho}{\varepsilon_0}$$

0.5.3 項 (→ p.24) を思い出そう．演算子 div(grad) は**ラプラシアン**とよばれ，ナブラ記号を使い ∇^2 と書かれる．デカルト座標で書き下すと，

$$\frac{\partial^2 \phi(x,y,z)}{\partial x^2} + \frac{\partial^2 \phi(x,y,z)}{\partial y^2} + \frac{\partial^2 \phi(x,y,z)}{\partial z^2} = -\frac{\rho(x,y,z)}{\varepsilon_0} \tag{3.9}$$

である．電荷が存在する場合の式を**ポアソンの方程式**，電荷が存在しない場合を**ラプラスの方程式**とよぶ．ポアソン (Siméon Denis Poisson)，ラプラス (Pierre-Simon

Laplace) ともに 18 世紀から 19 世紀にかけて活躍したフランスの数学者かつ物理学者である.

> **ラプラス/ポアソンの方程式**
>
> ラプラスの方程式：　　$\nabla^2 \phi = 0$ 　　　　　(3.10)
>
> ポアソンの方程式：　　$\nabla^2 \phi = -\dfrac{\rho}{\varepsilon_0}$ 　　(3.11)

これらの方程式は，空間の $\phi(\boldsymbol{r})$ が未知数で，電荷分布 $\rho(\boldsymbol{r}')$ が既知のとき，$\phi(\boldsymbol{r})$ を与える微分方程式の形をしている．では，これらの方程式はどう解いたらよいのだろうか．

心配することはない．我々は，もうこの方程式の一般解を知っている．それは，

$$\phi(\boldsymbol{r}) = \frac{1}{4\pi\varepsilon_0} \iiint_V \frac{\rho(\boldsymbol{r}')dV'}{R} \qquad (\boldsymbol{R} = \boldsymbol{r} - \boldsymbol{r}')$$

である (式 (3.5))．では，ここで改めてポアソンの方程式を導入することにどのような意味があるのだろうか．一つには，現象を支配する法則を単純な微分方程式で表すとき，その法則の意味がより深く理解できることもあるが，なにより，ポアソンの方程式には実用的な価値がある．

2 次関数の解の公式を例にとろう．あらゆる 2 次方程式は，以下の解の公式

$$ax^2 + bx + c = 0 \text{ のとき,} \quad x = \frac{-b \pm \sqrt{b^2 - 4ac}}{2a}$$

に係数を機械的に代入すれば解が得られる．しかし，たとえば，$x^2 + 2x + 1 = 0$ なら，これを因数分解して $(x+1)^2 = 0$ とした方が見通しがよいし，解が $x = -1$ であることが一瞬で理解できる．また式の形から，問題が関数 $y = (x+1)^2$ の根を求めていること，関数は $y = x^2$ を x 軸に沿って -1 だけ移動した形をしていることなどがただちにわかる．

3.2.2 ラプラス/ポアソン方程式の物理的意味

では，ラプラス/ポアソンの方程式からどんな物理的意味が抽出できるだろうか．0.5.3 項 (→ p.24) を思い出して欲しい．場のスカラ量にラプラシアンを作用させることの物理的意味は，「ある点の物理量を，その周りの平均値と比較する」ことである．そして，$\nabla^2 \phi$ の正負とスカラ場の性質の関係は，

$\nabla^2 \phi > 0$ 　　　ϕ の値は周りの平均値より小さい (凹)

$\nabla^2 \phi = 0$ 　　　ϕ の値は周りの平均値にちょうど等しい

$\nabla^2 \phi < 0$　　　ϕの値は周りの平均値より大きい (凸)

であった．つまり，ポアソンの方程式のいわんとすることは，「正電荷密度があるとき，その場のポテンシャルは上に凸となる」ということなのだ．ぴんと張ったゴム膜におもりを乗せると，ゴム膜はおもりを中心として漏斗状に凹む．あれが，ちょうど負電荷が置かれた空間の，電荷の周りのポテンシャル場のイメージである．例として，正負の電荷が置かれた系のポテンシャル場を膜の凹凸で表したものを**図 3.14**に示した．

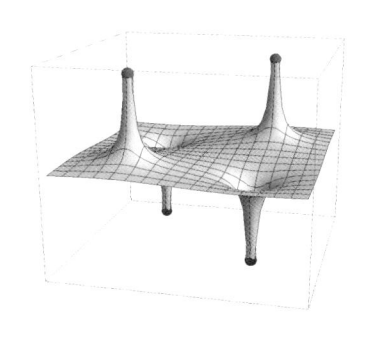

図 3.14　等間隔に置かれた，同じ大きさの正負の電荷が作るポテンシャル場．この配置は「電気4重極子」とよばれる．中央の点は傾きゼロであることに注意．

ついでに，この膜と電場の関係について言及しておこう．$\boldsymbol{E} = -\mathrm{grad}\phi$だから，膜の「傾き」に負号をつけたものがその点の電場である．図 3.14 の任意の場所に小球を置けば，球は坂に沿って転がるだろう．そして，その勢いは坂の傾きに比例する．これは，自由に動ける試験電荷の電場中での振る舞いと等価なものである．人類が洞窟に住んでいた頃から，地面の傾きは生きるために重要な情報だった．したがって，我々は坂道に置かれた物体の振る舞いが本能的に身についている．これを電磁場に応用しない手はない．ぜひ，「坂道」のイメージを活用して静電ポテンシャルと電場の関係を直感的に理解してもらいたい．

図 3.14 には一箇所，傾きゼロの平らな位置があることに気づくだろうか．その場所は実際に電場ゼロで，電荷は力を受けない．ただし，わずかでも電荷が動けば電荷は動いた方向に転がり出すので，この点は安定な釣り合いとはならない．実は，電荷のない空間に静的な安定点を作るのは不可能であることが証明されていて，これをアーンショウの定理 (Earnshaw's theorem) とよぶ．

> **アーンショウの定理**：電荷のない空間にポテンシャルの極小や極大，すなわち安定な釣り合い点は存在しない．

簡単に証明しよう．仮に，電荷のない空間にポテンシャルの極大点Pがあったとする．すると，その点の周囲では gradϕ はP点から内向きのベクトルとなる．すると $\boldsymbol{E} = -\text{grad}\phi$ から，**図3.15**のように，極大点周囲にはP点を中心に外向きの電場が存在することになる．次に，その極大点を囲むようにガウスの法則を適用すれば，

$$\varepsilon_0 \oiint \boldsymbol{E} \cdot d\boldsymbol{S} > 0$$

となるだろう．なぜなら，電場は面を内から外側に貫くので．しかし，電場の面積分がゼロにならない，ということは閉曲面内部に電荷が存在している．これは，問題の前提に反するので，電荷のない空間にはポテンシャルの極大，極小は存在しないことが示された．

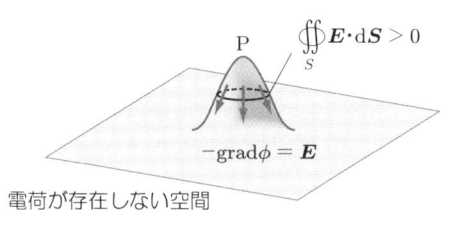

図3.15 アーンショウの定理の証明．わかりやすいように2次元ポテンシャル場で説明している．

アーンショウの定理を使えば，導体の静電遮蔽の性質はエレガントに証明することができる．章末問題としておいたので各自挑戦して欲しい．

3.2.3 ラプラス/ポアソン方程式の解法

静電場の問題の多くは，電荷の大きさと場所がわかっており，考えている領域内部の電場 $\boldsymbol{E}$ が知りたい．ラプラス/ポアソンの方程式は，与えられた問題が単純ならば簡単な積分計算に還元でき，解析的積分で系全体の電位が決定できる．系がどんなに複雑でも，数値計算なら近似的に解くことができる．この場合，系を離散化し，各離散点(とびとびの座標点)の電位を未知数とした連立方程式を計算する．詳しくは章末のコラム (→ p.108) を読んでほしい．電位がわかれば，あとは $\boldsymbol{E} = -\text{grad}\phi$ を使えば電場を求めることができる．

具体的には，ラプラス/ポアソン方程式を解くためには以下のステップを踏む．

1. 問題の形状によって座標系を選ぶ．

2. 境界条件を得る．境界条件とは考えている領域端の物理量で，以下のどちらかがわかっていればよい．

   (a) 領域境界上のポテンシャル
   (b) 領域境界上の電場の法線成分

   ラプラス/ポアソンの方程式は 2 階の微分方程式なので，二つの独立した境界条件がわかっている必要があることに注意．
3. ラプラス/ポアソンの方程式を解き，ϕ の一般解を求める (2 階積分に相当)．
4. 境界条件を満足するように，未定係数を決定する．

このような，知りたい物理量が境界でのみ与えられていて，微分方程式を解いて内部の物理量を求める問題は一般に**境界値問題**とよばれている．力を加えられた物体の変形や，熱が加えられた物体の温度分布は今考えている問題と数学的によく似ており，どちらも境界値問題に分類される．次に，いくつかの単純な系で，ラプラス/ポアソンの方程式を解いてその有効性を確かめてみよう．

> **Q1：無限に広い平行導体 (1)**
>
> 図 3.16 のように無限に広く，平行に置かれた 2 枚の導体の間の電位，電場を求めなさい．領域内部に電荷はなく，$z=0$ と $z=d$ の境界で図のように電位が与えられている．

図 3.16 無限に広い平衡導体 (1)

系の対称性から，デカルト座標系が好ましい．ラプラスの方程式は以下のとおり．

$$\nabla^2 \phi = \frac{\partial^2 \phi}{\partial x^2} + \frac{\partial^2 \phi}{\partial y^2} + \frac{\partial^2 \phi}{\partial z^2} = 0 \tag{3.12}$$

系の対称性からほとんどの項が消え，$\frac{d^2 \phi}{dz^2} = 0$ が残る．これを 2 階積分すれば，$\phi(z) = C_1 z + C_2$ (C_1, C_2 は積分定数) を得る．境界条件を満たすように C_1, C_2 を選ぶと

$$\phi(z) = V\left(1 - \frac{z}{d}\right) \tag{3.13}$$

を得る．電場は，$\boldsymbol{E} = -\mathrm{grad}\phi$ で，ϕ は z のみの関数であることから，

3.2 ラプラス/ポアソン方程式と境界値問題

$$E_z = \frac{V}{d} \tag{3.14}$$

と計算される．

Q2：無限に広い平行導体 (2)

Q1と同じ無限に広い平行導体で，今度は $z=d$ での電位と面電荷密度が図 **3.17** のように定まっている．領域内の電位，電場を求めなさい．

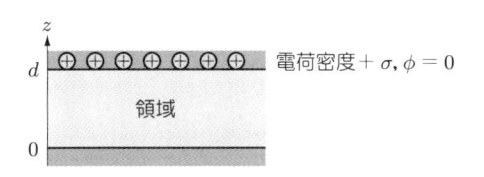

図 3.17 無限に広い平衡導体 (2)

境界条件を除けば問題は同じだから，ラプラスの方程式はやはり $\frac{\mathrm{d}^2\phi}{\mathrm{d}z^2}=0$ となる．続いて，問題から境界条件を二つ抽出しなくてはならない．一つは $z=d$ において $\phi=0$ で，これは自明だ．もう一つは何かというと，境界面における電場，すなわち $-\frac{\mathrm{d}\phi}{\mathrm{d}z}$ が与えられている．なぜなら導体の静電平衡の性質 4 (→ p.65) からただちに

$$-E_z = \frac{\sigma}{\varepsilon_0} = \frac{\mathrm{d}\phi}{\mathrm{d}z}$$

だから．E_z に負号がつくのは，電気力線の向きから，領域端では正電荷の発する電場が $E_z<0$ となるためである．これでめでたく二つの境界条件が揃った．

ラプラスの方程式を 2 階積分すれば，$\phi(z)=C_1 z+C_2$ (C_1, C_2 は積分定数) を得る．$z=d$ において $\frac{\mathrm{d}\phi}{\mathrm{d}z}=\frac{\sigma}{\varepsilon_0}$ を代入，$C_1=\frac{\sigma}{\varepsilon_0}$ と，定数 C_1 が決定される．

C_2 を決定するために，$\phi(z)=\frac{\sigma}{\varepsilon_0}z+C_2$ に $z=d, \phi=0$ を代入すれば $C_2=-\frac{\sigma}{\varepsilon_0}d$ を得て，最終的に

$$\phi(z)=\frac{\sigma}{\varepsilon_0}(z-d) \tag{3.15}$$

を得る．ここで，両極板の電位差を V とすると，

$$V=\phi(d)-\phi(0)=\frac{\sigma}{\varepsilon_0}d$$

となるので，結局，

$$\phi(z)=V\left(\frac{z}{d}-1\right) \tag{3.16}$$

を得ることになる．系の電場は式 (3.15) を微分して符号を反転，

$$E_z = -\frac{\sigma}{\varepsilon_0} \qquad (3.17)$$

なのだが，これは $z=d$ の境界条件と等しい．これは，系の対称性から電気力線が z 軸に平行なため，直感的にも理解できる結果だ．

Q3：無限に広い平行導体 (3)

次に，図 **3.18** のように，無限に広い平行導体の間に一定密度 ρ の電荷が存在する場合を考える．$z=0$ と $z=d$ の電位は 0 に固定されている．導体間の領域の電位，電場を求めなさい．

図 **3.18** 無限に広い平衡導体 (3)

Q1，**Q2** と同様にポアソンの方程式を立てる．今度は右辺がゼロでないことに注意．

$$\frac{d^2\phi}{dz^2} = -\frac{\rho}{\varepsilon_0}$$

一般解は単純に 2 階積分して $\phi = -\frac{\rho}{2\varepsilon_0}z^2 + C_1 z + C_2$ (C_1, C_2 は積分定数) で，今度は 2 次関数となる．境界条件は，$z=0$，$z=d$ において $\phi = 0$ なので，

$$\phi(0) = C_2 = 0, \qquad \phi(d) = -\frac{\rho}{2\varepsilon_0}d^2 + C_1 d = 0$$

から，

$$\phi(z) = \frac{\rho}{2\varepsilon_0}\left(-z^2 + zd\right) \qquad (3.18)$$

$$E_z(z) = -\frac{d\phi}{dz} = \frac{\rho}{2\varepsilon_0}(2z - d) \qquad (3.19)$$

と求められる．

Q4：球状に分布した一様電荷密度

図 **3.19** に示すような一定の電荷密度 ρ をもつ半径 a の球がある．球内部，外部の電位と電場を求めなさい．無限遠方の電位をゼロとせよ．

最後に，ちょっと難しい問題に挑戦しよう．この問題は領域端とその境界条件が顕わに示されておらず，どこから手をつけたらよいか悩むところだが，一つ一つ冷静に解きほぐしていけば必ず解にたどりつく．

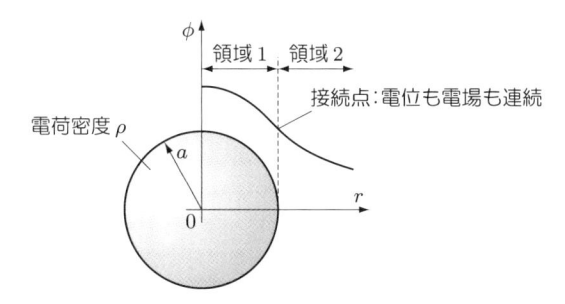

図 3.19 一定の電荷密度 ρ をもつ半径 a の球

まず，問題は球対称であるから極座標のラプラシアン (付録 A.2.3 項→ p.280) を使う．

$$\nabla^2 \phi = \frac{1}{r^2}\frac{\partial}{\partial r}\left(r^2 \frac{\partial \phi}{\partial r}\right) + \frac{1}{r^2 \sin\theta}\frac{\partial}{\partial \theta}\left(\sin\theta \frac{\partial \phi}{\partial \theta}\right) + \frac{1}{r^2 \sin^2\theta}\frac{\partial^2 \phi}{\partial \varphi^2}$$

系の対称性から大部分の項は消え，ラプラシアンは r のみの $\dfrac{1}{r^2}\dfrac{\mathrm{d}}{\mathrm{d}r}\left(r^2\dfrac{\mathrm{d}\phi}{\mathrm{d}r}\right)$ に簡素化される．次に，問題が二つの領域を扱っていることに注意しよう．球の内部，外部で解くべき微分方程式が異なるのだ．

領域 1(球内部)： $\quad \dfrac{1}{r^2}\dfrac{\mathrm{d}}{\mathrm{d}r}\left(r^2\dfrac{\mathrm{d}\phi}{\mathrm{d}r}\right) = -\dfrac{\rho}{\varepsilon_0} \qquad (3.20)$

領域 2(球外部)： $\quad \dfrac{1}{r^2}\dfrac{\mathrm{d}}{\mathrm{d}r}\left(r^2\dfrac{\mathrm{d}\phi}{\mathrm{d}r}\right) = 0 \qquad (3.21)$

式 (3.20)，式 (3.21) をどう解くかというと，両辺に r^2 を掛けて r で 1 階積分すればよい．

領域 1(球内部)： $\quad r^2 \dfrac{\mathrm{d}\phi}{\mathrm{d}r} = -\dfrac{\rho r^3}{3\varepsilon_0} + C_1 \quad \longrightarrow \quad \phi = -\dfrac{\rho r^2}{6\varepsilon_0} + \dfrac{C_1}{r} + C_2$

領域 2(球外部)： $\quad r^2 \dfrac{\mathrm{d}\phi}{\mathrm{d}r} = C_3 \quad \longrightarrow \quad \phi = \dfrac{C_3}{r} + C_4$

積分定数が C_1 から C_4 まで四つ出てきた．これらをすべて決定しなくてはならない．推理を働かせよう．無限遠方で電位はゼロだから，C_4 はただちにゼロとなる．一方，$r \to 0$ の極限で電位が無限大になることはない．なぜなら，電荷密度は有限だから[†]．したがって C_1 もゼロ．これで，決定するべき定数が二つに減った．

定数 C_2, C_3 を決定するために，電荷密度が有限のときに成り立つ以下の定理を使う．

[†] いかにも当然のように書いているが，きちんと証明するのは少々面倒くさい．直感的には，ポテンシャル (出っ張り) が無限になれるのは無限に小さな体積に有限の大きさの電荷が存在する場合だけだから，と理解する．

> 電荷の体積密度が有限のとき，あらゆるところで電位，電場は連続である．

平たく言うと，電位，電場が突然ジャンプすることはない，ということだ．簡単に証明すると，電場がジャンプするとき，ガウスの法則からそこに無限大の電荷密度が存在することになり仮定に反するからで，電場が連続ならそれを積分したポテンシャルが突然ジャンプすることもない．

さてここで，二つの領域の接点 $r = a$ において「電位，電場が連続である」という条件を使おう．すると，C_2 と C_3 に関する連立方程式が立つ．

電位： $\phi(a) = -\dfrac{\rho a^2}{6\varepsilon_0} + C_2 = \dfrac{C_3}{a}$

電場： $-\dfrac{d\phi}{dr}\bigg|_{r=a} = \dfrac{\rho a}{3\varepsilon_0} = \dfrac{C_3}{a^2}$

解けば，電位は以下のように定まる．

$$\text{領域 1(球内部)：} \quad \phi(r) = \frac{\rho}{6\varepsilon_0}\left(3a^2 - r^2\right) \tag{3.22}$$

$$\text{領域 2(球外部)：} \quad \phi(r) = \frac{\rho a^3}{3\varepsilon_0 r} \tag{3.23}$$

もう一度 $E_r = -\dfrac{d\phi}{dr}$ を使い電場を求めておこう．

$$\text{領域 1(球内部)：} \quad E_r(r) = \frac{\rho r}{3\varepsilon_0} \tag{3.24}$$

$$\text{領域 2(球外部)：} \quad E_r(r) = \frac{\rho a^3}{3\varepsilon_0 r^2} \tag{3.25}$$

もちろん，$r > a$ の電場に $Q = \dfrac{4}{3}\pi a^3 \rho$ を代入すればおなじみの形，$E_r = \dfrac{Q}{4\pi\varepsilon_0 r^2}$ を得る．

3.3 静電エネルギー

3.3.1 電荷系のエネルギーの定義

今までは「電荷のポテンシャルエネルギー」という言葉を曖昧に使ってきたが，ここで静電荷系のエネルギーについてきちんと考えよう．今までの記述が曖昧だったのは，「電荷がいるところの電場は誰が作ったか」を曖昧にしていたからだ．

そこで，議論をまずもっとも単純な，二つの孤立した点電荷から始めよう．二つの電荷がある距離離れて存在するとき，その系はエネルギーをもっている．なぜなら，

電荷どうしは反発力，または吸引力を及ぼし合っており，その反発力や吸引力に仕事をさせることができるからである．系のエネルギーを，図 3.20 のように「二つの電荷を無限遠方から今の位置にもってくるまでに外力がした仕事」と定義するのは，ごく自然なことであろう．なぜなら，無限遠方に離れた電荷どうしはもはや力を及ぼし合うことはなく，電場に仕事をさせることができなくなるためである．たとえるなら「ゼンマイに蓄えられたエネルギーはゼンマイがほどけるまでになすことのできる仕事に等しい」ということだ．

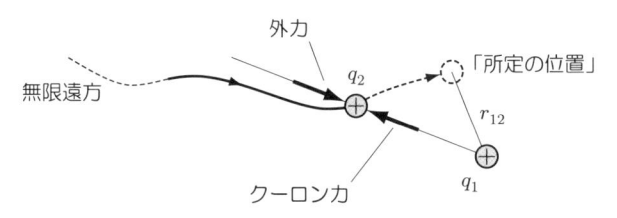

図 3.20 二つの電荷からなる系のエネルギーは，電荷を無限遠方から所定の位置にもってくるために外力がする仕事である

これを複数の電荷からなる系に拡張すれば，電荷系のエネルギーは以下のように定義される．

> 点電荷からなる系のエネルギーは，複数の点電荷が無限遠方に離れていたときをゼロとして，それぞれを所定の位置に置くために必要な力学的仕事である．

それでは，複数の電荷から成る系のエネルギーの数式的表現を導出しよう．図 3.21 のように電荷量を q_i，互いの距離を r_{ij} とする．計算はまず二つの電荷からはじめ，そこに三つ目の電荷を近づける，という方法で行う．q_1 を基準にして，q_2 を無限遠

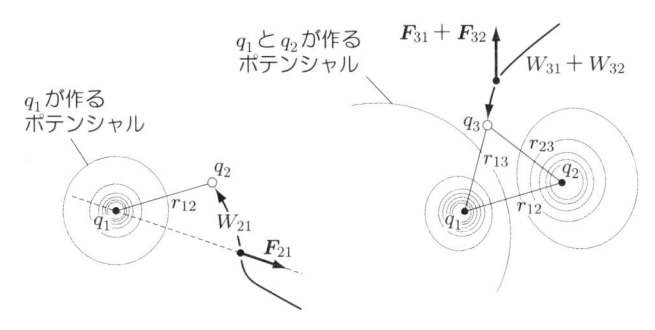

図 3.21 三つの電荷からなる系のエネルギーを順番に計算する

方から距離 r_{12} まで近づけるときに必要な仕事 W_{21} は，エネルギー保存則から q_1 が作るポテンシャルの中で電荷 q_2 がもつポテンシャルエネルギーに等しい．電荷のポテンシャルエネルギーは，(ポテンシャル) × (電荷量) で表されたことを思い出そう（→ p.76）．電荷 q_1 が q_2 の位置に作るポテンシャル ϕ_{21} は $\dfrac{q_1}{4\pi\varepsilon_0 r_{12}}$ だから，外力のした仕事，つまり電荷のポテンシャルエネルギーは

$$W_{21} = q_2 \cdot \phi_{21} = \frac{q_1 q_2}{4\pi\varepsilon_0 r_{12}}$$

である．今度は q_2 を基準にとって q_1 を距離 r_{12} まで近づけることを考えると，

$$W_{12} = q_1 \cdot \phi_{12} = \frac{q_1 q_2}{4\pi\varepsilon_0 r_{12}}$$

とまったく同じ表式を得る．つまり，どちらの電荷を基準にとっても，系のエネルギーの計算結果には違いはない．

次に，無限遠方から q_3 をすでにある q_1，q_2 に近づけていって図 3.21 の位置までもってくるときに外力がする仕事を $W_{3(1+2)}$ としよう．このとき，q_3 は q_1，q_2 から個別にクーロン力を受けるが，ポテンシャルに重ね合わせが成立することはすでに示したので，我々は安心して以下の結果を正しいと認めることができる．

$$W_{3(1+2)} = \frac{q_1 q_3}{4\pi\varepsilon_0 r_{13}} + \frac{q_2 q_3}{4\pi\varepsilon_0 r_{23}}$$

結局，この電荷系がもつ全ポテンシャルエネルギー U_{e} は，W_{21} と $W_{3(1+2)}$ の和で表され，

$$U_{\mathrm{e}} = \frac{q_1 q_2}{4\pi\varepsilon_0 r_{12}} + \frac{q_1 q_3}{4\pi\varepsilon_0 r_{13}} + \frac{q_2 q_3}{4\pi\varepsilon_0 r_{23}}$$

と，対称性のよい形で表される．電荷が四つ以上のときも同様の計算をくり返し，任意の n 個の電荷が存在する系のエネルギーは

$$U_{\mathrm{e}} = \sum_{i=1}^{n} \sum_{j=1}^{n} \frac{q_i q_j}{4\pi\varepsilon_0 r_{ij}} \qquad (\text{ただし } i < j) \tag{3.26}$$

と表される．

3.3.2 電荷系のエネルギーを静電ポテンシャルで表す

式 (3.26) の表式は，電荷が n 個あるとき $n(n-1)/2$ 個の項が現れ，電荷数の自乗に比例して項が増えていくためいかにも煩雑だ．そこで，この表現を，すべての電荷が作る合計のポテンシャルを用いて書き改めよう．電荷 q_i が電荷 q_j の位置に作るポテンシャルは $\phi_{ji} = \dfrac{q_i}{4\pi\varepsilon_0 r_{ij}}$ だが，これを合計し，q_j 以外の電荷が q_j の位置に作るポテンシャルを ϕ_j としてみよう．電荷が三つのとき，ϕ_1 は

$$\phi_1 = \frac{q_2}{4\pi\varepsilon_0 r_{12}} + \frac{q_3}{4\pi\varepsilon_0 r_{13}}$$

となる．ちなみに，q_j が q_j の位置に作るポテンシャルはどうするかというと，これは古典電磁気学では無限大となり，困った問題である (→ p.79)．しかし，点電荷が，自分自身が作る電場から力を受けることはないので，電荷系のエネルギーを考えるときはこれは無視してよい．

すると三つの電荷からなる系のエネルギーは，ポテンシャル ϕ_1, ϕ_2, ϕ_3 を使って

$$\begin{aligned}U_\mathrm{e} &= \frac{q_1 q_2}{4\pi\varepsilon_0 r_{12}} + \frac{q_1 q_3}{4\pi\varepsilon_0 r_{13}} + \frac{q_2 q_3}{4\pi\varepsilon_0 r_{23}} \\ &= \frac{1}{2}\left[q_1\left(\frac{q_2}{4\pi\varepsilon_0 r_{12}} + \frac{q_3}{4\pi\varepsilon_0 r_{13}}\right) + q_2\left(\frac{q_1}{4\pi\varepsilon_0 r_{12}} + \frac{q_3}{4\pi\varepsilon_0 r_{23}}\right) + q_3\left(\frac{q_1}{4\pi\varepsilon_0 r_{13}} + \frac{q_2}{4\pi\varepsilon_0 r_{23}}\right)\right] \\ &= \frac{1}{2}\left(q_1\phi_1 + q_2\phi_2 + q_3\phi_3\right)\end{aligned}$$

と，非常に簡潔に表すことができる．

この考え方は，容易に三つ以上の電荷に拡大できて，n 個の電荷系のエネルギーは

$$U_\mathrm{e} = \frac{1}{2}\left[q_1\phi_1 + q_2\phi_2 + q_3\phi_3 + ...\right] = \frac{1}{2}\sum_{j=1}^{n} q_j\phi_j \tag{3.27}$$

と n 個の項のみで表される．ここで，ϕ_j は，j 番目の電荷以外の電荷が，j 番目の電荷の位置に作るポテンシャルである．

3.3.3 連続的に分布する電荷がもつエネルギー

さらに，この考え方を連続的に分布する電荷まで拡張しよう．電荷密度 ρ が位置ベクトル $\boldsymbol{r}$ の関数で与えられているとすると，ある微小体積 ΔV_i に含まれる電荷は $\rho(\boldsymbol{r})\Delta V_i$ である．次に，個々の ΔV_i の位置のポテンシャル ϕ_i を知るため，系全体のポテンシャル場 $\phi(\boldsymbol{r})$ を計算する (**図 3.22**)．ポアソンの方程式を使ってもよいし，すべての ΔV_i が $\boldsymbol{r}$ 点に作るポテンシャルを直接足し合わせてもよい．

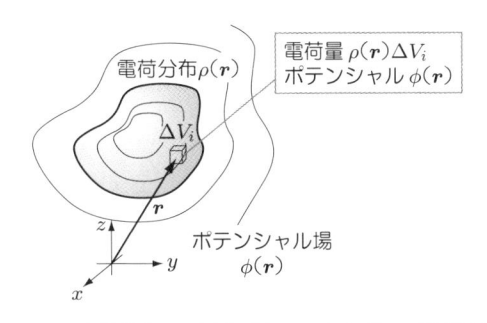

図 3.22 連続分布する電荷がもつエネルギーの計算方法

ポテンシャルエネルギーの定義式 (3.22) は，連続する電荷分布に対しては総和を積分で置き換えればよく，

$$U_\mathrm{e} = \lim_{\Delta V \to 0} \frac{1}{2} \sum_i \rho \Delta V_i \phi_i = \frac{1}{2} \iiint_V \rho(\boldsymbol{r}) \phi(\boldsymbol{r}) \mathrm{d}V \tag{3.28}$$

と表せる．

例として，半径 a，一様な電荷密度 ρ の球体がもつ静電エネルギーを求めてみよう．全空間の電位はすでにポアソンの方程式を使い求めてあるので (→ p.92) それを利用する．エネルギーは電位と電荷密度 (定数 ρ) の積を電荷球の内側で体積積分すれば求められる．系が球対称なので，**図 3.23** のように微小体積要素を半径 r の球殻にとって，

$$\begin{aligned}U_\mathrm{e} &= \frac{1}{2} \iiint_V \rho(r) \phi(r) \mathrm{d}V = \frac{1}{2} \rho \frac{\rho}{6\varepsilon_0} \int_0^a \left(3a^2 - r^2\right) 4\pi r^2 \mathrm{d}r \\ &= \frac{4\pi \rho^2 a^5}{15 \varepsilon_0}\end{aligned} \tag{3.29}$$

となる．全電荷量が $Q = \frac{4}{3}\pi a^3 \rho$ なので置き換えると，

$$U_\mathrm{e} = \frac{3Q^2}{20\pi \varepsilon_0 a} \tag{3.30}$$

となる．

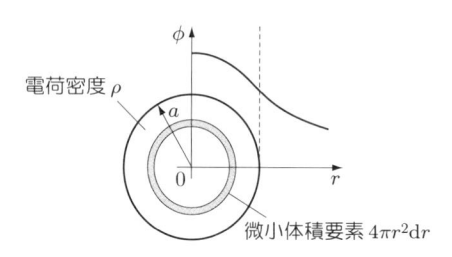

図 3.23 一様な電荷密度 ρ に帯電した球の静電エネルギーを求める

3.3.4 電場のエネルギー

今までは，電荷のもつエネルギーを「電荷を無限遠から現在の位置まで運ぶために必要なエネルギー」と定義して考えた．ここから，驚くべき発想の転換が可能であることを示そう．まず電荷系エネルギーの定義式

$$U_\mathrm{e} = \frac{1}{2} \iiint_V \rho(\boldsymbol{r}) \phi(\boldsymbol{r}) \mathrm{d}V \tag{3.31}$$

において，ガウスの法則 $\rho(\boldsymbol{r}) = \varepsilon_0 \operatorname{div} \boldsymbol{E}(\boldsymbol{r})$ を使おう．以降は電場，電位，電荷密度は単純に $\boldsymbol{E}$, ϕ, ρ と表す．すると式 (3.31) は以下のようになる．

$$U_{\mathrm{e}} = \frac{1}{2} \iiint_V \varepsilon_0 \operatorname{div} \boldsymbol{E} \phi \, \mathrm{d}V \tag{3.32}$$

ベクトル場の恒等式 $\operatorname{div}(\phi \boldsymbol{E}) = \boldsymbol{E} \cdot \operatorname{grad} \phi + \phi \operatorname{div} \boldsymbol{E}$ と，$\boldsymbol{E} = -\operatorname{grad} \phi$ を使えば，

$$\operatorname{div}(\phi \boldsymbol{E}) = -E^2 + \phi \operatorname{div} \boldsymbol{E} \quad \longrightarrow \quad \phi \operatorname{div} \boldsymbol{E} = \operatorname{div}(\phi \boldsymbol{E}) + E^2$$

を得る．これを式 (3.32) に代入して，

$$U_{\mathrm{e}} = \frac{1}{2} \iiint_V \varepsilon_0 \left\{ \operatorname{div}(\phi \boldsymbol{E}) + E^2 \right\} \mathrm{d}V = \frac{1}{2} \iiint_V \varepsilon_0 \operatorname{div}(\phi \boldsymbol{E}) \mathrm{d}V + \frac{1}{2} \iiint_V \varepsilon_0 E^2 \mathrm{d}V$$

で，第 1 項にガウスの発散定理を適用して表面積分に落とすと，

$$U_{\mathrm{e}} = \frac{1}{2} \oiint_S \varepsilon_0 \phi \boldsymbol{E} \cdot \mathrm{d}\boldsymbol{S} + \frac{1}{2} \iiint_V \varepsilon_0 E^2 \mathrm{d}V \tag{3.33}$$

を得る．

次に，積分範囲を電荷がある範囲から外に広げていこう．電荷エネルギーの計算，式 (3.31) は電荷のない領域で体積積分を行っても電荷密度がゼロなので答は変わらない．一方，式 (3.33) は式 (3.31) を変形したものだから，やはり積分範囲を広げていっても答は変わらないはずである．**図 3.24** のように積分範囲を半径 r の球として，球の半径をどんどん大きくしてゆくとどうなるか．電場は電荷の外側にも存在するので，第 2 項の $\dfrac{1}{2} \iiint_V \varepsilon_0 E^2 \mathrm{d}V$ は大きくなっていく．そして，それに対応して第 1 項

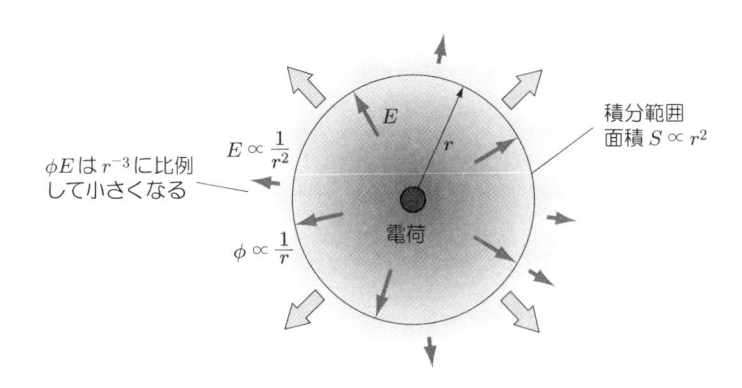

図 **3.24** 有限の範囲に存在する電荷と，電荷が作る電場 E およびポテンシャル ϕ

の $\frac{1}{2}\oiint_S \varepsilon_0 \phi \boldsymbol{E} \cdot \mathrm{d}\boldsymbol{S}$ はどんどん小さくなってゆく．これは，第1項と第2項の和が積分範囲によらないことからもいえるし，電場と電位の性質からも証明できる．なぜなら，原点近くにのみ電荷が存在するとき，電場の大きさは r^{-2} に比例して小さくなり，ポテンシャルは r^{-1} に比例して (絶対値が) 小さくなるのでその積は r^{-3} に比例して小さくなるのに対して，全表面積はたかだか r^2 に比例して大きくなるのみだから．

したがって，

$$(r \to \infty) \quad \oiint_S \varepsilon_0 \phi \boldsymbol{E} \cdot \mathrm{d}\boldsymbol{S} \to 0 \quad \therefore U_\mathrm{e} = \frac{1}{2}\iiint_{\text{全空間}} \varepsilon_0 E^2 \mathrm{d}V$$

を得る．今や，積分範囲は無限の彼方まで広がったことに注意しよう．

すなわち，上式は，電荷系のエネルギーは「空間に広がる電場 $\boldsymbol{E}$ を自乗して体積積分すれば得られる」ことを意味しており，これはどんな電荷分布でも成り立つから，いい換えれば，「電場は単位体積あたり $\frac{1}{2}\varepsilon_0 E^2$ のエネルギーをもっている」といえることを示している．はじめは電荷どうしのクーロン力がする仕事として定義された電荷系のエネルギーが，最後には電荷が全空間に張る電場のエネルギーの総和であることが明らかになった．

静電荷系のエネルギーは，全空間にわたって電場の自乗を積分すれば得られ，

$$U_\mathrm{e} = \iiint_{\text{全空間}} \frac{1}{2}\varepsilon_0 E^2 \mathrm{d}V \tag{3.34}$$

である．すなわち，電場 $\boldsymbol{E}$ の空間は，単位体積あたり

$$u_\mathrm{e} = \frac{1}{2}\varepsilon_0 E^2 \tag{3.35}$$

のエネルギーをもつ．

電場のエネルギーとは一体どんなイメージだろうか．我々は最初，電荷系のエネルギーは電荷自身がもっている，と考えたわけだが，発想を転換して，電荷が自らの周りに作る電気力線がエネルギーをもつと考えてみよう．電荷が一つのとき，電気力線はまっすぐ伸びて無限遠に消えるが，ここにもう一つ同じ符号の電荷をもってくる．すると二つの電荷が作る電気力線は互いを退けようとし，曲がったり圧縮されたりするだろう (→ p.46)．それが，「電場がエネルギーをもった状態」と考えると大変都合がよいわけだ．電磁気学の黎明期，物理学者達は電場のことを「空間の緊張状態」と

よんだ．なかなか，よいイメージではないか．結果として，「単位体積あたりの電場のエネルギー」という物理量がちょうど $\frac{1}{2}\varepsilon_0 E^2$ と表される理由については，電気力線に働く力を計算すれば証明される．電気力線の力学的モデルと電場を結びつけるこの考え方は**マクスウェルの応力**として知られている．詳しくは第 7 章のコラム (→ p.240) を参照してほしい．電場がエネルギーをもつと考えると，電磁気学でエネルギーを論じるときにいろいろと都合がよい．たとえば，第 8 章で述べる**電磁波**は電場と磁場の振動が空間を伝わる現象だが，これは，結果として光の速さで電場と磁場のエネルギーが運ばれている，と解釈できるのだ (8.5.5 項で後述→ p.268)．

　さて，ここで「系に唯一の点電荷があった場合の電場エネルギーはどうなるか」と疑問に思った諸君もいるかもしれない．先に述べたように，点電荷は自身にクーロン力を及ぼすことはできないので，系のエネルギーは「ゼロ」と定義される．しかし，それでは「電場がエネルギーをもっている」という重要な洞察に例外を認めることになってしまう．しかし，一つの点電荷が全空間に張る電場で $\frac{1}{2}\varepsilon_0 E^2$ を計算すれば無限大に発散してしまうことは容易に確かめられる．

　点電荷間のクーロン力を基本公理とする古典電磁気学であるが，その点電荷の電場，電位，エネルギーに「無限大」という物理学ではあり得ない概念が避けられないのは何とも皮肉なことである．現実にはどうするかというと，一つは存在する電荷を有限の「電荷密度」と考え，空間のあらゆる場所のポテンシャルが有限の値を取る，と考える．この方法は工学的なほとんどすべての問題で有効である．話が単一の電子を取り扱うような，「電荷密度」という考え方が使えないときは，「繰り込み」という数学的手法を使って無限大を手なずける方法が知られており，発見者のシュインガー (Julian Seymour Schwinger)，朝永振一郎，ファインマン (Richard Phillips Feynman) がノーベル賞を受けている．詳しいことは本書の範囲を超えるのでここから先は各自で勉強してほしい．

　さて，ここで，電荷系のエネルギーが電場のエネルギーと等価であることを，再び半径 a，一様な電荷密度 ρ の球体がもつ静電エネルギー (→ p.96) を計算することで確認しよう．電場の大きさはすでに 3.2.3 項の **Q4** (→ p.90) で計算されているので，これを体積積分する．答は

$$U_{\mathrm{e}} = \frac{\varepsilon_0}{2}\int_0^\infty E^2 \cdot 4\pi r^2 \mathrm{d}r$$

$$= \frac{\varepsilon_0}{2}\left[\int_0^a \left(\frac{\rho}{3\varepsilon_0}r\right)^2 \cdot 4\pi r^2 \mathrm{d}r + \int_a^\infty \left(\frac{\rho a^3}{3\varepsilon_0}\frac{1}{r^2}\right)^2 \cdot 4\pi r^2 \mathrm{d}r\right]$$

$$= \frac{4\pi\rho^2 a^5}{15\varepsilon_0} \tag{3.36}$$

となり，式 (3.29) と一致することがわかる．もちろん，あらゆる問題で両者の結果は一致する．

3.4 コンデンサー

3.4.1 導体上に分布する電荷のエネルギー

電荷系の特殊な場合として，電荷が導体の表面上に存在する場合を考える．静電平衡状態では，電荷は必ず導体の表面に現れることを思い出そう．また，導体はどこでも同電位だからエネルギーの計算は簡単で，

$$U_{\mathrm{e}} = \frac{1}{2}\iiint_V \rho(\boldsymbol{r})\phi(\boldsymbol{r})\mathrm{d}V = \frac{1}{2}Q\phi \tag{3.37}$$

Q　導体表面の余剰電荷 [C]　　　　　ϕ　導体の電位 [V]

である．一例として，帯電した半径 a の導体球のエネルギーを求めてみよう．電荷の総量を Q [C] として，半径 r の球殻をガウス面とすれば電場は $E = \dfrac{Q}{4\pi\varepsilon_0 r^2}$ だから，球表面上の電位は，

$$\phi(a) = \int_a^\infty \frac{Q}{4\pi\varepsilon_0 r^2}\mathrm{d}r = \frac{Q}{4\pi\varepsilon_0 a} \tag{3.38}$$

と求められる．式 (3.37) から，球の静電エネルギーは，

$$U_{\mathrm{e}} = \frac{1}{2}Q\frac{Q}{4\pi\varepsilon_0 a} = \frac{Q^2}{8\pi\varepsilon_0 a} \tag{3.39}$$

と求められる．

3.4.2 コンデンサーの定義

次に，導体がいくつかあるとき，i 番目の導体のポテンシャルを ϕ_i とし，その導体の余剰電荷を Q_i とすれば，系のエネルギーは容易に

$$U_{\mathrm{e}} = \frac{1}{2}\iiint_V \rho(\boldsymbol{r})\phi(\boldsymbol{r})\mathrm{d}V = \frac{1}{2}\sum_i Q_i\phi_i \tag{3.40}$$

とわかる．ここで，**図 3.25** のように二つの導体 A，B があり，A から出た電気力線がすべて B で終わる系を**コンデンサー**とよぶ．A から出た電気力線がすべて B で終わるためには，A と B の電荷は必ず量が同じで符号が逆でなくてはならない．なぜなら，二つの導体を囲むガウス面でガウスの法則を適用すれば，

3.4 コンデンサー

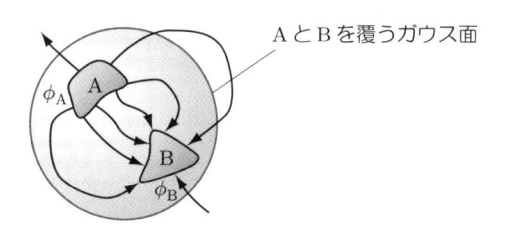

図 3.25 コンデンサーの定義

$$\sum Q_i = 0 = \oiint_S \boldsymbol{D} \cdot \mathrm{d}\boldsymbol{S}$$

だから，これは，ガウス面内部の正味電荷がゼロのときだけ，ガウス面の外に出た電気力線は必ずガウス面の中に戻ってくることを示している．

また，二つの導体にある量の電荷を与えたとき，電荷は「導体表面の電位が一様」という条件を満足するように分布するが，この分布は，与えられた導体の配置において一つしかないことを示そう．もし，**図 3.26** ① のように導体表面の電位が一様となる電荷分布が 2 通りあったとする．これを分布 (a) と，分布 (b) としよう．分布 (b) の正負の電荷を入れ換えても電気力線の向きが逆転するだけで空間分布は変わらない．これと分布 (a) を図②のように重ね合わせてみる．すると，導体 A も導体 B も正味の電荷をもたないのに，導体 A から導体 B に，打ち消し合わなかった電気力線が走ることになる．しかし導体 A と B は今や同電位なのでこれは矛盾である．したがって，導体 A，B に電荷を与えたとき，その分布は一通りしかない．

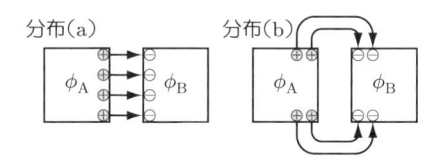

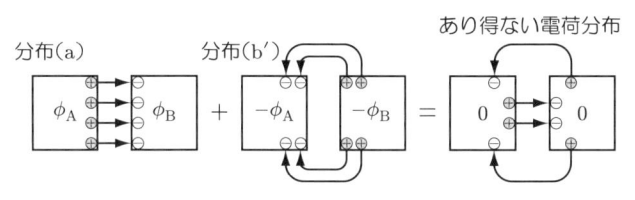

図 3.26 コンデンサーの導体に与えられた電荷は導体各部の電位が一様になるように分布するが，その配置は一通りしかないことを証明

この関係はどんな大きさの電荷量でも成り立つから，たとえばコンデンサーに与える電荷量を2倍に増やせば，重ね合わせの原理から電位差も2倍に増える．つまり，コンデンサーには「与えられた電荷 $\pm Q$ と導体間の電位差 $\Delta\phi$ は比例する」という性質があることがわかった．

3.4.3 静電容量 C

そこで，コンデンサーの**静電容量**，または**容量** C を下式で定義する．

> **コンデンサーの静電容量**：コンデンサーにおいて，導体に与えた電荷 $\pm Q$ と導体間の電位差 $\Delta\phi$ の比例定数を静電容量 C と定義する．
> $$Q = C\Delta\phi \tag{3.41}$$

どちらの導体に正電荷を与えるかで $\Delta\phi$ の符号は入れ替わるが，C は常に正の値を取ると約束する．MKSA 単位系では静電容量とは導体間の電位差を 1 V 上げるのに必要な電荷量 [C] で定義され，単位はファラド [F] と名づけられている．由来はもちろん，電磁気学史上の巨人，イギリスの物理学者マイケル・ファラデーだ．ここで，[C]/[V]=[F] と定義されたので，誘電率の単位はクーロンの法則，式 (1.1) の関係から [F/m] となることがわかる．

> MKSA 単位系では，静電容量の単位は [F] と名づけられており，これに従うと真空の誘電率 ε_0 の単位は [F/m] となる．

次に，コンデンサーへの理解を深めるため，いくつかの系の静電容量を求めてみよう．

（1）平行平板コンデンサー

図 3.27(a) は，薄く広い導体板を対向して配置したコンデンサーで，**平行平板コンデンサー**とよばれる．この後すぐわかるように，コンデンサーの容量は導体間の距離が狭く，表面積が大きいほど大きくなるので，導体を平板にして接近させて配置させたこの構成がもっとも合理的な配置である．通常は導体板には電荷を出し入れする導線がついていて，導体板はコンデンサーの**極板**とよばれる．実用的なコンデンサーは容量を増すため誘電体を間に挟む (→第4章参照)．広い極板は置き場所に困るので，図 (b) のように極板を接触させないようにしてロール状に巻いた配置も実用的にはよく使われる．

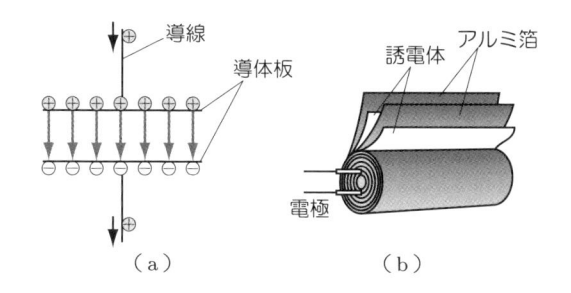

図 3.27 平行平板コンデンサー

極板間距離 d，極板面積 S の平行平板コンデンサーの容量を計算してみよう．コンデンサーの容量を計算する方法は一般的に以下の手順を踏む．

1. 極板に $\pm Q$ の電荷を与える．
2. 適当な方法を使い，系の電場を求める．
3. 電場を極板から極板まで積分，極板間電位差 $\Delta\phi$ を求める．
4. $C = Q/\Delta\phi$ から容量を得る．

極板が充分広く，かつ接近していれば，電場は極板間の空間にのみ存在し，かつ一様という近似がよく成り立つ．このとき，導体の静電平衡の定理 4 (→ p.64) から

$$D = \varepsilon_0 E = \sigma$$

の関係があるので，当然極板の電荷密度は一定である．極板に電荷 Q を与えたとき，電荷密度は $\sigma = Q/S$ となる．一方，両端板の電位差は電場ベクトルを極板に垂直に積分し，

$$\Delta\phi = \int_0^d E\,\mathrm{d}s = \frac{\sigma}{\varepsilon_0}d = \frac{Q}{S\varepsilon_0}d$$

である．ここから

平行平板コンデンサーの容量

$$C = \frac{\varepsilon_0 S}{d} \tag{3.42}$$

となることがわかる．

(2) 同軸円筒コンデンサー

図 3.28 のように半径に比べて充分長い同軸円筒導体も**同軸ケーブル** (6.4.2 項で後

述→ p.196) の静電容量として興味深い系である．内外導体の電位差が一定のとき，蓄えられる電荷は導体の長さに比例する．つまり，容量が導体の長さに比例することは明らかだ．ここでは一般的に用いられる**単位長さあたり容量**を求めてみる．内側導体に単位長さあたり $+\tau$，外側導体に $-\tau$ [C/m] の電荷を与えよう．当然，電荷は一様に広がるため，表面の電荷密度は一定と考えてよい．対称性の議論から電場は放射状に広がっているだろう．今度は円筒座標系を使おう．ガウスの法則を使えば容易に電場を計算できる．

$$(a \leq r \leq b) \quad \tau = 2\pi\varepsilon_0 rE \quad \longrightarrow \quad E = \frac{\tau}{2\pi\varepsilon_0 r}$$

電場を積分して，内外導体の電位差を計算しよう．電場は図のように内導体から外導体に向かい放射状だから，a から b まで半径に沿って電場を積分すればよい．

$$\phi_a - \phi_b = \int_a^b \frac{\tau}{2\pi\varepsilon_0 r} dr = \frac{\tau}{2\pi\varepsilon_0} \ln \frac{b}{a}$$

容量は，$Q = C(\phi_a - \phi_b)$ を使い，

$$C = \frac{2\pi\varepsilon_0}{\ln(b/a)} \tag{3.43}$$

となる．

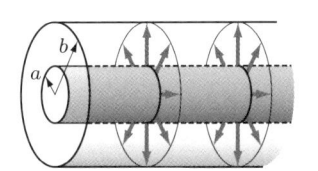

図 3.28 同軸円筒コンデンサー

（3）孤立した導体球

コンデンサーの特別な場合として，「孤立した 1 個の導体」を許そう．この場合，容量の定義は無限遠方をゼロとして，「与えられた電荷量と導体表面の電位の比例定数」と定義される．例として，半径 a の導体球の静電容量を求めよう．電場の様子を**図 3.29** に示す．導体に電荷 Q を与えると，表面の電位 ϕ は式 (3.38) から $\frac{Q}{4\pi\varepsilon_0 a}$ だから，静電容量はただちに

$$C = 4\pi\varepsilon_0 a \tag{3.44}$$

と求められる．

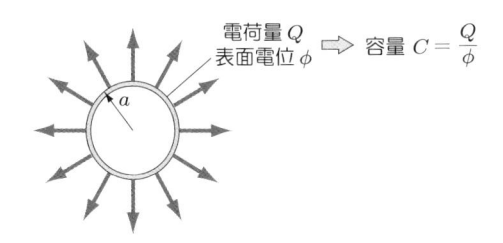

図 3.29　孤立した導体球はコンデンサーとみなせる

3.4.4　コンデンサーの容量とエネルギー

コンデンサーが保持できる静電エネルギーを求めてみよう．図 3.25 の系で，極板に溜まっている電荷を $\pm Q$ として，複数の導体がある場合のエネルギーの定義式 (3.40) に従えば，

$$U_\mathrm{e} = \frac{1}{2}(Q\phi_\mathrm{A} - Q\phi_\mathrm{B}) = \frac{1}{2}QV \tag{3.45}$$

V　極板間電位差 [V]

である．ここで，電位差には電気回路の教科書で一般的な記号 V を使った．これは，静電容量の定義 $Q = CV$ を使い，以下のように書くことができる．

コンデンサーの静電エネルギー：

$$U_\mathrm{e} = \frac{1}{2}QV = \frac{1}{2}CV^2 = \frac{Q^2}{2C} \tag{3.46}$$

最後に，「系のエネルギーは電場の体積積分」であることを確認するため，平行平板コンデンサーのエネルギーを計算してみよう．コンデンサーは極板間距離 d，極板面積 S として，極板間電位差を V とする．平行平板コンデンサーの容量の公式 (3.42) から

$$U_\mathrm{e} = \frac{1}{2}\frac{\varepsilon_0 S}{d}V^2$$

である．これを，$V = Ed$ を使い電場で書き直すと

$$U_\mathrm{e} = \frac{1}{2}\frac{\varepsilon_0 S}{d}E^2 d^2 = \frac{1}{2}\varepsilon_0 E^2 (Sd)$$

となり，確かに単位体積あたりの電場エネルギー「$\frac{1}{2}\varepsilon_0 E^2$」と「極板間の体積 Sd」の積になっている．

第3章のまとめ　静電ポテンシャルとエネルギー：エネルギーは電場に宿る

静電ポテンシャル（電位）

- 静電場の線積分 → **静電ポテンシャル** とする
- 電場における，**位置エネルギー** に相当する物理量

重要公式
$$\Delta\phi = -\int_a^b \boldsymbol{E} \cdot d\boldsymbol{s}$$

重要公式
$$\boldsymbol{E} = -\mathrm{grad}\,\phi$$

重要公式
$$\mathrm{rot}\,\boldsymbol{E} = 0$$

- 1C の電荷を持ち上げるのに 1J の仕事が必要な電位差を 1V とする．

ラプラス/ポアソンの方程式

ラプラシアン $\nabla^2 \phi = \dfrac{\partial^2 \phi}{\partial x^2} + \dfrac{\partial^2 \phi}{\partial y^2} + \dfrac{\partial^2 \phi}{\partial z^2}$

重要公式
$$\nabla^2 \phi = -\frac{\rho}{\varepsilon_0} \quad (\text{ポアソン})$$
$$\nabla^2 \phi = 0 \quad (\text{ラプラス})$$

2階積分 → 全空間の電位 $\phi(x, y, z)$ → $\boldsymbol{E} = -\mathrm{grad}\,\phi$ → 全空間の電場 $\boldsymbol{E}(x, y, z)$

静電のエネルギー

- 電荷を無限遠方から所定の位置まで動かすのに必要な仕事

重要公式
$$U_e = \frac{1}{2} \iiint_V \rho\phi \, dV$$

重要公式
$$U_e = \frac{1}{2} \iiint_V \varepsilon_0 E^2 \, dV$$

重要公式
$$u_e = \frac{1}{2} \varepsilon_0 E^2$$

- 電場がエネルギーをもっている！
  → マクスウェルの応力

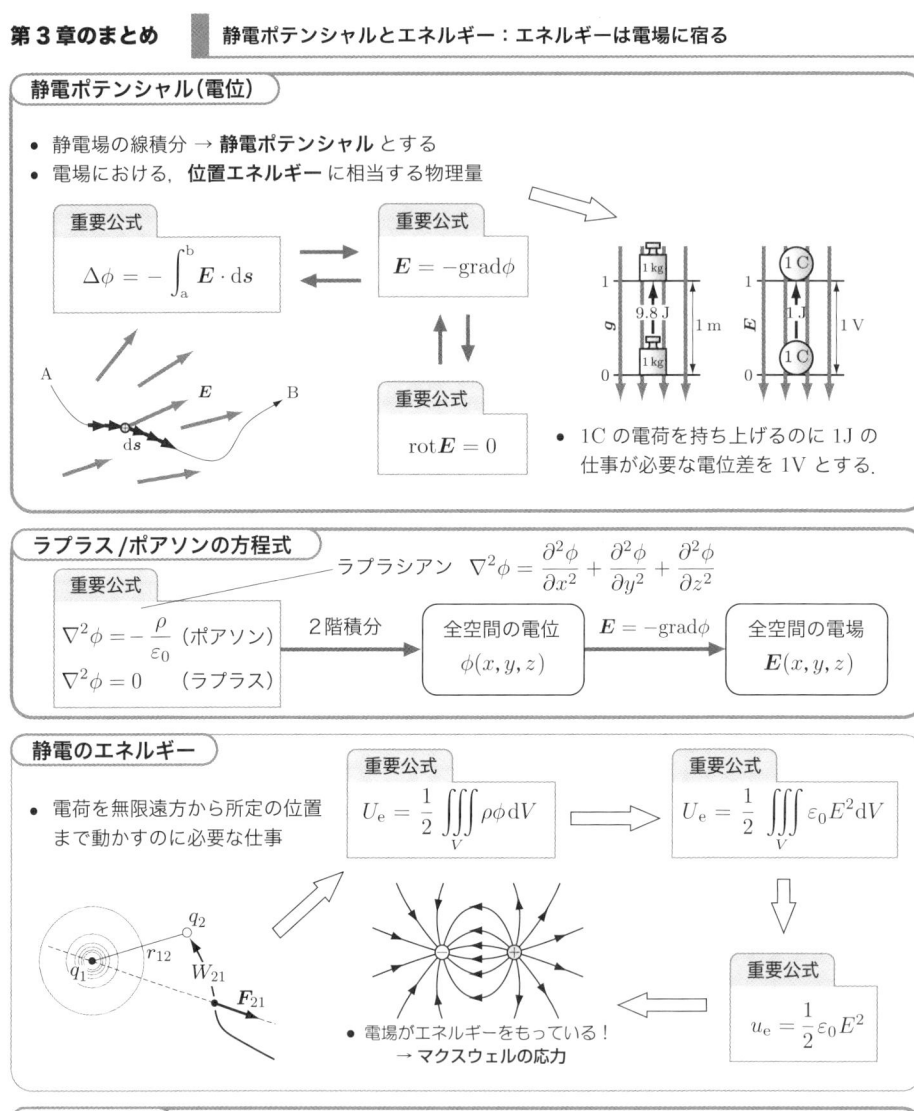

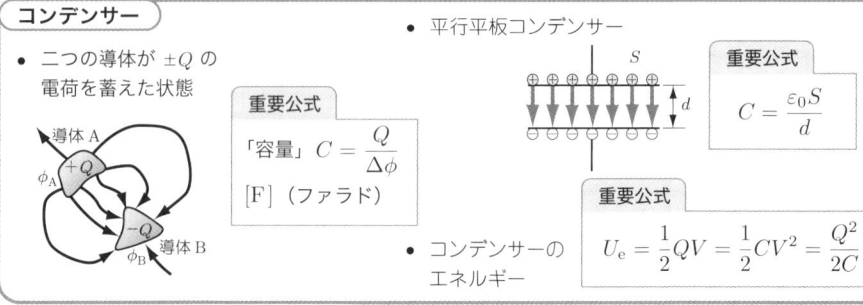

コンデンサー

- 二つの導体が $\pm Q$ の電荷を蓄えた状態

重要公式
「容量」$C = \dfrac{Q}{\Delta\phi}$
[F]（ファラド）

- 平行平板コンデンサー

重要公式
$$C = \frac{\varepsilon_0 S}{d}$$

- コンデンサーのエネルギー

重要公式
$$U_e = \frac{1}{2}QV = \frac{1}{2}CV^2 = \frac{Q^2}{2C}$$

演習問題

3.1 電場が $\boldsymbol{E} = (x^2 - y)\boldsymbol{i} + (y^2 - x)\boldsymbol{j}$ と表される静電場がある．点 $(0,0)$ を基準として，点 $(2,2)$ の電位を求めなさい．

3.2 全空間の静電ポテンシャルが $\phi = \dfrac{q}{4\pi\varepsilon_0 r}$ と表されるとき，$r > 0$ の領域には電荷がないことを示しなさい．

3.3 問図 3.1 のような無限に長い同軸円筒導体がある．境界条件が図のように与えられているとき，二つの円筒で挟まれた領域の電位，電場をラプラスの方程式を解き求めなさい．

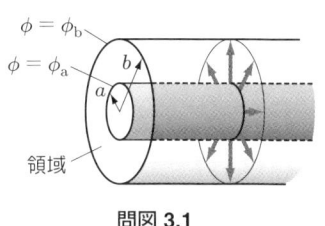

問図 3.1

問図 3.2

3.4 アーンショウの定理を用いて，「平衡状態で，空洞のある導体の内部空間に電荷がなければそこは至るところ電場がない」ことを証明せよ．

3.5 問図 3.2 のような半径 a，半径 b の二つの導体球殻が同心状に配置されたコンデンサーがある．この系の静電容量を求めなさい．

3.6 コンデンサーに電荷が溜まっているとき，極板どうしは互いに引き合う．異符号の電荷が溜まっているからこれは当然であろう．面積 S，極板間距離 x の平行平板コンデンサーに電荷 $\pm Q$ が溜まっているとき，

(1) コンデンサーに蓄えられている静電エネルギー U を Q，S，x を用いて表す．

(2) 次いで，ポテンシャルと力の関係，$F = -dU/dx$（第 7 章のコラム → p.240）を利用し，静電エネルギーを表す式を x で微分する．

という方法で極板間に働く引力を求めなさい．このように，わずかな変位によるポテンシャルエネルギーの変化から力を求める方法を**仮想変位の方法**という．

3.7 上の問題は，もっと簡単な方法で計算できるのではないかと考え以下の方法を試みた．「極板上電荷が Q で，極板間の電場が E なのだから，$F = QE$ で力の大きさが計算できる」．一見正しいように思えるこの方法だが，力の大きさが正しい値の 2 倍になってしまう．間違ってしまう理由は何か．

3.8 問図 3.3 のように，半径 a の導体球殻の内側に密度 ρ で一様な電荷が充満している．導体球殻は接地されている．ここで**接地**とは，電位ゼロの無限に大きな導体とつなぎ，電位をゼロに保つことをいう[†]．電荷が導体に乗り移ることはなく，系はこの状態で平衡し

[†] 通常，「電位ゼロの無限に大きな導体」とは地球のことである．接地を「アース (earth)」ともよぶのはそのためである．

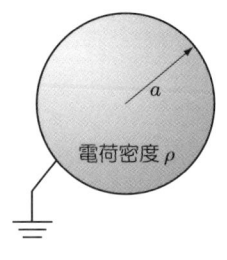

問図 3.3

ている．このとき以下の問に答えよ．ただし，接地に用いた導線は系の対称性を破らないものとせよ．

(1) ポアソンの方程式を用いて，球内部の電位を計算しなさい．
(2) 計算された電位をもとに，球内部の電場を求めなさい．
(3) 計算された電位と，電荷密度 ρ を利用し，系の静電エネルギーを計算しなさい．
(4) 計算された電場と，$u_e = \dfrac{1}{2}\varepsilon_0 E^2$ を用いて系の静電エネルギーを計算しなさい．
(5) ガウスの法則によれば，導体球を囲むガウス面の内側に正味 $\dfrac{4\pi\rho a^3}{3}$ の電荷があるわけだから，球の外の電場は $\dfrac{\rho a^3}{3\varepsilon_0 r^2}$ になるはずである．ところが，実際には球殻外側の電場はゼロである (静電遮蔽)．ガウスの法則に欠陥があるのだろうか．理由を説明しなさい．

ラプラス/ポアソン方程式の数値解法

　静電場にかかわる現実の多くの問題は，電荷がどこにどれくらいあるかはあらかじめわかっており，そのときの電場分布が知りたい，というものである．現代の電子機器は高度に集積化が進んでおり，かつ携帯電話のように強い電磁波を発するコンポーネントと超精密機器が隣接しているようなものもある．開発過程における機器内の電場解析は，装置が設計どおり動作するためには不可欠なものとなっている．このとき，ポアソンの方程式は有効な問題解決手段である．

　一方で，本書で学んだような微分方程式の解析解に頼る方法は，系が単純で対称性のよい問題以外にはほとんど歯が立たない．では，一般的な問題で電場分布を知るにはどうしたらよいかというと，系を離散化し，コンピューターを用いて式 (3.11) を近似的に解く．このように微分方程式を離散化して近似的に解く手法は一般に**数値解析**とよばれており，電磁気学だけでなく流体力学や構造力学などさまざまな分野で活躍している．

　ここでは，コンピューターでポアソン方程式を解く基礎理論について説明しよう．話を簡単にするために系は 2 次元で，デカルト座標を採用する．つまり電位は (x, y) のみ

の関数とすると，ポアソンの方程式は以下のように書き下せる．

$$\frac{\partial^2 \phi}{\partial x^2} + \frac{\partial^2 \phi}{\partial y^2} = -\frac{\rho}{\varepsilon_0} \tag{3.47}$$

もちろん現実の世界ではこのような条件はありえないが，わずかな努力の上積みで以下の議論は容易に 3 次元に拡張できる．

続いて，この方程式を離散化する．**離散化**とは，微分を有限の距離の差分に置き換え近似することである．微分 $\partial \phi / \partial x$ の定義は

$$\frac{\partial \phi}{\partial x} = \lim_{\Delta x \to 0} \frac{\phi(x, y) - \phi(x - \Delta x, y)}{\Delta x}$$

だが，ここで，Δx を有限の値にとどめるのが**差分**である．ここで，差分を取るときに $\phi(x, y)$ と $\phi(x - \Delta x, y)$ との差を取った．これを**後方差分**とよぶ．逆に，x が大きい点との差分を取ると**前方差分**になるのだが，今は細かいことは気にしない．どうせ，Δx は非常に小さいのだから．次に，$\partial^2 \phi / \partial x^2$ を考えよう．$\partial^2 \phi / \partial x^2$ は $\partial \phi / \partial x$ の微分なのだから，以下のように書き下すことができるだろう．今度は前方差分を取るのがポイント．

$$\frac{\partial^2 \phi}{\partial x^2} \approx \frac{\frac{\partial}{\partial x}\phi(x + \Delta x, y) - \frac{\partial}{\partial x}\phi(x, y)}{\Delta x}$$

$$= \frac{\phi(x + \Delta x, y) + \phi(x - \Delta x, y) - 2\phi(x, y)}{\Delta x^2} \tag{3.48}$$

すると，$\partial^2 \phi / \partial x^2$ は，$\phi(x, y)$ とその上流，下流の両隣の 2 点の値で表されることがわかる．

次に，**図 1** のように系を 2 次元のグリッドに区切り，それぞれの点に図に示されるような番号を付ける．今の例では，系は $8 \times 7 = 56$ 個の点で代表されることになる．すると式 (3.48) は (i, j) を使って式 (3.49) のように書ける．

$$\frac{\partial^2 \phi(i, j)}{\partial x^2} \approx \frac{\phi(i+1, j) + \phi(i-1, j) - 2\phi(i, j)}{\Delta x^2} \tag{3.49}$$

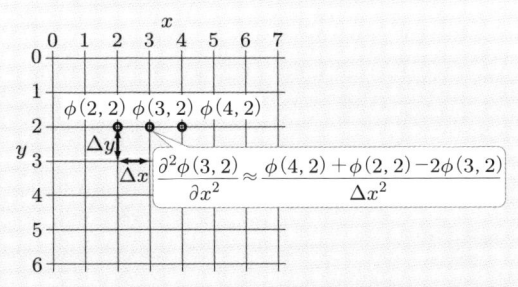

図 1 離散化された系と，そこで成り立つポアソンの方程式

いま，**図2**のようにある点 (i,j) の電位のみがわからず，周りの電位はわかっているとしよう．すると $\phi(i,j)$ は式 (3.47) を使って簡単に求めることができることに気づく．ここで，話を簡単にするために $\Delta x = \Delta y = \delta$ としよう．すると，

$$\frac{\phi(i+1,j)+\phi(i-1,j)-2\phi(i,j)}{\delta^2} + \frac{\phi(i,j+1)+\phi(i,j-1)-2\phi(i,j)}{\delta^2} = -\frac{\rho(i,j)}{\varepsilon_0}$$

$$\therefore \phi(i,j) = \frac{1}{4}\left\{\frac{\delta^2 \rho(i,j)}{\varepsilon_0} + \phi(i+1,j) + \phi(i-1,j) + \phi(i,j+1) + \phi(i,j-1)\right\} \tag{3.50}$$

を得る．上の式を見て，電荷がない場合のポアソン方程式 (ラプラス方程式) の意味するところは，「ある場所の電位は，近傍の電位の平均値に等しい」と言っているに過ぎないことに気がついただろうか．

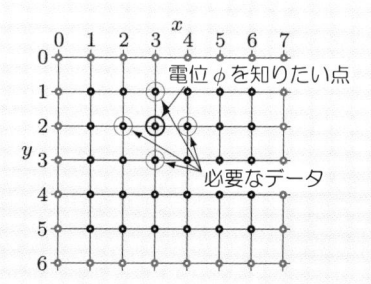

図2 ある点の電位を知るためには，上下左右の近傍 4 点の電位がわかっていればよい

実際には点 (i,j) の周りの電位も確定していないのだから，このように一発で解を求めることはできない．しかし，何らかの方法で，すべての点で $\phi(i,j)$ が正しく求まるとすれば，それはすべての点で式 (3.50) が満たされていることと等価である．端から書き下していくと，

$$\phi(1,1) = \frac{1}{4}\left\{\frac{\delta^2 \rho(1,1)}{\varepsilon_0} + \phi(2,1) + \phi(0,1) + \phi(1,2) + \phi(1,0)\right\}$$

$$\phi(2,1) = \frac{1}{4}\left\{\frac{\delta^2 \rho(2,1)}{\varepsilon_0} + \phi(3,1) + \phi(1,1) + \phi(2,2) + \phi(2,0)\right\}$$

$$\phi(3,1) = \frac{1}{4}\left\{\frac{\delta^2 \rho(3,1)}{\varepsilon_0} + \phi(4,1) + \phi(2,1) + \phi(3,2) + \phi(3,0)\right\}$$

$$\vdots$$

である．ここで，問題は $8 \times 7 = 56$ 個の未知数のある連立方程式になったことに気づく．しかし，厳密にいうと領域の一番端，たとえば $i=0$ の電位は，その外側の電位が定義されないので式 (3.50) の方法では決定できない．実は，これがポアソンの方程式を解くときに必要な「境界条件」にあたる．つまり，領域の一番端の電位は解析的解法と同様，あ

らかじめ決めておかないといけないのだ．これで，解くべき問題は $(8-2) \times (7-2) = 30$ 個の未知数がある連立方程式になった．

結局，ポアソンの方程式の数値解法は，超大規模な連立方程式を解くことに還元された．手計算で，変数が三つ以上ある連立方程式を解くのは至難の業だが，コンピューターなら変数が何万個あろうと文句一つ言わずにやってのける．コンピューターによる多元連立方程式の解法にはそれだけで本が書けるような奥深い学問があるが，とりあえず「解ければよい」なら**ガウス＝ザイデル法**とよばれる非常にシンプルなアルゴリズム (計算手続き) がある．

まず，領域内の，**図3** 上で黒丸で表された点の電位をすべてひとまず 0 と置く．周囲の灰色の点は定義された電位で，これはすでに知られている．そして，(1,1) から順番に式 (3.50) を解いて，電位の値を書き換えていく．暫定的にすべての点の電位が決まっているのだから，とりあえずすべての点の電位は計算可能だ．こうして，すべての点の ϕ が計算された．計算された ϕ は式 (3.50) を同時には満たしていない．なぜなら，ある点の電位を計算するのに使った両隣の電位は暫定的に決めた値だから．

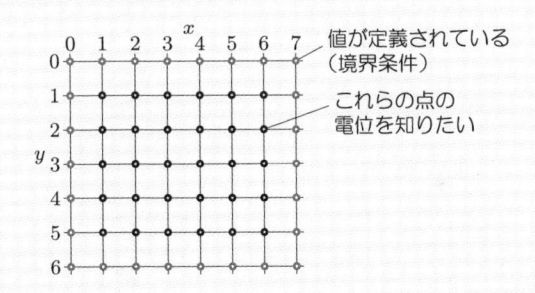

図3 離散化されたポアソンの方程式の解くべき値と境界条件

今の計算で得られた $\phi(i,j)$ を暫定電位として，同じ手続きをもう一度くり返そう．すると，すべての点において ϕ は前回のループとは違う値になる．実は，2 回目のループを終えると，各点の電位は 1 回目よりも正解に近くなる．ではもう一度くり返そう．3 回目のループを終えると，電位の分布はならされて，さらに正解に近くなる．この手続きをくり返していくと，前のループの $\phi(i,j)$ と現ループで計算した $\phi(i,j)$ がほとんど変わらなくなっていく．手続きを無限にくり返すと，何度くり返しても $\phi(i,j)$ はまったく変化しなくなる．このとき，すべての点において，式 (3.50) が同時に満たされていることに気がつくだろうか．つまり，連立方程式が解けたことになる．主要なプログラミング言語でこの手続きのプログラムを組めば，わずか 10 行くらいで記述できるシンプルなものだ．興味をもった諸君はぜひ挑戦してもらいたい．各点の電位がわかってしまえば電場は $\boldsymbol{E} = -\mathrm{grad}\phi$ の関係を用い容易に求められる．離散点でのみ電位が知られている場合，微分の代わりに差分をとる．$\phi(i,j)$ の両隣の値を使う**中心差分**による電場の計算方法は以下のとおり．

$$E_x(i,j) = -\frac{\phi(i+1,j) - \phi(i-1,j)}{2\delta} \tag{3.51}$$

$$E_y(i,j) = -\frac{\phi(i,j+1) - \phi(i,j-1)}{2\delta} \tag{3.52}$$

電気映像法

電気映像法とは，やや複雑な静電場の問題をコンピューターに頼らず解析的に解く方法である．電気映像法は，導体表面では ϕ は一定，または $\boldsymbol{E}$ は導体面に垂直であるという性質を利用する (賢明な諸君は，両者がまったく同じことをいっていることがわかるはずだ)．例として以下の問題を電気映像法で解いてみよう．

Q 図1(a) のように，z 軸上，$z = h$ に置かれた大きさ $+q$ の点電荷と，$z = 0$ に置かれた無限に広い平板状の導体がある．導体は接地されており，電位は 0 に固定されている．$z > 0$ の電位および電場を求めなさい．

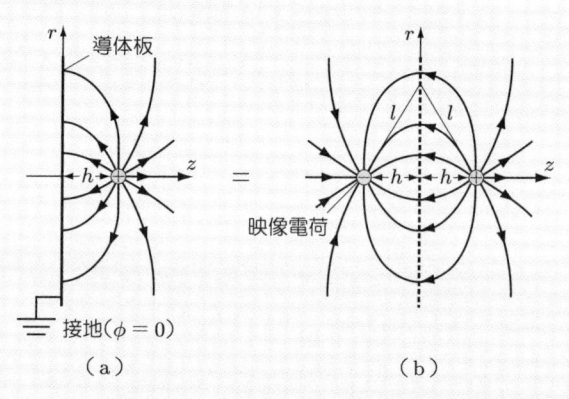

図1 点電荷と，距離 h 離れた位置に置かれた導体．導体は接地されている．

電荷分布と境界条件が与えられているからポアソンの方程式を解けば原理的には電位が決定できる．ただし，一見単純に見えるこの問題を正攻法で攻めるのは相当に難しい．しかし，この問題は電気映像法を使えばいとも簡単に解ける．以下のように考えてみよう．

図1(b) のように，導体板を取り去り，ちょうど正電荷の鏡像の位置に大きさ $-q$ の負電荷を置いてみる．同じ大きさで符号が異なる電荷が距離 $2h$ 離れて置かれたとすると，二つの電荷のちょうど中間に置かれた平面は電位ゼロの等ポテンシャル面であることがただちにいえる．なぜなら，面上の任意の点で

$$\phi = -\frac{q}{4\pi\varepsilon_0 l} + \frac{q}{4\pi\varepsilon_0 l} = 0$$

が成り立つので，静電場における「解の一意性」(→ p.101) を思い出そう．無限に広い面上の電位がゼロで，その右側に一つの点電荷が置かれた問題の解は一つしかない．つまり，面が導体であろうが，面を取り去って負電荷を置こうが，$z=0$ 面の電位が 0 なら $z>0$ の電位分布は一意に決定される．したがって，点電荷と，距離 h 離れた平板導体よりなる系の電位，電場を求める問題は，二つの異符号の電荷が距離 $2h$ だけ離れて置かれた系の問題と等価であることがわかる．このように，導体を等価な電荷で置き換え，全空間の電場と電位を求める解法が**電気映像法**だ．

解答を続けよう．電気映像法を用い，解くべき問題は「$z=-h$ に置かれた負電荷 $-q$ と $z=h$ に置かれた正電荷 $+q$ が作る電位，電場を $z>0$ の全空間で求めよ」となった．系の対称性から円筒座標を採用する．座標 P(r,z) 点におけるポテンシャルは，真の電荷 $+q$ と映像電荷 $-q$ が作るポテンシャルを単純に足せばよい．

$$\phi(r,z) = \frac{q}{4\pi\varepsilon_0}\frac{1}{\sqrt{r^2+(z-h)^2}} - \frac{q}{4\pi\varepsilon_0}\frac{1}{\sqrt{r^2+(z+h)^2}} \tag{3.53}$$

電場は，$\boldsymbol{E}=-\mathrm{grad}\phi$ からただちに，

$$E_r = -\frac{\partial\phi}{\partial r} = \frac{q}{4\pi\varepsilon_0}\left[\frac{r}{\{r^2+(z-h)^2\}^{3/2}} - \frac{r}{\{r^2+(z+h)^2\}^{3/2}}\right] \tag{3.54}$$

$$E_z = -\frac{\partial\phi}{\partial z} = \frac{q}{4\pi\varepsilon_0}\left[\frac{z-h}{\{r^2+(z-h)^2\}^{3/2}} - \frac{z+h}{\{r^2+(z+h)^2\}^{3/2}}\right] \tag{3.55}$$

と決定できる．このように，あっという間に解が得られた．

次に，接地された導体球の近くに点電荷を置いたときの電場を電気映像法を利用して求めてみよう．

Q 図2のように，z 軸上の原点に置かれた半径 a の導体球と，$z=r_\mathrm{g}$ に置かれた大きさ $+q$ の点電荷がある．導体は接地されており，電位は 0 に固定されている．全空間の電位および電場を求めなさい．

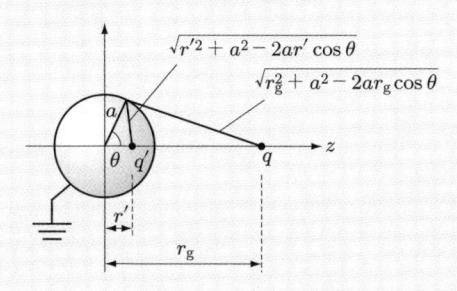

図2 映像電荷 q' と真電荷 q よりなる系の電位を a, θ の関数で表す

ポイントは，ある映像電荷を仮定して，球表面の位置に $\phi = 0$ の等電位面が作れるかどうかである．今度は球の中心と点電荷を結ぶ線のどこかに，q' の電荷を置いてみる．原点から映像電荷までの距離を r' とする．半径 a の球面上の任意の点のポテンシャルは三角関数の余弦定理を使い，

$$\phi = \frac{1}{4\pi\varepsilon_0}\left(\frac{q}{\sqrt{r_g^2 + a^2 - 2ar_g\cos\theta}} + \frac{q'}{\sqrt{r'^2 + a^2 - 2ar'\cos\theta}}\right)$$

と求められる．さて，ここで，ポテンシャル ϕ が θ に依存しないような q', r' の組み合わせはあるだろうか．ここで，

$$r' = \frac{a^2}{r_g}, \qquad q' = -\frac{a}{r_g}q \tag{3.56}$$

と置いて確かめてみよう．すると，ϕ は θ によらず 0 となり，球面上のポテンシャルが一定となることがわかる．すなわち，式 (3.56) のような条件を満たす映像電荷と，真の電荷で作られる場は，接地された導体球と真の電荷で作られる電場とまったく同じ電場を与える．**図3**は計算された電位と電場を等電位面と電気力線で表したものである．電気力線が導体に垂直に刺さってる状況，等電位面が導体に「押される」ようにして歪んでいるが，その数は変わっていない (導体表面の電位は無限遠方と同じ) ことなどを確認して欲しい．

まったく同じ考え方で，接地された球殻状導体内部の任意の点に置かれた点電荷が作る電場を，球の外に仮想電荷を置くことで解くことができる．

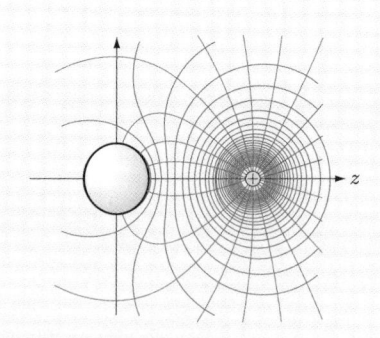

図3 接地された導体球と点電荷からなる系の等ポテンシャル面と電気力線

あらゆる問題が数値計算で解け，また数値計算でしか解けない複雑な問題が増えた現代においては電気映像法を実用的に使う機会は少ないかも知れない．しかし，複雑な問題を知恵と工夫で解析的に解くこのようなテクニックは，かつては「秘技」として大学の講義科目の重要な位置を占めていた．その歴史的意義に敬意を表して本書でも取り上げてみたがいかがだっただろうか．

第4章 誘電体と電束密度

　本章では，主に誘電体の性質について述べる．第1章で述べたが，この世の物質を電磁気学の立場から大きく分ければ**導体**と**絶縁体**である．静電場における導体の興味深い振る舞いについては第2章で述べてきた．では，絶縁体は静電場中でどのように振る舞うのだろうか．電場に置かれた絶縁体は，その性質から**誘電体**とよばれる．誘電体の電子は原子核に捕らえられていて自由に動くことはないが，これを「正の電荷と負の電荷が重ね合わさった状態」と考える．すると，驚くべきことに，外部から電場が掛かっている誘電体の内部には「正味の電荷」が現れることが示される．これが「誘電体」という名前の由来である．この電荷を取り扱いやすくするため，本章では**分極ベクトル**という概念が登場する．そして，第2章で定義した**電束密度**は，系に誘電体があるとき大変重要な意味をもつことを知るだろう．

4.1　E と D

　電磁気学を学ぶ諸君の前にそびえ立つ高い壁が「E と D」であることは間違いない．なぜ，電場を表す物理量が2種類あるのだろうか．これらは本当に二つとも必要なのだろうか？ 極論を言ってしまえば，「電束密度」あるいは「D ベクトル」という概念を使わずとも電磁気学は構築できる．電束密度の考え方には必ず近似が入るので，厳格な電磁場理論の教科書の中にはこの概念を排して書かれたものもある．しかし，本書では電束密度の概念を非常に重要なものと位置づけて，それを読者諸君に理解してもらうことをゴールの一つとしたい．

　まず，なぜ「電場に関わる物理量に E と D がある」か，答を先に言ってしまおう．それは，この世の物質の多くが**誘電体**として振る舞うからだ．物質は，大きく分ければ自由電子をもつ**導体**と，自由電子をもたない**絶縁体**に分かれる．導体の自由電子は，電場があればどこまでも動く．一方の絶縁体に電場を掛けると何も起こらないかというとそうではなく，個々の原子に**分極**とよばれる現象が起こる．これは，多かれ少なかれどんな絶縁体にもいえることなので，絶縁体を分極という立場で考えるときこれを「誘電体」という．

そして，電場が掛かった導体は平衡状態では内部の電場がゼロになることを思い出そう．外部電場のもとにある誘電体も，導体と同様に外部の電場を打ち消すような電場を生み出し，平衡状態では誘電体のあるところの電場は外と違う状態になる．これを，電束密度ベクトル D を使って表せば実に巧みに，分極というミクロな現象を意識することなく扱うことができるのだ．

電荷の正体も，原子の内部構造もわかっていない頃から，物理学者たちは絶縁体が電場を「嫌う」性質があることに気づいていた．そしてその性質を「誘電体により遮られる量 E」と「誘電体でも遮られない量 D」で表せることに気づいた．その後，電磁現象の根源は原子を構成する陽子の正電荷と電子の負電荷であることがわかり，誘電体の性質ですらそれらの電荷が発する E で説明できることがわかった．だからといって，この便利で有用な概念を捨てることはない．

本書は曲がりなりにも電磁場理論を学ぶ本だから，近似的概念である電束密度を重要視することには批判もあるかもしれない．しかし，電束密度と電場という二つの物理量を考えることは，プラズマ，レーザー，ソフトマターなど多くの応用分野において電場と物質の相互作用に対する見通しをよくするために必要不可欠な概念となっている．

4.2 誘電体とは

4.2.1 誘電体の分極

誘電体を分子や原子の単位で考えよう．**図 4.1** は誘電体を構成する原子のモデル図である．誘電体の分子や原子は自由な電荷を提供することはなく，電子が原子核から離れることはない．したがって原子単位で，誘電体は常に中性を保っている．しかし外部から電場が掛かると，分子や原子を構成する電子が引っ張られるため正電荷と負電荷がずれる．結果として，分子や原子は全体としては中性だが，接近した正電荷と負電荷のペアに見えるようになる．これを**分極**という．分極した分子・原子を外から

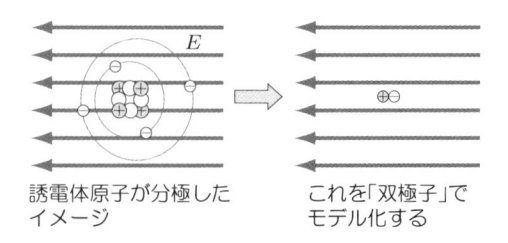

図 4.1 電場中に置かれた原子の分極と，分極した原子の双極子モデル

見ると，図 4.1 のように正負の点電荷が接近して置かれた状態で近似することができる．これを**電気双極子**と名づけよう．

分子の中には，水 (H_2O) のように，結合状態の非対称性から電場が掛からない場合でも分極状態にあるものがある (**図 4.2**)．このような分子は「永久双極子」をもつという．このような分子は，自然な状態では分子がランダムな方向を向いているので個々の永久双極子が打ち消し合い，物質全体として分極の効果が観測されることはない．ここに電場が掛かると，ランダムだった分子の向きが電場の方向に整列し，結果として強い分極が観測される．

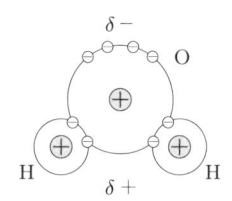

図 4.2 水分子は，その結合状態に起因する極性をもっている

このように，原因はさまざまあるが，外部から電場が掛かると誘電体は分子・原子の単位で電荷の打ち消し合いが破れ，正電荷と負電荷のペアとみなせるようになる．すると，誘電体全体として電荷が打ち消し合わない領域が現れ，結果として原子単位ではない「巨視的な」正味の電荷密度が観測される．これを順番に見ていこう．

まず，分極を「原子よりかははるかに大きいが，対象となる誘電体からは点にしか見えない程度の大きさに起こった変化」と考える．なぜなら，分極した原子が周りに作る電場は原子のすぐ近くでは激しく変化するが，原子集団から離れてしまえばすべての原子が発する平均的な電場しか観測できず，我々はそのような電場に興味があるからだ．このような見方を**粗視化**という．「誘電体」というのはあくまで近似的な概念であり，これくらいの粗視化をして初めて意味をもつものであることは念を押しておこう．

粗視化の結果，**図 4.3**のように誘電体は「連続な正の電荷密度」と「連続な負の電荷密度」がわずかにずれて重ね合わさった状態とみることができる．正の電荷密度の正体は原子核と内側の軌道を回る電子を合計したもの，負の電荷密度は比較的動きやすい外側の軌道をめぐる電子である．もちろん，「動く」といっても自由に動くわけではなく，原子核からわずかに遠ざかる程度である．

結果として，図のように，誘電体の中央部は「ズレ」が生じたとしても正電荷，負電荷の密度は変わらないから電荷は中和する．しかし，誘電体の端部では打ち消し合いが不完全で，そこには巨視的な電荷密度が観測されることが期待される．

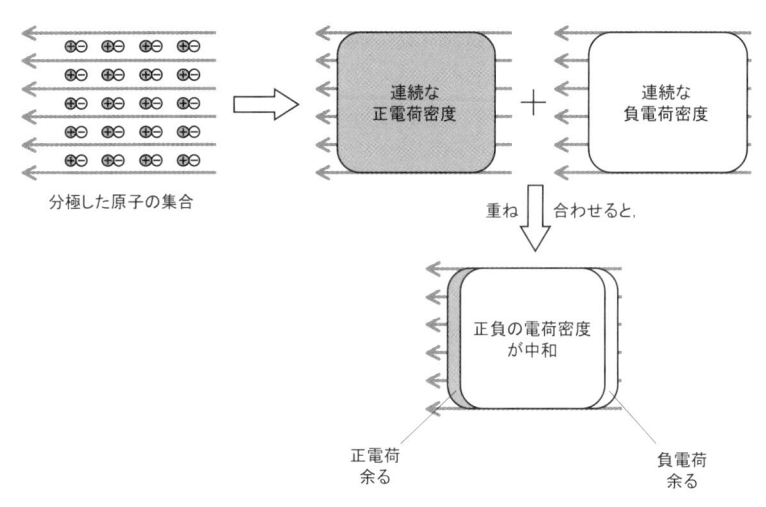

図 4.3 誘電体の「粗視化」のイメージ．分極した原子を「連続な正電荷密度と連続な負電荷密度のわずかにずれた重ね合わせの状態」と理解する．

4.2.2 分極ベクトルと分極電荷

続いて，誘電体の巨視的分極現象を定量的に表すために，**分極ベクトル P** を定義する．分極ベクトルは，「正電荷の移動方向の向きと，単位面積を通過した電荷量を大きさにもつベクトル量」とする．分極とは**図 4.4**のように，外部の電場によって中性の原子が正電荷と負電荷に分かれることだから，分極の方向に直角な微小面をとれば，その面をまたいだ電荷量が定義できるだろう．一般に誘電体では動くのは電子だが，図ではわかりやすく説明するため正電荷が動いている．これを，単位面積あたりの電荷量 [C] に換算したものが分極ベクトルである．定義から分極ベクトルの大きさは $[\mathrm{C/m^2}]$ で表される．

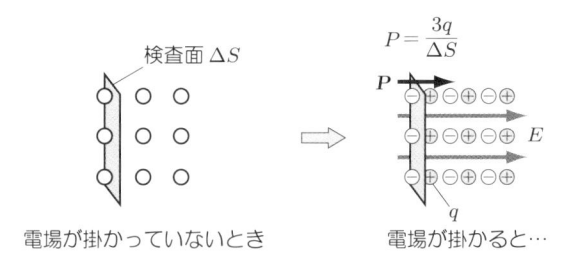

図 4.4 分極ベクトルの定義

> 分極ベクトル $\boldsymbol{P}$ は，誘電体において単位断面積あたり移動した正の電荷量を
> その移動方向のベクトルとしたものと定義する．

実際に起こっている現象は図 4.1 のように電子軌道のわずかな歪みでしかないから，原子一つあたり移動する電荷もわずかなものである．しかし，物質に含まれる原子の数が膨大であることを忘れてはいけない．金属に含まれる自由電子が 10^4 C/cm^3 のオーダーであることからわかるように，これらを合計すれば相当大きな量となる．

分極により電荷が動いた結果，微小体積要素の電荷量が完全に打ち消し合わず正味の電荷が現れる場所がある．この，分極の結果現れた電荷と分極ベクトルの関係は，以下のように考えることができる．くどいようだが，我々が「微小体積」といっている領域にも膨大な原子があり，それゆえ我々は誘電体を連続な正電荷密度と連続な負電荷密度の重ね合わせとしてみている．定義から分極ベクトルをある面で面積分したものはその面を横切った電荷量だから，ある微小体積に入って来た電荷量 q_{pol} は図 **4.5** のように体積表面で分極ベクトルを面積分すれば簡単に計算できる．

$$-q_{\mathrm{pol}} = \oiint_S \boldsymbol{P} \cdot \mathrm{d}\boldsymbol{S}$$

符号のマイナスは，電荷が流出する方向に面の法線ベクトルが定義されているためである．両辺を微小体積 ΔV で割れば，

$$\frac{-q_{\mathrm{pol}}}{\Delta V} = \frac{\oiint_S \boldsymbol{P} \cdot \mathrm{d}\boldsymbol{S}}{\Delta V}$$

で，ΔV をゼロに漸近させれば左辺は微小体積の位置における正味の電荷密度 ρ_{pol}，右辺は第 0 章で議論した，div $\boldsymbol{P}$ の定義とまったく同じものである．したがって分極ベクトルと体積電荷密度の間に以下の関係が成立する．

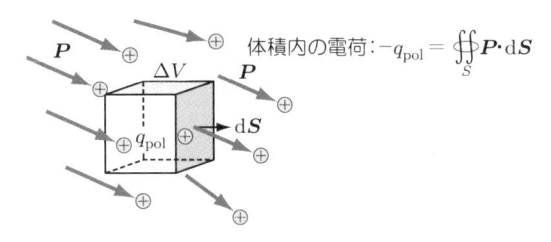

図 4.5 分極ベクトルと，微小体積内部に入ってくる電荷の関係

> 空間的に均一でない分極は巨視的電荷密度を生む．その関係は
> $$\mathrm{div}\,\boldsymbol{P} = -\rho_{\mathrm{pol}} \tag{4.1}$$
> で表される．ここで ρ_{pol} は，単位体積あたりの正味の巨視的電荷量である．

この，分極によって発生した電荷は**分極電荷**とよばれている．こうして，分極ベクトルに発散があれば，そこに巨視的な電荷が見いだされることが示された．我々は粗視化によって原子集団を連続な電荷と近似した．しかし，それは原子から充分離れれば正しい描写を与える近似である．したがって，今までの考察で現れた「分極電荷」なるものは「みせかけ」の電荷ではなく，本当にそこから電場ベクトルが発生する本物の電荷である，という点を強調しておく．

絶縁体 (誘電体) においては電子は主人たる原子から離れることはないから，1 個の原子の単位で電荷の中性は保たれたままである．それにもかかわらず，このように誘電体内部に正味の電荷が現れる，というのは不思議な現象だが，今証明したようにこれは事実である．このアイデアを理解できるかどうか，というのが「誘電体」という物性，ひいては電磁場理論を理解できるかどうかの鍵ともいえる．

多くの場合，誘電体の分極ベクトルは場所ごとに大きく異なることはなく，最も大きな変化があるのは誘電体の端である．なぜなら，微小体積要素が誘電体の「へり」にあれば，その外側には分極ベクトルがないわけだから．したがって，ρ_{pol} は図 **4.6** のように主に誘電体の端に現れる．

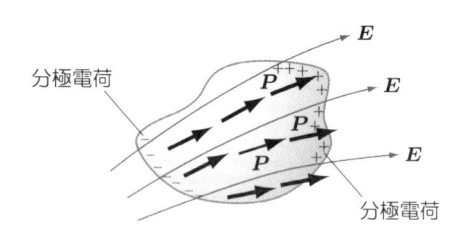

図 4.6 電場中に置かれた誘電体には正味の電荷が現れる．分極ベクトルの分布を考えれば，電荷は誘電体表面近くに図のように現れることが理解できる．

4.2.3 分極電荷と誘電体内部の電場

誘電体が電場のある場所に置かれると，分極という現象が起こり，結果として誘電体内部に正味電荷が現れることが明らかになった．分極電荷もガウスの法則

$$\varepsilon_0 \,\mathrm{div}\,\boldsymbol{E} = \rho_{\mathrm{pol}} \tag{4.2}$$

に従って電場を発する.**図 4.7** は, 分極電荷が作る電場を模式的に示したものである. 分極は図 (a) に示す外部の電場で引き起こされるから, 分極電荷は外部電場の上流側に負電荷, 下流側に正電荷ができる. すると, 分極電場が作る電場は, 図 (b) のように誘電体内部ではちょうど外部電場を打ち消す方向となる. 結果として我々が見るのは, 外部電場と分極電荷が発する電場の合成された図 (c) のようなものである. ここで, 第 3 章の, 電場中に置かれた導体を思い出してほしい. 導体は電荷がどこまでも自由に動くことができるため, 最終的に導体内部の電場がゼロになったところで平衡状態となる. 一方, 誘電体は電荷の動きに制限があるため, 似たような現象が起こるがその効果は導体に比べ不完全である, とも理解できる.

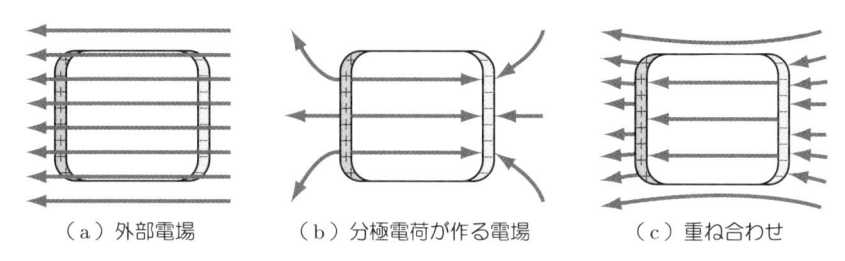

（a）外部電場　　　（b）分極電荷が作る電場　　　（c）重ね合わせ

図 4.7 外部電場 (a) と分極電荷が作る電場 (b). 重ね合わせた, 図 (c) のような電場が結果として観測される.

4.3 電気双極子モーメント

次に, 少し寄り道して, 個々の原子の分極を古典電磁気学的にモデル化する. そして一つの原子がもつ**電気双極子モーメント**を定義し, それと巨視的な分極ベクトル $\boldsymbol{P}$ との関係を明らかにする.

4.3.1 電気双極子が作る電場

分極した原子は, 点電荷とみなせる正の電荷と負の電荷がわずかに離れて存在するユニットと近似することができる. このユニットを**電気双極子**とよぶことはすでに述べた. 正の電荷と負の電荷がわずかに離れているために, 電気双極子は外部に電場を生成する (完全にくっついてしまったら, 電場は打ち消し合ってゼロになる). ここで, 電気双極子が外部に発する電場を計算しよう. 第 3 章で学んだ, ポテンシャルの傾きから電場を計算する方法が楽である.

今, z 軸の原点に, **図 4.8**(a) の配置で接近した正電荷と負電荷が存在すると仮定する. 電荷の相対距離は d, 大きさは $\pm q$ とする. この双極子が作るポテンシャルを求

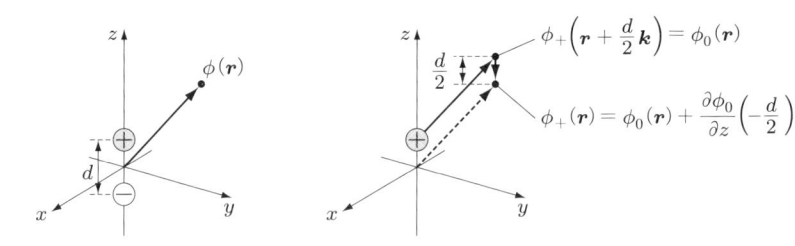

(a) 電気双極子が作るポテンシャル

(b) $z = d/2$ の位置に置かれた正電荷が作るポテンシャル

図 4.8 原点に電荷 $+q$ があるときのポテンシャルを ϕ_0 としたとき，原点から $d/2$ だけ正方向に移動した電荷が作るポテンシャルは図のように求められる

めるため，すこし技巧的な解法を採用しよう．原点に置かれた大きさ q の点電荷が $\boldsymbol{r}$ の位置に作るポテンシャルは

$$\phi_0 = \frac{q}{4\pi\varepsilon_0 r} \tag{4.3}$$

である．ここで，図 (b) のように z 軸の正方向に $+d/2$ の位置に置かれた正電荷が $\boldsymbol{r}$ に作るポテンシャルは「式 (4.3) を $\boldsymbol{r}$ から z 軸に沿って $-d/2$ だけ移動して観測したもの」と等しい，という事実をうまく使う．ある点と，そこから Δz 離れた位置のポテンシャルの差は，Δz が小さければ (ポテンシャルの変化率)$\times \Delta z$ で表せる．だから，双極子の正電荷が $\boldsymbol{r}$ の位置に作るポテンシャルは

$$\phi_+ = \phi_0 + \frac{\partial \phi_0}{\partial z}\left(-\frac{d}{2}\right)$$

と表すことができる．同じ考え方で，z 軸の負方向に $-d/2$ の位置に置かれた負電荷が $\boldsymbol{r}$ に作るポテンシャルは

$$\phi_- = -\phi_0 - \frac{\partial \phi_0}{\partial z}\left(\frac{d}{2}\right)$$

と表される．これらを加えたものが双極子が作るポテンシャルだから，

$$\phi(\boldsymbol{r}) = \phi_+ + \phi_- = -\frac{\partial \phi_0}{\partial z}d$$

となる．$r = \sqrt{x^2 + y^2 + z^2}$ だから，式 (4.3) を z で微分して

$$\phi(\boldsymbol{r}) = \frac{1}{4\pi\varepsilon_0}\frac{qdz}{r^3} \tag{4.4}$$

と，単純で美しい形に表現できることがわかった．

電気双極子のもつ物理量は「電荷量 q」と「電荷間距離 d」だけだから，これらを掛けてベクトル量で表せば，そのベクトルは双極子のもつ特徴を余すところなく含むだろう．そこで，図 **4.9** のように負電荷から始まり正電荷で終わる距離ベクトルを $\boldsymbol{d}$ として，ベクトル $q\boldsymbol{d}$ をこの原子の「電気双極子モーメント」$\boldsymbol{p}$ と定義する．双極子モー

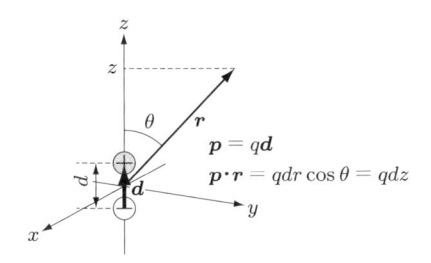

図 4.9 双極子モーメントの定義と，双極子モーメントと位置ベクトル r との内積

メントの次元は (電荷量) × (距離) だから [C·m] である．ここで，$q\bm{d}\cdot\bm{r}=qdz$ という関係があるから，電気双極子モーメントと $\hat{\bm{r}}=\bm{r}/r$ を使って式 (4.4) を書き直せば

$$\phi(\bm{r})=\frac{1}{4\pi\varepsilon_0}\frac{\bm{p}\cdot\hat{\bm{r}}}{r^2} \tag{4.5}$$

となる．

続いて，ポテンシャルの傾きから双極子モーメントの発する電場を計算してみよう．系の対称性から，$\bm{E}=-\mathrm{grad}\phi(\bm{r})$ を極座標で解けばよい．

$$E_r=-\frac{1}{4\pi\varepsilon_0}\frac{\partial}{\partial r}\left(\frac{\bm{p}\cdot\hat{\bm{r}}}{r^2}\right)=-\frac{1}{4\pi\varepsilon_0}\frac{\partial}{\partial r}\left(\frac{p\cos\theta}{r^2}\right)=\frac{p}{2\pi\varepsilon_0}\frac{\cos\theta}{r^3} \tag{4.6}$$

$$E_\theta=-\frac{1}{4\pi\varepsilon_0}\frac{1}{r}\frac{\partial}{\partial \theta}\left(\frac{\bm{p}\cdot\hat{\bm{r}}}{r^2}\right)=-\frac{1}{4\pi\varepsilon_0}\frac{1}{r}\frac{\partial}{\partial \theta}\left(\frac{p\cos\theta}{r^2}\right)=\frac{p}{4\pi\varepsilon_0}\frac{\sin\theta}{r^3} \tag{4.7}$$

これが，電気双極子によって作られる電場の極座標表示である．しかし，これらの数式だけで，双極子が作る電場をイメージするのは相当困難であろう．**図 4.10** に，z 軸を向いた双極子電場の電気力線と等電位面を xz 平面で見た断面図を示した．電場は，正電荷から始まって負電荷で終わる，∞ の字状のループになっているのが特徴である．

電気双極子モーメントの定義

$$\bm{p}=q\bm{d} \quad [\mathrm{Cm}]$$

電気双極子 p が作るポテンシャル

$$\phi(\bm{r})=\frac{1}{4\pi\varepsilon_0}\frac{\bm{p}\cdot\hat{\bm{r}}}{r^2}$$

z 軸を向く電気双極子 p が発する電場

$$E_r=\frac{p}{2\pi\varepsilon_0}\frac{\cos\theta}{r^3} \quad , \quad E_\theta=\frac{p}{4\pi\varepsilon_0}\frac{\sin\theta}{r^3}$$

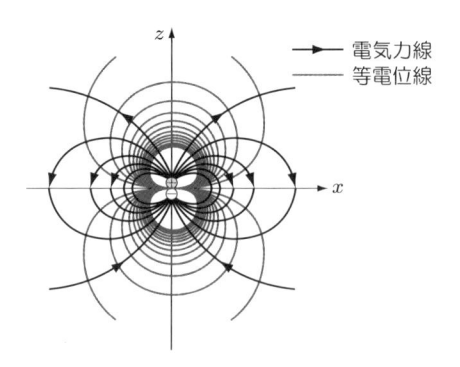

図 4.10 電気双極子が作る電場と等電位線

4.3.2 電気双極子モーメントと巨視的分極

　誘電体の巨視的分極を理解するために，本書では「連続な正電荷と連続な負電荷の重ね合わせ」モデルを採用した．一方，巨視的分極を，分極した個々の原子が放射する電場の重ね合わせとして計算する方法もある．計算は煩雑なので[†]本書ではイメージのみを示す．今述べたように，電気双極子が発する電場は双極子の軸を横にすると8のような形になる．一様に並んだこれらの双極子が発する電場をきちんと積分すると，その結果はなんと**図 4.11** のように誘電体の両端にあたかも正負の電荷密度が存在するかのような分布になる．そして，もちろんこの結果は，我々が採用した電荷密度モデルが導く結果と一致することが証明されている．

　続いて，原子の電気双極子モーメント p と巨視的な分極ベクトル P の関係を導出しよう．今，**図 4.12** のように一辺 L の微小体積中に N 個の分極した原子があり，すべての原子は双極子モーメント p をもっているとする．この微小体積の分極ベクトル

双極子の集合　　　すべての双極子が作る電場を　　　誘電体両端に電荷がある
　　　　　　　　重ね合わせると...　　　　　　　　 ように見える

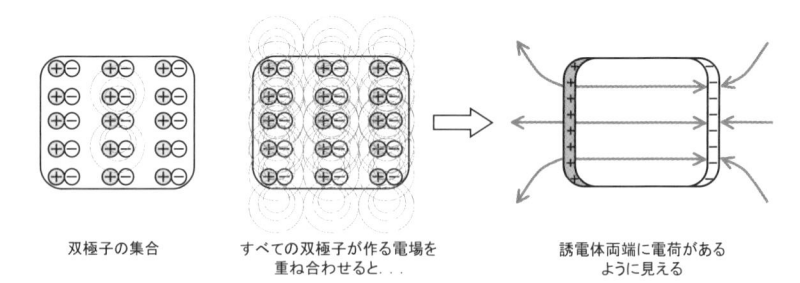

図 4.11 誘電体の双極子モデル．すべての双極子が作る電場を重ね合わせると，右図のように誘電体の両端に分極電荷があるのとまったく同じ分布になる．

---

† たとえば参考文献 [4] を見よ．

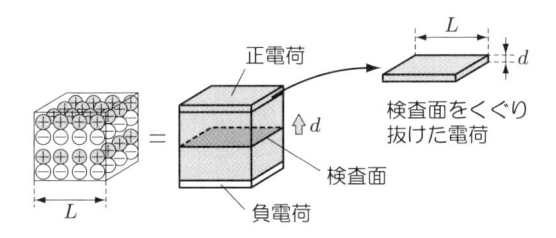

図 4.12 電気双極子モーメントから巨視的分極を求めるための概念図．検査面をくぐり抜けた電荷量は密度 ρ と体積 dL^2 の積で与えられる．

P は以下のような考察で求めることができる．双極子の電荷を q，電荷のずれを d とすると，定義から $p = qd$ である．次に，双極子の正電荷と負電荷を独立に連続電荷密度とみなすと，これらは一様な，正負の電荷密度が距離 d だけずれて存在した状態と言ってよいだろう．電荷密度の大きさは $\rho = Nq/L^3$ である．このとき，単位面積あたりにどれほどの正電荷が移動したかを計算する．微小体積のベクトル d に垂直な検査面を通過した電荷量は，図 4.12 から $\rho(dL^2)$ とわかる．これを検査面の面積 L^2 で割ったものが我々が定義した分極ベクトルであるから，

$$P = \rho(dL^2)\frac{1}{L^2} = \frac{Nqd}{L^3} = np$$

とわかる．ここで，$n = N/L^3$ は分極した原子の数密度 [m^{-3}] である．

双極子モーメント p の密度 n と巨視的分極 P の関係

$$\boldsymbol{P} = n\boldsymbol{p} \tag{4.8}$$

4.4 物質の誘電率

4.4.1 電気感受率 χ_e

これで，誘電体の電場中での振る舞いを記述する道具はすべて揃ったことになる．もう一度，外部電場中に置かれた誘電体を**図 4.13** に描き直す．今，外部電場は図両端の導体表面にある電荷によって作られているものとする．導体は，電荷を自由に与えたり取り出したりできるため，この電荷を**自由な電荷** Q_free とよぼう．一方の分極電荷は誘電体から取り出すことができないからこれを**束縛された電荷** (bound charge) Q_bound として区別する．

導体表面と誘電体を一部含む，図のような閉曲面でガウスの法則を適用すると，た

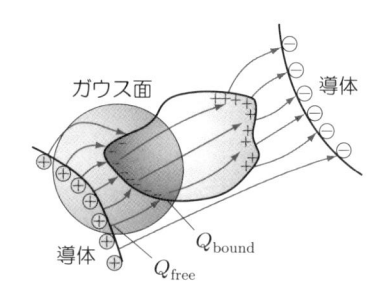

図 4.13 帯電した導体の近くに置かれた誘電体とガウスの法則．ガウス面内側の電荷は分極電荷も自由な電荷も区別せず数える必要がある．

とえ分極電荷といえどもガウスの法則は平等に作用する．したがって，図の閉曲面において成立するガウスの法則は，

$$\varepsilon_0 \oiint_S \boldsymbol{E} \cdot \mathrm{d}\boldsymbol{S} = Q_\mathrm{free} + Q_\mathrm{bound} \tag{4.9}$$

である．しかし，分極電荷 Q_bound は外部の電場に誘導されてできたものだから，その大きさは外部電場の向きと大きさによって気まぐれに変わり，自由な電荷に比べて取り扱いが難しい，という問題がある．

ところが，ほとんどの分子，原子は，電場が弱い範囲では個々の原子の分極 $\boldsymbol{p}$ は電場方向を向き，かつ電場の大きさに比例するという近似が成り立つ．すなわち定数を α として，

$$\boldsymbol{p} = \alpha \boldsymbol{E}$$

である．すると式 (4.8) の関係から巨視的な分極もまた電場の関数で

$$\boldsymbol{P} = \alpha n \boldsymbol{E}$$

と表される．ここでこの比例定数 αn をギリシャ文字 χ を使い，$\varepsilon_0 \chi_\mathrm{e}$ と表そう．ここで，χ_e は**電気感受率**とよばれる量であり，物質の電気的性質を表す定数である．このあとすぐわかるように，このように定義された χ_e は無次元量である．

電場と巨視的分極の関係

$$\boldsymbol{P} = \varepsilon_0 \chi_\mathrm{e} \boldsymbol{E} \tag{4.10}$$

かつては電気感受率を $\boldsymbol{P} = \chi_\mathrm{e} \boldsymbol{E}$ と定義した流儀も用いられていたが，国際標準化機構 (ISO) の規定では本書の定義が推奨されている．こういう物理量の統一が取れていないところも電磁気学教育における悩みの一つである．

4.4.2 「物質の誘電率」の定義

さて，このように巨視的分極と電場の関係が電気感受率で結びつけられると，分極電荷を以下のように電場の中に取り込むことができる．まず式 (4.9) を微分形で書き直し，局所的な電場と電荷密度の関係に注目しよう．

$$\varepsilon_0 \iiint_V \mathrm{div}\, \boldsymbol{E}\, dV = \iiint_V (\rho + \rho_{\mathrm{pol}})\, dV \quad \longrightarrow \quad \varepsilon_0 \,\mathrm{div}\, \boldsymbol{E} = \rho + \rho_{\mathrm{pol}}$$

誘電体内部では微分形のガウスの法則で ρ_{pol} を考慮する必要がある．ところが，ここに式 (4.1)，(4.10) を代入すると，見かけ上 ρ_{pol} を消すことができる．

$$\varepsilon_0 \,\mathrm{div}\, \boldsymbol{E} = \rho + \rho_{\mathrm{pol}} = \rho - \mathrm{div}\, \boldsymbol{P} = \rho - \mathrm{div}(\varepsilon_0 \chi_{\mathrm{e}} \boldsymbol{E})$$

これを，以下の形に書き直す．

誘電体内部で成立するガウスの法則 (微分形)

$$\varepsilon_0 (1 + \chi_{\mathrm{e}})\, \mathrm{div}\, \boldsymbol{E} = \rho \tag{4.11}$$

左辺の $\varepsilon_0(1 + \chi_{\mathrm{e}})$ は，真空の誘電率が ε_0 なのだから，これを ε として，**誘電体の誘電率**と名づけてもよかろう．

誘電体内部では誘電率が真空と異なる値をもち，

$$\varepsilon = \varepsilon_0 (1 + \chi_{\mathrm{e}}) \tag{4.12}$$

とみなすことができる．

χ_{e} は 1 と足される量であるから無次元であることもわかる．これは，誘電率を場所に依存するスカラ関数と考え，今考えている場所が誘電体の内部ならその場所の誘電率 (というスカラ量) が $\varepsilon_0(1 + \chi_{\mathrm{e}})$ であると考えれば，分極電荷の存在を意識せずにガウスの法則がそのまま使えることを表している．

$\varepsilon/\varepsilon_0$ で定義される量も無次元量で，これは**比誘電率** ε_{r} と名づけられている．誘電体を含む系の電磁気学を考えるときは，誘電率の絶対値よりも真空に対する比率の方が重要な場合が多く，よく使われる．多くの物質で比誘電率は一桁の値をもつが，中には数千という大きな値をもつ物質もある．**表 4.1** に，代表的な物質の比誘電率を挙げた．チタン酸バリウムは比誘電率が大きくなるように工夫された化合物で，主にコンデンサーに挟んで容量を増大する目的で使われる．

表 4.1 代表的な誘電体の比誘電率 [6,7]

物質名	比誘電率	物質名	比誘電率
乾燥した空気	1.000536	水 (25℃)	78.5
ダイヤモンド	5.68	エチルアルコール	24.3
ソーダガラス	7.5	シリコーン油	2.2
ネオプレンゴム	5.7〜6.5	木材	2〜3
紙	1.2〜2.6	チタン酸バリウム	5000

4.5 電場と電束密度

4.5.1 誘電体と電束密度

前節の議論によって，「物質の誘電率」を考えれば，我々は分極電荷の存在を無視して (忘れてはいけないが) 電磁気学を考えてもよいことがわかった．式 (4.11) をもう一度書き直そう．

$$\varepsilon \operatorname{div} \boldsymbol{E} = \rho \tag{4.13}$$

ここでもう一度，第 2 章で定義された電束密度ベクトル $\boldsymbol{D}$ を再定義する．「電束密度 $\boldsymbol{D}$ とは，電場と誘電率の積で，$\boldsymbol{D} = \varepsilon \boldsymbol{E}$」とする．電束密度を使ってガウスの法則を書き直すと，結局第 2 章の式 (2.7) と同じ

電束密度で表したガウスの法則 (微分形)

$$\operatorname{div} \boldsymbol{D} = \rho \tag{4.14}$$

を得る．これを積分形に直してみよう．

電束密度で表したガウスの法則 (積分形)

$$\oiint_S \boldsymbol{D} \cdot \mathrm{d}\boldsymbol{S} = \iiint_V \rho \mathrm{d}V \tag{4.15}$$

第 2 章の式 (2.6) と同じ形であるが，電束密度の定義が拡張されたため，今度はガウス面内部に誘電体があっても等しく成り立つ点が重要である．一方の，電束密度を使わないガウスの法則，式 (4.9) はガウス面の内側にある Q_{bound} をいちいち考えなくてはならない．

物理学において強力な武器は「保存する量」である．ある未知の量を求める必要があるとき，環境が変わっても保存される量があれば，それを手がかりに未知の物理量を知ることができる．力学で，エネルギー保存則から物体の速度を求めたことを思い出そう．電束密度について成り立つ積分形のガウスの法則は，「閉曲面から飛び出す電束は，誘電体や導体など物質の存在によらず，ただその閉曲面内部の正味電荷によってのみ決まる」ことを意味している．すなわち電束は保存量なのだ．次項では，電束を使い，誘電体を含む系の電場の様子を容易に解析する方法について学ぼう．

4.5.2 電気力線と電束線

第2章で定義された電束密度は，ガウスの法則で積分値を電荷の次元 [C] とするための便宜的なものとして登場した．しかし，誘電体を含む電磁場では E と D は異なったベクトル場である．なぜなら，場所によりその比例定数が異なるから．

ここで，まず，第2章で定義した「電気力線」を「電場 E を結んだ線」としてもう一度定義し直そう．そして，それに対応する「電束線」を定義する．これは「電束密度 D」を結んでできる線で，自由な電荷から発して自由な電荷で終わる，という性質がある．真空中では電気力線も電束線もまったく同じ分布となるが (比例定数が違うだけだから)，誘電体があるところで E と D は異なる分布となる．一般に物質中でも E と D は同じ方向で，比例定数が ε_0 から ε に変わるのみである．このような物質を**等方性の物質**というが，中には ε がスカラ定数でなく電場の向きにより異なるような物質が存在し，この場合は E と D の方向が異なる，ということがあり得る．このような物質を**非等方性の物質**という．本書では等方性の物質のみを扱うこととしよう．

電気力線と電束線の違いを整理しよう．

- 電気力線は電荷から出て電荷で終わる力線である．「電荷」には分極電荷も含まれる．
- 電気力線の密度は E に比例する．
- 電束線は電荷から出て電荷で終わる力線である．「電荷」には分極電荷は含まず，自由な電荷だけを考える．
- 電束線の密度は D に比例する．
- 等方性の誘電体のみを考えるとき，電気力線と電束線は平行で，E と D の比は ε で与えられる．

本章の冒頭で，「電束密度」を定義する理由は，誘電体の分極を意識することなく電磁

気学の法則を使うことだ，と述べた．早速，ここまでに学んだことを応用してみよう．

図 4.14 のように，点電荷を球殻状の誘電体で囲んだものを考える．比誘電率は 2 とする．真空中では電気力線と電束線の本数が同じになるように描こう．対称性の議論から，電場も電束密度も r 方向である．点電荷が発する電場は，真空中では $E = \dfrac{q}{4\pi\varepsilon_0 r^2}$ である．誘電体は誘電率が $2\varepsilon_0$ となる空間と解釈する約束だから，電場は $E = \dfrac{q}{4\pi(2\varepsilon_0)r^2}$ だ．一方，電束密度は誘電体のありなしにかかわらずどこでも $D = \dfrac{q}{4\pi r^2}$ である．

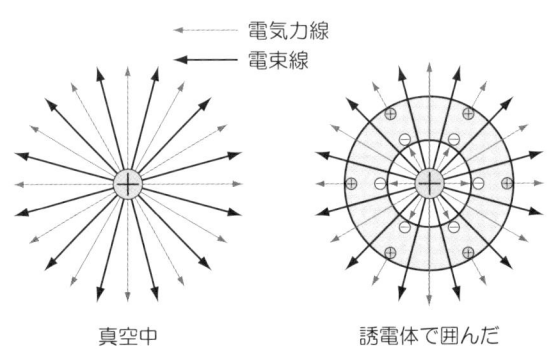

図 4.14 点電荷を球殻状の誘電体で囲んだときの，各部の電場および電束密度

はじめに，電気力線に注目しよう．点電荷から出た電気力線は，半分が誘電体内側表面に誘導された分極電荷に吸い込まれる．だから，誘電体内部はその内側の空洞に比べ電気力線が少ない．たしかに，誘電体の中で電場と電束密度の比をとれば $2\varepsilon_0 E = D$ となる．そして，誘電体の外側では再び $\varepsilon_0 E = D$ の関係が復活しているが，実は半分の電気力線は誘電体外側表面の分極電荷から出発した物なのだ．一方の電束線は分極電荷とは無関係なので，中心の点電荷から切れずに放射状に発散している．しかし，電束線と電気力線がこのようになることは，分極電荷を考えることなく，

(1) 電束線は点電荷から発して，どこでも切れることなく放射状に拡がっている．
(2) 電気力線 (つまり電場) は電束密度を誘電率で割り，$E = \dfrac{D}{\varepsilon}$ で与えられる．

というルールからただちに求めることができる．

続いて，平行平板コンデンサーに誘電体を挟んだときに起こる現象を電気力線と電束線で考えてみる．**図 4.15** は誘電体を挟まないコンデンサーと誘電体を挟んだコンデンサーに同じ量の電荷 Q を与えたときの違いを比較したものである．極板面積を S，極板間距離を d，誘電体の比誘電率を 4 としよう．誘電体を挟んだコンデンサー

4.5 電場と電束密度

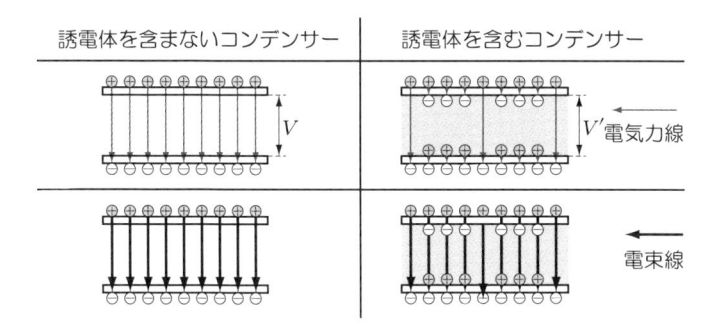

図 4.15 誘電体を挟まないコンデンサーと誘電体を挟んだコンデンサーの電気力線と電束線. 電気力線の本数から誘電体の比誘電率が 4 とわかる.

は，両極板の裏側に極板上と逆符号の分極電荷が発生し，電気力線の多くがここで終端する．しかし，分極電荷の量はまだわからない．

一方，極板間の電束線は誘電体の存在に影響されない．その大きさは以下のように簡単に求められる．**図 4.16** のように，極板を囲むようにガウス面をとれば，

$$\oiint \boldsymbol{D} \cdot d\boldsymbol{S} = DS = Q$$

を得る．D について解けば，$D = Q/S$ である．そして，電場は電束密度 D を誘電体の誘電率 ε で割れば計算できる．比誘電率が 4 だから，誘電体を挟んだコンデンサーは誘電体を挟む前に比べ電場が 1/4 に減じられる，ということが明らかになった．これを電気力線で理解すれば，極板裏側に誘導される分極電荷は極板表面の電荷の 3/4，ということがわかる．

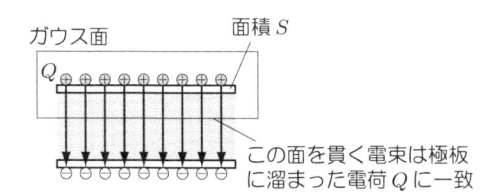

図 4.16 極板を囲む面でガウスの法則を適用．ガウス面を貫く電束は誘電体の有無に影響されず，ガウス面内側の自由な電荷のみで決まる．

極板間電位差は $\Delta\phi = Ed$ だから，極板間電位差も誘電体を挟まないコンデンサーに比べ 1/4 となる．したがって同じ電圧では電荷は 4 倍詰め込めることになる．誘電体にチタン酸バリウムを使えば，コンデンサーの容量が 5000 倍になる計算だ．比誘電率を別の言葉で表せば，「コンデンサーに挟んだとき極板間の電場が何分の一に打ち消されるか」を表す係数ともいえる．

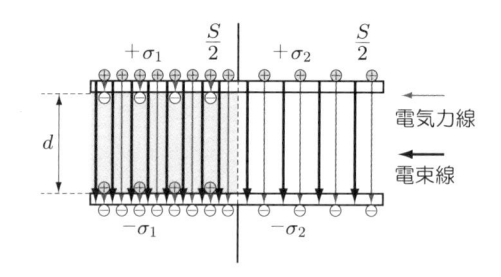

図 4.17 面積の半分だけを誘電体で満たしたコンデンサーの容量を電気力線と電束線の考察で求める

応用として，コンデンサーの一部だけに誘電体を挟んだときの容量を求める問題を考えよう．近似として，電気力線，電束線は誘電体があってもどこでも平行で，極板に垂直であると仮定する．はじめに，図 4.17 のように面積の半分だけが比誘電率 ε_r の誘電体で満たされたコンデンサーの容量を求めてみよう．この場合，「静電平衡状態の，導体の電位はどこでも等しい」という性質から，極板間の電位差はどこでも一定である．これを $\Delta\phi$ とする．すると，電場 E は誘電体がある側も，ない側も同じで $E = \Delta\phi/d$ であることがわかる．それぞれの領域で $D = \varepsilon E$ を適用し，電束密度は

$$\text{左}: D_1 = \varepsilon_0 \varepsilon_r \frac{\Delta\phi}{d} \qquad \text{右}: D_2 = \varepsilon_0 \frac{\Delta\phi}{d}$$

とわかる．さらにガウスの法則を適用すれば，極板上の電荷密度は

$$\text{左}: \sigma_1 = \varepsilon_0 \varepsilon_r \frac{\Delta\phi}{d} \qquad \text{右}: \sigma_2 = \varepsilon_0 \frac{\Delta\phi}{d}$$

となる．つまり，極板上の電荷密度は左の方が高い．最後に，容量の定義，$Q = C\Delta\phi$ を適用すれば

$$Q = (\sigma_1 + \sigma_2)\frac{S}{2} = (1 + \varepsilon_r)\varepsilon_0 \frac{S\Delta\phi}{2d}$$
$$C = \frac{Q}{\Delta\phi} = (1 + \varepsilon_r)\varepsilon_0 \frac{S}{2d} \tag{4.16}$$

とわかる．検算のため，ε_r を 1 としてみよう．この場合の容量は誘電体を含まないコンデンサーに一致する．

次に，図 4.18 のように比誘電率 ε_r の誘電体が厚みの半分だけ満たされている場合の容量を考える．今度は系の対称性から極板上の電荷密度が一定だから，これを σ と仮定する．電束密度のガウスの法則を適用すればただちに「極板間を貫く電束は誘電体のある場所でもない場所でも同じ」という事実がわかる．したがって電束密度はどこでも $D = \sigma$ である．それぞれの領域で $D = \varepsilon E$ を適用し，電場は

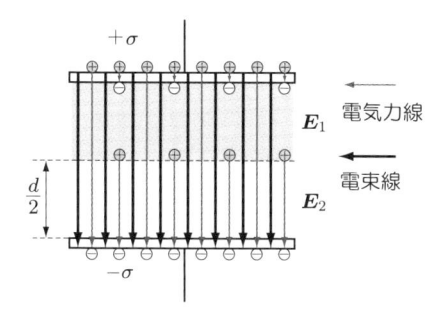

図 4.18 厚みの半分だけを誘電体で満たしたコンデンサーの容量を電気力線と電束線の考察で求める

$$\text{上}: E_1 = \frac{\sigma}{\varepsilon_0 \varepsilon_\mathrm{r}} \qquad \text{下}: E_2 = \frac{\sigma}{\varepsilon_0}$$

とわかる．極板間の電位差は電場を積分して，

$$\Delta\phi = (E_1 + E_2)\frac{d}{2} = \left(1 + \frac{1}{\varepsilon_\mathrm{r}}\right)\frac{d\sigma}{2\varepsilon_0}$$

となる．最後に，容量の定義，$Q = \sigma S = C\Delta\phi$ を適用すれば

$$C = \frac{Q}{\Delta\phi} = \frac{2\varepsilon_0 S}{(1 + 1/\varepsilon_\mathrm{r})\, d} \tag{4.17}$$

とわかる．今度の場合も，検算のため，ε_r を 1 としてみよう．この場合も，もちろん容量は誘電体を含まないコンデンサーに一致する．

以上のように，誘電体を含む一見複雑な問題も，電束線と電気力線が満たすべき条件を考えながら未知量をわかっている量で表していけば容易に解くことができる．

4.5.3 電場と電束密度の境界条件

今や，誘電体に対して「誘電率」が定義され，そこで $\boldsymbol{D}$ と $\boldsymbol{E}$ の関係が定義されたわけだから，誘電体中でもポアソンの方程式が成立することは以下のようにすぐ証明できる．

$$\rho = \operatorname{div}\boldsymbol{D} = \operatorname{div}(\varepsilon\boldsymbol{E}) = \varepsilon\operatorname{div}\boldsymbol{E} = -\varepsilon\operatorname{div}(\operatorname{grad}\phi) = -\varepsilon\nabla^2\phi$$

誘電体中のポアソン方程式

$$\nabla^2\phi = -\frac{\rho}{\varepsilon} \tag{4.18}$$

ただし，上の変形では ε を div の外に出すときにスカラ定数であることを仮定しているため，式 (4.18) は誘電率が一定のスカラ量である領域でのみ通用する．では，誘電

率が変化する境界はどう取り扱うかというと，ポアソンの方程式を誘電率が一定のブロックに分け，誘電率が変化する境界はその両側で保存される物理量を「境界条件」として与えることで連結する．ポアソンの方程式から系の電位を決定する問題は「境界値問題」とよばれていたことを思い出そう．

では，誘電率が変化する界面において満たされるべき条件について考えよう．今，誘電率 ε_1 の誘電体と誘電率 ε_2 の誘電体が接しているとし，ここに電場が存在すると仮定する．自由な電荷はあってもよいが，密度は有限とする．**図 4.19** のような，境界をまたぐ薄いパンケーキのような領域で電荷密度 ρ を体積積分してみよう．ガウスの法則を用いて，

$$\iiint_V \rho \mathrm{d}V = \oiint_S \boldsymbol{D} \cdot \mathrm{d}\boldsymbol{S} \tag{4.19}$$

を得るが，ここで，パンケーキをどこまでも薄くしてゆくと体積内の自由な電荷は (仮にあったとしても) ゼロに漸近するので左辺はゼロである．一般に，誘電率が異なる界面に電場がかかると，境界面には分極電荷が現れる．これはパンケーキをどんなに薄くしても追い出すことができないが，我々はその存在を無視してよい．なぜならそれこそが電束密度ベクトル $\boldsymbol{D}$ 導入の動機だったのだから．

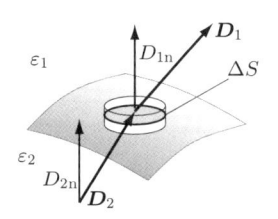

図 4.19 誘電率の異なる界面における電束密度の保存条件

一方，パンケーキを薄くすることは式 (4.19) 右辺の面積分が上面，下面の面積分で代表されることを意味し，領域が充分小さければ電束密度は一定とみなせる．すると閉曲面の面積分は電束密度の面に垂直な成分と面積 ΔS の積で表せ，

$$\oiint_S \boldsymbol{D} \cdot \mathrm{d}\boldsymbol{S} = D_{1\mathrm{n}} \Delta S - D_{2\mathrm{n}} \Delta S = 0$$

$$\therefore \quad D_{1\mathrm{n}} = D_{2\mathrm{n}}$$

が導かれる．したがって，「誘電率が異なる界面では，電束密度 $\boldsymbol{D}$ の境界面に垂直な成分が保存される」ことが示された．

続いて，境界面のすぐ近くを通る**図 4.20** のような周回積分を考える．静電場は保存力場だから，任意の経路を通って単位の電荷を動かし，元の位置に戻すとき，仕事

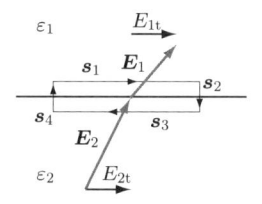

図 4.20 誘電率の異なる界面における電場の保存条件

の合計はゼロでなくてはいけない．単位の電荷が電場から感じる力が $\boldsymbol{E}$ だから，

$$\oint \boldsymbol{E} \cdot \mathrm{d}\boldsymbol{s} = 0 \tag{4.20}$$

が成り立つ．

積分形路をできるだけ境界面に近く取ると，境界面に垂直な $\boldsymbol{s}_2$, $\boldsymbol{s}_4$ の積分路は無視してよい．また積分路 $\boldsymbol{s}_1$, $\boldsymbol{s}_3$ の関係は，

$$\boldsymbol{s}_1 = -\boldsymbol{s}_3, \qquad |\boldsymbol{s}_1| = |\boldsymbol{s}_3| = s$$

である．したがって，

$$\oint \boldsymbol{E} \cdot \mathrm{d}\boldsymbol{s} = \boldsymbol{E}_1 \cdot \boldsymbol{s}_1 + \boldsymbol{E}_2 \cdot \boldsymbol{s}_3 = E_{1\mathrm{t}} s - E_{2\mathrm{t}} s = 0$$
$$\therefore \quad E_{1\mathrm{t}} = E_{2\mathrm{t}}$$

となる．言い換えれば，「誘電率が異なる界面では，電場 $\boldsymbol{E}$ の境界面に平行な成分が保存される」ということである．

誘電率が異なる界面の境界条件

$$D_{1\mathrm{n}} = D_{2\mathrm{n}} \tag{4.21}$$
$$E_{1\mathrm{t}} = E_{2\mathrm{t}} \tag{4.22}$$

4.6　誘電体を含む系の静電エネルギー

第 3 章で，我々は静電場のエネルギーが，全空間にわたって $\frac{1}{2}\varepsilon_0 E^2$ を積分することで得られることを証明した．この定理は，空間が部分的に誘電体で満たされた場合にも $\varepsilon_0 \to \varepsilon$ の変更でそのまま通用する．この場合，$\boldsymbol{D} = \varepsilon \boldsymbol{E}$ を使い以下のように表した形式が好んで使われる．

> **誘電体を含む系の単位体積あたり電場エネルギー**
> $$u_e = \frac{1}{2} \boldsymbol{E} \cdot \boldsymbol{D} \tag{4.23}$$

等方媒質，かつ静的な系では $\boldsymbol{E} \cdot \boldsymbol{D} = \varepsilon E^2$ と単純な結果となるが，実は式 (4.23) の形式は，$\boldsymbol{E}$ と $\boldsymbol{D}$ が平行でない**誘電率テンソル**や，$\boldsymbol{E}$ と $\boldsymbol{D}$ が異なる位相で振動する**複素誘電率**などを扱う高度な電磁気学で威力を発揮する．憶えておいて損はないだろう．

一例として，平行平板コンデンサーのエネルギーと誘電体の関係を考えてみよう．端の効果を考えないとすると，電場は極板間のみに一様に存在すると考えてよい．はじめに，極板間が真空のとき，このコンデンサーに蓄えられるエネルギーを計算してみよう．蓄えられるエネルギーは $\frac{1}{2}ED$ に極板間の体積 (Sd) を掛け，

$$U_e = \frac{1}{2}ED(Sd) = \frac{1}{2\varepsilon_0}\left(\frac{Q}{S}\right)^2 Sd = \frac{d}{2\varepsilon_0 S}Q^2 \tag{4.24}$$

となる．続いて，**図 4.21** のようにコンデンサーにちょうど挟まる大きさの，誘電率 ε の誘電体を挿入しよう．蓄積されるエネルギーは

$$U_e = \frac{1}{2}ED(Sd) = \frac{1}{2\varepsilon}\left(\frac{Q}{S}\right)^2 Sd = \frac{d}{2\varepsilon S}Q^2 \tag{4.25}$$

となり，$\varepsilon_0/\varepsilon$ 倍に小さくなることがわかる．

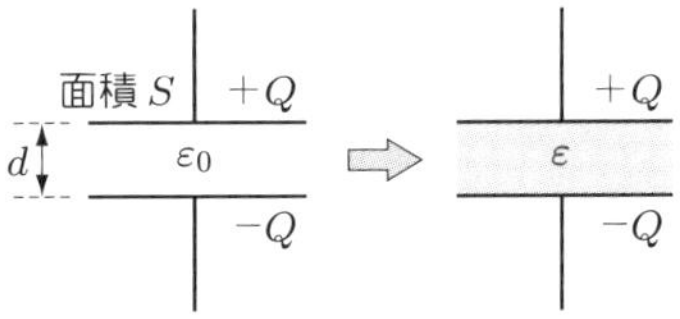

図 4.21 一定の電荷を与えたコンデンサーに誘電体を挟み込む

この式から，あらかじめ一定の電荷が与えられたコンデンサーに誘電体を部分的に挿入していくと，蓄積されているエネルギーが減少していくことがわかる．下敷きに静電気を発生させて，髪の毛を引きつけるイタズラをしたことのある諸君もいるだろう．なぜ髪の毛が引きつけられるかを次のように説明することができる．頭皮と下敷きは，いわばコンデンサーの極板となって正負の電荷を蓄積している．ここに，自由に動ける「髪の毛」という誘電体があるとどうなるか．誘電体が極板に挟まれた状態の方が系全体として静電ポテンシャルエネルギーが小さくなるため，誘電体はポテンシャルエネルギーが小さくなる方向へ力を受ける．これは，ちょうど坂道に置かれた

ボールが自然に転がり落ちることに対応している．つまり，髪の毛は極板間の空間を満たすように逆立つわけである．

続いて，**図 4.22** のように両極の電位差 V を一定に保ったまま，はじめ極板間が真空のコンデンサーに誘電体を挿入する場合を考える．この場合，電場の大きさは常に $E = V/d$ である．したがって，誘電体がない場合の蓄積エネルギーは，

$$U_\mathrm{e} = \frac{1}{2} ED(Sd) = \frac{1}{2} \varepsilon_0 \left(\frac{V}{d}\right)^2 Sd = \frac{\varepsilon_0 S}{2d} V^2 \tag{4.26}$$

となる．ここに誘電体を挿入すると，蓄積エネルギーは

$$U_\mathrm{e} = \frac{1}{2} ED(Sd) = \frac{1}{2} \varepsilon \left(\frac{V}{d}\right)^2 Sd = \frac{\varepsilon S}{2d} V^2 \tag{4.27}$$

と，今度は逆に $\varepsilon/\varepsilon_0$ 倍になる．先ほどの例からの類推で，今度は誘電体が極板間から押し出されるような力が働くことが推測されるが，実際は逆に引き込まれる．直感的には理解し難いが，極板間電位を一定に保つために電源がする仕事を考慮する必要があるためだ．具体例を演習問題にとっておいたので挑戦してもらいたい．

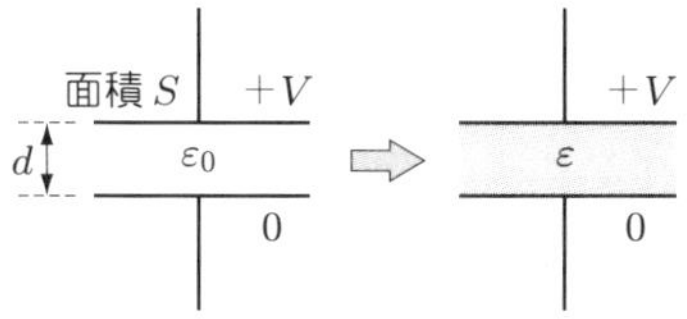

図 4.22 一定の電位差に保たれたコンデンサーに誘電体を挟み込む

第4章のまとめ　誘電体：EとDの謎を解き明かす

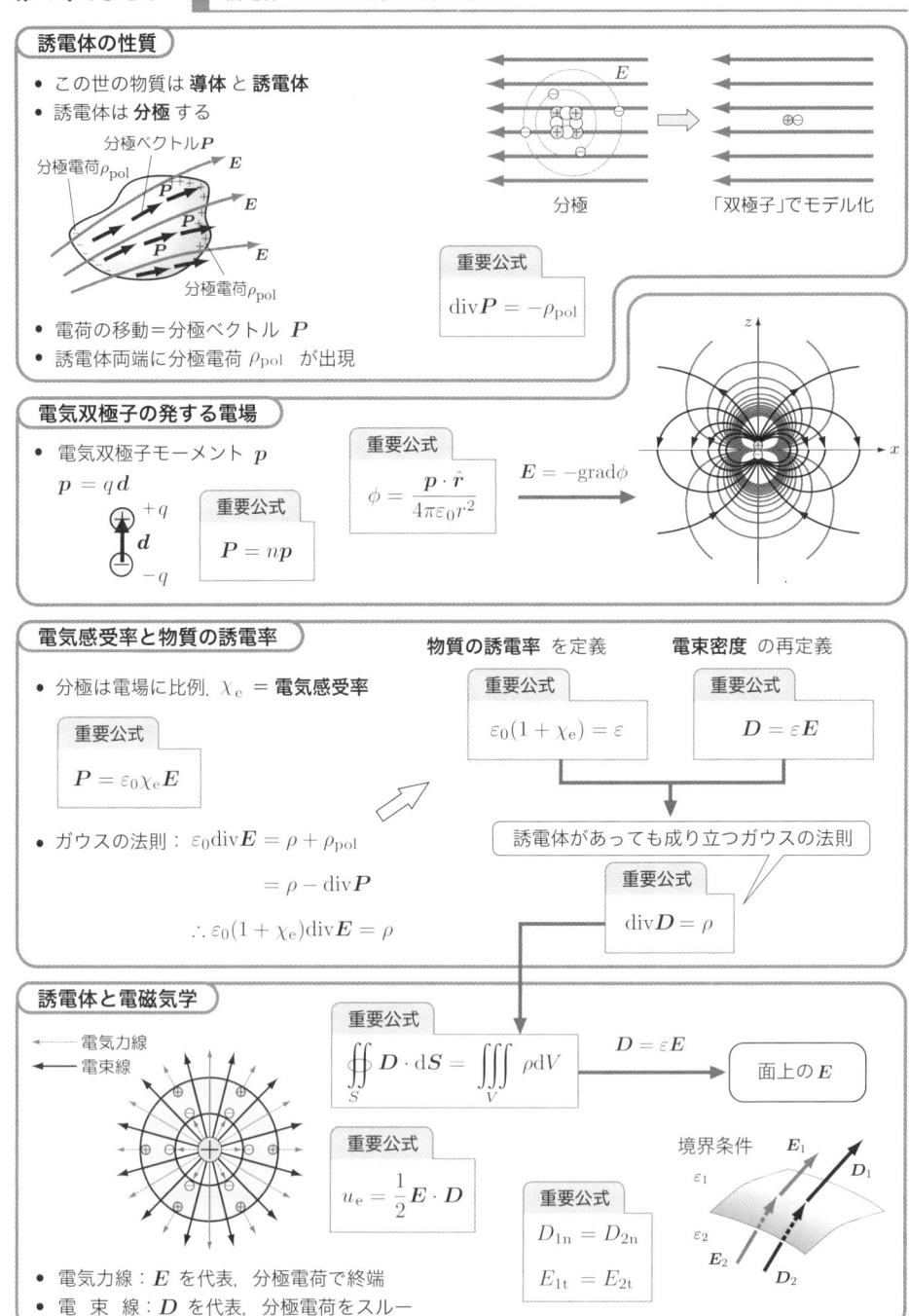

誘電体の性質

- この世の物質は **導体** と **誘電体**
- 誘電体は **分極** する

分極ベクトル P
分極電荷 ρ_pol

分極 → 「双極子」でモデル化

重要公式
$$\mathrm{div}\,\boldsymbol{P} = -\rho_\mathrm{pol}$$

- 電荷の移動＝分極ベクトル P
- 誘電体両端に分極電荷 ρ_pol が出現

電気双極子の発する電場

- 電気双極子モーメント p

$$\boldsymbol{p} = q\boldsymbol{d}$$

重要公式
$$\boldsymbol{P} = n\boldsymbol{p}$$

重要公式
$$\phi = \frac{\boldsymbol{p}\cdot\hat{\boldsymbol{r}}}{4\pi\varepsilon_0 r^2}$$

$$\boldsymbol{E} = -\mathrm{grad}\,\phi$$

電気感受率と物質の誘電率

- 分極は電場に比例．χ_e ＝ **電気感受率**

重要公式
$$\boldsymbol{P} = \varepsilon_0 \chi_\mathrm{e}\boldsymbol{E}$$

- ガウスの法則：$\varepsilon_0 \mathrm{div}\,\boldsymbol{E} = \rho + \rho_\mathrm{pol}$
  $\qquad\qquad\qquad = \rho - \mathrm{div}\,\boldsymbol{P}$
  $\therefore \varepsilon_0(1+\chi_\mathrm{e})\mathrm{div}\,\boldsymbol{E} = \rho$

物質の誘電率 を定義

重要公式
$$\varepsilon_0(1+\chi_\mathrm{e}) = \varepsilon$$

電束密度 の再定義

重要公式
$$\boldsymbol{D} = \varepsilon\boldsymbol{E}$$

誘電体があっても成り立つガウスの法則

重要公式
$$\mathrm{div}\,\boldsymbol{D} = \rho$$

誘電体と電磁気学

- - - - 電気力線
──── 電束線

重要公式
$$\oiint_S \boldsymbol{D}\cdot\mathrm{d}\boldsymbol{S} = \iiint_V \rho\,\mathrm{d}V$$

$\boldsymbol{D} = \varepsilon\boldsymbol{E}$ → 面上の E

重要公式
$$u_\mathrm{e} = \frac{1}{2}\boldsymbol{E}\cdot\boldsymbol{D}$$

重要公式
$$D_{1\mathrm{n}} = D_{2\mathrm{n}}$$
$$E_{1\mathrm{t}} = E_{2\mathrm{t}}$$

境界条件

- 電気力線：E を代表，分極電荷で終端
- 電　束　線：D を代表，分極電荷をスルー

演習問題

4.1 原点に置かれた，x 軸方向を向いた電気双極子を考える．電気双極子モーメントの大きさは p とする．

(1) 内積 $\boldsymbol{p}\cdot\hat{\boldsymbol{r}}$ を極座標 (r,θ,φ) を使い表しなさい．

(2) 電場 $\boldsymbol{E}=(E_r, E_\theta, E_\varphi)$ を成分ごとに求めなさい．

4.2 問図 **4.1** は，半径に比べて充分長い，長さ L の同軸円筒コンデンサーの断面を示している．内側導体は半径 a，半径 a から $2a$ までは $\varepsilon_\mathrm{r}=2$ の誘電体が巻きつけてある．外側導体の半径は $3a$ である．コンデンサーの容量を求めなさい．

4.3 問図 **4.2** のように，z 軸上 $\pm d/2$ の位置に半径 a，電荷密度 $\pm\rho$ の電荷密度をもった球を重ねて置く．二つの球が重なり合っている領域の電場の向き，大きさを求めなさい．

💡 **ヒント**：原点に中心をもつ電荷密度 ρ の球状電荷の作る電場を計算，それを $\pm d/2$ ずらして重ねる．電荷が球状のときに限り，電場の x, y 成分は完全に打ち消し合う．

問図 **4.1**

問図 **4.2**

4.4 前問の系は，一様に分極した球状誘電体のよいモデルとなっている．すなわち問図 **4.3** のように，一様な電場中にある球状誘電体内部の電場は，一様かつ外部電場と平行と考えられる．誘電体の誘電率を ε，外部電場の大きさを E_0 とするとき，誘電体の分極の大きさ P，誘電体内部の電場の大きさ E_int を $E_0, \varepsilon_0, \varepsilon$ を使い表しなさい．

💡 **ヒント**：電荷密度 ρ が距離 d だけずれたとき $P=\rho d$ だから，前問の解から，P が作る電場は外部電場と反対向き，大きさは $E_\mathrm{pol}=\dfrac{P}{3\varepsilon_0}$ とただちにわかる．すると $E_\mathrm{int}=E_0-E_\mathrm{pol}$ を使い E_int と P が決定できる．

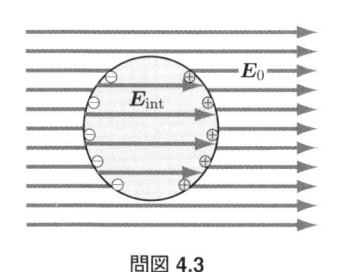

問図 **4.3**

4.5 問図 **4.4**(a) のように，一様な電場 E_0 の中に，誘電率 ε の薄い板状の誘電体を置いた．誘電体中央，A 点の電場 E，電束密度 D の大きさを求めなさい．

4.6 問図 **4.4**(b) のように，一様な電場 E_0 の中に，誘電率 ε の細い棒状の誘電体を置いた．誘電体中央，A 点の電場 E，電束密度 D の大きさを求めなさい．

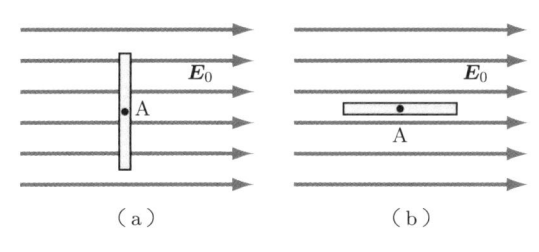

問図 **4.4**

4.7 真空と誘電体の境界で電場および電束密度のベクトルは問図 **4.5** のような角度であった．このとき，誘電体の比誘電率を求めなさい．

4.8 問図 **4.6**(a) のように，一定の電荷で充電されたコンデンサーに自由に動ける誘電体が部分的にはまりこんでいるとき，誘電体には中に引っ張り込まれる力が働いている．端の効果は無視して，誘電体が受ける力の大きさを x の関数で示しなさい．

4.9 問図 **4.6**(b) のように，一定の電位差に保たれたコンデンサーに自由に動ける誘電体が部分的にはまりこんでいるとき，誘電体には中に引っ張り込まれる力が働いている．

(1) 誘電体がはまり込むと容量が増え，コンデンサーに蓄積されるエネルギーは増加する．仮想変位の原理 (→ p.242) から，誘電体には押し出される力が働くはずだが実際は逆である．この理由を定性的に説明しなさい．
   　ヒント：誘電体の移動に伴い電源から供給される電荷について考えること．

(2) 端の効果は無視して，誘電体が受ける力の大きさを x の関数で示しなさい．

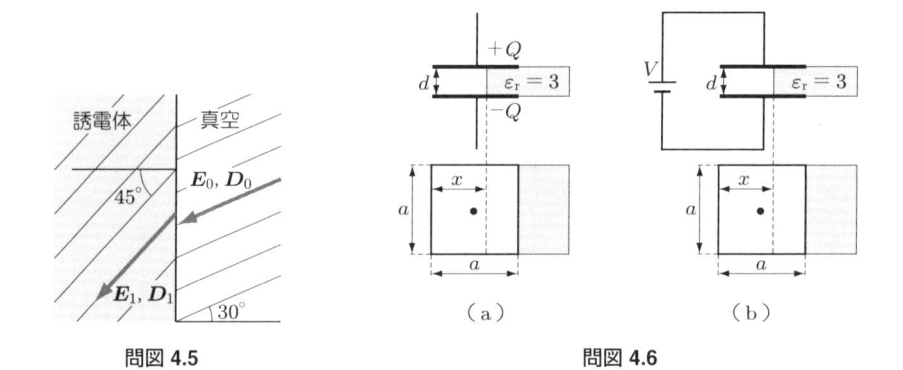

問図 **4.5**

問図 **4.6**

第5章 電流と磁場

5.1 はじめに

　第1章から第4章までは動かない電荷どうしが及ぼし合う力，すなわち静電気学について学んできた．本章から第7章までは動く電荷，すなわち電流と，電流が生み出す磁場について学ぶ．

　はじめに，電流および磁場について，その発見の歴史を追いつつ簡単に俯瞰していこう．見えない力で互いに引き合い，また反発し合う不思議な石がギリシャのマグネシア地方から出土することは紀元前から知られており，それは「マグネット」とよばれていた．1600年ころ，イギリスのギルバート (William Gilbert) は磁石の性質について詳しい研究を行い，それを著書に記している．このころの磁力に関する人類の理解は，以下のようなものであった．

- 磁石にはN，Sの二つの極がある．
- 同じ極どうしは反発し，異なる極は引き合う．
- 磁石を二つに割ると，それぞれがNとSをもつ磁石になる．
- したがって，NとSを分割することはできない．

また，方位磁針が常に北を向く理由を，地球もまた巨大な磁石であるため，と看破したのもギルバートである．その後，18世紀の後半に，クーロンが

- 磁極どうしの及ぼし合う力も電荷と同様クーロンの法則に従う．

ことを明らかにした．この，磁極から発せられる目に見えない力を電荷から発せられる電場に対応させて**磁場**とよぼう．当然，磁場は電荷に相当する**磁荷**から発せられると考えられる．しかし，この時点ではなぜ磁荷がNとSに分割できないのか理由はわからなかった．

　電磁気学が大きく進歩した19世紀，はじめの驚きは1820年，デンマークの物理学者エルステッド (Hans Christian Ørsted) が「電流もまた磁場を発する」ことを発見したことである．独立していたと思われた電気の学問と磁気の学問が，電流を介し

てつながったわけである．果たして，磁石の作る磁場と，電流の作る磁場は同じものだろうか．謎は残った．そして19世紀後半，二つの大きな発見があった．一つはトムソン (Joseph John Thomson) によるもので，電流とは電子，つまり荷電粒子の流れであるという事実である．もう一つはオランダの大物理学者ローレンツ (Hendrik Antoon Lorentz) による発見で，「運動する荷電粒子は磁場からその電荷と速度の積に比例する力を受ける」という事実である．これを**ローレンツ力**とよぶ．一般にローレンツ力 $\boldsymbol{F}_L$ といえば，荷電粒子が電磁場から受ける力を総合して

$$\boldsymbol{F}_L = q\boldsymbol{E} + q\boldsymbol{v} \times \boldsymbol{B} \tag{5.1}$$

| q | 電荷 [C] | $\boldsymbol{E}$ | 電場 [V/m] |
| $\boldsymbol{v}$ | 速度 [m/s] | $\boldsymbol{B}$ | 磁場 [T] |

なのだが，第1項は「クーロン力」ともよばれるので，第2項の $q\boldsymbol{v} \times \boldsymbol{B}$ を「ローレンツ力」とよぶことも多い．式 (5.1) の，記号の定義と意味についてはこれからじっくり学んでいこう．

ここまでにわかったことを総合すると，電流および磁場について以下のことがいえる．

- 電流の正体は，荷電粒子の運動である．
- 電流が磁場を作ることから，荷電粒子が動くと自らの周りに磁場を作ることもまた間違いない．
- そして，動く荷電粒子は磁場から力を受ける．
- つまり，「磁場」とは，動く荷電粒子どうしが互いに及ぼし合う力のことである．

しかし，これだけではまだ，磁石が発する磁場の正体についてはわからない．最後の発見は20世紀，量子力学により電子が原子核の周りを「回っている」ことがわかったことだ．ここで「回っている」というのは，古典電磁気学で解釈するとそのように見える，ということで，実際に原子核の周りを粒子である電子がグルグル回っているというのは間違っている．しかし，こう解釈すると原子のさまざまな性質が実にうまく説明できるので，原子核の周りを回転する電子というモデルは現在でも好んで使われる．

電子が回転しているということは，それは一種の電流だから磁場を発する．つまり，磁石を分割していってたどりつくものは一つの原子で，その磁場は電子の回転が起源だということが明らかになった．紀元前から知られていた磁石は，原子サイズの磁石が向きを揃え，磁場を強め合った結果であることがわかったのがようやく20世紀，というわけだ．そしてさらに，電流がなぜ磁場を発するか，その本質的な理由に気づいたのが20世紀を代表する天才物理学者アインシュタイン (Albert Einstein) である．

静電場の諸法則が電荷の自然な性質であるクーロン力から自然に演繹できるのに対して，磁場の法則はかなり面倒である．そこで諸君には，まず上のような歴史の流れを知ってもらった上で，謎解きのように電流および磁場の法則を一つずつ話していきたい．

5.2 電流の定義

5.2.1 荷電粒子の運動と電流

電流の話をする前に，電流の数学的定義をきちんと決めよう．**電流**とは，「運動する電荷」であるから，次のように考える．典型的な電流は**図 5.1** のように，決められた経路である**導線**の中を電荷が動く現象である．導線の一部に仮想の関所 A を設ける．この面を毎秒通過する正味の電荷量を「この面を通って流れる電流」と定義する．電流は通常記号 I で表す．電流の次元は定義から [C/s] だが，これを [A](アンペア) と名づける．もちろん，これは電磁気学史上の巨人，フランスの物理学者アンドレ＝マリ・アンペール (André-Marie Ampér) を称えたものだ．現代の物理学では，電流の単位 [A] が先に定義されていて，[C] は「1 アンペアの電流が 1 秒流れたときに移動した電荷」とされている．この辺の事情は 5.4.1 項 (→ p.152) で話そう．

> **電流の定義**：電流とは，ある面を単位時間あたり通過した電荷量である
> $$I = \frac{dq}{dt} \tag{5.2}$$

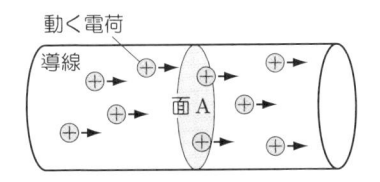

図 5.1 導線内を動く電荷と電流の定義

代表的な導線は細く引き延ばした金属線である．ここで，金属の導線を流れる電流について若干の注意を述べる．この場合，動く電荷は自由電子だから，電流の方向は電子の動く方向と逆向きに定義される．フランクリン (Benjamin Franklin, 雷が電気現象であることを証明したアメリカの実験家・政治家) が，電流の正体が判明する前にその向きを定義してしまったために起こった悲劇だ．確率 1/2 なのだが，その後の

学生達の苦労を思えば彼のくじ運の悪さが生んだ損失はあまりに大きい．さらに，金属中を流れる電子は，金属の中をスムーズに，一方向に進むわけではなく，**図 5.2** のように金属原子にあたかもピンボールのようにぶつかりながら，全体としてある平均的な速度で進む．これを電子の**ドリフト速度**という．電荷が導線の中をドリフトする速度は，日常見かける範囲の電流では驚くほど遅く，0.1 mm/s くらいのオーダーだ．ここで，なかにはおかしいと思った人もいるのではないだろうか．「『電気の信号は光の速さで伝わる』と教わったのに変だ」と．実はこれも同時に正しい．何が起こっているのかというと，導線の一端の電子を押すと，導線の中を「押された」効果が光の速さで伝わる，ということなのだ．

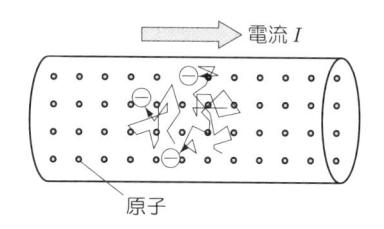

図 5.2 金属の導線を流れる電流 (自由電子) のイメージ．小さな点は障害となる原子を表してるが，実際には電子よりはるかに大きい．

固くて長い棒の一端を押すと，棒の他端はほぼ同時に動き出すが，この，「押された」効果が伝わる速度は，棒を伝わる圧縮波，すなわち音波の速度に一致することが知られている．同様に，導線の一端から一つの電子を入れると他端から一つの電子が飛び出すが，電子が次々と隣の電子を押していく効果は電場の波動，つまり光速度 (→ p.262) で伝わる．

断面積 A の導線を流れる電流 I を荷電粒子のドリフト速度 v_d と電荷量 q，荷電粒子の密度 n で表せば

$$I = nqv_\mathrm{d}A \tag{5.3}$$

である．

次に，ベクトル場としての電流を考えよう．このとき，電荷の分布はスカラ場としての電荷密度で記述され，電荷密度 ρ [C/m^3] と速度 v [m/s] の積が**電流密度ベクトル** J と定義される．

電流密度の定義

$$J = \rho v \tag{5.4}$$

5.2 電流の定義 145

電流密度の次元は，計算してもらえばわかるが $[\mathrm{A/m^2}]$ である．

電流密度がどういう意味をもつか，**図 5.3** を見ながら考えよう．電荷密度は連続だが，それは素電荷の集合からなっている．一つ一つの素電荷に注目すれば，それらはある速度ベクトル $\boldsymbol{v}$ で動いているだろう．

$$\frac{\mathrm{d}q}{\mathrm{d}t} = \rho v \mathrm{d}S \cos\theta$$

面S
d$\boldsymbol{S}$
θ
d$S\cos\theta$
電荷密度 ρ
$\boldsymbol{v}$

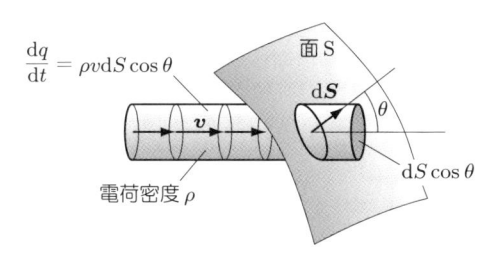

図 5.3 任意の電荷の動きに対して定義できる「電流密度」ベクトルと，ある面Sを通って流れる電流の関係

ある面Sを単位時間あたり通過する電荷量を ρ と $\boldsymbol{v}$ で表してみよう．面の微小面積ベクトル d$\boldsymbol{S}$ を $\boldsymbol{v}$ の方向からみた面積は，図のように $\mathrm{d}S\cos\theta$ となる．ここを毎秒通過する電荷の量は，毎秒ここをくぐる体積に ρ を掛けて，$\rho v \mathrm{d}S\cos\theta$ となる．これを面Sにわたって積分したものがSを通って流れる電流の定義であった．$\rho v \mathrm{d}S \cos\theta$ は内積を使い $\rho \boldsymbol{v} \cdot \mathrm{d}\boldsymbol{S}$ と書けて，さらに電流密度の定義を使えばこれは $\boldsymbol{J} \cdot \mathrm{d}\boldsymbol{S}$ と表せる．すなわち，電荷密度が動くとき，ある面を通って流れる電流は

$$I = \iint_S \frac{\mathrm{d}q}{\mathrm{d}t} = \iint_S \rho v \mathrm{d}S \cos\theta = \iint_S \rho \boldsymbol{v} \cdot \mathrm{d}\boldsymbol{S} = \iint_S \boldsymbol{J} \cdot \mathrm{d}\boldsymbol{S}$$

となり，電流密度ベクトルの面積分を行えばよいことがわかる．電流密度は「単位面積あたり電流」という次元をもつからこれは驚くほどのことではない．

電流密度と電流の関係

$$I = \iint_S \boldsymbol{J} \cdot \mathrm{d}\boldsymbol{S} \tag{5.5}$$

式 (5.5) を見れば，電流密度とは面積分すれば電流になるベクトル量だから，「電流の流れる方向を向き，単位面積あたり電流の大きさをもつベクトル量」であることがわかる．この考え方は，[A] を [C] に変えれば，電束密度ベクトル $\boldsymbol{D}$ と電束 Φ_e の関係に一致していることに気づいたろうか．第 2.1 節「電束密度と電束」(→ p.51) を見直しておこう．

このようにして，任意の電荷分布の任意の動きに対して電流が定義できるようになった．

5.2.2 電流の保存

次に，定常電流において成り立つ「電流保存則」を証明しよう．図 5.4 は，定常電流の中に置かれた任意の体積である．我々は第 1 章で，「電荷は不滅の物理量である」ことを公理として受け入れた．電荷が不滅の物理量なら，系が定常状態にあるとき，任意の体積に流れ込む電流密度を体積表面 S で面積分すれば常にゼロになるに違いない．式で表すと，

$$\oiint_S \bm{J} \cdot \mathrm{d}\bm{S} = 0$$

である．ガウスの発散定理を使えばこれは，

$$\iiint_V \mathrm{div}\,\bm{J}\,\mathrm{d}V = 0$$

で，上式がどんな体積 V でも成立するためには

定常状態の電流保存則

$$\mathrm{div}\,\bm{J} = 0 \tag{5.6}$$

でなければならない．これを**電流保存則**という．流体力学では，水のような圧縮されない液体が流れるとき，流速ベクトル場が満たす条件が同じ数式で表され，この場合は**連続の式**とよばれる．

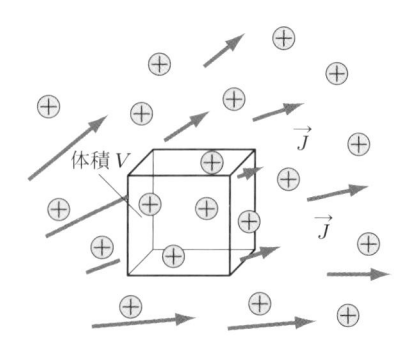

図 5.4 系が定常なら，任意の体積内部の電荷量は一定である．したがって，体積表面 S を貫く電流密度ベクトルを面積分すればゼロでなくてはいけない．

5.2.3 電流素片と磁場

電荷が互いにクーロン力で引き合う，あるいは反発するように，電流も互いに引き合う，あるいは反発する性質をもっている．単位の電荷に働く力によって電場を定義したように，ある場所を流れる電流が力を感じるとき，それはそこに「磁場」が存在するため，と考える．磁場の存在は，電荷が動いていないときには感じられないため，電場とは明確に区別される．

ではここで，電流と磁場の法則を考えるときに不可欠な電流の最小単位，**電流素片**を定義しよう．我々は電荷どうしが及ぼし合う力を考えるとき，もっともシンプルな形として大きさのない「点電荷」を考えた．同じように，電流と磁場の関係を表す法則は最小単位の電流どうしが及ぼし合う力で定義するのがよいだろう．では，電流の最小単位がどのようにして定義されるかを順番に考えていこう．

はじめに，もっともシンプルな電流の形として，一つの点電荷 q の運動を考える．荷電粒子が磁場中を運動するとき，電荷は電荷量と運動速度の積，$q v$ に比例する力を受ける．電荷量 q は「電荷が電場から受ける力の大きさ」を表す量ともいえるから，$q \boldsymbol{v}$ は「動く電荷が磁場から受ける力の大きさ」を表す基本的物理量である．

次に，電流を $q\boldsymbol{v}$ の集合で表すことを考える．**図 5.5** に示されるように，導線の中を電荷 q の粒子が，非常に短い $\mathrm{d}s$ の間隔で並び，一列に速度 $\boldsymbol{v}$ で動いているとする．このとき，導線のある断面を単位時間に通過する電荷量は簡単な計算で $qv/\mathrm{d}s$ とわかる．そして，ある断面を単位時間に通過する電荷量とは電流のことだから，

$$I = \frac{qv}{\mathrm{d}s} \tag{5.7}$$

を得る．次に，電流を長さ $\mathrm{d}s$ の断片で切った $I\mathrm{d}\boldsymbol{s}$ というベクトル量を考えよう．$I\mathrm{d}\boldsymbol{s}$ は電流の方向を向き (すなわち $\boldsymbol{v}$ と同じ方向で)，電流 I と長さ $\mathrm{d}s$ の積という大きさをもつベクトル量である．式 (5.7) を変形すると $I\mathrm{d}\boldsymbol{s} = q\boldsymbol{v}$ だから，(電流) × (電流方向の微小線要素) というベクトル量は $q\boldsymbol{v}$ に等しいことが示された．これを**電流素片**と定義する．

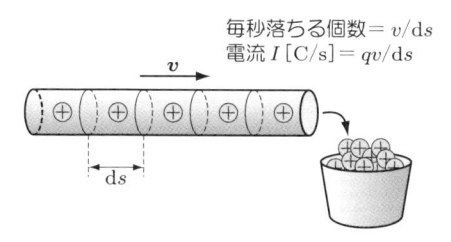

図 5.5 一列に並んだ電荷が作る電流．これを，電流を細かく切った断片「電流素片」の集合と考える．

> **電流の最小単位，電流素片**
> $$I d\boldsymbol{s} = q\boldsymbol{v} \tag{5.8}$$

続いて，連続な電流を電流素片に分解しよう．電流密度ベクトル場 $\boldsymbol{J}$ に，図 **5.6** に示されるように微小体積要素 dV を取る．体積に含まれる電荷量は電荷密度を ρ とすれば ρdV で，電荷は速度 $\boldsymbol{v}$ で動いているものとしよう．すると，(体積内の電荷) × (電荷の運動速度) の積が，定義から電流素片になる．これを式 (5.4) を使い書き換えれば，

> **電流密度と電流素片の関係**
> $$I d\boldsymbol{s} = \rho\, dV\, \boldsymbol{v} = \boldsymbol{J} dV \tag{5.9}$$

となる．すなわち，電流密度ベクトルとベクトル場にとった微小体積の積 $\boldsymbol{J} dV$ もまた電流素片 $I d\boldsymbol{s}$ と等価であることが導かれた．

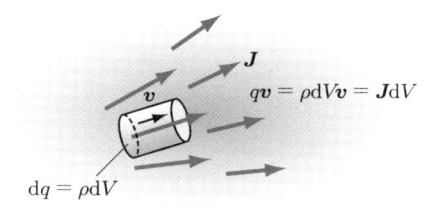

図 5.6 ベクトル場で表される電流を電流素片の集合と考える．微小体積 dV の中には ρdV の電荷があり，これは速度 $\boldsymbol{v}$ で動いている．

5.3　オームの法則

5.3.1　オームの法則

次に，少々寄り道となるが，導線を流れる電流と電場に関する重要な法則について述べよう．電子が導線の中をまっすぐ進めないのは，導線には多くの障害があって，電子がそれにぶつかりながら進むからだ．この障害は，金属の場合は自由電子を放出したあとの正イオンである．したがって，電流が流れ続けるためには電子を常に一方から押してやらなくてはならない．電荷に力を与えるのは電場だから，「電流が流れているとき，導線には電場が存在する」と言える．では，電流と電場の関係はどうなっているのだろうか．1826 年，ドイツの物理学者ゲオルグ・シモン・オーム (Georg Simon Ohm) は，電流密度と電場の間に次の関係が成り立つことを発見した．

> **オームの法則**
>
> $$J = \sigma E \tag{5.10}$$
>
> J　電流密度 [A/m²]　　　　　　　　σ　電気伝導率 [S/m]
> E　電場 [V/m]

　これを発見者にちなみ**オームの法則**という．当時は今のように乾電池があるわけではなく，電流計がお店で買えるわけでもない．苦労の末に発見したこの法則も，だれも追試ができないため何年もの間無視され続けた，ということだ．オームが発見した当時，オームの法則は純粋に経験則だった．しかし，今ではなぜオームの法則が成り立つのかを金属の結晶構造から説明することができる．詳しい理論は専門書に譲り，ここは定性的に考えることにしよう．

　金属の中をドリフトする電子は，たとえるなら空気中を落下する雨粒のようなものだ．真空中を落下する物体は等加速度運動だが，空気中を落下する軽い物体は空気抵抗のためすぐに等速運動になる．導体中の電子も，電場により加速されるのだが，原子にぶつかるたびに減速し，平均的には一定の速度でゆっくりドリフトしているように見える，というわけだ．

5.3.2　電気伝導率，抵抗率

　導体中を進む電子が受ける抵抗は物質により異なる．この物質固有の性質を，電流密度と電場の比例定数 $\sigma = J/E$ で表し，物質の**電気伝導率**と名づけよう．式 (5.10) から電気伝導率の次元は [A/Vm] になるが，[A/V] にはジーメンス [S] という単位が与えられているので，電気伝導率の単位は [S/m] となる．ジーメンス (Ernst Werner von Siemens) は電気機関車の発明で知られるドイツの技術者で，ドイツの有名な電機メーカー，シーメンス社はジーメンスが興したものである．

　電気伝導率 σ は近似的には物質の定数で変化しないと考えるが，実際には温度によって変化する．また定数としての伝導率 σ が定義できない物体があり，その代表例がシリコン，ゲルマニウムなどの半導体である．これらは，電気伝導がオームの法則に従わない性質を生かし，電流の整流，増幅などを行う素子の材料として利用される．本書ではこれ以上は立ち入らず，σ は物質固有の定数として考える．

　表 5.1 は，主な物質の電気伝導率をまとめたものである．導体と絶縁体で電気伝導率は 20 桁も違うが，「絶縁体」と言っても電気伝導率がゼロではないのが興味深い．実は，電気伝導率が非常に小さい物質はそれはそれで特殊な物質で，ゴムのような物質はわずかでも電流が流れると困る用途に好んで使われる．また金や銀などピカピカと光る金属がおしなべて電気伝導率が高いことがわかる．これは，金属の電気伝導率

表 5.1 代表的な物質の電気伝導率 [7,8]

物質名	電気伝導率 [S/m]	物質名	電気伝導率 [S/m]
金	4.1×10^7	炭素 (グラファイト)	2.8×10^4
銀	6.2×10^7	ゲルマニウム	2.2
銅	5.9×10^7	シリコン	1.6×10^{-3}
鉄	1.0×10^7	木材	10^{-8} 程度
鉛	4.5×10^6	ガラス	10^{-10} 程度
ニクロム※	6.7×10^5	ゴム	10^{-13} 程度

※ニッケルとクロムの合金で,敢えて電気伝導率が小さくなるように配合される.
目的は後述するようにジュール熱を得ることである.

と光,すなわち電磁波の反射率に関係があるからで,電磁波の反射は導体表面に流れる電流と深い関わりをもっている.

電気伝導率の逆数は**抵抗率**とよばれ,やはりよく使われる.一般にはギリシャ文字 ρ をあてる[†].単位は [m/S] ではなく,[Ωm] である.オームの名前を冠した「電気抵抗」の単位**オーム** [Ω] は次のように定義されている.今,**図 5.7** のようにある電気伝導率 σ をもった材料を長さ L,底面積 S の円柱状に成形し,両端に導体の極板を取り

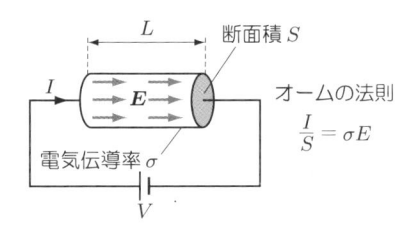

図 5.7 電気抵抗の単位「オーム」と物質の定数 σ の関係.底面積 S,長さ L,電気伝導率 σ の物質に電位差 V を与え電流を流す.

付ける.両端に電位差 V を与えると材料に電流が流れる.円柱内部の電場が一様とすれば,大きさはどこでも $E = V/L$ である.オームの法則から両端の電位差 V と流れる電流 I の間に

$$I = \iint \boldsymbol{J} \cdot \mathrm{d}\boldsymbol{S} = \sigma E S = \frac{\sigma S}{L} V$$

の関係が成り立つだろう.ここで $\dfrac{V}{I} = \dfrac{L}{\sigma S}$ [V/A] で表される電圧と電流の比例定数をこの円柱の**電気抵抗**とよび,これに [Ω] の単位が与えられている.普通,学校教育ではこちらを先に教わるので,「オームの法則」といえばこちらを思い浮かべる諸君が多いだろう.実際には,オームが発見したのはもっと一般的な式 (5.10) で,今示し

[†] 電荷密度 ρ と記号が被るが間違えないように.こういう重複は,歴史的経緯がありどうしても防げない.

たのはオームの仮説を検証するための実験装置の一つに過ぎない．

> **均一な抵抗体の電気抵抗**
>
> $$R = \frac{L}{\sigma S} = \frac{\rho L}{S} \tag{5.11}$$
>
> R　電気抵抗 [Ω]　　　　　　　ρ　抵抗率 [Ωm]

5.3.3　ジュール熱

　電流が抵抗のある導体を通過するとき何が起こるか考えよう．一つ一つの電荷は，電場に沿って動いている．つまり，電場が電荷を動かす仕事をしているということなのだ．なぜ，電荷を動かすのに仕事が必要かというと，そこに摩擦抵抗があるから．では，仕事をすることで失われた力学的エネルギーはどこに行ったのだろうか．これは，摩擦のある平面を，おもりを引きずって動かすことを考えれば簡単だ．そう，仕事は熱に変わったのだ．くり返そう．抵抗のある導体に電流が流れると熱が発生する．この発生した熱を特別に**ジュール熱**とよぶ (**図5.8**)．ジェームス・プレスコット・ジュール (James Prescott Joule) は力学的仕事と熱が等価であることを発見してエネルギーの単位に名を残したが，導線に流れる電流と発生する熱の関係に初めて言及したのがほかならぬジュールその人である．

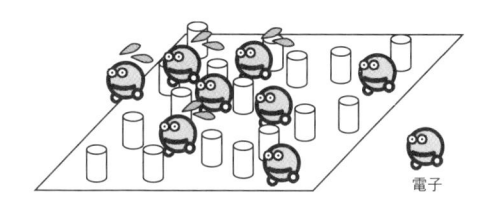

図 5.8　電子は障害のある経路をぶつかりながら進むため発熱する．これがジュール熱の原理である．

　では，電圧，電流とジュール熱のあいだにはどのような関係があるのだろうか．図5.7 の系を考えよう．抵抗体の両端の電位差は V で，流れる電流は I である．これは時間 Δt あたり $\Delta Q = I \Delta t$ [C] の電荷が抵抗に入り，抵抗から出て行くことに等しい．すると，Δt あたり電場がした仕事 ΔW は電位差とエネルギーの関係 (→ p.76 式 (3.2)) から

$$\Delta W = \Delta Q V$$

となり，これを毎秒あたりに換算すると

$$P = \frac{\Delta W}{\Delta t} = IV \tag{5.12}$$

である．つまり，抵抗で毎秒熱に変わるエネルギーは電圧 V と電流 I の積に等しい．これを抵抗の**消費電力**とよぶ．消費電力の単位は，力学でいう仕事率，すなわち毎秒行われた仕事に等しいから当然 [W](ワット) だ．日常生活では，ワットというとむしろ消費電力の単位として使われることが多いが，これが力学的仕事と一対一に対応するのはこういう理屈があるわけだ．静電ポテンシャルを重力ポテンシャルにたとえれば，電源とは電荷を持ち上げる装置で，抵抗は電荷が上から供給され，下から吐き出される水車のような装置とたとえられる (**図 5.9**)．

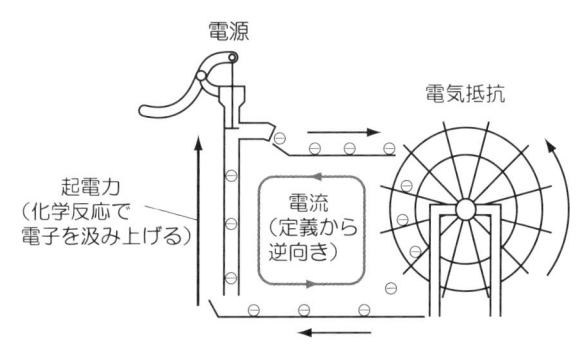

図 5.9 電源と抵抗からなる系を，ポンプと水車でたとえる．ポンプでポテンシャルエネルギーを与えられた電荷は水車でそのエネルギーを消費する．

5.4　「磁場」の定義

5.4.1　電流素片が受ける力

本章の冒頭で述べたように，電流が磁場を作り，そして動く荷電粒子，つまりは電流は磁場から力を受ける．現在もっとも広く使われている単位系である SI 単位系では，磁場の大きさは電流素片が受ける力の大きさで以下のように定義されている．

大きさ 1 Am の電流素片が 1 N の力を受ける場 $\boldsymbol{B}$ を 1 [Wb/m^2] (ウェーバー毎平方メートル) または 1 [T] (テスラ) とする．ただし，力の方向は電流と磁場の外積の方向で，

$$\boldsymbol{F} = I d\boldsymbol{s} \times \boldsymbol{B} \tag{5.13}$$

である．

この B が**磁場**とよばれるが，この量はまた**磁束密度**ともよばれる．[Wb] はドイツの物理学者ヴィルヘルム・エドゥアルト・ヴェーバーに (Wilhelm Eduard Weber)，[T] はセルビア出身の物理学者ニコラ・テスラ (Nikola Tesla) にちなんで名づけられた．どちらも古典電磁気学の発展に偉大な功績を残しているが，その貢献があまり知られていないのは残念である．

1 Am は SI 単位系における電流素片の単位量といえるわけだが，電流の単位 [A] はそもそもどうやって決まるのだろうか．SI 単位系における電流の単位 [A] の定義は以下のようなものである．

> 1 m 離して置かれた，無限に細く無限に長い 2 本の平行導線に等しい大きさの電流を流し，1 m あたり互いが及ぼす力が 2×10^{-7} N であるときの電流の大きさを 1 [A] とする．

つまり，電流の大きさは，電流どうしが及ぼし合う力，すなわち磁場を元にして定義されていることになる．

後できちんと計算するが，無限に長い電流が自身の周りに作る磁場は**図 5.10** のように電流を取り巻く渦巻き状で，1 A の電流から 1 m の位置の磁場は 2×10^{-7} T である．磁場の定義から，そこに置かれた 1 A の電流は長さ 1 m あたり 2×10^{-7} N の力を受ける．この定義によれば，力の大きさの単位である [N] から電流の大きさ [A] が決まり，1 A の電流を 1 s 流すことにより単位の電荷量 1 C が定義できる．

なぜ，現代の単位系では電荷より先に電流が定義されたかというと，理由の一つとして「静止した一定の電荷量を精密に作ることが難しい」という事情がある．一方，一定の電流を精密に作ることは比較的簡単で，電流間に働く磁力は天秤などの質量計測器の原理を用いれば精密に測ることができるから，力学の単位と電磁気学を結びつけるのには好都合なのだ．

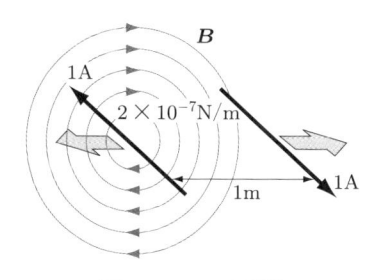

図 5.10 1 A の定義

長さの単位を [m], 質量の単位を [kg], 時間の単位を [s] として, これと電気量の基本単位 [A] を関係づけた単位体系は **MKSA 単位系**とよばれており, 現代の主流を占める単位系である. 電磁気学の単位が何か一つ決まってしまえば, 残りの単位, すでに登場した [C], [V], [F] などはそこから

$$[C] = [A][s], \quad [V] = \frac{[J]}{[C]}, \quad [F] = \frac{[C]}{[V]}$$

とイモヅル式に誘導できる.

さらに, この単位系に温度などのいくつかの基本単位を加えたものが **SI 単位系**で, 現在ではあらゆる物理量を SI 単位系で表すことを目標に改革が進められている. そのため, 慣用の単位, たとえば熱量の [cal] や仕事率の [PS](馬力) などの使用は今後禁止の方向で, 代わりに SI 単位の [J], [W] を使うよう推奨されている[†].

5.4.2 (E-B) 対応と (E-H) 対応

さて, ここで,「磁場」の取り扱いについて, 現在でも統一がとれていない二つの考え方があることに言及しておこう. 電荷どうしがクーロン力を及ぼし合うことから,「単位の電荷が感じる力」を「電場」というベクトル場で表すのは自然なことである. 一方, 歴史的には, 磁場は磁石から生じるものとして発見され, 電流の磁場作用はあとになって発見された. したがって, 磁場は磁石の中にある「磁荷」から発するものであり, そこから電荷と同様のクーロンの法則が成立することを出発点とする電磁気学があった. 現代の単位で書くと, 磁気クーロンの法則は

$$\boldsymbol{F} = \frac{q_{m1}q_{m2}}{4\pi\mu_0 r^2}\hat{\boldsymbol{r}} \tag{5.14}$$

q_m 　磁荷量 [Wb] 　　　　　μ_0 　真空の透磁率 [H/m](→ p.157)

となる. 次に, 電場 $\boldsymbol{E}$ に対応する磁場 $\boldsymbol{H}$ を

$$\boldsymbol{F} = q_m \boldsymbol{H} \tag{5.15}$$

となるように定義する. この, 磁気クーロンの法則を主発点とする電磁気学を「(E-H) 対応の電磁気学」という. 現在では, 磁石を含めすべての磁場の源は電流であることがわかっているから, (E-H) 対応の電磁気学は出発点が正しいとはいえない. しかし, 第 6 章で述べるように, 磁石の最小単位, すなわち一つの原子は, N の磁荷と S の磁荷が接近した**磁気双極子**で表すことができる. したがって, 一つの原子が作る磁場を二つの磁荷で表す, と了解すれば, (E-H) 対応の電磁気学も現在知られている物理の法則に違反することはない. 磁石が作る磁場を考えるときは, その源を電流と考える

[†] 商品のカタログなどで, 慣用単位と SI 単位が並記されているのを見たことがある人もいるんじゃないかな? 宝石の「カラット」が [kg] に置き換わった世の中は想像したくもないが (笑).

よりは磁気双極子と考えた方が便利なため，(E-H) 対応の電磁気学には今でも一定の支持がある．(E-H) 対応の電磁気学では，E に対して D が登場したように，物質が存在する場合の磁気学を考えるときはじめて磁束密度 B が登場し，H と B の関係は

$$B = \mu H \tag{5.16}$$

である．

　一方，現在主流の電磁気学は，本書と同様に磁場を「単位の電流素片が感じる力」の場として定義して，そこを出発点とする．定義式は式 (5.13) で，これを「(E-B) 対応の電磁気学」とよぶ．この場合，定義から「磁場」とはベクトル B のことだが，誘電体が含まれる電気学がベクトル D を必要としたように，物質を含む磁気学を考えるときに今度はベクトル H が登場する．つまり，(E-B) 対応の電磁気学でもベクトル H は必要で，(苦し紛れになるが) これを「磁場の強さ」とよぶことが多いようである．一方，(E-B) 対応の電磁気学でも B を「磁束密度」とよぶ場合があるので，本書では混同する恐れがない限りは B も H 「磁場」とよび，両者が混在するときにはきちんと書き分けるようにしよう．

5.5　磁束線と磁力線

　電荷どうしが及ぼし合う力がクーロンの法則に従うとき，電場を視覚的に表現する手段として「電気力線」が描けることを示した．磁極どうしが及ぼし合う力もやはりクーロンの法則に従うから，電気力線に対応する「磁力線」を描くことができるであろう．ベクトル H を結んだ線を**磁力線**，ベクトル B を結んだ線を**磁束線**と名づけよう．(E-H) 対応の電磁気学なら，磁場 H にガウスの法則が成り立つことを示し，そこから「磁力線」を，磁性体 (誘電体に対応する，物質の磁気的性質) を考えるとき B を結んだ線として「磁束線」を定義できる．しかし，(E-B) 対応の電磁気学では，磁力線，磁束線の存在をはじめは天下りに認めてもらうしかない．

磁束線，磁力線

- 磁力線とは磁場ベクトル H に沿った線で，磁石の N 極から発して S 極で終わる．
- 磁極から出る磁力線の数は磁極に含まれる磁荷に比例する．
- 1 本の磁力線は短くなろうとし，隣り合う磁力線は離れようとする．
- 磁束線は，磁場ベクトル B に沿った線である．
- 真空中では $B = \mu_0 H$ なので磁力線と磁束線の分布は同じである．

棒磁石が作る磁力線と直線状の電流が作る磁力線の様子を**図 5.11**に示す．磁力線は磁石の N 極から出て S 極で終わる，という性質があるが，電流が作る磁場には磁極がないため磁力線は切れ目のないループ状となる．この違いがもつ意味については第 6 章で詳しく検討しよう．

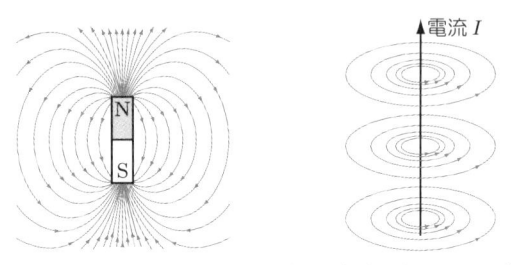

（a）棒磁石の周りの磁力線　（b）直線電流の周りの磁力線

図 5.11 磁石が作る磁場と電流が作る磁場の，磁力線の様子．真空中では磁力線と磁束線は同じ分布をするので，これは磁束線の様子と言い換えてもよい．

5.6　ビオ–サバールの法則

18 世紀まで，磁場は磁石からのみ発せられるものと思われていたが，磁場が電流からも作られることが電池の発明からまもなく発見された．1820 年，エルステッドは電流を流すと回路の近くに置かれた方位磁針が回転することを発見した．実験装置の配置を**図 5.12**に示す．当時の常識から，この配置で方位磁針が反応すること，すなわち磁場が電流に対して直角に発生することは考えられなかった．磁気が電気と同じような法則に従うなら，対称性の議論から磁場が電流に対して右か左か区別できる方向に発生することはないはずだからだ．

しかし，エルステッドの発見がフランスに伝えられてわずか 2 ヶ月ほどで，電流が発する磁場はビオ (Jean-Baptiste Biot) とサバール (Félix Savart) のコンビによって

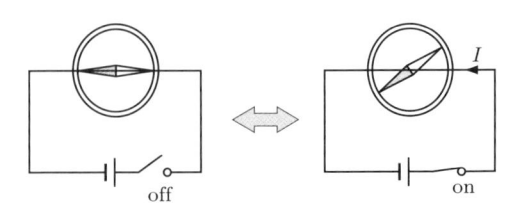

図 5.12 エルステッドが行った実験の概念図．導線を方位磁針の上に置き，電流を流すと方位磁針が電流に対して直角方向に振れる．

定式化された．彼等の名を冠した法則は以下のようなものである．

> **ビオ-サバールの法則**：**図 5.13** のように定常電流が流れる系で，電流素片が点 P に作る磁場 $d\boldsymbol{B}$ は次のように表される．
>
> $$d\boldsymbol{B} = \frac{\mu_0}{4\pi r^2} I d\boldsymbol{s} \times \hat{\boldsymbol{r}} \qquad (5.17)$$
>
> $d\boldsymbol{B}$　　$I d\boldsymbol{s}$ が点 P に作る磁束密度 [T]
> μ_0　　真空の透磁率 $=4\pi \times 10^{-7}$ [H/m]

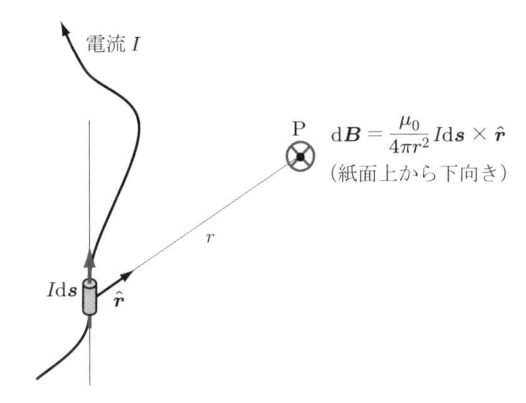

図 5.13 ビオ-サバールの法則を図式的に示したもの．電流全体が作る磁場はすべての電流素片が点 P に作る磁場 $d\boldsymbol{B}$ の重ね合わせで求められる．

クーロンの法則に類似した，美しい形をした法則である．違いは，ビオ-サバールの法則は外積を含み，電流が発する磁場は電流から放射されるのではなく，電流を回るように生じる点である．しかし当時は電流が荷電粒子の流れであることも，磁場が動く電荷によって作られることもわかっておらず，ローレンツの発見は未だ先のことだった．ビオとサバールは電流どうしの及ぼし合う力もやはり逆自乗則に従うだろう，という仮説のもと，電流を小さな断片に分解して逆自乗則を適用したところ，実験によく合うことを発見したのだという．定数 μ_0 は，SI 単位系で電流と磁束密度を関係づける定数で，**真空の透磁率**とよばれる．SI 単位系では磁場 $\boldsymbol{B}$ が式 (5.13) で定義されているため，真空の透磁率は定義値となり，その大きさは上のように $4\pi \times 10^{-7}$ H/m である．真空の透磁率の単位については 6.4.1 節 ($\to$ p.194) で議論しよう．

点電荷が発する電場と違い，電流素片が発する磁場を頭の中でイメージするのは難しいのではないだろうか．理解を助けるため，3 次元的に表現した，電流素片が発す

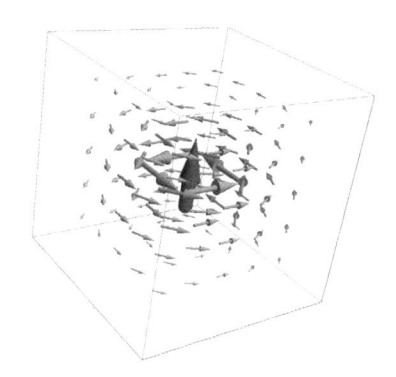

図 5.14 電流素片が作る磁場を3次元的に表現したイメージ

る磁場のイメージを**図 5.14**に示した．

　導線に一定の電流Iが流れているとき，電流素片$Id\boldsymbol{s}$は，導線を細かく切った一つ一つの断片と考えることができる．ビオ-サバールの法則は「重ね合わせ」を許すため，電流が作る磁場を求めるには電流にそって$d\boldsymbol{B}$を積分すればよい．一般的な計算方法を以下に示す．

$$\boldsymbol{B} = \int_s \frac{\mu_0}{4\pi r^2} Id\boldsymbol{s} \times \hat{\boldsymbol{r}} \tag{5.18}$$

簡単な例として，**図 5.15**のような一巻きの円形ループ電流を考える．この中心の磁束密度を，ビオ-サバールの法則を用いて求めてみよう．すべての電流素片はループ中心においてループ面に垂直な方向の磁場を作る．したがって積分はスカラで実行してよい．ループ中央を原点にとり，ループに沿って$Id\boldsymbol{s}$が原点に作る磁場を積分していく．

$$B = \oint_s \frac{\mu_0}{4\pi r^2} Ids = \int_0^{2\pi} \frac{\mu_0}{4\pi r^2} Ird\theta = \frac{\mu_0 I}{2r}$$

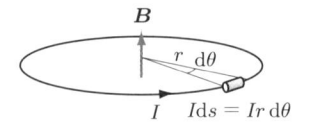

図 5.15 円電流の中心軸上の磁場をビオ-サバールの法則をつかい計算

5.7 磁場と特殊相対性理論

さて，今まで述べてきたように，電流素片は互いに力を及ぼし合う性質があり，それを定式化したものが磁束密度 B である．クーロンの法則に類似した逆自乗則は，しかし，経験的に得られたものである．ビオ–サバールの法則は，なぜ電流素片間に力が働くかを教えてはくれない．諸君は，電流間に働く力もまた，「理屈抜きに信じる基本原理」として習ってきたかもしれない．しかし，驚くべきことに，ビオ–サバールの法則は，クーロンの法則と特殊相対性理論から導出できる，一種の定理に過ぎないことが以下のように導かれる．つまり，古典電磁気学において，前提として信じなければならない事実は，

- 電荷どうしは，クーロンの法則に従う力を及ぼし合う．
- この世界のすべての現象は，特殊相対性理論の法則に従う．

という二つの事実のみである．特に，二つめの，特殊相対性理論については，本来ならさらに突っ込んだ議論が必要なところだが，これを詳しく説明するにはもう一冊本を書く必要がある．本書では特殊相対性理論は頭から信じることとしよう．

さて，特殊相対性理論が事実とすると (実際，あらゆる実験が特殊相対性理論を支持する結果を出している)，非常に不思議な現象が観測される．その一つが**ローレンツ収縮**である．

ローレンツ収縮：観測者に対して動く物体は，その進行方向に縮んで見える．速さ v で動く物体の長さ l' は

$$l' = l\sqrt{1 - \left(\frac{v}{c}\right)^2} \tag{5.19}$$

l　静止状態の長さ [m]　　　　　c　真空の光速度 [m/s]

なぜこうなるのかを根本的に説明するためには，やはり特殊相対性理論とは何か，という説明から始めなくてはならないので「そういうもの」と納得してもらうしかないが，特殊相対性理論とは「静止した観測者も，動いている観測者も，真空中の光速度は同じに見える」という不思議だが厳然たる事実を出発点にしているため，こういう現象もまた認めざるを得ないのだ．なぜ，アインシュタイン以前にだれもこの事実に気がつかなかったかを知るには，v に適当な値を代入すればよい．時速 1000 km のスピードでも v/c は 1×10^{-6} で，長さは 0.9999999999995 倍となり，1 km あたり原子の直

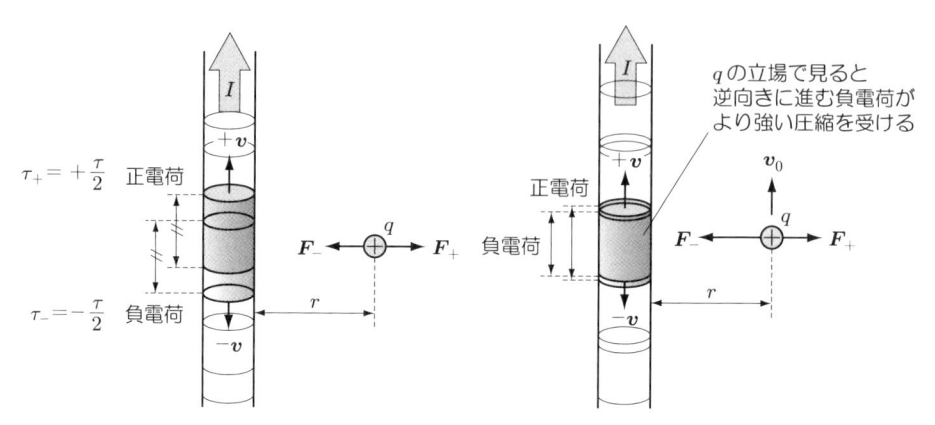

図 5.16 電流 I が流れる導線のそばに置かれた電荷 q. 電荷が導線から受ける力はつり合っている.

図 5.17 電荷 q が電流に沿って v_0 で動き出す. すると, 電荷から見た導線の電荷密度が特殊相対性理論に従い変化する.

さて, 今, **図 5.16** のような無限に長い導線があり, ここに電流 I が流れているとしよう. I の実体は何でもよいが, 計算を便利にするために単位長さあたり $+\frac{\tau}{2}$ [C/m] の正電荷と $-\frac{\tau}{2}$ [C/m] の負電荷が逆方向に速度 $\pm v$ [m/s] で移動していると仮定する. つまり, $I = \tau v$ である. 電流の近くにある電荷 q をもつ荷電粒子は電流から力を受けるだろうか. 導線の中には正電荷と負電荷が等量だけ同じ密度で存在しているので, 静止している荷電粒子が正味の電場を感じることはない.

次に, **図 5.17** のように, 導線に沿ってこの荷電粒子が速度 v_0 で動き出したとする. これは, 大きさ qv_0 の電流素片がそこに現れたと考えてよい. すると, この電流素片は, 導線の中の正の電荷と負の電荷が異なる速度で移動しているのを観測するはずである. c に比べ $v \pm v_0$ は取るに足らない量だが, ゼロではない. 電荷の数は変わらないから, 電流素片からは体積あたりの電荷量が増えたように見える. つまり, 電流に対して動く観測者からは, 電流を構成する電荷の密度が静止状態と異なって見える. しかもその変化は q と同じ方向に進む正電荷と q の反対向きに進む負電荷で異なるだろう. 縮み方は式 (5.19) に従うので,

$$\tau_+ = \frac{\tau}{2} \frac{1}{\sqrt{1 - \left(\frac{v - v_0}{c}\right)^2}}, \qquad \tau_- = \frac{\tau}{2} \frac{1}{\sqrt{1 - \left(\frac{v + v_0}{c}\right)^2}}$$

と書くことができる. 速度の項に, 電荷 q と正電荷, あるいは負電荷の相対速度が入ることに注意.「相対性理論」だからね. さて, 電荷 q が受ける力は, 導線中の正電荷

の作る電場と，負電荷の作る電場の和から求められる．無限に長い，電荷密度 $\frac{\tau}{2}$ の線状電荷の作る電場は，ガウスの法則を使えば導線に垂直な方向で

$$E = \frac{\tau}{4\pi\varepsilon_0 r}$$

となることは容易に計算できる (→ 2.3.3 項 p.59)．したがって，v_0 で動く電荷 q の受ける力は正味

$$F = qE = \frac{\tau q}{4\pi\varepsilon_0 r}\left\{\frac{1}{\sqrt{1-\left(\frac{v-v_0}{c}\right)^2}} - \frac{1}{\sqrt{1-\left(\frac{v+v_0}{c}\right)^2}}\right\}$$

となる．ここで，電荷や電流素片の動きが光速に比べてずっと遅いということを利用して，式を近似しよう．一般的に $x \ll 1$ のとき，$(1+x)^n \sim 1+nx$ という近似が成り立つので，

$$\frac{1}{(1-x)} \sim 1+x, \qquad \sqrt{1+x} \sim 1+\frac{x}{2}$$

を使い，

$$F = \frac{\tau q}{4\pi\varepsilon_0 r} \times \frac{1}{2c^2}\left\{(v-v_0)^2 - (v+v_0)^2\right\} = -\frac{\tau q}{2\pi\varepsilon_0 r}\frac{vv_0}{c^2} \quad (5.20)$$

が導かれる．力の方向は，相対速度の大きい負電荷のほうが密度が高くなるため，q が正のとき導線に引かれる引力となる．つまり，電流に平行な電流素片 $q\boldsymbol{v}_0$ は，相対論的世界のもとでは電流から引力を受けるということが示された．これは，我々が「磁場」とよんでいる作用と同じであることに注意しよう．

続いて，この引力の大きさを計算しよう．そのために，まだ習っていない事実を一つ使う．それは，真空の光速度 c が，真空の誘電率 ε_0 と真空の透磁率 μ_0 から

$$c = \frac{1}{\sqrt{\varepsilon_0 \mu_0}} \quad (5.21)$$

と表されるということである．これは，第 8 章で「マクスウェル方程式」と「電磁波」を学べば導き出せる (→ 8.5.4 項 p.267)．$c^2 = \frac{1}{\varepsilon_0 \mu_0}$ と $I = \tau v$ を使って式 (5.20) を変形すると，

$$F = -qv_0 \frac{\mu_0 I}{2\pi r} \quad (5.22)$$

を得る．

さて，一方，ビオ–サバールの法則を使い，直線電流から距離 r にある点の磁束密度を計算してみよう．系の対称性から円筒座標を使う．**図 5.18** のように，点 P から電流に下ろした垂線を原点に，電流に沿って s を定義する．1 個の電流素片が P 点に

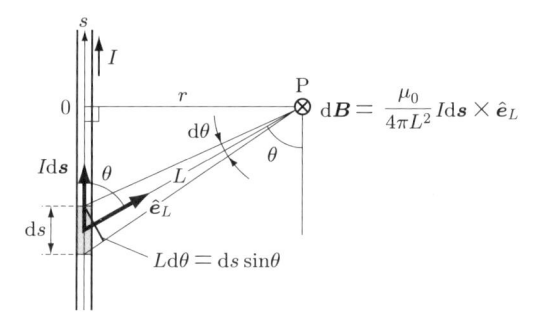

図 5.18 ビオ-サバールの法則を使い，直線電流から r 離れた位置の磁場を計算する

作る磁束密度は，式 (5.17) から

$$d\boldsymbol{B} = \frac{\mu_0}{4\pi L^2} I d\boldsymbol{s} \times \hat{\boldsymbol{e}}_L \tag{5.23}$$

と表される．ここで $\hat{\boldsymbol{e}}_L$ は電流素片から P 点の方向を向く単位ベクトルである．内積の定義から，すべての電流素片が P 点に作る磁場の方向は紙面上から下であることが明らかである．以降はスカラで議論しよう．このとき，外積 $d\boldsymbol{s} \times \hat{\boldsymbol{e}}_L$ が $ds\sin\theta$ になることに注意．s を $-\infty$ から ∞ まで積分すれば P 点の磁束密度が求められるが，s を独立変数とすると計算がやっかいだ．そこで，独立変数を θ に変換しよう．図から

$$Ld\theta = ds\sin\theta \quad \longrightarrow \quad \frac{ds}{L} = \frac{d\theta}{\sin\theta}$$

$$L\sin\theta = r \quad \longrightarrow \quad \frac{1}{L} = \frac{\sin\theta}{r}$$

の関係があることがわかる．これらを式 (5.23) に代入すれば，

$$\int_{s_1}^{s_2} \frac{\mu_0}{4\pi L^2} I ds \sin\theta = \int_{\theta_1}^{\theta_2} \frac{\mu_0 I}{4\pi r} \sin\theta d\theta$$

を得る．s の $-\infty$ は θ の 0 に，∞ は θ の π に対応しているので，代入して積分すれば

$$B = \int_0^{\pi} \frac{\mu_0 I}{4\pi r} \sin\theta d\theta = \frac{\mu_0 I}{2\pi r}$$

を得る．これが，無限に長い直線電流から距離 r の位置の磁場の大きさである．

ここに，I と同じ向きで大きさ qv_0 の電流素片があるとき，電流素片の受ける力は引力で，大きさは $F = qv_0 B$ で与えられる．計算してみよう．外積のルールから力の方向は電流方向への吸引力とわかり，反発力を正として力の大きさは

$$F = -qv_0 \frac{\mu_0 I}{2\pi r} \tag{5.24}$$

と表される．これは特殊相対性理論から導かれた，動く電荷の受ける力，式 (5.22) と完全に一致する．

このように，電流が力を受ける場，すなわち磁場は，特殊相対性理論の帰結であるローレンツ収縮で説明できるという驚愕の事実が証明された．つまり，我々が「磁場」とよんでいたものは，特殊相対性理論が生み出した奇妙な世界の電場なのである．ここまで，我々は，唯一「クーロンの法則」のみを公理として電磁気学を構築してきたが，ここに特殊相対性理論が正しいことを認めると磁場の存在が必然であることが導かれる．我々が特殊相対性理論の効果を感じようとするなら，光に近い速度で動く必要はなく，ただ電流どうしが力を及ぼすことをみればよいということが明らかになったのである．

本章の冒頭で，典型的な導線を流れる電子の速度は 1 mm/s より遅い，と説明した．そんなに遅い速度でも相対論効果は現れるのだろうか．計算すると，ローレンツ収縮は $1/10^{24}$ のオーダー，太陽系と水素原子の比率よりまだ小さい．それほど小さな変化でも正電荷と負電荷の密度の差が感じられるのは，導線に含まれている電荷量が膨大なためだ．もう一度，2.4.3 項 (→ p.63) に戻って，1 C の電荷どうしが距離 1 m 離れて及ぼし合う力と，1 cm^3 の銅にどれほどの電荷が詰まっているかを確認してみよう．

ちなみに，歴史的には順番が逆で，かのアインシュタインが，動く観測者から電磁現象を観察すると今までのニュートン的世界観からは矛盾が生じる，という疑問を突き詰めた結果，特殊相対性理論を発見したというのが史実である (→ p.247)．

電流どうしが力を及ぼし合う性質，すなわち磁場は説明できない公理ではなく，クーロン力と特殊相対性理論によって説明可能な定理である．ローレンツ収縮から計算した，電流と平行に動く電荷が受ける力は，相当する電流素片が磁場から受ける力に一致する．

5.8 アンペールの法則

5.8.1 積分形のアンペールの法則

ビオ–サバールとほぼ同時期，同じくフランスのアンペールもエルステッドの実験の報を聞き，わずか一週間ほどで電流が作る磁場のもう一つの法則を発見した．アンペールの法則は，以下のように表される．

> **アンペールの法則 (積分形 1)**：定常電流が流れる系で，閉ループに沿って磁束密度ベクトルを線積分した値は，ループに囲まれた内部を貫く電流に μ_0 を掛けた量に一致する (**図 5.19**).
>
> $$\oint_s \bm{B} \cdot \mathrm{d}\bm{s} = \mu_0 \sum I \qquad (5.25)$$

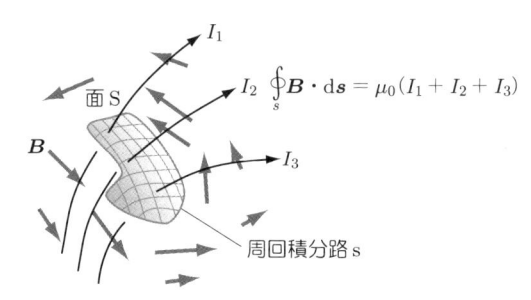

図 5.19 積分形のアンペールの法則を表した概念図

　アンペールの法則は，一見するとビオ–サバールの法則とまったく異なる形をしている．しかし，これらの法則は，片方が成立すればもう片方も自動的に成立する，等価な関係式であることが証明できる．証明する方法はいくつもあり，図書館で電磁気学の教科書をひもとけばそのバリエーションを見ることができるだろう．本書では，まずは無限に長い直線電流でアンペールの法則が確かに成り立つことをみて，その後両者の等価性を一つの電流素片が作る磁場を使い証明しよう．

　図 5.20 は，無限に長い直線電流を真上から見たものである．電流の周りを任意の経路で回りつつ磁場を積分してみよう．無限長直線電流が作る磁場はすでに計算したように $B = \dfrac{\mu_0 I}{2\pi r}$ で，電流を右ねじの向きに回る方向であることがわかっている．積分路を図のように磁場に平行な成分と磁場に垂直な成分に分解して考える．すると，磁場に垂直な成分は線積分に寄与しないから，積分のルートをどのようにとっても結果は

$$\oint_s \bm{B} \cdot \mathrm{d}\bm{s} = \mu_0 \int_0^{2\pi} \frac{I}{2\pi r(\theta)} r(\theta) \mathrm{d}\theta = \mu_0 I$$

となる．

　一方，**図 5.21** のようにループの外側に電流があったときはどうなるだろうか．やはり，積分のルートをどのようにとっても，積分路は図のように磁場に添う成分と磁

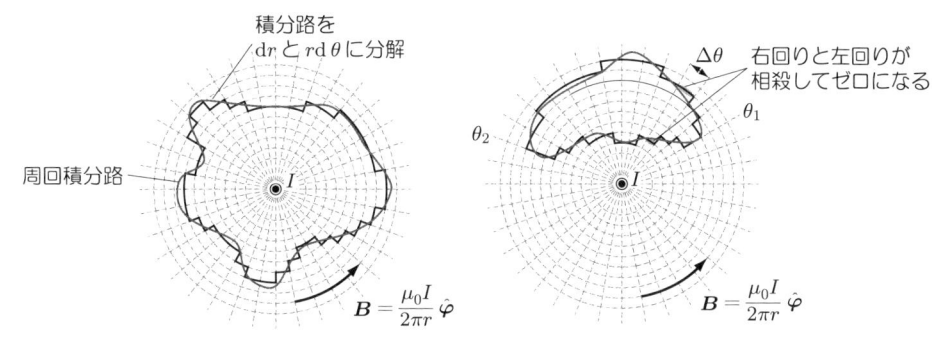

図 5.20 無限に長い直線電流を上から見た図．電流を囲む任意の経路で磁場を周回積分する．

図 5.21 無限に長い直線電流を上から見た図．電流を囲まない任意の経路で磁場を周回積分する．

場に垂直な成分に分解できるが，今度はある角度 θ において，右回りに進む経路と左回りに進む経路が必ずペアで出てくる．経路がどこにあっても $Br(\theta)\mathrm{d}\theta$ は同じ値になるのでこれらは打ち消し合い，積分結果はゼロになる．

$$\oint_s \boldsymbol{B} \cdot \mathrm{d}\boldsymbol{s} = \mu_0 \int_{\theta_1}^{\theta_2} \frac{I}{2\pi r(\theta)} r(\theta)\mathrm{d}\theta + \mu_0 \int_{\theta_2}^{\theta_1} \frac{I}{2\pi r(\theta)} r(\theta)\mathrm{d}\theta = 0$$

したがって電流を囲まない限り周回積分はゼロとなることが示された．これらの事実から，無限に長い直線電流についてはアンペールの法則が成り立つことが示された．また，周回路に複数の電流があった場合も上の計算をくりかえせば，線積分の結果は積分路の内側にある電流を合計して μ_0 を掛けた量に一致することは明らかである．したがってアンペールの法則にも「重ね合わせの原理」が成り立つことがわかる．

本書では数学的な証明はしないが，どんな電流の分布も複数の無限長直線電流の重ね合わせで表せることが知られている．一例として，無限長直線電流の重ね合わせで円環状電流を作る方法を**図 5.22** に示す[9]．左図のように分布した無数の無限長直線電流を，原点を中心に回転しつつ無数に重ねていくと，半径 b より外側の電流はすべて打ち消し合い，半径 a から b までの間にのみ正味の円電流が残ることが計算により示される．

したがってアンペールの法則は電流密度で表される分布電流においても成り立つ，といってもよいだろう．電流密度ベクトル場においては，「ループをくぐる電流」はループをへりとする任意の面上における電流密度の面積分で与えられる．電流保存則があるから，へりを固定すれば電流密度ベクトルの面積分は面をどうとっても一定である（**図 5.23** において，面 S を通り，面 S' を通らない電荷は存在しない）．そして，アンペールの法則は以下のように表される．

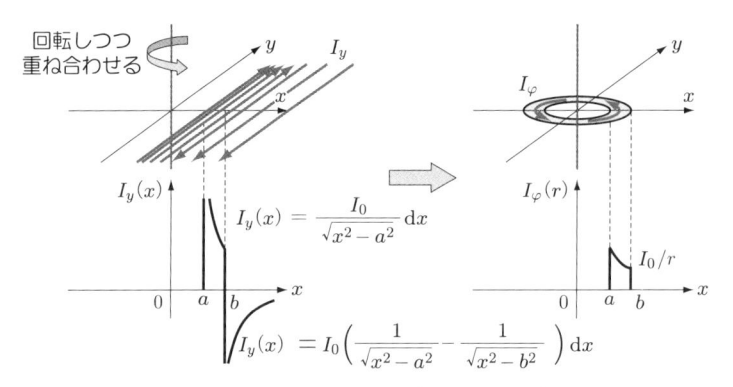

図 5.22 無限長直線電流の重ね合わせで円電流を作る

アンペールの法則 (積分形 2)：定常電流密度ベクトル場で，閉ループに沿って磁束密度ベクトルを線積分した値は，ループをへりとする任意の曲面で電流密度を面積分して μ_0 を掛けた量に一致する (図 5.23).

$$\oint_s \boldsymbol{B} \cdot \mathrm{d}\boldsymbol{s} = \mu_0 \iint_S \boldsymbol{J} \cdot \mathrm{d}\boldsymbol{S} \tag{5.26}$$

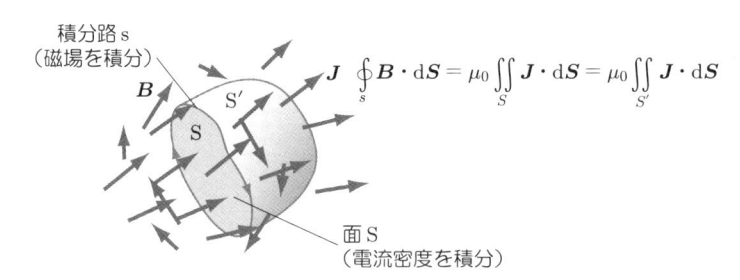

図 5.23 分布電流に対して成り立つアンペールの法則を表した概念図

5.8.2 微分形のアンペールの法則

今まで考えてきたアンペールの法則は積分の形をしているが，これをベクトル場の微分の形で表すことはたやすい．これは，第 0 章で学んだ「ストークスの定理」(→ p.27) を用いればよい．

ストークスの定理を磁束密度 $\boldsymbol{B}$ に使えば，

$$\oint_s \boldsymbol{B} \cdot \mathrm{d}\boldsymbol{s} = \iint_S (\nabla \times \boldsymbol{B}) \cdot \mathrm{d}\boldsymbol{S} = \mu_0 \iint_S \boldsymbol{J} \cdot \mathrm{d}\boldsymbol{S}$$

となる．この関係は任意の曲面 S で成り立つから，積分の中身は同一の関数でなくてはならない．したがって

> **アンペールの法則 (微分形)**：電流密度は，磁束密度ベクトルの渦を作る．
> $$\mathrm{rot}\,\boldsymbol{B} = \mu_0 \boldsymbol{J} \tag{5.27}$$

と，アンペールの法則の微分形が導かれる．強調しておきたいのは，アンペールの法則とビオ–サバールの法則が等価なものであること，ビオ–サバールの法則が成り立つことは古典電磁気学の基本公理，すなわちクーロンの法則，電荷保存則と特殊相対性理論から説明できる，ということである．したがって，アンペールの法則は静磁場において成り立つ電磁気学の基本法則であるといえる．多くの教科書ではここを出発点にしているが，本書ではあえて回り道をして，磁場の正体をきちんと説明するルートをとった．

5.9 アンペールの法則の応用

電流の分布が与えられたとき，ある点における磁場はビオ–サバールの法則を正直に適用すれば必ず計算できる．しかし多くの場合，その計算はクーロンの法則以上に難しい (なぜなら電流素片がベクトル量なので)．ところがアンペールの法則を使えば，多くの実用的な問題において，磁場の大きさを簡単な計算で求めることができる．これは，クーロンの法則とガウスの法則の関係に似ていないだろうか．本節では，いくつかの具体的な系でアンペールの法則を用い磁場を決定する問題を考える．手順は，ガウスの法則と同様以下のとおりである．

> **アンペールの法則を用いて磁場を決定する手続き**：
> 1. 系の対称性を考察し，周回積分路を決める．
> 2. その線路に沿って積分形のアンペールの法則を適用する．このとき，積分路をうまく取れば，左辺の線積分は (磁束密度 B(定数)) × (積分路のうち，磁場が積分路に平行な区間の長さ) と書けるはずである．
> 3. 右辺は (積分路が囲む電流) $\times \mu_0$．電流密度の場合は面積分を実行．
> 4. できた等式を B について解けば線路上の磁束密度の大きさがわかる．
> 5. 磁場の方向は対称性の議論から明らかだから，系の磁場 $\boldsymbol{B}$ が決定できる．

5.9.1 無限に長い円柱状電流

はじめに，無限に長い円柱の中を一様な密度で流れる電流が作る磁場を考える．対称性の議論から，磁場は図 **5.24** のように電流を回っており，半径 r の位置において磁場は一定であろう．ならば，半径 r の周回路でアンペールの周回積分を実行してみよう．積分路と磁場の方向は一致しているから，積分値は (磁場の大きさ) $\times 2\pi r$ である．積分路が作る面は電流に垂直だから，囲まれる電流は (電流密度の大きさ) × (面積) である．ただし，積分路に囲まれる電流の面積が円柱の内側と外側で異なることに注意．

内側： $(r < a)$　　$B \cdot 2\pi r = \mu_0 \pi r^2 J$　　$\longrightarrow$　　$B = \dfrac{\mu_0 J r}{2}$　　　　(5.28)

外側： $(r > a)$　　$B \cdot 2\pi r = \mu_0 \pi a^2 J$　　$\longrightarrow$　　$B = \dfrac{\mu_0 J a^2}{2r}$　　　　(5.29)

$r = a$ では両者は一致する．磁場の大きさを半径の関数でグラフにすると図 5.24 下のようになる．$r > a$ の領域では，磁場は中心軸に全電流が流れている場合の表現に一致する．これは，球対称の電荷が作る電場が，中心にある点電荷と同じ電場を発するのに対比できるだろう．

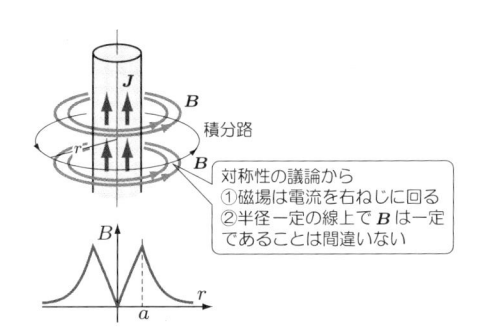

図 **5.24**　一様な電流密度で流れる無限に長い円柱状の電流

5.9.2 ソレノイド

図 **5.25** のように，1 本の導線を何周も巻いて筒状にしたものを**ソレノイド**または**ソレノイドコイル**という．単に**コイル**とよばれることも多い．一巻きの導線ループにはその中をくぐるような磁場が発生するが，導線ループを重ねると個々のループが作る磁場が重なり合い，強い磁場を得ることができる．

アンペールの法則を使い，ソレノイドの磁場を解析しよう．近似として，ソレノイドの導線は充分密に巻いてあり，断面に比べて長さ l が充分長く，無限に長いとみなしてよいとしよう．すると，対称性の議論から，ソレノイド内部の磁場はソレノイド

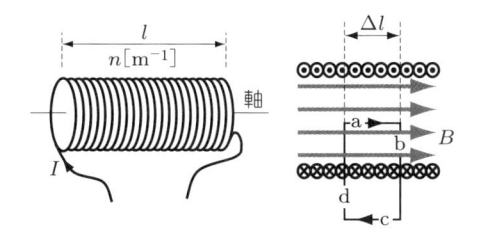

図 5.25 ソレノイド．充分長いソレノイド内部の磁場は軸に沿って一様で，外部の磁場はゼロと近似できる．

の軸に沿った方向でしかあり得ないことがわかる．ソレノイド内部を貫く磁束線は，両端の開口から出てつながっているが，それらはソレノイドが長くなるに従いソレノイドから遠いところを通る．したがって，充分長いソレノイド外側の磁束密度はゼロと近似できる．

さて，ソレノイドを貫く経路 abcd の周回積分路を考えよう．ソレノイド内部の磁場は軸に沿った方向なので，経路 b, d は線積分値はゼロ，経路 c は近似により磁場はゼロと考えているので，アンペールの周回積分の値は $B\Delta l$ となる．一方，積分路が囲む電流は，コイルの巻き数を 1 m あたり n 巻きとすると，長さ Δl の長方形のループに囲まれる電流は $In\Delta l$ となる．積分路をどのように平行移動しても常に囲まれる電流は $In\Delta l$ と一定だ．したがって，ソレノイドの内部には一定の大きさの磁場が存在することがわかる．内部の磁場は

$$B\Delta l = \mu_0 In\Delta l \quad \longrightarrow \quad B = \mu_0 nI \tag{5.30}$$

となる．ソレノイド内部の磁場の大きさはよく使われるのでこれは憶えておこう．

ここで，電流の数え方について一つ注意しておこう．1 本の電流が何度も積分路をくぐるような場合，数え方をどうするか．電流がつながっていても，独立していても，

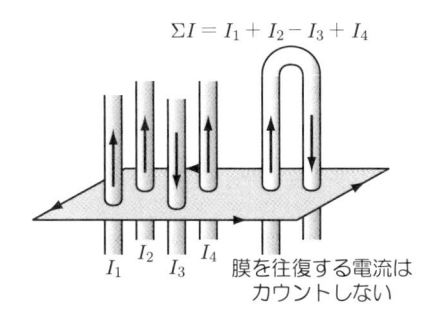

図 5.26 電流の数え方の原則

5.9.3 平板状電流

次は，平板状に電流が流れている場合を考える．図 **5.27** のように xy 方向に広がる，無限に広い厚さ d の平板があるとする．電流密度は $\boldsymbol{J}$ で，$+y$ 方向に流れているとしよう．さて，対称性の議論から，磁場の方向はどちらだろうか．平板状の電流を，細い直線電流の重ね合わせとみれば，個々の電流は進行方向に右ねじの方向の磁場を作っているはずである．それを重ね合わせれば，平板の上，下の磁場の方向は図のように $\pm x$ の方向になるに違いない．平板が無限に広いことから，磁場の z 成分は打ち消しあってゼロとなるだろう．したがって，アンペールの周回積分路を図のように取ろう．ソレノイドの場合と同じく，磁場に垂直な辺 b, d は線積分値がゼロとなる．積分路を平板に対して対称に配置したので，辺 a, c の積分値は等しい．一方，積分路が囲む電流の大きさは積分路が電流の中を通るか，外を通るかで異なる．

内側：$\left(|z| < \dfrac{d}{2}\right)$ $\quad B \cdot 2\Delta l = \mu_0 2z \Delta l J \quad \longrightarrow \quad B = \mu_0 J z \quad$ (5.31)

外側：$\left(|z| > \dfrac{d}{2}\right)$ $\quad B \cdot 2\Delta l = \mu_0 d \Delta l J \quad \longrightarrow \quad B = \dfrac{\mu_0 J d}{2} \quad$ (5.32)

無限に広い平板状電流が作る磁場は，電流の外側ではどこでも一定の方向，大きさである．重ね合わせの原理を使えば，逆向きに進む 2 枚の平板状電流があるとき，磁場は電流に挟まれた空間の内側だけに存在することがわかる．

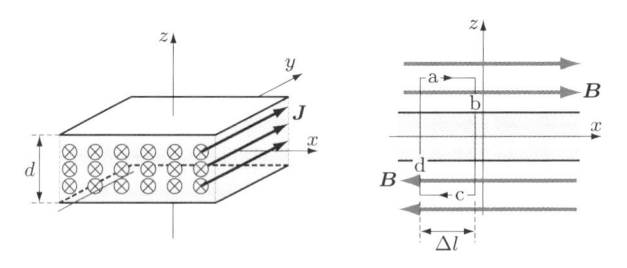

図 5.27 無限に広い平板内に一様に流れる電流

5.9.4 ビオ–サバールの法則を導出

最後に，一つの電流素片が作る磁場，すなわちビオ–サバールの法則をアンペールの法則から導く．ここで注意事項は，「ビオ–サバールの法則とアンペールの法則は

定常電流が流れる系でのみ成り立つ」という点である．孤立した電流素片があり，かつ時間変化がない，ということは普通には考えられないが，少々技巧的な図 **5.28** のような系を考えよう[10]．今，原点に一つの微小なチューブがあり，一端から放射状に荷電粒子が流れ込み，他端から放射状に出ていくと仮定する．系は定常状態で，流れ込む電流と発散する電流はどちらも I とする．したがってチューブの中を流れる電流もまた I である．

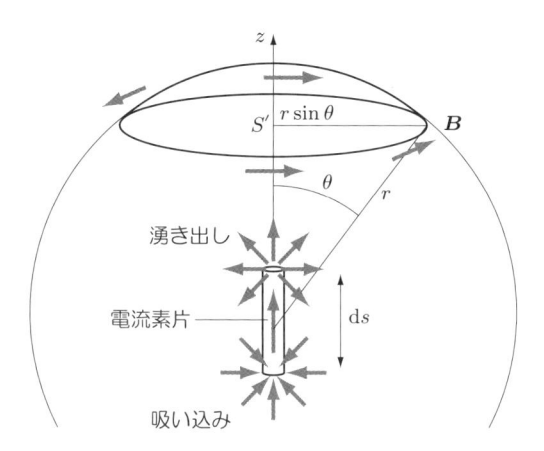

図 5.28 アンペールの法則を使いビオ–サバールの法則を導出する

一点からあらゆる方向に均一に発散する電流は磁場を作らない．なぜなら，系の対称性から，仮に磁場が存在するとすればそれは発散点を中心とした放射状の向き以外に考えられないが，それは電流と同じ向きである．あらゆる場所で電流と同じ方向を向く磁場はアンペールの法則に違反するため存在できない．

したがって，図の系で磁場を発しているのはチューブの区間を流れる電流だけである．これは一つの孤立した電流素片とみなせるから，もし系のある一点における磁場を計算することができれば，それは原点に置かれた電流素片の発する磁場を求めたことになる．

系の対称性から磁場は電流素片を右ねじの方向に回っているのは間違いないだろう．そこで，図のように電流素片から角度 θ，距離 r 離れた周回路でアンペールの法則を適用してみる．対称性の議論から磁場は周回路に沿った方向で，一定の大きさである．あとは，このリングを通り抜ける電流を計算できればアンペールの法則から磁場の大きさが求められる．

リングを通り抜ける電流は湧き出し源から湧き出した電流と吸い込み源に吸い込まれる電流の重ね合わせで計算できる．第 4 章で電気双極子が作るポテンシャルを巧み

な方法で計算したことを思い出そう．これを応用する．まず，原点から均一に放射される電流 I があったとして，今考えているリングを通り抜ける電流 I' を計算する．これは，I に「半径 r の球殻の，リングで切り取られる部分と全体の面積比」を掛ければよい．リング内側の面積 S' は積分計算で以下のように求められる．

$$S' = \int_0^\theta 2\pi r \sin\theta' \cdot r \mathrm{d}\theta' = 2\pi r^2 (1 - \cos\theta)$$

したがって

$$I' = \frac{I}{2}(1 - \cos\theta)$$

である．続いて，湧き出し源が原点から z 方向に $\mathrm{d}s/2$ だけずれた場合の電流 I'_+ を考える．これは，θ の関数で表された I' を z で微分して，

$$I'_+ = I' + \frac{\partial I'}{\partial z}\left(-\frac{\mathrm{d}s}{2}\right)$$

である．自信のない諸君は 4.3.1 項 (→ p.121) に戻り，考え方を復習しよう．同様に，原点から $-z$ 方向に $\mathrm{d}s/2$ だけずれた吸い込み源の電流 I'_- は

$$I'_- = -I' - \frac{\partial I'}{\partial z}\left(\frac{\mathrm{d}s}{2}\right)$$

である．もうおわかりだろう．リングをくぐる正味の電流はこれらの和で，

$$I_{\mathrm{ring}} = I'_+ + I'_- = -\frac{\partial I'}{\partial z}\mathrm{d}s$$

で表される．

$\cos\theta$ をデカルト座標で $\cos\theta = z \cdot (x^2 + y^2 + z^2)^{-1/2}$ と展開して，少々面倒だが I' を丁寧に z で微分する．

$$-\frac{\partial I'}{\partial z} = \frac{I}{2}\left\{(x^2 + y^2 + z^2)^{-1/2} - z^2 \cdot (x^2 + y^2 + z^2)^{-3/2}\right\}$$

$$= \frac{I}{2}\frac{x^2 + y^2}{(x^2 + y^2 + z^2)^{3/2}} = \frac{I}{2}\frac{x^2 + y^2}{r^3}$$

ここで，$\sin\theta = \sqrt{x^2 + y^2}/r$ だから置き換えて，

$$-\frac{\partial I'}{\partial z} = \frac{I}{2}\frac{\sin^2\theta}{r}$$

を得る．すると，リングをくぐる電流は

$$I_{\mathrm{ring}} = \frac{I}{2}\frac{\sin^2\theta}{r}\mathrm{d}s$$

となる．あとは，アンペールの法則を適用して，

$$\mu_0 \frac{I}{2}\frac{\sin^2\theta}{r}\mathrm{d}s = 2\pi r \sin\theta B \quad \longrightarrow \quad B = \frac{\mu_0}{4\pi r^2}I\mathrm{d}s\sin\theta$$

を得る．最後に，$Ids\sin\theta = |Id\bm{s}\times\hat{\bm{r}}|$ と，磁場の方向が円周に沿った向き，すなわち $d\bm{s}$ と $\hat{\bm{r}}$ の外積の方向に一致していることから，ビオ–サバールの法則

$$\bm{B} = \frac{\mu_0}{4\pi r^2} Id\bm{s}\times\hat{\bm{r}} \tag{5.33}$$

を得る．いかがだっただろうか．かなり技巧的な証明方法だったが，ビオ–サバールの法則をアンペールの法則から導出することができた．したがって，一見まったく異なる表現に見えるこれらの法則が，実は等価であることを納得するしかないだろう．

第5章のまとめ　電流と磁場：磁場は相対論で作られる

電流と磁場

- 電流とはある断面を単位時間あたり通過する正電荷

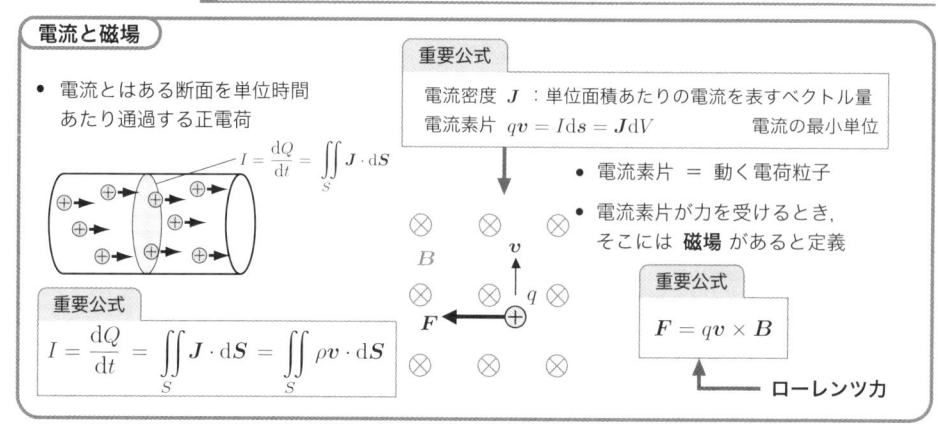

重要公式

電流密度 J：単位面積あたりの電流を表すベクトル量
電流素片 $q\bm{v} = I\mathrm{d}\bm{s} = \bm{J}\mathrm{d}V$　　電流の最小単位

- 電流素片 = 動く電荷粒子
- 電流素片が力を受けるとき，そこには **磁場** があると定義

重要公式

$$I = \frac{\mathrm{d}Q}{\mathrm{d}t} = \iint_S \bm{J} \cdot \mathrm{d}\bm{S} = \iint_S \rho \bm{v} \cdot \mathrm{d}\bm{S}$$

重要公式

$$\bm{F} = q\bm{v} \times \bm{B}$$

← ローレンツ力

磁場と特殊相対論

- ビオ–サバールの法則：電流素片が作る磁場

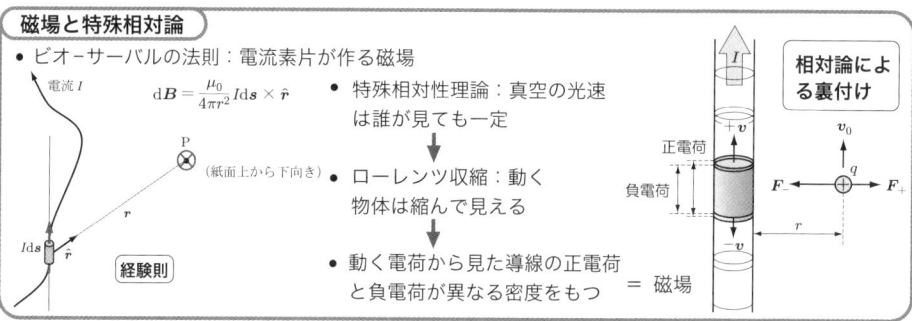

$$\mathrm{d}\bm{B} = \frac{\mu_0}{4\pi r^2} I\mathrm{d}\bm{s} \times \hat{\bm{r}}$$

（経験則）

- 特殊相対性理論：真空の光速は誰が見ても一定
- ローレンツ収縮：動く物体は縮んで見える
- 動く電荷から見た導線の正電荷と負電荷が異なる密度をもつ = 磁場

相対論による裏付け

アンペールの法則

- 任意の周回路で磁場を積分すると中に囲まれた電流に μ_0 を掛けたものに一致する
- 真空の透磁率 μ_0 は右辺と左辺の次元を合わせる比例定数
- ビオ–サバールの法則とアンペールの法則は数学的に等価

重要公式

$$\oint_s \bm{B} \cdot \mathrm{d}\bm{s} = \mu_0 \iint_S \bm{J} \cdot \mathrm{d}\bm{S}$$

重要公式

$$\mathrm{rot}\bm{B} = \mu_0 \bm{J}$$

電流は磁場の渦を生む

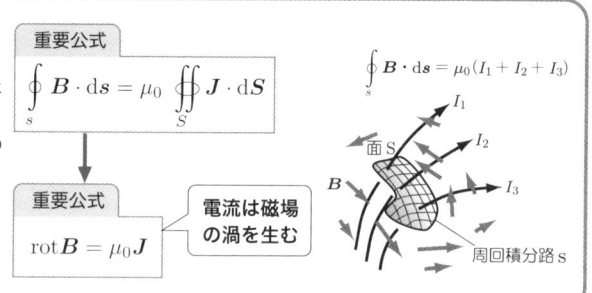

$$\oint_s \bm{B} \cdot \mathrm{d}\bm{s} = \mu_0(I_1 + I_2 + I_3)$$

アンペールの法則の応用

- 系の **対称性** を見抜く ← 磁場のおよその分布を推定
- 周回積分路を決める
- 積分路上の磁束密度を B と仮定
- B の線積分を求める
- 積分路内側の電流を求める
- B について解けば，未知の磁束密度が判明

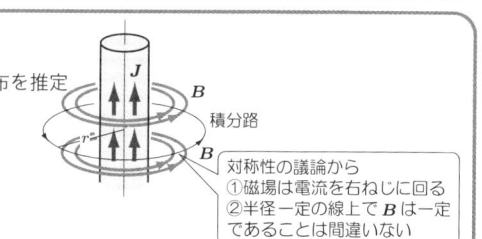

対称性の議論から
①磁場は電流を右ねじに回る
②半径一定の線上で B は一定であることは間違いない

演習問題

5.1 オームの法則を用い，電流が流れる導体の単位時間，単位体積あたりの発熱が，$p = \sigma E^2$ [W/m³] と表せることを示しなさい．

5.2 問図 5.1 のように，電気伝導率 σ，内径 a，外径 b，高さ h のドーナツ状の抵抗体の内周，外周にリング状の導体をはめ，直流電源に接続する．電流は抵抗体の中を一様に流れると仮定して以下の問に答えなさい．

(1) 流れる電流を I としたとき，図に示した点 A における電流密度を求めなさい．点 A はリング導体のすぐ内側にある．

(2) この抵抗体の抵抗値を求めなさい．

(3) 抵抗体の発熱 P を，$p = \sigma E^2$ の体積積分により求めよ．またそれは $P = IV$ に一致するか？

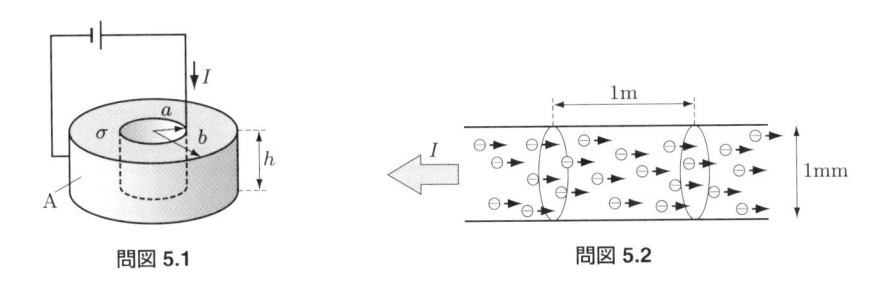

問図 5.1　　　**問図 5.2**

5.3 本章で，磁場が特殊相対性理論のローレンツ収縮で説明できることを明らかにした．これを具体的な例で検証しよう．問図 5.2 は，無限に長い導線に電流が流れている様子である．導線は直径 1 mm の円形断面で，銅でできているとしよう．銅の自由電子密度は 8.5×10^{28} m⁻³ なので，電荷密度に換算すると 1.4×10^{10} C/m³ となる．

(1) 導線 1 m あたりに存在する自由電子の電荷量を求めなさい．

(2) 電流は均一な密度で 1 A とする．このとき，自由電子のドリフト速度 v を求めなさい．

(3) (2) で求めた速度で電子が動いているとき，静止した観測者が見る負電荷密度は $\left\{1 - \left(\dfrac{v}{c}\right)^2\right\}^{-1/2}$ 倍に増加する．これを $1 + x$ と表したときの x を計算しなさい．

(4) 互いに 1 m 離れた，直径 1 mm で 1.4×10^{10} C/m³ の 2 本の無限長直線電荷が長さ 1 m あたりに及ぼし合う力 F を計算せよ．

(5) 1 m 離れた 2 本の無限長直線電流が及ぼし合う力は，上の議論から 1 m あたり Fx のオーダーとなることがわかる．この大きさを求めなさい．

(6) 実際に，1 m 離れた 1 A の無限長直線電流が及ぼし合う力はどれほどか．アンペールの法則から求めなさい．

(注：(5) と (6) の結果は 2 倍ほど異なるが，これは正負電荷が対称な 5.7 節のケース

176　第5章　電流と磁場

(→ p.159) と異なり，本問では「電荷密度」の正確な取扱いがかなり面倒なので，概略計算にとどめたためである．)

5.4 問図 5.3 のような半径 a の円形ループに電流 I が流れている．中心軸上，ループ面から距離 d の位置の磁場は対称性の議論より軸に平行な方向に違いない．ではその大きさをビオ–サバールの法則を使い求めなさい．

5.5 問図 5.4 のように，ソレノイドを円環状にしたものは**トロイダルコイル**とよばれ，やはり実用上重要な系である．電流 I が流れる N 巻きのトロイダルコイル内部の磁場を r の関数で示しなさい．

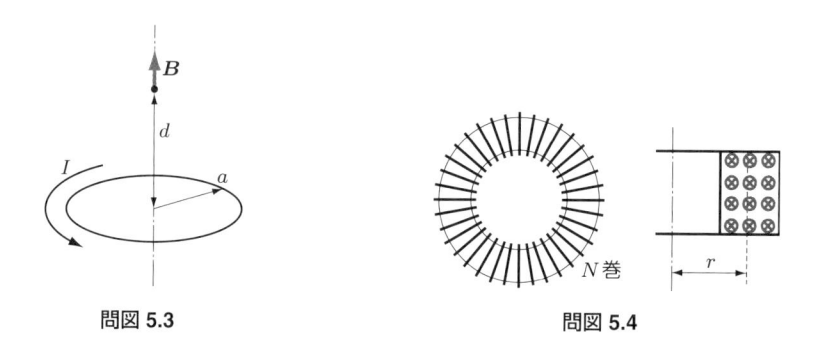

問図 5.3

問図 5.4

5.6 問図 5.5 のように，一巻きのループ電流を一様磁場の中に置くと電流ループはトルクを受ける．トルクの大きさを電流 I とループの面積，面の法線と磁場のなす角 θ で表しなさい．

5.7 問図 5.6 のように，質量 m，電荷 q の荷電粒子が一様な磁場中に入射した後の運動について考える．磁場は x 軸方向で，突入した粒子は xz 平面内で大きさ v の速度ベクトルを持ち，z 軸となす角を θ とする．すると荷電粒子は，一定の v_x を持ちながら yz 平面で円運動する，らせんを描くことが期待される．このように荷電粒子が一様磁場中で円運動を行うことを**サイクロトロン運動**とよぶ．以下の問に答えなさい．

(1) v_x を求めなさい．
(2) 回転半径を求めなさい．

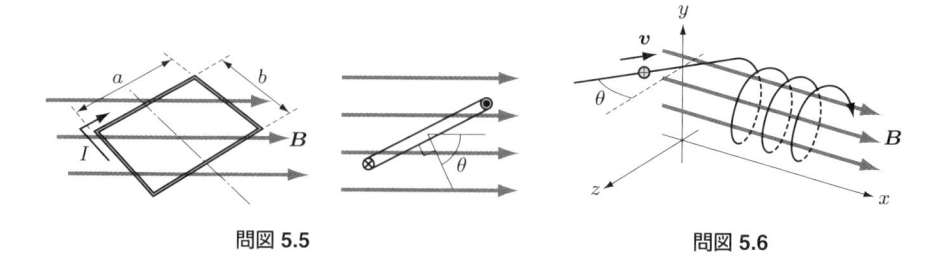

問図 5.5

問図 5.6

第6章 磁場エネルギーとインダクタンス

本章では磁場を生むポテンシャルと電流がもつエネルギーについて学ぶ．ここで，第3章を一度振り返っておくのもよいだろう．第3章では，電荷が二つ以上あるとき，系にはエネルギーがあることを示した．そのための道具として電場が保存力場でスカラポテンシャルが定義されることを示し，結果として我々は「電場がエネルギーをもつ」ことを示した．本章も，ストーリーはまったく同じように展開する．ただし，電流素片は電荷と違いベクトル量であるため，スカラポテンシャルは定義できない．代わりに登場する**ベクトルポテンシャル**は馴染みのない言葉だろう．したがってポテンシャルの意味，ポテンシャルと磁場の関係は電場とまったく同じとはいかない．しかし，結果的に「磁場がエネルギーをもつ」ことをやはり示すことができ，それは電場エネルギーと対称な美しい表式をもつ．本章の内容は，ぜひ第3章と対比させながら味わってもらいたい．

6.1 ベクトルポテンシャル

6.1.1 ベクトルポテンシャルの定義

第3章で静電エネルギーを考えたときには，静電気力が保存力であり，それゆえに電場を作る**静電ポテンシャル**が定義できた．同様にして，定常電流が作る磁場にもポテンシャルが定義できないだろうか．まず，素直に ϕ_m なるスカラ量が定義できないことは明らかである．なぜなら，$\bm{B} = -\mathrm{grad}\phi_\mathrm{m}$ のようなスカラポテンシャルがあると仮定すると，それはアンペールの法則に矛盾するからである．磁場を作るスカラポテンシャルがあるなら，閉じた経路に沿って磁場を周回積分したときその値は常にゼロでなくてはいけない[†]．ところが，アンペールの法則から磁場の周回積分は積分路が囲む電流に等しく，ゼロとは限らない．

しかし，運動する点電荷から磁場が生じることから，運動する点電荷の作る静電ポテンシャルを考えることができるであろう．今，図 **6.1** のように一定速度 $\bm{v}$ で移動する電荷 q を考える．これは，値が変化しない電流素片と考えてもよい．電流素片が原

[†] ベクトル場がスカラ場の勾配で表されるとき，そのベクトル場での周回積分値は恒等的にゼロ (→ p.83)．

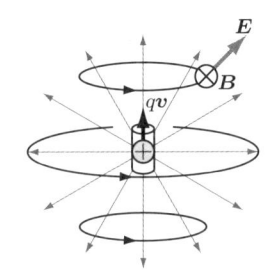

図 6.1 電流素片 (動く電荷) が周りに発する電場と磁場のイメージ

点にあるとき，それによって作られる磁束密度はビオ–サバールの法則によって

$$\bm{B} = \frac{\mu_0}{4\pi r^2} q\bm{v} \times \hat{\bm{r}} \tag{6.1}$$

である．これを，点電荷が作る電場 $\bm{E}$ を使って表そう．

$$\bm{E} = \frac{1}{4\pi\varepsilon_0} \frac{q}{r^2} \hat{\bm{r}}$$

であるから，これを $\hat{\bm{r}}$ について解き，

$$\hat{\bm{r}} = \frac{4\pi\varepsilon_0 r^2}{q} \bm{E}$$

を得る．これを式 (6.1) に代入すると r が都合よく消えて，$\bm{B} = \varepsilon_0\mu_0 \bm{v} \times \bm{E}$ である．これを，$\bm{E} = -\nabla\phi$ を使い

$$\bm{B} = -\varepsilon_0\mu_0 \bm{v} \times (\nabla\phi) \tag{6.2}$$

と書き直す．ここで，あらゆるベクトル場で成り立つ恒等式

$$\nabla \times (\phi\bm{A}) = \phi(\nabla \times \bm{A}) - \bm{A} \times (\nabla\phi)$$

を使おう．すると

$$\bm{v} \times (\nabla\phi) = -\nabla \times (\phi\bm{v}) + \phi(\nabla \times \bm{v}) \tag{6.3}$$

で，速度ベクトル $\bm{v}$ は定ベクトルであるから回転はゼロで，式 (6.3) の第 2 項は消滅し，

$$\bm{v} \times (\nabla\phi) = -\nabla \times (\phi\bm{v})$$

である．結局，式 (6.2) は

$$\bm{B} = \varepsilon_0\mu_0 \nabla \times (\phi\bm{v}) = \nabla \times (\varepsilon_0\mu_0\phi\bm{v}) = \nabla \times \bm{A} \tag{6.4}$$

となる．

あらゆる電流は電流素片に分解できるから，あらゆる磁場はベクトル場 $\bm{A}$ (その正体は $\varepsilon_0\mu_0\phi\bm{v}$) の回転で表されることがわかる．このベクトル場 $\bm{A}$ を**ベクトルポテンシャル**とよぶ．

今の議論から，電流素片 $I\mathrm{d}\bm{s}$ が作るベクトルポテンシャル $\mathrm{d}\bm{A}$ は点電荷のスカラポテンシャル $\phi = \dfrac{q}{4\pi\varepsilon_0 r}$ を使い

$$\mathrm{d}\bm{A} = \varepsilon_0\mu_0\phi\bm{v} = \mu_0\frac{q}{4\pi r}\bm{v} = \frac{\mu_0}{4\pi r}I\mathrm{d}\bm{s} \qquad (6.5)$$

と書ける．これはどのような分布になっているか想像してみよう．ベクトルポテンシャルは電流素片と同じ方向を向いたベクトル場で，その大きさは電流素片からの距離に反比例する．3次元的なイメージで書けば**図 6.2** のようになる．

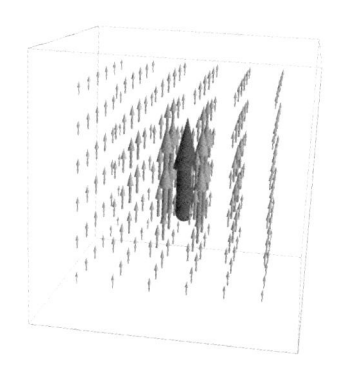

図 6.2　電流素片が作るベクトルポテンシャルを3次元的に表現したイメージ．中央の大きな矢印が電流素片で，その周りを囲んでいるのがベクトルポテンシャル．

磁場に「重ね合わせ」が成り立つことはすでに示されているから，電流素片の集合が作るベクトルポテンシャルも，個々の電流素片が作るベクトルポテンシャルを足し合わせれば得られる．**図 6.3** のような，任意の電流密度分布が作るベクトルポテンシャルを求めるには，電流素片が $I\mathrm{d}\bm{s} = \bm{J}\mathrm{d}V$ (→ p.148) であることを利用して，

$$\bm{A}(\bm{r}) = \frac{\mu_0}{4\pi}\iiint_V \frac{\bm{J}}{R}\mathrm{d}V \qquad (\bm{R} = \bm{r} - \bm{r}') \qquad (6.6)$$

| $\bm{J}$ | 電流密度 [A/m^2] | $\mathrm{d}V$ | 微小体積要素 [m^3] |

と電流密度ベクトルの積分に置き換えることができる．まとめると，

- 点電荷が作るスカラポテンシャルからの類推で，電流素片が作るポテンシャルを考える．
- ポテンシャルはベクトル量となり，これをベクトルポテンシャル $\bm{A}$ とする．
- 電流素片が作る磁場は，ベクトルポテンシャル $\bm{A}$ の回転で表される．

であり，「重ね合わせの原理」からその帰結は以下のようなものである．

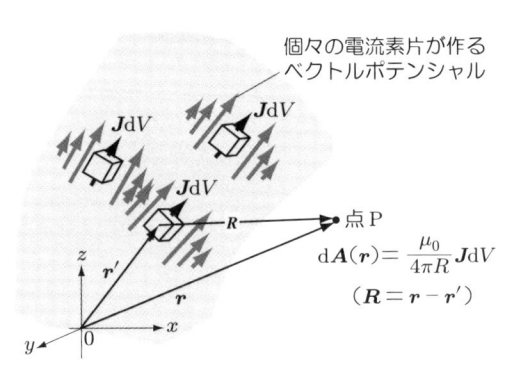

図6.3 分布する電流が作るベクトルポテンシャルは，個々の電流素片 $J\mathrm{d}V$ が作る
ベクトルポテンシャルをすべて重ね合わせれば求められる．

ベクトルポテンシャル：あらゆる磁場 B にはそれに対応するベクトルポテンシャル A が存在し，

$$B = \mathrm{rot}\,A \tag{6.7}$$

と表される．

表6.1 に電場と静電ポテンシャルの関係，磁場とベクトルポテンシャルの関係を整理しておいた．対応させると両者の共通点，相違点がよくわかる．

表6.1 点電荷が作るスカラポテンシャルと電流素片が作るベクトルポテンシャルの比較

	静電場	静磁場
ポテンシャル	$\phi = \dfrac{1}{4\pi\varepsilon_0}\dfrac{q}{r}$	$A = \dfrac{\mu_0}{4\pi}\dfrac{I\mathrm{d}s}{r}$
場	$E = -\mathrm{grad}\,\phi$	$B = \mathrm{rot}\,A$

6.1.2 「磁荷」の否定

磁場がベクトルポテンシャル A の回転から作られるという性質から，以下の興味深い定理を導くことができる．

任意の磁束密度ベクトル場 B は恒等的に

$$\mathrm{div}\,B = 0 \tag{6.8}$$

を満たす．

この性質は，任意のベクトル場 A の回転 (rot) をとった場の発散 (div) が恒等的に 0 であること (→ p.14) からただちにいえる．

この定理の意味するところは，もし，世の中で観測される磁場がすべて動く電荷を起源とするなら，それらはベクトルポテンシャルの回転で表されるから，必然的に磁束密度に涌き出しはない，ということである．そして，現在のところ，磁束密度の涌き出しが観測されたという報告はなく，すべての磁場は，電流が起源となって発生しているというのが今日における主流を占める見解である．

ただし，古典電磁気学も，最新の理論物理も，電荷のように磁束を発散する**磁荷**の存在を禁止しているわけではない．そして現在でも，磁荷 (モノポールともいう) を探索する試みが行われているが，常識的な探索範囲には見つかっていない．

さて，すべての磁場が電流起源という立場を取ると，一つ重要な定理が指摘できる．

磁束線は空間のあらゆる場所で連続である．

磁束線は 5.5 節 (→ p.155) で述べたように，磁束密度ベクトル B を結んでできる仮想的な線である．もし，任意の閉曲面を仮定して，そこへ入ってくる磁束線よりそこから出てゆく磁束線の本数が多いとしよう．するとその内部には，ガウスの発散定理によってどこかに磁束の涌き出し，div B があることを認めなければならない．これは磁荷の存在を認めることで，「すべての磁場が電流起源」という仮定に反する．つまり，すべての磁束線は，どこかで切れることなくつながっていることが証明された．この定理は，第 7 章で物質と磁場の関係を理解するときに役に立つだろう．**図 6.4** に二つの電流が作る磁束線を例として示す．

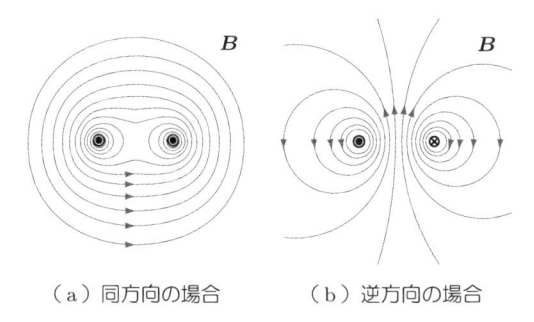

（a）同方向の場合　　（b）逆方向の場合

図 6.4　二つの電流とその周りの磁束線．磁束線は渦を巻くように分布し，始点も終点もない．

6.2 電流系のエネルギー

6.2.1 静磁エネルギーの定義

点電荷が複数あるとき，あるいは電荷が分布して存在するとき系がエネルギーをもつことを第3章では証明した．同じことが，静磁場にもいえるのではないかと想像した諸君は賢明である．しかも，その数式的表現は，静電場のものと驚くほどの類似性があり，電磁場理論の美しさを再認識せずにはいられない．

静電荷からなる系と同様，定常電流がもつエネルギーを以下のように定義する．

> 定常電流系のエネルギーは，複数の電流素片が無限遠方に離れていたときをゼロとして，それぞれを現在の位置に置くために必要な力学的仕事である (**図 6.5**)．

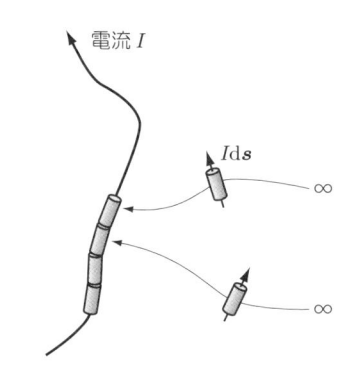

図 6.5 定常電流系のエネルギーの定義

電流素片が無限遠から近づいてきて電流を形成するという考え方は「定常電流」という前提からはなかなか想像できないかもしれないが，考え方としてならば許されるだろう．要するに，ある定常電流を作るのにどれだけのエネルギーが必要かを，電流素片の仮想の変位を考えることにより求めようというわけだ．

6.2.2 電流素片に働く三つの力

まず，二つの電流素片から始めよう．簡単のため，**図 6.6** のように Ids_2 を Ids_1 に平行に，真横から近づけていくことを考える．Ids_2 が Ids_1 の作る磁場から受ける力 F_0 は，Ids_2 と B_{21} の向きを考えれば引力であることがわかる．つまり，二つの電流素片を近づけるために外力がする仕事は負で，電流素片は無限に離れていた方が近くにいるよりエネルギーが大きい，ということになる．たしかに，平行な導線に同じ

6.2 電流系のエネルギー

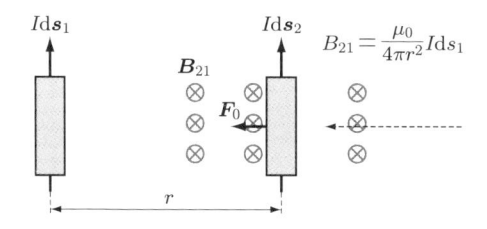

図 6.6 電流素片 Ids_2 を電流素片 Ids_1 に，真横から平行を保って近づけていく

方向の電流を流せば導線には引力が働くから，力とポテンシャルの原理 (→ p.240) から言ってエネルギーは導線が近づくほど減少しているようにみえる．

しかし，この認識は誤りで，我々は二つの電流素片を近づけていくときに系に働く三つの力のうち二つを見落としているだけなのだ．電流素片を，「その大きさを変えずに」近づけていくとき，外力がする仕事は正味で正であることを示そう．

まず，残りの二つと区別するため，電流素片どうしの引力に逆らう外力がする仕事を**力学的仕事** W_{mech} とよぼう．図 6.6 の配置で，Ids_1 が Ids_2 の位置に作る磁束密度 B_{21} の大きさはビオ–サバールの法則から $\frac{\mu_0}{4\pi r^2} Ids_1$ である．したがって F_0 の大きさは

$$F_0 = \frac{\mu_0}{4\pi r^2} Ids_1 Ids_2$$

で，Ids_2 を無限遠方から r_{12} まで近づけたとき外力がした仕事は，積分すれば

$$W_{\mathrm{mech}} = \int_\infty^{r_{12}} \frac{\mu_0}{4\pi r^2} Ids_1 Ids_2 \mathrm{d}r = -\frac{\mu_0}{4\pi r_{12}} Ids_1 Ids_2 \tag{6.9}$$

となり，負の大きさをもつ．

ところが，二つの電流素片を近づけていくとき，電流素片に働く力はこれだけではない．電流素片とは「運動する電荷」である．**図 6.7** のように，図 6.6 の Ids_2 を速度 v_2 で動く電荷 q_2 で書き換える．ここで，Ids_2 を近づける速度を $-\Delta r/\Delta t$ とする．すると電荷は速度 v_2 と速度 $-\Delta r/\Delta t$ の合成速度で動いていることになり，電荷に

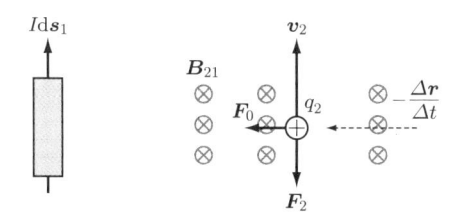

図 6.7 電流素片 Ids_2 を動く電荷に置き換える．近づく速度は $-\Delta r/\Delta t$ とする

働くローレンツ力は $\boldsymbol{F}_0$ と

$$\boldsymbol{F}_2 = -q_2 \frac{\Delta \boldsymbol{r}}{\Delta t} \times \boldsymbol{B}_{21}$$

の合力となる．$\boldsymbol{F}_2$ は $\boldsymbol{v}_2$ を減速させる方向に働くため，外力は $\boldsymbol{v}_2$ を維持するため (電流素片の大きさを一定に保つため) 電荷を押してやらなくてはならない．これを，**電磁気的仕事** W_{em} としよう．

図 6.7 から，電荷 q_2 が距離 $-\Delta \boldsymbol{r}$ 動く間に $\boldsymbol{F}_2$ と向きが反対で同じ大きさの外力がした仕事，ΔW_{em} を求める．

$$\Delta W_{\mathrm{em}} = -\boldsymbol{F}_2 \cdot \boldsymbol{v}_2 \Delta t = q_2 \left(\frac{\Delta r}{\Delta t}\right) \left(\frac{\mu_0}{4\pi r^2} I \mathrm{d}s_1\right) v_2 \Delta t$$

$$= \frac{\mu_0}{4\pi r^2} I \mathrm{d}s_1 q_2 v_2 \Delta r = \frac{\mu_0}{4\pi r^2} I \mathrm{d}s_1 I \mathrm{d}s_2 \Delta r \qquad (6.10)$$

これを無限遠方から r_{12} まで積分すれば[†]，W_{em} は

$$W_{\mathrm{em}} = \int_{r_{12}}^{\infty} \frac{\mu_0}{4\pi r^2} I \mathrm{d}s_1 I \mathrm{d}s_2 \mathrm{d}r = \frac{\mu_0}{4\pi r_{12}} I \mathrm{d}s_1 I \mathrm{d}s_2 \qquad (6.11)$$

となり，結果はちょうど W_{mech} を打ち消す大きさとなる．実は，この結果は偶然ではない．

運動する荷電粒子に働く磁気力は $q\boldsymbol{v} \times \boldsymbol{B}$ と書き表せる．外積の性質から，力は常に運動方向に直角である．一方，仕事とは「力を加えその方向に動かすこと」であるから，静磁場は荷電粒子に正味の仕事をしない．すなわち，静磁場中を運動する荷電粒子の，運動速度の絶対値 (電流素片の大きさ) が変わらないとき，外力が粒子に対してした正味の仕事はゼロでなくてはいけない．これは，電流素片をどのように近づけていっても $W_{\mathrm{mech}} + W_{\mathrm{em}} = 0$ の関係が成立することを示している．

では，二つの電流素片を近づけていくとき外力がする仕事は正味ゼロかというとそうではない．我々はまだ第 3 の力を勘定に入れていない．三つ目の力は，「電流素片 $I\mathrm{d}\boldsymbol{s}_1$ の電荷を減速させる力」である．

図 6.8 を見てみよう．電流素片 $I\mathrm{d}\boldsymbol{s}_1$ もまた運動する電荷であり，その電荷は $I\mathrm{d}\boldsymbol{s}_2$ が発する磁場中に置かれている．$I\mathrm{d}\boldsymbol{s}_2$ が $I\mathrm{d}\boldsymbol{s}_1$ に近づいていけば，$I\mathrm{d}\boldsymbol{s}_2$ が発する磁場は $I\mathrm{d}\boldsymbol{s}_1$ の位置で時間とともに変化する．詳しくは 8.1 節 ($\to$ p.244) の「電磁誘導」で説明するが，変化する磁場は誘導電場を生み，今の場合，$I\mathrm{d}\boldsymbol{s}_1$ の電荷は電場から減速させようとする力を受ける．これを $\boldsymbol{F}_1$ としよう．

$\boldsymbol{F}_1$ を電磁誘導の法則から直接求めるのは大変な仕事だが，視点を $I\mathrm{d}\boldsymbol{s}_2$ に置いて現象を眺めれば，これは「固定された $I\mathrm{d}\boldsymbol{s}_2$ に $I\mathrm{d}\boldsymbol{s}_1$ を近づけていく」ときに $I\mathrm{d}\boldsymbol{s}_1$ が受

[†] $\Delta \boldsymbol{r}$ の方向を正にとっているので，線積分は r の正方向に進む．

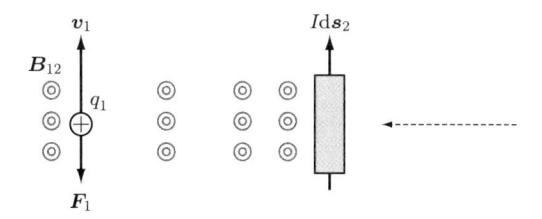

図 6.8 電流素片 Ids_2 が近づいていくとき，電流素片 Ids_1 は「変化する磁場」を感じる

けているローレンツ力と等しいことがわかる．「Ids_1 は実際には動いていないので，ローレンツ力で $\boldsymbol{F}_1$ を求める方法が正しいのか？」と疑問に思った諸君は正しい．天才アインシュタインが正しい答にたどり着くまで，物理学者はみんな同じ疑問を抱いていた．視点の変更によって，電荷が感じる場が電場にも磁場にもなり得る，ということについては第 8 章で詳しく説明するので，今は素直に信じて欲しい．

すると $\boldsymbol{F}_1$ は，$\boldsymbol{F}_2$ を求めたときと同じ方法で

$$\boldsymbol{F}_1 = q_1 \frac{\Delta \boldsymbol{r}}{\Delta t} \times \boldsymbol{B}_{12}$$

と表せることがただちにわかる．したがって，Ids_2 を無限遠から r_{12} まで近づけている間，$\boldsymbol{v}_1$ を一定に保つために第三の外力 $-\boldsymbol{F}_1$ がする仕事，W'_{em} は以下のように求められる．

$$\Delta W'_{\mathrm{em}} = -\boldsymbol{F}_1 \cdot \boldsymbol{v}_1 \Delta t = q_1 \left(\frac{\Delta r}{\Delta t}\right)\left(\frac{\mu_0}{4\pi r^2} Ids_2\right) v_1 \Delta t$$

$$= \frac{\mu_0}{4\pi r^2} Ids_2 q_1 v_1 \Delta r = \frac{\mu_0}{4\pi r^2} Ids_1 Ids_2 \Delta r \quad (6.12)$$

$$W'_{\mathrm{em}} = \int_{r_{12}}^{\infty} \frac{\mu_0}{4\pi r^2} Ids_1 Ids_2 dr = \frac{\mu_0}{4\pi r_{12}} Ids_1 Ids_2 \quad (6.13)$$

これは電流素片 Ids_2 になされた仕事，W_{em} にちょうど等しい大きさである．

結局，三つの外力がした仕事をすべて加えると，

$$W = W_{\mathrm{mech}} + W_{\mathrm{em}} + W'_{\mathrm{em}} \quad (6.14)$$

だが，$W_{\mathrm{mech}} = -W_{\mathrm{em}}$ と $W_{\mathrm{em}} = W'_{\mathrm{em}}$ の関係があるため

$$W = -W_{\mathrm{mech}} \quad (6.15)$$

となり，正味の仕事は「力学的仕事」の符号をちょうど入れ換えた形になることがわかる．定義からこれが二つの電流素片がある系の磁気的エネルギー U_{m} である．

最後に，電流素片を近づけていく方法を限定せずに，外力がした正味の仕事 W を求める．図 **6.9** は，固定された Ids_1 に Ids_2 を任意の経路で近づけていく様子であ

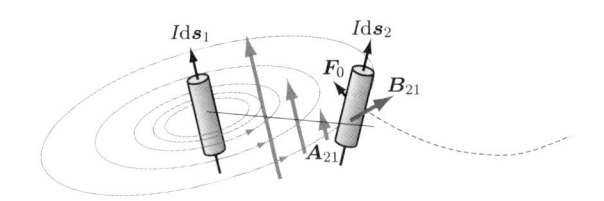

図 6.9 電流素片 $I\mathrm{d}\boldsymbol{s}_1$ が作る磁場の中にいる電流素片 $I\mathrm{d}\boldsymbol{s}_2$ が受ける力

る．この場合，$\boldsymbol{F}_0$ は

$$\boldsymbol{F}_0 = I\mathrm{d}\boldsymbol{s}_2 \times \boldsymbol{B}_{21} = -I\left(\boldsymbol{B}_{21} \times \mathrm{d}\boldsymbol{s}_2\right)$$

と表される[†]．外力は逆向きの $-\boldsymbol{F}_0$ で，電流素片を $\mathrm{d}\boldsymbol{x}$ 動かすのに必要な仕事 $\mathrm{d}W_{\mathrm{mech}}$ は

$$\mathrm{d}W_{\mathrm{mech}} = -\boldsymbol{F}_0 \cdot \mathrm{d}\boldsymbol{x} = I\mathrm{d}\boldsymbol{x} \cdot \left(\boldsymbol{B}_{21} \times \mathrm{d}\boldsymbol{s}_2\right)$$

である．三重積の公式 (付録 A.1.3 項→ p.277) を使ってこれを $\mathrm{d}W_{\mathrm{mech}} = I\boldsymbol{B}_{21} \cdot (\mathrm{d}\boldsymbol{s}_2 \times \mathrm{d}\boldsymbol{x})$ と変形しておこう．

図 6.10 のように，電流素片 $I\mathrm{d}\boldsymbol{s}_2$ が動くとその後に「面状の軌跡」ができるが，ベクトル $\mathrm{d}\boldsymbol{s}_2 \times \mathrm{d}\boldsymbol{x}$ は，常にその軌跡に垂直な法線で，外積の定義から，その大きさは $\mathrm{d}\boldsymbol{s}_2$ と $\mathrm{d}\boldsymbol{x}$ で作られる四辺形の面積である．つまり，$\mathrm{d}\boldsymbol{s}_2 \times \mathrm{d}\boldsymbol{x}$ は，図 6.10 でグレーになっている部分の面積ベクトル $\mathrm{d}\boldsymbol{S}$ に等しい．

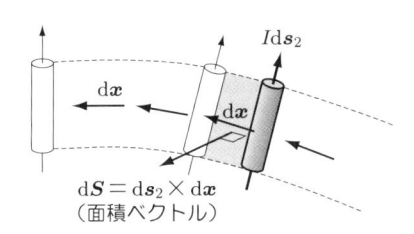

図 6.10 電流素片が動くとき，軌跡の面積ベクトル $\mathrm{d}\boldsymbol{S}$ は $\mathrm{d}\boldsymbol{s}_2 \times \mathrm{d}\boldsymbol{x}$ と表せる

したがって，無限遠から $\boldsymbol{r}_{21}$ まで電流素片 $I\mathrm{d}\boldsymbol{s}_2$ を運ぶ際の力学的仕事は，積分

$$W_{\mathrm{mech}} = \int_{\infty}^{r_{21}} I\boldsymbol{B}_{21} \cdot (\mathrm{d}\boldsymbol{s}_2 \times \mathrm{d}\boldsymbol{x})$$

で表されるが，これは

$$W_{\mathrm{mech}} = I\iint_S \boldsymbol{B}_{21} \cdot \mathrm{d}\boldsymbol{S}$$

[†] 積の順番を変えたので負号が付くことに注意．

と書き直すことができる．ここで積分範囲 S は軌跡全体である．つまり，力学的仕事は，電流素片が通った後の軌跡を貫く磁束密度の面積分に置き換えられることがわかった．さらに，$\bm{B} = \mathrm{rot}\bm{A}$ と置き換え，ストークスの定理 (→ p.27) を使おう．

$$W_{\mathrm{mech}} = I \iint_S \mathrm{rot}\bm{A} \cdot \mathrm{d}\bm{S} = I \oint_r \bm{A} \cdot \mathrm{d}\bm{r}$$

$\mathrm{d}\bm{r}$ は，図 **6.11** の積分路に沿ってとった微小線要素ベクトルである．ここで，周回積分を四つの経路に分けて考えてみよう．$\mathrm{d}s_2$ は電流素片の大きさなので非常に小さい．すると，経路 2 と経路 4 の積分はほとんど同じところを通るので，符号が逆でまったく同じ大きさになるだろう．また，経路 3 は，無限遠方にあるので $\bm{A} = 0$ である．したがって残るのは経路 1 のみである．

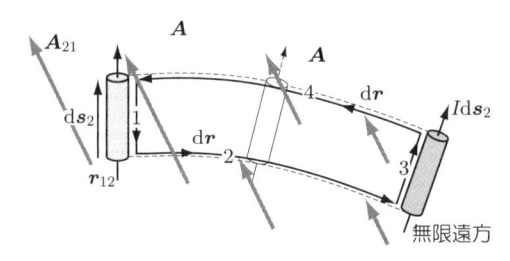

図 6.11 電流素片 $I\mathrm{d}\bm{s}_2$ になされた仕事は，電流素片 $I\mathrm{d}\bm{s}_1$ が作るベクトルポテンシャル場の周回積分に変形された

ここで，ストークスの定理から，周回積分路は面積ベクトルを右ねじの方向に回ることに注意する．つまり，経路 1 において周回路は $I\mathrm{d}\bm{s}_2$ を必ず逆向きに通る．したがってこの区間の積分値は，$I\mathrm{d}\bm{s}_1$ が $I\mathrm{d}\bm{s}_2$ の位置に作るベクトルポテンシャルを $\bm{A}_{21}$ として $-\bm{A}_{21} \cdot \mathrm{d}\bm{s}_2$ と書ける．結局，外力がした力学的仕事は

$$W_{\mathrm{mech}} = -I\bm{A}_{21} \cdot \mathrm{d}\bm{s}_2 = -I\mathrm{d}\bm{s}_2 \cdot \bm{A}_{21}$$

となる．$\bm{A}_{21}$ は $I\mathrm{d}\bm{s}_1$ に平行な向きをもつから，最終的に $I\mathrm{d}\bm{s}_1$ と $I\mathrm{d}\bm{s}_2$ が同じ方向ならどんな経路で近づいていっても力学的仕事は負になることが示された．

今度は，$I\mathrm{d}\bm{s}_2$ を固定して，$I\mathrm{d}\bm{s}_1$ を無限遠方から近づける．やはり，同じ考え方によって

$$W'_{\mathrm{mech}} = -I\mathrm{d}\bm{s}_1 \cdot \bm{A}_{12}$$

を得る．ここで $\bm{A}_{12}$ は，$I\mathrm{d}\bm{s}_1$ の位置に $I\mathrm{d}\bm{s}_2$ が作るベクトルポテンシャルである．

力学的仕事は W_{mech} とも W'_{mech} とも書けるが，どちらの電流素片を動かしたかによって仕事が異なることはあり得ないので，両者が同じ大きさになるのはいうまでもない．したがって，両方を立てて，電流素片 $I\mathrm{d}\bm{s}_1$ と $I\mathrm{d}\bm{s}_2$ を近づけたときに外力が

した力学的仕事を以下のように表現しよう．

$$W_{12} = -\frac{1}{2}\left(Id\bm{s}_1 \cdot \bm{A}_{12} + Id\bm{s}_2 \cdot \bm{A}_{21}\right)$$

系の磁気的エネルギーは W_{12} を符号反転したものだから，

$$U_{\mathrm{m}12} = \frac{1}{2}\left(Id\bm{s}_1 \cdot \bm{A}_{12} + Id\bm{s}_2 \cdot \bm{A}_{21}\right) \tag{6.16}$$

である．

6.2.3 複数の電流素片からなる系のエネルギー

続いて，ここに三つめの電流素片を近づけてみる．$Id\bm{s}_3$ は，$Id\bm{s}_1$ と $Id\bm{s}_2$ の双方から力を受けるが，重ね合わせの原理があるのでこれを別々に料理してもよい．まず $Id\bm{s}_3$ と $Id\bm{s}_1$ のペアについて考える．すると，議論は二つの電流素片の相互作用ということになり，$Id\bm{s}_1$ と $Id\bm{s}_2$ で展開した議論がそのまま適用できることに気がつくだろう．結論を急ぐと，$Id\bm{s}_3$ を現在の位置まで動かすために，$Id\bm{s}_1$ から受ける力に逆らって外力が行う力学的仕事は

$$W_{13} = -\frac{1}{2}\left(Id\bm{s}_1 \cdot \bm{A}_{13} + Id\bm{s}_3 \cdot \bm{A}_{31}\right)$$

となる．同様に，$Id\bm{s}_3$ を現在の位置まで動かすために，$Id\bm{s}_2$ から受ける力に逆らって外力が行う力学的仕事は

$$W_{23} = -\frac{1}{2}\left(Id\bm{s}_2 \cdot \bm{A}_{23} + Id\bm{s}_3 \cdot \bm{A}_{32}\right)$$

であることは説明の必要もあるまい．したがって，$Id\bm{s}_3$ を，$Id\bm{s}_1$ と $Id\bm{s}_2$ の存在する磁場中で現在の位置までもってゆくために外力がした仕事は

$$W_{3(1+2)} = W_{13} + W_{23} = -\frac{1}{2}\left(Id\bm{s}_1 \cdot \bm{A}_{13} + Id\bm{s}_3 \cdot \bm{A}_{31} + Id\bm{s}_2 \cdot \bm{A}_{23} + Id\bm{s}_3 \cdot \bm{A}_{32}\right)$$

となる．これに，W_{12} を足し，符号反転したものが，系の全エネルギー U_{m} ということになる．

さてここで，静電ポテンシャル場のときと同じように (→ p.94)，電流素片 $Id\bm{s}_j$ の位置に他の電流素片が作るベクトルポテンシャルを $\bm{A}_j$ と定義する．すると，系の全エネルギーは，以下のような簡潔な形にまとめることができる．

$$U_{\mathrm{m}} = \frac{1}{2}\left(Id\bm{s}_1 \cdot \bm{A}_1 + Id\bm{s}_2 \cdot \bm{A}_2 + Id\bm{s}_3 \cdot \bm{A}_3\right)$$

これは，三つの電荷が存在する系の静電エネルギー

$$U_{\mathrm{e}} = \frac{1}{2}\left(q_1\phi_1 + q_2\phi_2 + q_3\phi_3\right)$$

と，大変美しい対称をなしている．これを電流素片が三つ以上の場合に拡張することは容易で，n 個の電流素片があるとき

$$U_{\mathrm{m}} = \frac{1}{2} \sum_{j=1}^{n} I \mathrm{d}\boldsymbol{s}_j \cdot \boldsymbol{A}_j \tag{6.17}$$

となることは，静電ポテンシャル場のときと同様である．

6.2.4 電流分布のエネルギー

ここで，式 (6.17) も，連続分布する電荷がそうであったように，連続的に分布する電流に拡張できる．電流がベクトル場 $\boldsymbol{J}(\boldsymbol{r})$ で表されるとき，電流が作るベクトルポテンシャルも $\boldsymbol{A}(\boldsymbol{r})$ なるベクトル場である．分布する電流がもつエネルギーは，総和を積分で置き換えて

$$U_{\mathrm{m}} = \frac{1}{2} \iiint_V \boldsymbol{J}(\boldsymbol{r}) \cdot \boldsymbol{A}(\boldsymbol{r}) \mathrm{d}V \tag{6.18}$$

と表せる．電荷分布がもつエネルギーと，電流分布がもつエネルギーを対比して**表6.2** にまとめた．

表 6.2 電荷分布がもつエネルギーと電流分布がもつエネルギーの比較

	静電場	静磁場
エネルギー	$U_{\mathrm{e}} = \dfrac{1}{2} \iiint_V \rho(\boldsymbol{r}) \phi(\boldsymbol{r}) \mathrm{d}V$	$U_{\mathrm{m}} = \dfrac{1}{2} \iiint_V \boldsymbol{J}(\boldsymbol{r}) \cdot \boldsymbol{A}(\boldsymbol{r}) \mathrm{d}V$

6.2.5 磁場のエネルギー

第 3 章 (→ p.96) において，複数の電荷が存在する系の静電エネルギーを「電場がエネルギーをもっている」とも考えられることを示した．同じ定理が静磁場にも成り立つのではないかと考えるのは当然である．その証明も，やはり静電場とまったく同じにできる．ではやってみよう．

式 (6.18) に，微分形のアンペールの法則 $\mathrm{rot}\,\boldsymbol{B} = \mu_0 \boldsymbol{J}$ を使おう．ただし，電場エネルギーとの対称性をよくするために，形式的に両辺を μ_0 で割り，磁場の強さ $\boldsymbol{H}$(→ p.154) に関する式に変形する．するとアンペールの法則は $\mathrm{rot}\,\boldsymbol{H} = \boldsymbol{J}$ と表される．

$$U_{\mathrm{m}} = \frac{1}{2} \iiint_V (\nabla \times \boldsymbol{H}) \cdot \boldsymbol{A}\, \mathrm{d}V = \frac{1}{2} \iiint_V \boldsymbol{A} \cdot (\nabla \times \boldsymbol{H}) \mathrm{d}V \tag{6.19}$$

ベクトル恒等式 $\nabla \cdot (\boldsymbol{A} \times \boldsymbol{B}) = \boldsymbol{B} \cdot (\nabla \times \boldsymbol{A}) - \boldsymbol{A} \cdot (\nabla \times \boldsymbol{B})$(付録 A.1.5 項→ p.277) を利用して積分の中身を整理すると，

$$\boldsymbol{A} \cdot (\nabla \times \boldsymbol{H}) = \boldsymbol{H} \cdot (\nabla \times \boldsymbol{A}) - \nabla \cdot (\boldsymbol{A} \times \boldsymbol{H}) = \mu_0 \boldsymbol{H} \cdot \boldsymbol{H} - \nabla \cdot (\boldsymbol{A} \times \boldsymbol{H})$$

となる．もう一度 U_{m} を書き直すと，

$$U_{\mathrm{m}} = \frac{\mu_0}{2} \iiint_V H^2 dV - \frac{1}{2} \iiint_V \nabla \cdot (\boldsymbol{A} \times \boldsymbol{H}) dV \tag{6.20}$$

となる．第2項にガウスの発散定理を適用して表面積分に落とすと，

$$U_{\mathrm{m}} = \frac{\mu_0}{2} \iiint_V H^2 dV - \frac{1}{2} \oiint_S (\boldsymbol{A} \times \boldsymbol{H}) \cdot d\boldsymbol{S} \tag{6.21}$$

を得る．

　次に，積分範囲を電流がある範囲から広げていこう．電流エネルギーの計算，式 (6.18) は電流のない領域で体積積分を行っても電流密度がゼロなので答は変わらない．一方，式 (6.21) は式 (6.18) を変形したものだから，やはり積分範囲を広げていっても答は変わらないはずである．積分範囲を半径 r の球として，球の半径をどんどん大きくしてゆくとどうなるか．磁場は電流の外側にも存在するので，第1項の $\frac{\mu_0}{2} \iiint_V H^2 dV$ は大きくなっていく．そして，それに対応して第2項の $\frac{1}{2} \oiint_S (\boldsymbol{A} \times \boldsymbol{H}) \cdot d\boldsymbol{S}$ はどんどん小さくなってゆく．これは，第1項と第2項の和が積分範囲によらないことからもいえるし，磁場とベクトルポテンシャルの性質からも証明できる．なぜなら，**図 6.12** のように原点近くにのみ電流が存在するとき，磁場の大きさは r^{-2} に比例して小さくなり，ベクトルポテンシャルの大きさは r^{-1} に比例して小さくなるのでその積 (外積) は r^{-3} に比例して小さくなるのに対し，全表面積はたかだか r^2 に比例して大きくなるのみだから．

　したがって，

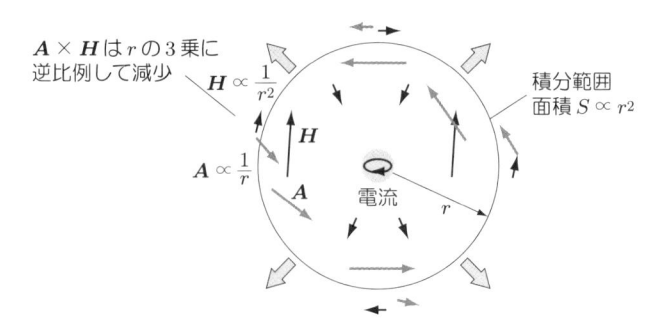

図 6.12　有限の範囲に存在する電流と，電流が作る磁場 $\boldsymbol{H}$ およびベクトルポテンシャル $\boldsymbol{A}$

$$(r \to \infty) \quad \oiint_S (\boldsymbol{A} \times \boldsymbol{H}) \cdot \mathrm{d}\boldsymbol{S} \to 0 \quad \therefore U_\mathrm{m} = \frac{\mu_0}{2} \iiint_{全空間} H^2 \mathrm{d}V$$

を得る．今や，積分範囲は無限の彼方まで広がったことに注意しよう．

すなわち，上式は，電流のエネルギーは「空間に広がる磁場 $\boldsymbol{H}$ を自乗して体積積分すれば得られる」ことを意味しており，電流系のエネルギーは電流が作る磁場のエネルギーと考えてもよいということである．また，この関係はどんな電流分布でも成り立つから，いい換えれば，「磁場は単位体積あたり $\frac{1}{2}\mu_0 H^2$ のエネルギーをもっている」ということを示している．これは，**表 6.3** に示すように電場のエネルギー，$\frac{1}{2}\varepsilon_0 E^2$ とまたまた美しい対称をなしている．

定常電流系のエネルギーは，全空間にわたって磁場の自乗を積分すれば得られ，

$$U_\mathrm{m} = \iiint_{全空間} \frac{1}{2}\mu_0 H^2 \mathrm{d}V \tag{6.22}$$

である．すなわち，磁場 $\boldsymbol{H}$ の空間は，単位体積あたり

$$u_\mathrm{m} = \frac{1}{2}\mu_0 H^2 \tag{6.23}$$

のエネルギーをもつ．

表 6.3 静電場のエネルギーと静磁場のエネルギー

	静電場	静磁場
場のエネルギー [W/m³]	$u_\mathrm{e} = \frac{1}{2}\varepsilon_0 E^2$	$u_\mathrm{m} = \frac{1}{2}\mu_0 H^2$

「磁場のエネルギー」というイメージは，「電場のエネルギー」を考えたとき (→ p.98) とほぼ同じイメージを思い浮かべればよい．我々は，最初「磁力線」という仮想の線を天下り的に導入したが，磁場がエネルギーをもっている，という表式に至った今となっては，磁力線も電気力線とまた同様，互いに反発し合い，また自らは短くなろうとする性質をもつことが理解できる．そして，磁石が互いに力を及ぼし合う性質は，空間に満ちた磁力線が互いに反発し，1 本 1 本が短くなろうとする作用としても理解できるのである．そこからの類推で，磁場もまた電場のように空間の緊張状態にたとえられることがわかる．実際，マクスウェルの応力 (第 7 章のコラム→ p.240) は電気力線が電荷に及ぼす力を与えるのとまったく同じ手順で磁力線が電流素片に及ぼす力を与える．

6.3 ベクトルポテンシャルのポアソン方程式

6.3.1 ポアソン方程式

第3章で，静電荷が作るポテンシャルはポアソンの方程式を満足することを示した．ここでは，定常電流が作るベクトルポテンシャルもまたポアソンの方程式を満足し，しかもその形が電荷のポアソン方程式とよく似た形になることを示そう．

電流密度が作るベクトルポテンシャルが式 (6.6) で与えられることはすでにわかっている．以下はデカルト座標で考えよう．まず，式 (6.6) の両辺を成分ごとに書き下す．

$$A_i = \frac{\mu_0}{4\pi} \iiint_V \frac{J_i}{R} dV \qquad (i = x, y, z)$$

式の形は，原点に電荷密度 ρ があったときの静電ポテンシャルを表す式 (3.5) に等しいから，ベクトルポテンシャルは成分ごとにそれぞれポアソン方程式を満足するに違いない．したがって，式 (3.11) の ρ を J_i に，ϕ を A_i に置き換え，

$$\nabla^2 A_x = -\mu_0 J_x \ , \qquad \nabla^2 A_y = -\mu_0 J_y \ , \qquad \nabla^2 A_z = -\mu_0 J_z$$

が成り立つ．これはベクトルラプラシアンの成分表示にほかならず，まとめると

$$\nabla^2 \boldsymbol{A} = -\mu_0 \boldsymbol{J} \tag{6.24}$$

となる．このように，ベクトルポテンシャルに対しても，スカラ形式と大変よく似たポアソンの方程式が成り立つことが示された．両者の対比を**表 6.4** に示す．

表 6.4 スカラポテンシャルとベクトルポテンシャルのポアソン方程式

	静電場	静磁場
ポアソン方程式	$\nabla^2 \phi = -\dfrac{\rho}{\varepsilon_0}$	$\nabla^2 \boldsymbol{A} = -\mu_0 \boldsymbol{J}$

6.3.2 再びアンペールの法則

ベクトルポテンシャルのポアソン方程式から，アンペールの法則がエレガントに導かれることを示そう．式 (6.7) から出発する．両辺の回転をとり，右辺にベクトル演算の公式 (付録 A.1.5 項→ p.277) を適用する．

$$\mathrm{rot}\,\boldsymbol{B} = \mathrm{rot} \cdot \mathrm{rot}\,\boldsymbol{A} = \mathrm{grad}(\mathrm{div}\,\boldsymbol{A}) - \nabla^2 \boldsymbol{A}$$

さて，ここで，系が定常状態とすると，ベクトルポテンシャルには発散がないこと ($\mathrm{div}\,\boldsymbol{A} = 0$) が証明できる．図 6.3 (→ p.180) を見ながら式を追っていこう．

6.3 ベクトルポテンシャルのポアソン方程式

式 (6.6) の発散をデカルト座標で計算してみよう．積分の中で変化するのは電流密度 $\boldsymbol{J}(\boldsymbol{r}')$ の独立変数 $\boldsymbol{r}' = (x', y', z')$ で，座標 $\boldsymbol{r} = (x, y, z)$ は積分の中では定数である．したがって $\mathrm{div}\,\boldsymbol{A}$ を成分ごとに書き下すと以下のようになる．

$$\mathrm{div}\,\boldsymbol{A} = \frac{\mu_0}{4\pi}\frac{\partial}{\partial x}\iiint_V \frac{J_x}{|\boldsymbol{r}-\boldsymbol{r}'|}\mathrm{d}x'\mathrm{d}y'\mathrm{d}z' + \frac{\mu_0}{4\pi}\frac{\partial}{\partial y}\iiint_V \frac{J_y}{|\boldsymbol{r}-\boldsymbol{r}'|}\mathrm{d}x'\mathrm{d}y'\mathrm{d}z'$$
$$+ \frac{\mu_0}{4\pi}\frac{\partial}{\partial z}\iiint_V \frac{J_z}{|\boldsymbol{r}-\boldsymbol{r}'|}\mathrm{d}x'\mathrm{d}y'\mathrm{d}z' \tag{6.25}$$

以下の計算では，x 座標についての微分，第 1 項のみに注目する．x についての微分は，積分計算にとっては定数なので，3 重積分のなかにくくり込める．

$$(\mathrm{div}\,\boldsymbol{A})_x = \frac{\mu_0}{4\pi}\iiint_V J_x\frac{\partial}{\partial x}\frac{1}{|\boldsymbol{r}-\boldsymbol{r}'|}\mathrm{d}x'\mathrm{d}y'\mathrm{d}z'$$

さらに，

$$\frac{\partial}{\partial x}\frac{1}{|\boldsymbol{r}-\boldsymbol{r}'|} = -\frac{\partial}{\partial x'}\frac{1}{|\boldsymbol{r}-\boldsymbol{r}'|}$$

なる関係があるので，x に関する微分を x' に関する微分に変換できる．すると，式 (6.25) の第 1 項は以下の形になる．

$$(\mathrm{div}\,\boldsymbol{A})_x = -\frac{\mu_0}{4\pi}\iiint_V J_x\frac{\partial}{\partial x'}\frac{1}{|\boldsymbol{r}-\boldsymbol{r}'|}\mathrm{d}x'\mathrm{d}y'\mathrm{d}z' \tag{6.26}$$

式 (6.26) は，部分積分を使い，以下のように積分できる．

$$(\mathrm{div}\,\boldsymbol{A})_x = -\frac{\mu_0}{4\pi}\iint_V \left[\frac{J_x}{|\boldsymbol{r}-\boldsymbol{r}'|}\right]_{x'_{\min}}^{x'_{\max}}\mathrm{d}y'\mathrm{d}z' + \frac{\mu_0}{4\pi}\iiint_V \frac{\partial J_x}{\partial x'}\frac{1}{|\boldsymbol{r}-\boldsymbol{r}'|}\mathrm{d}x'\mathrm{d}y'\mathrm{d}z'$$

ここで，$x'_{\min}, x'_{\max}$ は領域 V 両端の x' 座標である．V はすべての電流素片を含むようとられているため，電流保存則から当然，両端の x' では J_x はゼロで，右辺の第 1 項は消滅する．したがって，

$$(\mathrm{div}\,\boldsymbol{A})_x = \frac{\mu_0}{4\pi}\iiint_V \frac{\partial J_x}{\partial x'}\frac{1}{|\boldsymbol{r}-\boldsymbol{r}'|}\mathrm{d}x'\mathrm{d}y'\mathrm{d}z'$$

が示された．同様の計算を y, z についても行えば，以下の形を得る．

$$\mathrm{div}\,\boldsymbol{A} = \frac{\mu_0}{4\pi}\iiint_V \left(\frac{\partial J_x}{\partial x'} + \frac{\partial J_y}{\partial y'} + \frac{\partial J_z}{\partial z'}\right)\frac{1}{|\boldsymbol{r}-\boldsymbol{r}'|}\mathrm{d}x'\mathrm{d}y'\mathrm{d}z' = \frac{\mu_0}{4\pi}\iiint_V \frac{\mathrm{div}_{(r')}\boldsymbol{J}}{|\boldsymbol{r}-\boldsymbol{r}'|}\mathrm{d}x'\mathrm{d}y'\mathrm{d}z'$$

ここで $\mathrm{div}_{(r')}$ は $\mathrm{d}V$ の回りで発散を取っている，ということを意味する．電流保存則から $\mathrm{div}\,\boldsymbol{J} = 0$ だから，

$$\mathrm{div}\,\boldsymbol{A} = 0 \tag{6.27}$$

が証明された．すると，定常状態において $\mathrm{rot}\boldsymbol{B} = -\nabla^2 \boldsymbol{A}$ が成り立つことがわかる．あとは，右辺を式 (6.24) で置き換え，アンペールの法則

$$\mathrm{rot}\boldsymbol{B} = \mu_0 \boldsymbol{J}$$

が成り立つことが証明された．

6.4 インダクタンス

6.4.1 磁束とインダクタンス L の定義

今，図 **6.13** のように空間に孤立した一巻きの電流ループがあるとしよう．このループをくぐる磁束線を数えてみる．数学的には，これはループをへりとする面上で磁束密度を面積分する操作に等しい．この，ある領域を通過する磁束線，つまり磁束密度の面積分値を**磁束** Φ_m と名づける[†1]．磁束密度が $[\mathrm{Wb/m^2}]$ で定義されるのはもともと「磁束」なる量があり，これが $[\mathrm{Wb}]$ を単位にもつためである．

$$\Phi_\mathrm{m} = \iint_S \boldsymbol{B} \cdot \mathrm{d}\boldsymbol{S} \tag{6.28}$$

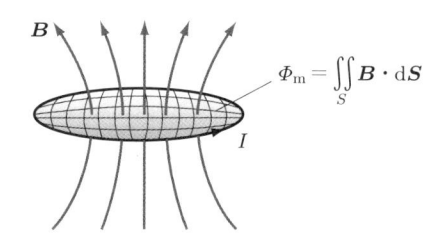

図 6.13 一巻きの電流ループと，そのループをくぐる磁束 Φ_m

電束と電束密度の関係 (→ p.51) を思い出そう．閉曲面を貫く電束と内部の電荷の間には重要な「ガウスの法則」が成立する．当然，磁束と磁荷のガウスの法則を検討するべきだろうが，これはすでに 6.1.2 項 (→ p.180) で，「あらゆるところで $\mathrm{div}\,\boldsymbol{B} = 0$」という結論を得ている．これは，すべての磁場が電流起源である，とする立場から導かれたものであった．**表 6.5** に電場と磁場のガウスの法則をまとめておこう．

ループの形を変えずに電流を変化させるとき，ループを貫く全磁束 Φ_m が電流 I に比例することは，電流と磁場の「重ね合わせの原理」から明らかであろう[†2]．そこで，電流と磁場の比例定数を L として，これを電流ループの**インダクタンス**と定義する．

[†1] 電束・磁束の「束」は英語のフラックス (flux) の訳で，「流れる量」という意味をもつ．
[†2] 電流を n 倍にすることは，同じ電流のループを同じ場所に n 個重ねることと等価．

表 6.5 電場と磁場のガウスの法則

	静電場	静磁場
束(フラックス)密度	電束密度 D [C/m²]	磁束密度 B [Wb/m²] [T]
束(フラックス)	電束 $\Phi_e = \iint D \cdot dS$ [C]	磁束 $\Phi_m = \iint B \cdot dS$ [Wb]
ガウスの法則(積分形)	$\oiint D \cdot dS = Q$	$\oiint B \cdot dS = 0$
ガウスの法則(微分形)	$\operatorname{div} D = \rho$	$\operatorname{div} B = 0$

電流ループと自身の中をくぐる磁束の関係は,後に登場する**相互インダクタンス**と区別するため**自己インダクタンス**ともよばれる.

> **ループ電流の自己インダクタンス**
> $$L = \frac{\Phi_m}{I} \qquad (6.29)$$

インダクタンスの単位はMKSA単位系では**ヘンリー**[H]と名づけられており,1Aの電流を流したとき内部に1Wbの磁束が生じる電流ループが1Hのインダクタンスをもつ,とする.その名は第8章(→ p.245)で登場する,電磁誘導現象を発見したアメリカの物理学者ジョセフ・ヘンリー(Joseph Henry)にちなむ.コンデンサーの容量と同様,インダクタンスも電流と磁束の向きにかかわらず正の定数とする.

ここで,[Wb]/[A]=[H]と定義されたので,透磁率の単位はビオ–サバールの法則,式(5.17)の関係から[H/m]となることがわかる.

> MKSA単位系では,インダクタンスの単位は[H]と名づけられており,これに従うと真空の透磁率 μ_0 の単位は[H/m]となる.

6.4.2 インダクタンスの計算

いくつかの代表的な系でインダクタンスを計算してみよう.残念ながら,一見もっとも簡単な一巻きのループ電流のインダクタンスを知ることは大変難しい.それは電流ループの中を通り抜ける磁束密度の計算が困難なためだ.代わりに,代表的かつ実用的な以下のケースを考える.

（1） ソレノイド

ソレノイドのインダクタンスを計算しよう．図 **6.14** は，断面積 S，長さ l，巻き線密度 n のソレノイドである．ソレノイドの長さが断面の大きさに比べ充分長いとき，ソレノイド内部には軸に平行，かつ均一な磁場が存在する，と近似できる．このとき磁束密度は $B = \mu_0 n I$ であった（→式 (5.29) p.168）．したがって，ソレノイドを貫く磁束はただちに

$$\Phi_\mathrm{m} = \mu_0 n I S \tag{6.30}$$

と計算できる．ただし，ここで，電流は磁束を nl 回まわっていることに注意しなくてはならない．したがって，ソレノイドを一つの電流ループとみれば，これを貫く磁束は合計で $nl\Phi_\mathrm{m}$ ということになる．したがってインダクタンスは

$$L = \frac{nl\Phi_\mathrm{m}}{I} = \mu_0 n^2 l S \tag{6.31}$$

となる．

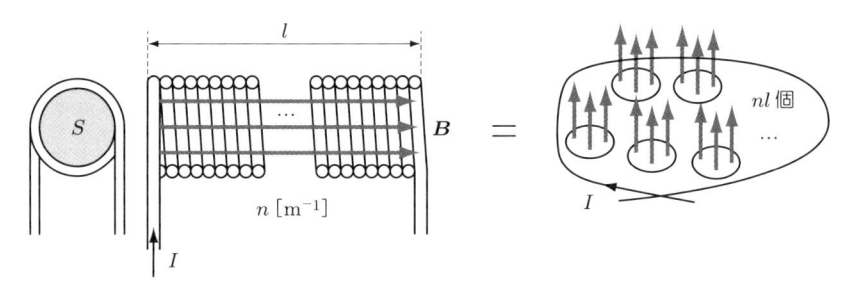

図 6.14 ソレノイドのインダクタンスを計算する

（2） 同軸導体

図 **6.15** は，同軸状の円筒導体に互いに反対向きの電流が流れている系を表している．導体を編み線で作り，しなやかに曲がるようにしたものが**同軸ケーブル**として実用化されている．

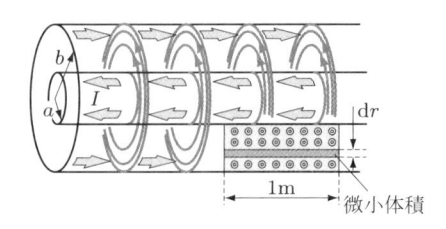

図 6.15 同軸導体のインダクタンスを計算する

同軸ケーブルの特徴の一つとして，流れる電流が作る磁場がケーブルの中に閉じ込められ，外には出て行かないという点があげられる．同様に，電場も静電遮蔽によりケーブルの外へは出て行けない．このような特徴から同軸ケーブルはノイズに強い信号伝送線路として広く使われている．家庭でも，TV のアンテナ線として使われているから，今度機会があったらケーブルを切断して断面をよく観察してみるとよい[†]．

本書では詳しく説明しないが，同軸ケーブルのインダクタンスも，容量 (→ p.104) と同様信号伝達特性を知る上で重要な物理量である．内導体と外導体の間の空間を透磁率 μ_0 として議論しよう．内導体が作る磁束線は対称性の議論から導体を回る方向で，アンペールの法則を用いてただちに $B = \dfrac{\mu_0 I}{2\pi r}$ である．同軸ケーブル外側も，対称性の議論から磁場がもし存在すればケーブルを回る方向だが，ケーブルを回るどの断面を取ってもその中を貫く正味の電流はゼロだから，ケーブル外側に磁場はない．同軸ケーブルを往復する電流が囲む磁束は，ケーブルが長ければ長いほど多い．この場合，ケーブルを単位長さで切り，「単位長さあたりインダクタンス」という表現を用いる．

電流が面を流れるとき，「電流が囲む磁束」はどう定義するかというと，「行きの電流」に沿って一定の距離を進み，「帰りの電流」に沿って逆方向に進んでできる図 6.15 の矩形の面を貫く磁束を「電流が囲む磁束」とする．実際には，磁束は円筒形の導体全体で囲まれているわけだが，「磁束には始点も終点もない」定理により，磁束に垂直な任意の面で数えれば電流が囲んでいる磁束を得ることができる．

まずは，同軸ケーブルの長さ 1 m あたりの磁束を積分計算で求めよう．微小体積要素を半径 r，厚さ $\mathrm{d}r$，長さ 1 m の薄い長方形として面を貫く磁束を計算すると，

$$\Phi_\mathrm{m} = \int_a^b \frac{\mu_0 I}{2\pi r}\, \mathrm{d}r = \frac{\mu_0 I}{2\pi} \ln \frac{b}{a} \tag{6.32}$$

だ．したがってインダクタンスはこれを電流 I で割り，

$$L = \frac{\Phi_\mathrm{m}}{I} = \frac{\mu_0}{2\pi} \ln \frac{b}{a} \tag{6.33}$$

となる．

6.4.3 インダクタンスとエネルギー

静電容量 C を使い静電エネルギーが表現できるように，インダクタンス L を使って磁場 (電流) エネルギーが表現できる．図 6.13 (→ p.194) に戻ろう．式 (6.18) から，この系の磁場エネルギーは以下のような，ループに沿った周回積分で表されることがわかる．

[†] まちがって，使用中のアンテナ線を切ってしまわないように注意!!

$$U_\mathrm{m} = \frac{I}{2} \oint_s \boldsymbol{A} \cdot \mathrm{d}\boldsymbol{s}$$

ここに，ストークスの定理 (→ p.27) を使うと以下のようになる (**図 6.16**).

$$U_\mathrm{m} = \frac{I}{2} \oint_s \boldsymbol{A} \cdot \mathrm{d}\boldsymbol{s} = \frac{I}{2} \iint_S \nabla \times \boldsymbol{A} \cdot \mathrm{d}\boldsymbol{S} = \frac{I}{2} \iint_S \boldsymbol{B} \cdot \mathrm{d}\boldsymbol{S} \qquad (6.34)$$

式 (6.34) 右辺の面積分は，ループ電流の中を貫く全磁束を表している．これを $\Phi_\mathrm{m} = LI$ で書き換えると，以下の関係が導かれる．

電流 I が流れる自己インダクタンス L の導線がもつ静磁エネルギー

$$U_\mathrm{m} = \frac{1}{2} L I^2 \qquad (6.35)$$

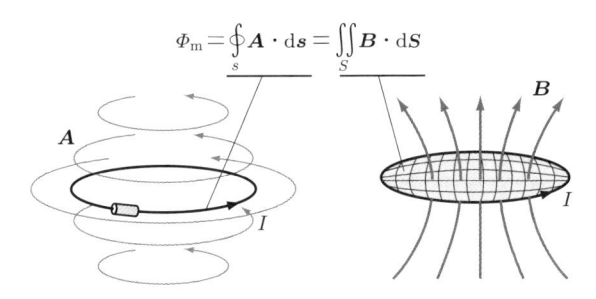

図 6.16 ループ電流に沿ってベクトルポテンシャル $\boldsymbol{A}$ を積分したものは，そのループを貫く磁束に一致する

またしても，静電場と静磁場の美しい対称性があぶり出された．コンデンサーほど一般的な用語ではないが，ループ導線を，磁場エネルギーを蓄える目的で使うときそれは**インダクター**とよばれる．もっとも合理的なインダクターの形は，電流がなるべく多くの磁束を回るように配置されたソレノイドコイルである．したがって，電気回路の分野では，インダクターを「コイル」とよぶことが多いようである．

この節で登場した物理量，定理を静電系と静磁系で比較すると**表 6.6** のようになる．

6.4 インダクタンス

表 6.6 インダクタンスとキャパシタンス

	キャパシタンス	インダクタンス
比例定数	$Q = CV$※	$\Phi_\mathrm{m} = LI$
単位	[F]	[H]
基礎物理定数	$[\varepsilon_0]=[\mathrm{F/m}]$	$[\mu_0]=[\mathrm{H/m}]$
エネルギー	$U_\mathrm{e} = \dfrac{1}{2}CV^2$	$U_\mathrm{m} = \dfrac{1}{2}LI^2$

※ガウスの法則を使い，Q を極板間を走る電束 Φ_e に置き換えればさらに対称性のよい形となる．

最後に，ソレノイドを使い「磁場エネルギーは単位体積あたり $\dfrac{1}{2}\mu_0 H^2$」という定理を再確認してみよう．ソレノイドは単位長さあたり巻き数 n，長さ l，断面積 S として，電流 I が流れているとする．まずはインダクタンスを使い，ソレノイドに蓄えられるエネルギーを計算する．

$$U_\mathrm{m} = \frac{1}{2}LI^2 = \frac{1}{2}\mu_0 n^2 (lS) I^2$$

ここで lS はソレノイド内部の体積である．コンデンサーが端の効果を無視できるように，充分長いソレノイドにおいては，外にはみ出した磁場がもつエネルギーは内部に蓄積されるエネルギーに比べ無視できる．ソレノイド内部の磁場の強さ H が nI で与えられる（→ p.169）ことから，

$$U_\mathrm{m} = \frac{1}{2}\mu_0 n^2 I^2 (lS) = \frac{1}{2}\mu_0 H^2 (lS) \qquad (6.36)$$

となり，確かに単位体積あたりの磁場エネルギー「$\dfrac{1}{2}\mu_0 H^2$」と「ソレノイド内部の体積 lS」の積になっている．

6.4.4 相互インダクタンス

今度は，図 6.17 のように空間に二つのループ電流がある場合のエネルギーを考えよう．式 (6.18) から磁場エネルギーはループ 1 の上での $\boldsymbol{A}_1 \cdot I_1 d\boldsymbol{s}_1$ の線積分とループ 2 の上での $\boldsymbol{A}_2 \cdot I_2 d\boldsymbol{s}_2$ の線積分結果を足せばよいことは容易に理解できる．

$$U_\mathrm{m} = \frac{I_1}{2}\oint_{s_1} \boldsymbol{A}_1 \cdot d\boldsymbol{s}_1 + \frac{I_2}{2}\oint_{s_2} \boldsymbol{A}_2 \cdot d\boldsymbol{s}_2 \qquad (6.37)$$

しかし，注意しなければならないのは，ループ電流上のベクトルポテンシャルは，自らが作ったものだけでなく他の電流が作ったものからの寄与もあるという点である．今，ループ i が自分自身の上に作るベクトルポテンシャルを $\boldsymbol{A}_{ii}$，相手の電流 j の上に作るベクトルポテンシャルを $\boldsymbol{A}_{ji}$ と書こう．すると，式 (6.37) は

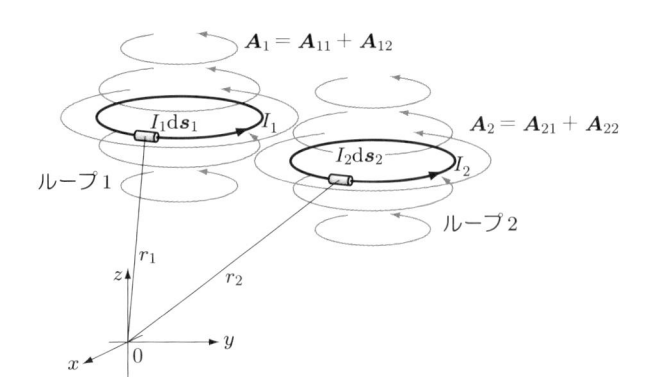

図 6.17 二つのループ電流が存在する系

$$U_\mathrm{m} = \frac{I_1}{2} \oint_{s_1} (\boldsymbol{A}_{11} + \boldsymbol{A}_{12}) \cdot \mathrm{d}\boldsymbol{s}_1 + \frac{I_2}{2} \oint_{s_2} (\boldsymbol{A}_{21} + \boldsymbol{A}_{22}) \cdot \mathrm{d}\boldsymbol{s}_2 \qquad (6.38)$$

と書ける．ここで，比例定数 L_{12} と L_{21} を導入する．L_{12} は，「ループ 2 の電流と，ループ 2 によって作られ，ループ 1 をくぐる磁束の比例定数」とする．計算すると，

$$L_{12} = \frac{\iint_{S_1} \boldsymbol{B}_{12} \cdot \mathrm{d}\boldsymbol{S}_1}{I_2}$$

である．これを，ストークスの定理を使って変形すると

$$L_{12} = \frac{\oint_{s_1} \boldsymbol{A}_{12} \cdot \mathrm{d}\boldsymbol{s}_1}{I_2} \qquad (6.39)$$

になる．次に，ループ 1 上の任意の点にループ 2 の電流が作るベクトルポテンシャル $\boldsymbol{A}_{12}$ は，以下のようにループ 2 上の周回積分で与えられる．

$$\boldsymbol{A}_{12} = \frac{\mu_0 I_2}{4\pi} \oint_{s_2} \frac{\mathrm{d}\boldsymbol{s}_2}{|\boldsymbol{r}_1 - \boldsymbol{r}_2|} \qquad (6.40)$$

これを式 (6.39) に代入すると，L_{12} は

$$L_{12} = \frac{\mu_0}{4\pi} \oint_{s_1} \oint_{s_2} \frac{\mathrm{d}\boldsymbol{s}_1 \cdot \mathrm{d}\boldsymbol{s}_2}{|\boldsymbol{r}_1 - \boldsymbol{r}_2|} \qquad (6.41)$$

となる．s_1 と s_2 の積分が対称に出てくるので，同様にして L_{21} を計算すると，答は L_{12} とまったく同じになることに気づくだろう．すなわち，「ループ 2 の電流と，ループ 2 によって作られ，ループ 1 をくぐる磁束の比例定数」と，「ループ 1 の電流と，ループ 1 によって作られ，ループ 2 をくぐる磁束の比例定数」は同じ大きさになる．これを，ループ 1 とループ 2 の**相互インダクタンス** M と定義する．

相互インダクタンス
$$M = \frac{\Phi_{12}}{I_2} = \frac{\Phi_{21}}{I_1} \tag{6.42}$$

では，相互インダクタンスを使い，二つのループ電流が存在する系の全エネルギーを求めてみよう．計算は式 (6.38) から出発し，ストークスの定理を使えばよい．

$$\begin{aligned} U_\mathrm{m} &= \frac{I_1}{2} \oint_{s_1} (\boldsymbol{A}_{11} + \boldsymbol{A}_{12}) \cdot \mathrm{d}\boldsymbol{s}_1 + \frac{I_2}{2} \oint_{s_2} (\boldsymbol{A}_{21} + \boldsymbol{A}_{22}) \cdot \mathrm{d}\boldsymbol{s}_2 \\ &= \frac{1}{2} \left(I_1 \iint_{S_1} \boldsymbol{B}_{11} \cdot \mathrm{d}\boldsymbol{S}_1 + I_1 \iint_{S_1} \boldsymbol{B}_{12} \cdot \mathrm{d}\boldsymbol{S}_1 \right) + \frac{1}{2} \left(I_2 \iint_{S_2} \boldsymbol{B}_{21} \cdot \mathrm{d}\boldsymbol{S}_2 + I_2 \iint_{S_2} \boldsymbol{B}_{22} \cdot \mathrm{d}\boldsymbol{S}_2 \right) \\ &= \frac{1}{2} (I_1 \Phi_{11} + I_1 \Phi_{12} + I_2 \Phi_{21} + I_2 \Phi_{22}) \end{aligned}$$

これをインダクタンスを使い書き直すと，二つのループ電流が存在する系のエネルギーは以下のように表される．

二つのループ電流が存在する系の静磁エネルギー
$$U_\mathrm{m} = \frac{1}{2} \left(L_1 I_1^2 + L_2 I_2^2 + 2M I_1 I_2 \right) \tag{6.43}$$

ループ電流が三つ以上存在する場合の相互インダクタンスの定義，エネルギーの計算方法については宿題としておこう．

ここで，複数のコンデンサーがあるときの電場エネルギーと，複数のループ電流があるときの磁場エネルギーには対称性がないという点を指摘しておこう．表 **6.7** に二つのコンデンサーと二つのインダクターのエネルギーの比較を示す．これは，電場エネルギーと磁場エネルギーの蓄積される場所の違いによる．コンデンサーの場合，たいてい電場はほとんどコンデンサーの極板の中のみに存在する．したがって，隣り合

表 **6.7** 二つのコンデンサーと二つのインダクターのエネルギー

	エネルギーの表式
コンデンサー	$U_\mathrm{e} = \frac{1}{2}(C_1 V_1^2 + C_2 V_2^2)$
インダクター	$U_\mathrm{m} = \frac{1}{2}(L_1 I_1^2 + L_2 I_2^2 + 2M I_1 I_2)$

うコンデンサーが互いに影響を及ぼすことはない．一方，磁場に蓄えられるエネルギー，すなわち $\frac{1}{2}\mu_0 H^2$ は電流ループの外側にもたくさん存在し，いわば電流ループは全空間を使ってエネルギーを蓄積しているということができる．したがって，隣接した電流ループは，互いに相手の電流ループの存在によって単独で存在するときとは異なるベクトルポテンシャルを感じることになり，磁場エネルギーの計算には必ず相互インダクタンスという考えかたが必要になるわけである[†]．

[†] 本書では扱わないが，コンデンサーでも，電場が全空間に広がるような系を考えることができる．たとえば平行線コンデンサーなど．このようなコンデンサーが複数ある場合，「相互キャパシタンス」という考え方が必要となる．

第6章のまとめ　ベクトルポテンシャルとエネルギー：磁場を作るポテンシャルはあるか？

ベクトルポテンシャル

- 静電場のように磁場を生むポテンシャルはあるか？
- 動く点電荷(電流素片)のポテンシャルを考える
  → 電流素片が作る磁場は
  $$B = \nabla \times (\varepsilon_0 \mu_0 \phi v) = \nabla \times A \quad \text{と表せる}$$

重要公式
$$B = \mathrm{rot}\, A$$

重要公式
$$\mathrm{div}\, B = 0$$

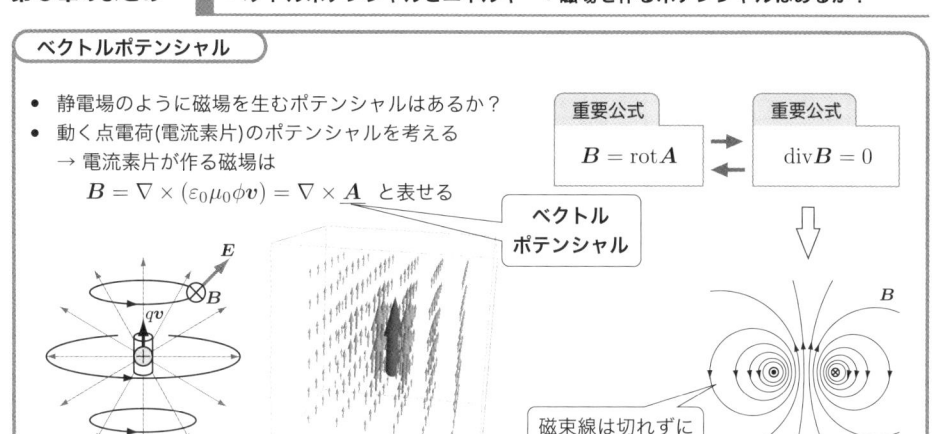

ベクトルポテンシャル

磁束線は切れずにつながっている

静磁場のエネルギー

- 電流素片を無限遠方から所定の位置まで動かすのに必要な仕事

重要公式
$$U_\mathrm{m} = \frac{1}{2} \iiint_V J \cdot A\, \mathrm{d}V$$

重要公式
$$U_\mathrm{m} = \frac{1}{2} \iiint_V \mu_0 H^2\, \mathrm{d}V$$

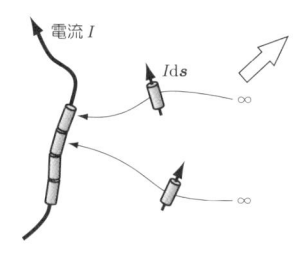

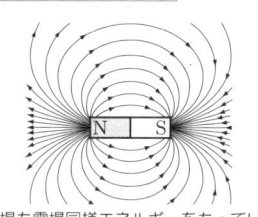

磁場も電場同様エネルギーをもっている
→これも**マクスウェルの応力**で説明できる

重要公式
$$u_\mathrm{m} = \frac{\mu_0 H^2}{2}$$

インダクタンス

- ループ電流と内部をくぐる磁束は比例する

$$\Phi_\mathrm{m} = \iint_S B \cdot \mathrm{d}S$$

重要公式
$$L = \mu_0 n^2 l S$$

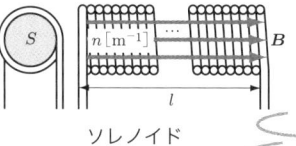

ソレノイド

インダクターのエネルギー

重要公式
$$U_\mathrm{m} = \frac{1}{2} L I^2$$

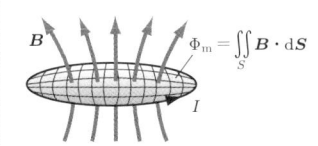

インダクターが二つ以上あるときは相互インダクタンス $M\psi$ を考えよ

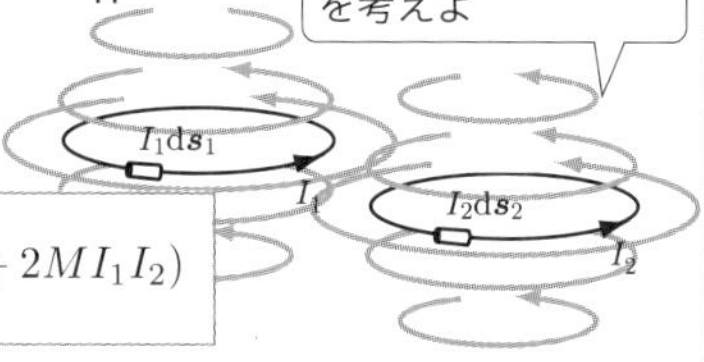

重要公式
「インダクタンス」 $L = \dfrac{\Phi_\mathrm{m}}{I}$
[H] (ヘンリー)

重要公式
$$U_\mathrm{m} = \frac{1}{2}(L_1 I_1^2 + L_2 I_2^2 + 2M I_1 I_2)$$

演習問題

6.1 問図 6.1 は，無限に長いとみなせる半径 a の円形ソレノイドの断面を示している．巻き線密度は n とする．ここに電流 I を流したとき，以下の問に答えなさい．
  (1) ベクトルポテンシャルの性質と対称性の考察から，ベクトルポテンシャル $\boldsymbol{A}$ は円筒座標で表せば $\hat{\boldsymbol{\varphi}}$ 方向のベクトルで，r の関数であることは間違いない．$A_\varphi(r)$ を示しなさい．
  (2) ベクトルポテンシャルの分布をベクトル矢印を使い表現しなさい．

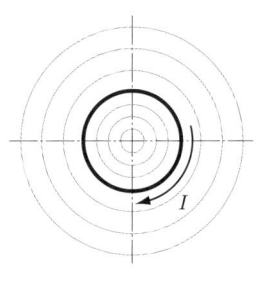

問図 6.1

6.2 原点にある電流素片 $I d\boldsymbol{s}$ が作るベクトルポテンシャルは $\boldsymbol{A} = \dfrac{\mu_0 I d\boldsymbol{s}}{4\pi r}$ である．$\boldsymbol{B} = \mathrm{rot}\,\boldsymbol{A}$ を使い，電流素片が作る磁場を求めなさい．

6.3 問図 6.2 のような一巻きの円形ループ導線に電流 I が流れている．対称性の議論から，ループと同じ面のベクトルポテンシャルはループと同心の円に沿う方向で，円筒座標で表せば $\boldsymbol{A} = A_\varphi(r)\hat{\boldsymbol{\varphi}}$ と表せることは間違いない．では，$r \ll a$ という条件のもとで $A_\varphi(r)$ の表式を求めなさい．

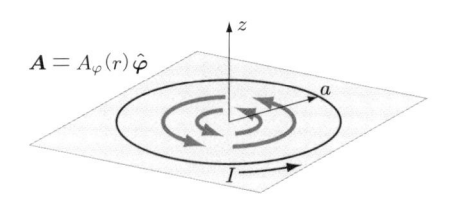

問図 6.2

6.4 図 6.15 (→ p.196) に示すような無限長同軸円筒導体がある．導体の軸に沿って電流 I が流れているとき，内外導体の空間 1 m あたりに蓄えられる磁場エネルギーを計算しなさい．

6.5 定常電流 I_1, I_2, I_3 の流れるループ電流 1, 2, 3 があるとき，系全体のエネルギーを電流およびインダクタンスで表しなさい．ループの自己インダクタンスを L_i, ループ i とループ j の相互インダクタンスを M_{ij} とせよ．

6.6 問図 **6.3** に示すような同心円状の導線がある．内側導線の半径を r_1，外側導線の半径を r_2 とする．内側導線の半径が外側導線に比べて充分小さいとき，系の相互インダクタンスを求めなさい．

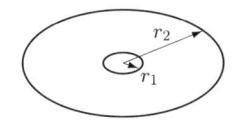

問図 6.3

6.7 問図 **6.4** に示された寸法をもつ矩形断面のトロイダルコイルに電流 I を流す．

(1) コイルのインダクタンスを求めなさい．
(2) $\frac{1}{2}\mu_0 H^2$ を積分し，コイルに蓄えられているエネルギーを計算しなさい．

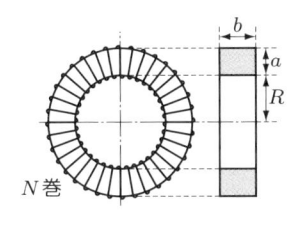

問図 6.4

6.8 問図 **6.5** のように，無限長直線電流と矩形のループ電流が配置されている．この二つの電流の間の相互インダクタンスを求めなさい．

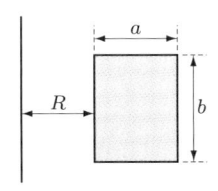

問図 6.5

6.9 一巻きの円形電流ループの自己インダクタンスは，ループ半径を r として $\mu_0 r$ のオーダーであることを示しなさい．

💡 **ヒント**：ループ内側の全磁束を (中央の磁束密度) × (ループの面積) で近似せよ．

ベクトルポテンシャルは実在か？

マクスウェルが初めて提唱したとき，マクスウェル方程式にはスカラポテンシャル（→第3章）とベクトルポテンシャル（→第6章）が含まれていた．ベクトルポテンシャル A は磁場を生む源で，$B = \operatorname{rot} A$ という関係式で磁場と結ばれている．はじめ，ベクトルポテンシャルは磁場の計算を容易にするための便宜的なもので，実在する「何か」ではない，とされていた．そう思われる根拠の一つが**ポテンシャルの任意性**である．

「任意性」とは「ある電場・磁場を生じせしめるポテンシャルは無数に存在する」ということである．わかりやすいたとえとして，地表近くの重力場で説明しよう．重力ポテンシャルエネルギーは高さ h の関数で $U = mgh$ と書かれるが，我々は，地上では暗黙のうちにポテンシャルを「地面の位置で $h = 0$」としている．しかし，$h = 0$ をどこに定義しても重力場から感じられる力が変わるわけではない．したがって重力場を議論するときに，どこを $h = 0$ とするかは単に便宜上の問題に過ぎない．

本書では，スカラポテンシャル，ベクトルポテンシャルは自然な定義として「無限遠方をゼロ」とした．しかし，ポテンシャルの可能な定義方法はそれだけではない．電磁場の場合，ポテンシャルの任意性は以下のように書かれる．

$$A' = A + \nabla U, \quad \phi' = \phi - \frac{\partial U}{\partial t}$$

ここで，U は任意のスカラ関数である．電場についての詳細は省略するが，磁場については

$$\nabla \times (A + \nabla U) = \nabla \times A + \nabla \times (\nabla U) = \nabla \times A$$

となり，確かに A に「任意のスカラ場の勾配」を加えても，結果として得られる磁場は A が与えるものと同じとなる．その後，ヘヴィサイドやヘルツがマクスウェル方程式を記述するのにポテンシャルは必ずしも必要でないことを示し（→ p.260）．現在，我々が教わるマクスウェル方程式にはポテンシャルは含まれなくなった．

ところが，量子力学の発展とともに，上述のスカラポテンシャルとベクトルポテンシャル，まとめて**電磁ポテンシャル**は，数学的便法ではなく物理的実体である，と考えられるようになってきた．量子力学は，古典的には波と考えられる電磁波が**光子**という粒子のように振る舞う一方で，電子のように古典的には粒子と考えられる存在が波として振る舞うこともまた予言する．これを実験的に示すのはなかなか難しいが，**図1**のような装置を使えば，電子が波であることを実際に見ることができる．超高真空に保った装置の中に，電子を一つずつ打ち出せる電子銃を置く．検出器の前に二重スリットを置くと，検出器で検出される電子の位置はスリットの真後ろに二つのピークをもつと予想されるだろう．しかし，実験を行ってみると，電子は一つずつしか出ていないにもかかわらず，検出器上には光学の**二重スリット実験**のような干渉縞が現れる．これは，一つの電子が「二つのスリットを同時に通り干渉した」としか解釈できず，そのような振る舞いが可能なものは**波動**としか考えられない．

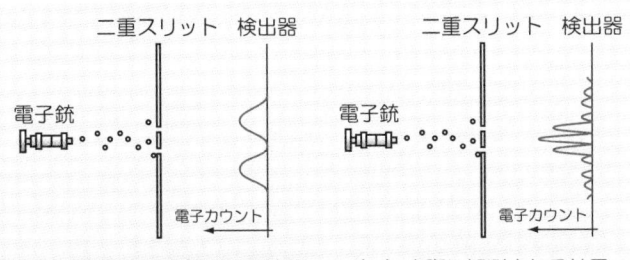

図1 電子の二重スリット実験．電子を波動と考えないと説明できない結果が得られる．

（a）古典論から予想される結果　　（b）実際に観測される結果

電子のような運動する荷電粒子が磁場の影響を受けるのは量子力学でも同様だが，量子力学は「磁場は存在しないがベクトルポテンシャルがある空間」を荷電粒子が運動するとき，粒子がその影響を受けることを予言する．これを，発見者の名前を冠して**アハラノフ-ボーム効果** (AB 効果) という．アハラノフ (Yakir Aharonov) とボーム (David Joseph Bohm) によれば，理想的な系では電子が以下のような振る舞いを示すことが予言される．

図2(b) のように，二重スリットの後ろに無限に長いソレノイドを置く．無限に長いソレノイドは，外側の磁場はゼロだがベクトルポテンシャルは存在する．簡単な計算で，ベクトルポテンシャルはソレノイドの電流と同じ方向に回るベクトル場で，中心からの半径 r に逆比例して減衰していくことがわかるだろう (演習問題 6.1 → p.204)．すると，検出器で検出される電子の分布は，電子が磁場を感じていないにもかかわらず，あたかも軌道を曲げられたかのように検出される位置がずれる．これは，電子波がベクトルポテンシャルを「感じて」，ソレノイド下側を通る波より上側を通る波が遅れて進んだ結果である．なお，同様の考え方で，「電場は存在しないがスカラポテンシャルがある空間」にも AB 効果があることを示すこともできる[11]．

AB 効果を実験的に確認できれば，物理学の歴史に残る偉業となる．しかし，AB 効果の実験的検証は困難を極める．なぜなら，現実の世界では「ベクトルポテンシャルはあるが磁場が存在しない空間」を作るのは不可能とも思われる難行だからだ．上の思考

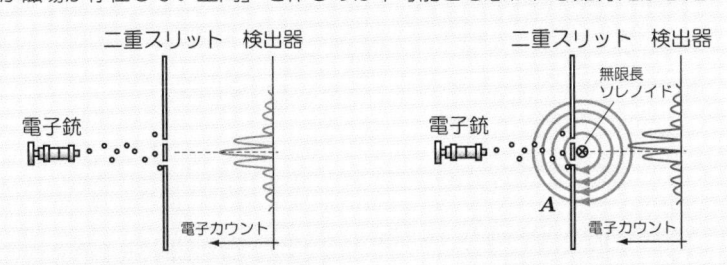

（a）ソレノイドが無い場合の干渉縞　　（b）ソレノイドを置くと電子の軌道が曲がる

図2 アハラノフ-ボーム効果の例．磁場はソレノイドの外側には存在しないはずなのに電子の軌道が曲げられる．

実験にしても，仮に電子がソレノイド外側に漏れ出した磁場の影響を受けているなら$-e\boldsymbol{v}\times\boldsymbol{B}$で同じ方向に曲げられるため，電子が曲がった，という事実のみで「AB効果の証拠」といい切るのは難しい．それゆえ，AB効果が提唱された当初はその存在そのものをめぐって激しい議論が繰り広げられたという．「AB効果を実験的に確認した」，と主張する物理学者は何人かいたものの，それらは嵐のような反論の前に消えていった．

そんな中，日本の日立製作所に勤める外村彰[†]は自ら開発した電子顕微鏡を用い，反論の余地のない絶対的な証拠を提出した．ある種の金属化合物を絶対零度近くまで冷やすと**超伝導状態**となるが，これは電気抵抗がゼロになる直接的な効果のほかに**完全反磁性**という状態も実現する．完全反磁性とは，「磁束を完全に排除する」効果で，超伝導体の中には外からの磁束が貫通することができないのだ．外村らのグループは，直径数 μm という極小のリング状永久磁石を超伝導体で包み，極低温に冷却して磁石が作る磁場を完全に閉じ込めた上でそれを電子顕微鏡の中に入れる，という困難な実験を試み，そして成功した (**図3**)．

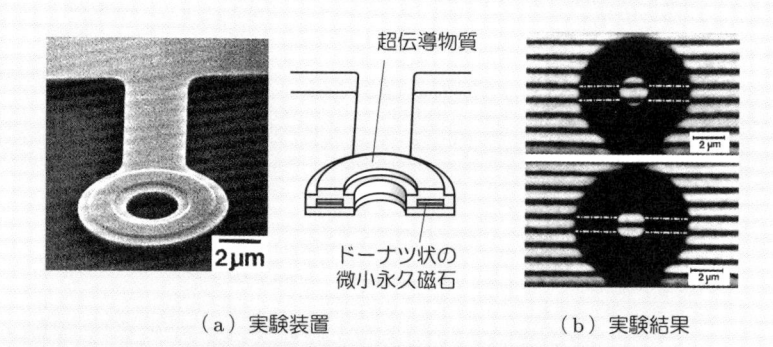

(a) 実験装置　　　　　　　　　(b) 実験結果

図3　外村らによるAB効果実証実験 [12]

出典：外村彰：岩波講座　物理の世界「量子力学への招待」，岩波書店 (2001)

量子力学の予言では，超伝導体に包まれたリング状の磁石が作るベクトルポテンシャルは，リングの外を通った電子波とリングの中を通った電子波に半波長の整数倍の位相差を生む．はたして，観測された電子波の干渉縞は，すべて「外側と内側が同じ」か「外側と内側が逆位相」かのどちらかであった．これは，干渉縞のずれが量子的効果で起こっている，という揺るぎない証拠である．

このようにして，古典電磁気学では虚構の存在と思われ，その基礎方程式からも取り除かれた「電磁ポテンシャル」は，現実の粒子に影響を与える物理的な実在であることが実験的に確かめられた．外村の行った完璧な実証実験には「歴史上最も美しい実験の一つ」という評価が与えられている．

[†] 本書執筆中の2012年5月に逝去．享年70歳．

第7章 磁性体と磁場

本章で学ぶことは二つある．一つは「磁性体」という概念で，もう一つは「磁場の強さ H」の意味だ．これらは，比較的難解な概念といえるが，すでに学んできた**誘電体**と**電束密度**の考え方と大変よく似たところがあり，第4章をもう一度読み返してから本章を読み進めれば，容易に理解することができるだろう．静電場に置かれた物質の振る舞いを**導体**と**絶縁体**に分けたように，静磁場に置かれた物質の振る舞いを考える．しかし，磁場には電荷に相当する**磁荷**はなく，自由な磁荷が生む**磁流**も存在しない．したがって，この世のあらゆる物質は基本的に誘電体と同様に振る舞い，これを**磁性体**とよぶ．しかし，磁性体が外部の磁場にどう反応するかの程度は物質により10桁も異なるため，我々はこれらを**常磁性体**と**強磁性体**として区別する．特に，強磁性体には**ヒステリシス**とよばれる特異な現象がみられ，これが我々が**磁石**とよんでいるものの正体であることがわかる．また，誘電体では考えられない，外部の磁場に反発するように反応する**反磁性体**なるものがあることも学んでいこう[†]．そして，誘電体のある空間が「物質の誘電率」で代表できるように，磁性体のある空間は**物質の透磁率**で代表される．このとき磁場を記述するのに便利なように定義されるベクトル場が**磁場の強さ H** である．

したがって，(E-B) 対応の電磁気学において H は近似的概念であり，これを「使うべきではない」と明記した教科書もある．しかし，その有用性は電束密度 D にも勝るものであり，それが「(E-H) 対応」の電磁気学が今でも教えられる理由の一つでもある．本書では磁場の強さ H の有用性を強調し，それを使いこなして「実戦で使える」電磁気学を身につけることを目的とする．

7.1 磁石の正体

第6章で述べたように，あらゆる場所で $\mathrm{div}\, \boldsymbol{B} = 0$ なら，磁場を発する**磁荷**は存在しない．そして，現在のところまだ磁荷は発見されておらず，すべての磁束線はつな

[†] きわめて特殊な物質だが，**反強誘電体**とよばれるものはある．一方の反磁性は身の回りの多くの物質に存在する．

がっている.それでは,磁石が磁場を発生するしくみは何によるものなのだろうか.磁石を二つに分割すると,それぞれが半分の大きさの磁石になることはよく知られているが,磁石を分割して行って,到達する最終的なものは何だろうか.それは,一つの原子である.

あらゆる原子は,正電荷をもつ原子核の周りを,負電荷の電子が取り囲む構造をとっている.量子力学的には,電子を記述する波動関数が原子核の周りで定在波になっているため電子が安定に存在できるわけだが,これを,「電子が原子核の周りを回っている」と考えても非常によい近似となることが知られている.また,電子自身も,「コマのように回転している」と考えることができて,これを**電子スピン**とよぶ.つまり,原子核は,極微小の回転する負電荷に囲まれているといってもよい.回転する電荷はループ電流なので磁場を生じるはずである.世の中でもっとも小さい単位の磁石は,原子核に束縛された1個の電子が作るループ電流だったのである.

しかし,世の中には,(たとえば磁石にくっつくといった) ひと目でそれとわかるほど大きな磁気的性質を示す材料はそれほど多くない.理由は簡単で,一般に原子に束縛された電子は半数ずつ反対向きに回っており,電流が互いに打ち消し合うためである.最外殻の電子が奇数のものは常温では単体で存在できず,必ず化合物を作る.この場合も,共有される二つの電子は電流が逆方向になり打ち消し合うので,やはり巨視的な磁場は生じない.逆に言えば,強力な磁石になるような材料は,何らかの理由で電流が相殺されないと考えるとその性質をうまく説明することが可能だろう.実際に,鉄やコバルト,ニッケルのような遷移金属元素は,最外殻でない内側の軌道を回る電子がペアを構成せずとも安定に存在できることが知られており,これが強い磁気的現象を生む源である.図 **7.1** は鉄原子の電子配置である.鉄は 3d 軌道の 4 個の電子がペアをもたないため際だって大きな磁性を示す.

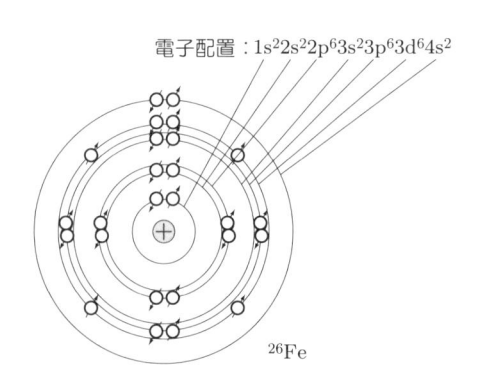

電子配置:$1s^2 2s^2 2p^6 3s^2 3p^6 3d^6 4s^2$

^{26}Fe

図 **7.1** 鉄 (Fe) 原子の電子配置.記号法については他書を参照のこと.

ともかく，20 世紀までの物理学者たちの努力によって，物質とは，微小ループ電流の集合体であることが明らかにされた．これを出発点として，物質と磁場の関係を古典電磁気学の立場から考えてみよう．その理論展開は，物質を正・負電荷のユニットと考えた**誘電体**の理論と驚くほどの類似性，対称性をもっており，再び古典電磁気学の美しさと整合性を味わうことができるだろう．本章はぜひ第 4 章を振り返りながら読み進めてもらいたい．

7.2 磁気モーメント

7.2.1 磁気モーメントの定義

はじめに，一つの原子，すなわち極小なループ電流は周りにどのような磁場を作るか，これを議論のスタート地点としよう．ループ電流を**図 7.2** のように，z 軸方向が面の法線になるよう置いてみる．ループは観測点 P までの距離 r に比べ小さく，形は任意とする．このループ電流が作るベクトルポテンシャルは，定義に従って

$$\boldsymbol{A}(\boldsymbol{r}) = \frac{\mu_0 I}{4\pi} \oint_s \frac{\mathrm{d}\boldsymbol{s}}{R} \qquad (\boldsymbol{R} = \boldsymbol{r} - \boldsymbol{r}')$$

である．これを，近似なしで具体的に積分するのは相当大変であるが，P 点はループ電流より充分離れた所にあるとしたので近似が使える．

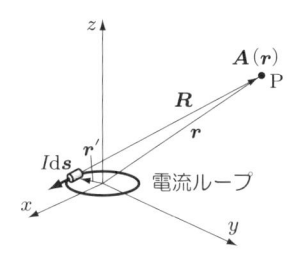

図 7.2 微小な電流ループが作るベクトルポテンシャルを考える

説明を楽にするため，$\boldsymbol{r}$ の方向に x 軸をとる．ループの形は任意としたので，x 軸をどうとっても自由である．

さて，任意のループ電流は，**図 7.3** のように，x 方向に流れる電流素片 I_x と y 方向に流れる電流素片 I_y に分解できる．そして，すべての I_x は，P 点からみて等距離にそれとペアになる反対向きの電流素片があるため，I_x が作るベクトルポテンシャルは P 点では打ち消し合うことがわかる．一方，I_y も，同じ y 座標で逆方向に流れるペアの電流素片の集合と考えることができるが，これらは P 点までの距離 R が異な

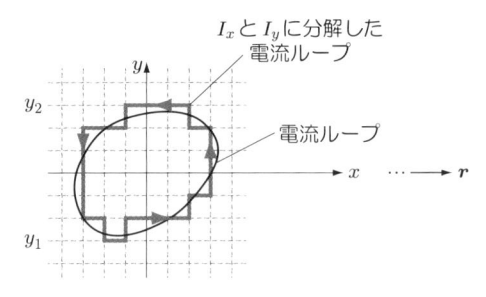

図 7.3 電流ループを I_x と I_y に分解する

り，完全に相殺されない．一つのペアが作るベクトルポテンシャル $\mathrm{d}\boldsymbol{A}$ は y 軸方向をもち，大きさは以下のように表される．

$$\mathrm{d}A = \mathrm{d}A_+ + \mathrm{d}A_- = \frac{\mu_0}{4\pi}\frac{I\mathrm{d}y}{r_+} - \frac{\mu_0}{4\pi}\frac{I\mathrm{d}y}{r_-}$$

これは，電気双極子の作るポテンシャルとよく似ている (→ p.121)．したがって同じような近似を使い，$\mathrm{d}A$ を求めることができるだろう．原点にあり，y 軸方向を向いた電流素片 $I\mathrm{d}s$ を考える．この電流素片が作るベクトルポテンシャルを $\mathrm{d}\boldsymbol{A}_0$ としよう．大きさは

$$\mathrm{d}A_0 = \frac{\mu_0}{4\pi}\frac{I\mathrm{d}y}{r} \tag{7.1}$$

と表される．**図 7.4** から，$\mathrm{d}\boldsymbol{A}_+$ は $\mathrm{d}\boldsymbol{A}_0$ を P 点から x 軸方向に $-\Delta x/2$ だけ動いて観察したものに等しいから，以下の関係が成り立つことがわかる．

$$\mathrm{d}A_+ = \mathrm{d}A_0 + \frac{\partial \mathrm{d}A_0}{\partial x}\left(-\frac{\Delta x}{2}\right)$$

一方 $\mathrm{d}\boldsymbol{A}_-$ は $\mathrm{d}\boldsymbol{A}_0$ と向きが逆で，大きさは $\mathrm{d}\boldsymbol{A}_0$ を P 点から x 軸方向に $\Delta x/2$ だけ動いて観察したものに等しいから，

$$\mathrm{d}A_- = -\mathrm{d}A_0 - \frac{\partial \mathrm{d}A_0}{\partial x}\left(\frac{\Delta x}{2}\right)$$

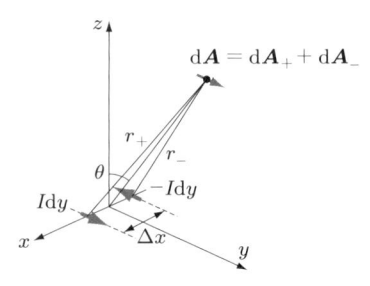

図 7.4 ペアの I_y が r に作るベクトルポテンシャルを計算する

を得る．足せば

$$dA = dA_+ + dA_- = -\frac{\partial dA_0}{\partial x}\Delta x$$

である．ここで Δx は二つの電流素片の距離で，今考えている位置におけるループの幅に等しい．$r = \sqrt{x^2 + y^2 + z^2}$ だから計算すると

$$dA = \frac{\mu_0}{4\pi}\frac{Idyx}{r^3}\Delta x = \frac{\mu_0}{4\pi}\frac{Idy\sin\theta}{r^2}\Delta x$$

を得る．ここで，$\sin\theta = x/r$ を使った．

点 P で感じられるベクトルポテンシャルは，これら dA をループの端から端まで積分したものに等しい．図 7.3 のようにループ両端の y 座標を y_1, y_2 とすると，積分は

$$A = \frac{\mu_0}{4\pi}\int_{y_1}^{y_2}\frac{I\sin\theta}{r^2}\Delta x dy$$

である．ところで，$\int_{y_1}^{y_2}\Delta x dy$ が，ループの面積に等しくなることに気がついたろうか．これを dS と置こう．すると，ベクトルポテンシャルの大きさは

$$A = \frac{\mu_0}{4\pi}\frac{IdS}{r^2}\sin\theta \tag{7.2}$$

となる．向きは，電流が y 方向に流れているのだから，y 軸に平行な向きである．x 軸は任意に取れたのだから，あらゆる場所で式 (7.2) が成り立つことが期待される．つまり，ベクトルポテンシャルは，「xy 平面に平行で，電流と同じ向きに回るベクトル場」となる．3 次元的に表現すると **図 7.5** のようになる．

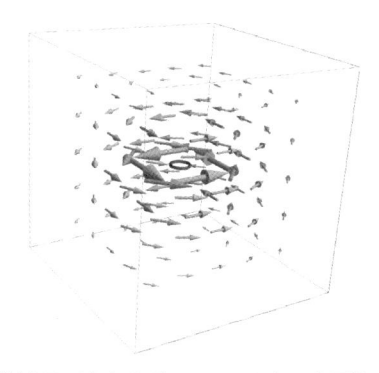

図 7.5 微小電流ループが作るベクトルポテンシャルを 3 次元的に表現したイメージ．中央のリングが電流ループ．

さて，ここで数学的な記述を工夫しよう．微少電流ループがもつ物理量は「電流の大きさ」と「電流が囲む面積」だけだから，これらを掛けてループ面の法線方向をもつベクトルで表せば，微少電流ループがもつ特徴を完全に記述できるだろう．そこで，

$\boldsymbol{m} = I\mathrm{d}\boldsymbol{S}$ を電流ループの「磁気モーメント」と定義する．磁気モーメントの次元は (電流)×(面積) だから，$[\mathrm{Am}^2]$ である．ここで，$|\mathrm{d}\boldsymbol{S} \times \hat{\boldsymbol{r}}| = \mathrm{d}S\sin\theta$ で，$\mathrm{d}\boldsymbol{S} \times \hat{\boldsymbol{r}}$ ベクトルが向く方向がちょうど $\boldsymbol{A}$ の方向に一致することを考えれば，$\boldsymbol{A}$ は

$$\boldsymbol{A} = \frac{\mu_0}{4\pi}\frac{\boldsymbol{m} \times \hat{\boldsymbol{r}}}{r^2} \tag{7.3}$$

と，美しい形にまとめることができる．これは，電荷が作る電気双極子ポテンシャル

$$\phi = \frac{1}{4\pi\varepsilon_0}\frac{\boldsymbol{p} \cdot \hat{\boldsymbol{r}}}{r^2}$$

とほとんど同じ形をしている．

さて，ここから，磁気モーメントが発する磁場を計算してみよう．計算は，$\boldsymbol{B} = \mathrm{rot}\,\boldsymbol{A}$ を，電気双極子のときと同様に極座標で実行する．ここで，$\boldsymbol{A}$ は φ 成分しかもたず，大きさが

$$A_\varphi = \frac{\mu_0 m}{4\pi}\frac{\sin\theta}{r^2}$$

と表されることに注意しよう．計算結果は

$$B_r = \frac{1}{r\sin\theta}\left[\frac{\partial(\sin\theta A_\varphi)}{\partial\theta} - \frac{\partial A_\theta}{\partial\varphi}\right] = \frac{\mu_0 m}{4\pi r^3 \sin\theta}\frac{\partial}{\partial\theta}\sin^2\theta = \frac{\mu_0 m}{2\pi}\frac{\cos\theta}{r^3} \tag{7.4}$$

$$B_\theta = \frac{1}{r}\left[\frac{1}{\sin\theta}\frac{\partial A_r}{\partial\varphi} - \frac{\partial(rA_\varphi)}{\partial r}\right] = -\frac{1}{r}\frac{\partial}{\partial r}\left\{\frac{\mu_0 m \sin\theta}{4\pi r}\right\} = \frac{\mu_0 m}{4\pi}\frac{\sin\theta}{r^3} \tag{7.5}$$

と，電気双極子が作る電場とまったく同じ分布の磁場ができていることがわかる (→ p.123)．電気双極子と磁気モーメントの数学的記述，およびそれらが作る電場，磁場を **表7.1** にまとめた．

表7.1 電気双極子と磁気モーメントの数学的記述

	電気双極子	磁気モーメント
ポテンシャル	$\phi = \dfrac{1}{4\pi\varepsilon_0}\dfrac{\boldsymbol{p}\cdot\hat{\boldsymbol{r}}}{r^2}$	$\boldsymbol{A} = \dfrac{\mu_0}{4\pi}\dfrac{\boldsymbol{m}\times\hat{\boldsymbol{r}}}{r^2}$
電場，磁場	$E_r = \dfrac{p}{2\pi\varepsilon_0}\dfrac{\cos\theta}{r^3}$ $E_\theta = \dfrac{p}{4\pi\varepsilon_0}\dfrac{\sin\theta}{r^3}$	$B_r = \dfrac{\mu_0 m}{2\pi}\dfrac{\cos\theta}{r^3}$ $B_\theta = \dfrac{\mu_0 m}{4\pi}\dfrac{\sin\theta}{r^3}$

> **磁気モーメントの定義**
> $$\bm{m} = I\mathrm{d}\bm{S} \quad [\mathrm{Am}^2]$$
> **磁気モーメントの作るベクトルポテンシャル**
> $$\bm{A}(\bm{r}) = \frac{\mu_0}{4\pi} \frac{\bm{m} \times \hat{\bm{r}}}{r^2}$$
> **z軸を向く磁気モーメントが発する磁場**
> $$B_r = \frac{\mu_0 m}{2\pi} \frac{\cos\theta}{r^3}, \quad B_\theta = \frac{\mu_0 m}{4\pi} \frac{\sin\theta}{r^3}$$

したがって，磁気モーメントの集合体と考えられる物質に外部磁場が加えられたときの反応は，誘電体に電場が加えられたときの反応と極めて似たものになることが予想される．しかし，物質の電場に対する応答が**導体**と**絶縁体**に分かれるのに対して，磁場に対して導体のように振る舞う物質はない．物質をその磁場に対する応答の立場で考えるとき，これを誘電体に対応して**磁性体**とよぼう．磁性体にもいくつか種類があり，これについては後述する．

7.2.2 (E-H) 対応と磁気双極子モーメント

本書は，磁場に対しては (E-B) 対応の立場を貫くと宣言した．しかし，今でも磁性物性の世界では (E-H) 対応から出た物理量も広く使われている．ここで，混乱のないように (E-H) 対応における「磁気双極子モーメント」に触れておこう．

(E-H) 対応の立場では，一つの磁性体原子は「正負の磁荷 q_m が距離 d 離れて置かれたもの」と定義し，これを**磁気双極子**とする．ここで磁荷の単位は [Wb] である．点磁荷が発する磁場が以下の磁気クーロンの法則

$$\bm{H} = \frac{q_\mathrm{m}}{4\pi\mu_0 r^2} \hat{\bm{r}} \tag{7.6}$$

に従うとき，磁気双極子の発する磁場は電気双極子が発する電場に一致するから，結果としてそれは磁気モーメントの発する磁場とまったく同じ分布になる．つまり，磁性体の原子をこうモデル化しても一向に差し支えない，ということがわかる (**図7.6**)．

もちろん，ここでいう「磁荷」は仮想的な存在で，正負に分割することはできない．それさえしっかり押さえておけば，(E-H) 対応の電磁場理論は (E-B) 対応と等価なものである．磁気双極子の性質を定義する物理量は，電気双極子との類推から (磁荷量) × (磁荷間距離) で $\bm{p}_\mathrm{m} = q_\mathrm{m}\bm{d}$ となるだろう．この物理量を**磁気双極子モーメント**とよぶ．電気双極子が作る電場がスカラポテンシャル場であることから，磁気双極子モーメントのみからなる静磁場系は，やはりスカラポテンシャル場である．第6章

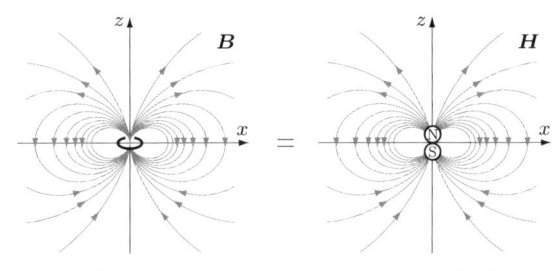

(a) ループ電流モデル(E-B)　(b) 双極子モデル(E-H)

図 7.6 (E-H) 対応における磁性体原子のモデル．原子は「磁気双極子モーメント」と考えるが，結果として発せられる磁場は電流モデルと変わらない．

で静電場にはスカラポテンシャルが定義できないことを示したが，それは「電流が中を貫く周回積分」が存在するからで，原子のループ電流を貫くことはできないと考えればスカラポテンシャル場が定義できる．磁気双極子が張るスカラポテンシャルは電気双極子が張るスカラポテンシャルとまったく同じ数式で記述できる．すなわち

$$\phi_{\mathrm{m}} = \frac{1}{4\pi\mu_0} \frac{\boldsymbol{p}_{\mathrm{m}} \cdot \hat{\boldsymbol{r}}}{r^2} \qquad (7.7)$$

である．

磁場 $\boldsymbol{H}$ を計算するには，静磁スカラポテンシャルの grad を取り，

$$\boldsymbol{H} = -\nabla \left(\frac{1}{4\pi\mu_0} \frac{\boldsymbol{p}_{\mathrm{m}} \cdot \hat{\boldsymbol{r}}}{r^2} \right) \qquad (7.8)$$

とすればよい．このようにポテンシャルがスカラ場で記述できる簡便さが，主に磁石を扱う磁性物性の世界で (E-H) 対応が好まれる理由の一つである．磁気双極子モーメントの次元は定義から [Wbm] となり，微小電流ループのもつ「磁気モーメント」の次元 [Am^2] とは異なる．しかし便利なことに，同じ磁場を発する磁気モーメントと磁気双極子モーメントの大きさの違いはちょうど μ_0 である．次元も整合していることを確認すること．

磁気双極子モーメントの定義 (E-H 対応)

$$\boldsymbol{p}_{\mathrm{m}} = q_{\mathrm{m}} \boldsymbol{d} \qquad (7.9)$$

同じ磁場を発する磁気モーメントと磁気双極子モーメントの関係

$$\boldsymbol{p}_{\mathrm{m}} = \mu_0 \boldsymbol{m} \qquad (7.10)$$

7.3 磁性体

7.3.1 磁気モーメントの整列と磁化

原子は微小なループ電流，すなわち磁気モーメントとみなせることはすでに述べたが，それでも外部から磁場がかかっていないときは個々の原子はランダムな方向を向いているから，充分な原子を含む微小体積を見ると全体としては磁気モーメントは打ち消し合っている．いま，非常に小さいが充分な原子を含む立方体をとり，この体積が発する磁場を考えよう．図 **7.7**(a) のように，外部磁場が掛かっていない状態では内部に含まれる原子の磁気モーメントはランダムで，これらが打ち消し合う結果，体積外部からは磁場が観測されない．これは体積内部に磁気モーメントがないことと等価である．

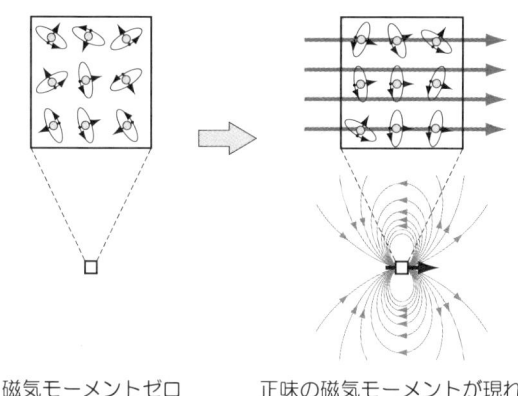

磁気モーメントゼロ　　　　正味の磁気モーメントが現れる

（a）外部磁場なし　　　　（b）外部磁場あり

図 7.7 外部磁場に置かれた原子集団の振る舞い．個々の原子がもつ磁気モーメントは外部磁場がないときは打ち消し合っているが，外部磁場の元では正味の値をもつようになる．

ところが，磁性体に外部から磁場を加えると，図 (b) のように個々の磁気モーメントが整列し，打ち消し合いが破れる．結果として体積は正味の磁場を発生する[†]．左の状態と右の状態で内部に含まれる原子の数は変わらないが，右の状態を「この体積にはある密度 n で磁気モーメント $\bm{m}$ が存在する」と解釈しても構わないだろう．

誘電体においては，個々の原子の電気双極子モーメント $\bm{p}$ は分極 $\bm{P}$ と $\bm{P} = n\bm{p}$ なる関係があった（→ p.125）．これは，巨視的な分極は，「電気双極子モーメントの密

[†] 実際には磁気モーメントの整列はもっと複雑な現象だが，ここは本質的なところを理解してもらうため簡単に考える．

度」という物理量であることを表している．電気双極子と磁気モーメントは同じ「場」を発しているわけだから，静電場の分極ベクトルに相当する量 M を以下のように定義するのは合理的であろう．

$$M = nm \tag{7.11}$$

M は**磁化ベクトル**とよばれ，次元は $[\mathrm{m}^{-3}]\times[\mathrm{Am}^2]=[\mathrm{A/m}]$ となる．

分極ベクトル P には「単位断面を横切った電荷量」という具体的なイメージがあったが，磁化ベクトル M にはそれに相当するものはない．なぜなら，「磁荷」なるものはもともと存在しないので．しかし，分極電荷とて，実際は原子から電子が飛び出すわけではないのに巨視的な電荷が観測されることを我々は見た (→ p.120)．したがって巨視的磁化ベクトル M も，「正負の磁荷を連続な磁荷密度と考えたときの，正・負磁荷のずれ」と理解すればよいのではないか．磁化のもっと直接的で直感的なイメージは次の項で再び考えるが，しばらくは磁化を「分極した磁荷」のモデルで表して考えよう．

このように考えると，**図 7.8** のように外部磁場のもとに置かれた磁性体は両端に正味の磁荷が現れる．これを仮に**分極磁荷**とよぼう．これは (E-H) 対応の考え方である．分極電荷が電場 E を発するのと同様，分極磁荷は H ベクトルを発するだろう．すると，磁力線 (H を結んだ線) は**図 7.9** のように磁性体両端で不連続となる．これは，第 6 章で「磁束密度ベクトル B はどこでも切れずにつながっている」ことを示したのと対照的な性質である．ちょうど，「電束密度ベクトル D は分極電荷では終端

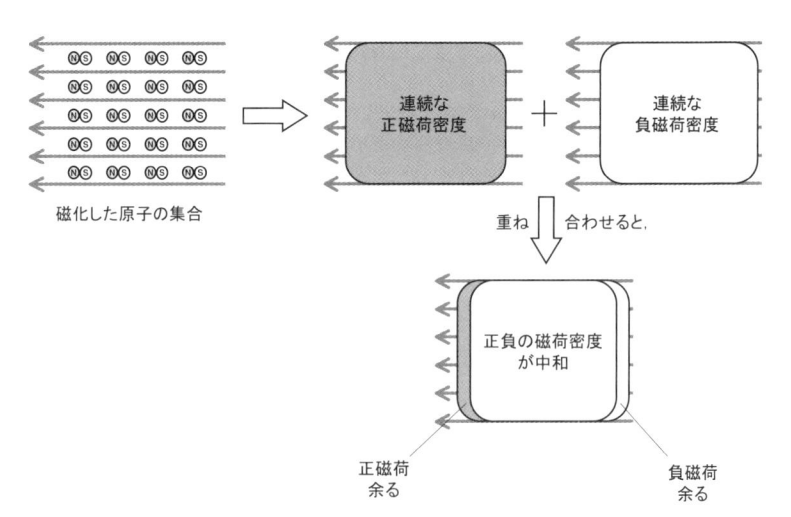

図 7.8 磁性体の磁化を「磁荷」が分極した，と考えたモデル．磁荷を粗視化して連続な磁荷密度と考え，重ね合わせると，磁性体の両端に分極磁荷が表れる．

7.3 磁性体　219

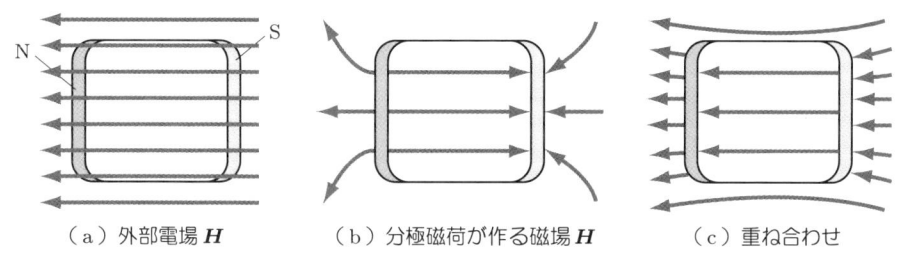

（a）外部電場 H　　　（b）分極磁荷が作る磁場 H　　　（c）重ね合わせ

図 7.9 外部磁場 (a) と分極磁荷が作る磁場 (b)．重ね合わせた，図 (c) のような磁場が結果として観測される．

しないが，電場ベクトル E は分極電荷で終端する」のに対応している．

> 磁性体の磁化ベクトル M を，「磁気モーメントの密度」と定義した．この意味を「磁荷」を使い説明するなら，磁化とは連続分布と考える正 (N)，負 (S) の磁荷密度がわずかにずれた状態と考えられる (図 7.8)．

7.3.2 磁化電流

続いて，原子磁石を微細なループ電流と考えたモデルで磁化 M がどのように表現されるかを考えよう．はじめに，個々の磁気モーメントは一辺が l の立方体で，その側面に沿って一様な電流 I が流れているとする．こうすると，物質とはこれらの磁気モーメントが隙間なくぎっしりと詰まった状態と考えることができ，しかも隣り合う立方体の電流の打ち消し合いを正確に記述できる．このとき，個々の磁気モーメントの大きさは定義から $m = Il^2$ である．

図 7.10 は 1 辺の長さが L の立方体を示しているが，ここには $(L/l)^3$ 個の磁気モーメントがあり，その密度は $n = 1/l^3$ となる．この立方体は磁気モーメントの集合体だが，側面に沿って電流が流れていると考えられる．なぜなら，磁気モーメントをぎっしり詰め込むと隣り合う立方体の電流が逆方向となり相殺するが，一番外側の磁気モーメントの，立方体表面に沿った面だけは打ち消し合う相手がいないためである．これを**磁化電流**と名づける．さて，この立方体の側面を流れる磁化電流はというと，これは簡単な計算で IL/l とわかる．

次に，この立方体を，**図 7.11** のように磁気モーメントの向きに沿って並べてみよう．このとき，積み上げた立方体の側面を流れる電流は，単位長さあたり I/l となる．そして，この「単位長さあたり流れる電流」を M [A/m] とすると，M は磁気モーメントの密度と個々の磁気モーメントの大きさの積で

220   第7章 磁性体と磁場

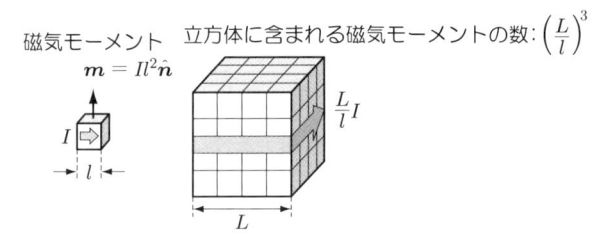

図 7.10 磁気モーメントを，微小な立方体の側面を流れる電流で表す

$$M = \frac{I}{l} = \frac{Il^2}{l^3} = nm \qquad (7.12)$$

と表せ，これは立方体の大きさ L によらず成立する．式 (7.12) の右辺は**磁化**の定義そのものだから，(E-B) 対応における磁化電流の直感的イメージは以下のように考えることができる．

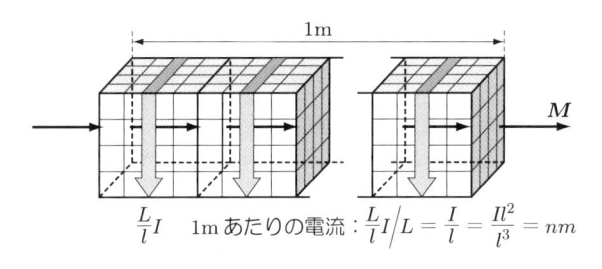

図 7.11 「磁化」とは，磁性体に任意の体積を取ったとき，単位長さあたりに流れる磁化電流の大きさと考えられる

> (E-B) 対応による解釈では，磁化ベクトル M は磁性体において任意の体積をとったとき，その体積の外周を回るように流れる 1 m あたりの電流の大きさをもち，電流の向きに対して右ねじのベクトルと考えられる．

磁化ベクトルが同じ立方体を横に並べて置くとそれらの電流は逆方向で相殺するから，電流はどんな体積を取っても常にその一番外側にのみ観測されることがわかる．

7.3.3 磁化 M の回転と磁化電流の関係

　磁性体に発生する磁化ベクトルは外部磁場の向きと大きさによるから，均一とはならない．前項で，我々は磁性体が磁化ベクトル M をもつとき，どんな体積をとってもその側面を回る電流が観測され，その大きさは磁化ベクトルに沿って 1 m あたり

M [A] であることを見た．しかしこの電流は，隣に同じ磁化をもつ体積を並べると相殺して消えてしまう．

逆に考えれば，磁化ベクトルが場所により異なるとき，磁化電流は完全に打ち消し合わずに正味の電流が観測されることが期待できるだろう．この，正味観測される磁化電流密度を J_m [A/m^2] で表そう．このとき，以下の関係が成立することが示される．

> 空間的に不均一な磁化 M は正味の磁化電流を作る．磁荷電流密度 J_m は
> $$J_\mathrm{m} = \mathrm{rot}\, M \tag{7.13}$$
> で与えられる．

これは，静電場において，$\rho_\mathrm{pol} = -\mathrm{div}\, P$ なる関係があることと対応している．静磁場の場合，源は電流だから関係式も静電場とまったく同じというわけにはいかず，発散が回転になる．

では次にこの関係を証明しよう．式 (7.13) を，一般的な磁化ベクトルに対して証明するのは数学的に厄介なだけで，直感的な意味が把握しにくい．そこで本書では，数学的厳密性をある程度捨て，わかりやすく上の定理を証明することとする．

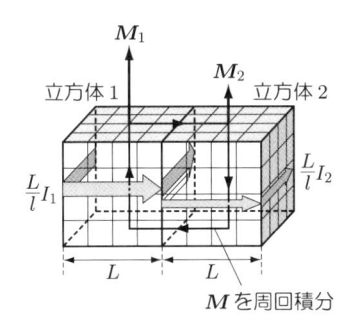

図 7.12 異なる磁化をもつ二つの立方体が隣り合わせにあるとき，その境界面に垂直な面で M を周回積分する

図 7.12 のように，異なる磁化をもつ二つの体積が並んで置かれている場合を考える．簡単のために，立方体 1 と立方体 2 の磁化ベクトルは，向きは同じでわずかに大きさのみが異なるとしよう．すると，この二つの微小体積の界面では電流は完全に打ち消し合わず，その大きさは

$$I_\mathrm{c} = (I_1 - I_2)\frac{L}{l}$$

となる.一方,これらの体積における磁化ベクトル M は電流に対して右ねじの方向で,大きさは式 (7.12) からそれぞれ $\frac{I_1}{l}, \frac{I_2}{l}$ である.ここで,二つの体積にまたがった縦の 1 回転で M を周回積分しよう.するとその値は

$$\oint M \cdot d s = M_1 L - M_2 L = (I_1 - I_2)\frac{L}{l}$$

と,ちょうど I_c に一致する.これをループの面積で割ると,

$$\frac{\oint M \cdot d s}{L^2} = \frac{I_c}{L^2}$$

となり,左辺は $\mathrm{rot}\, M$ の定義そのものである.一方右辺は面積 L^2 の領域に流れる電流を面積で割ったものだから,これはこの面に流れる電流密度 J_m となる.$\mathrm{rot}\, M$ の向きは周回積分の向きに対して右ねじの方向,図 7.12 手前から奥の向きで,これは電流の向きに一致する.したがって $J_\mathrm{m} = \mathrm{rot}\, M$ が示された.**表 7.2** に,誘電体の分極と磁性体の磁化を対応させてまとめておいた.

表 7.2 誘電体の分極と磁性体の磁化の類似性と対応関係

	分 極	磁 化
定 義	$P = n p$	$M = n m$
生じる電荷・電流	$\rho_\mathrm{pol} = -\mathrm{div}\, P$	$J_\mathrm{m} = \mathrm{rot}\, M$

誘電体の分極ベクトルと同様,磁性体の磁化ベクトルも,一般に場所によって大きく異なることはない.すると,磁化電流が現れるのは今までの議論から磁性体の端面であることがわかるだろう.**図 7.13** のような,均一な磁場中に置かれた円柱状の磁性体の場合,内部の磁化ベクトル M はあらゆるところで一定と近似でき,このとき磁性体側面で $\mathrm{rot}\, M$ をとればそれは無限大に発散する.この場合は,側面の無限に薄い表面に磁化電流が流れていると考える.

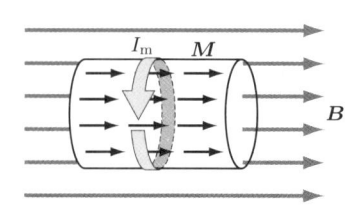

図 7.13 均一な磁場中に置かれた磁性体の磁化の様子と表面に沿って流れる磁化電流

ここでいくつか注意しておくことがある.一つは,ここで表れた磁化電流は,仮想的な存在ではなく本物の電流である,ということだ.したがって磁化電流は磁場を作

る．しかし，一方で，磁化電流は電子が磁性体の表面に沿ってぐるぐると回っているものではない，ということにも注意する必要がある．たとえば，ローラーコンベアは，多数のローラーがその場で回転しているだけなのに，荷物の「流れ」を作れることを想像するとよい．これは，誘電体において，電子はその主人たる原子から離れることはないにもかかわらず，巨視的な電荷が表れることと類似している．くり返すが，このアイデアを理解することが，古典電磁気学を理解するためにはどうしても必要である．「電流とは電子の流れである」といった，高校までに習った物理の常識にとらわれない発想をもってもらいたい．

7.4 物質の透磁率

7.4.1 磁化率と物質の透磁率

これで，前提となる事象の説明は終わりである．それでは，実際に，電流が作る磁場のなかに磁性体が置かれている場合に成り立つ法則について考えよう．磁場の基本法則であるアンペールの法則は，電流が真の電流であろうと，磁性体内部の磁化電流であろうと平等に成立する．したがって，図 **7.14** において，

$$\oint_s \boldsymbol{B} \cdot \mathrm{d}\boldsymbol{s} = \iint_S (\mu_0 \boldsymbol{J} + \mu_0 \boldsymbol{J}_\mathrm{m}) \cdot \mathrm{d}\boldsymbol{S} \tag{7.14}$$

が成立する．これは，静電場の問題においてガウスの法則を適用するとき，Q_free と Q_bound の両方を考慮しなければならないことに似ている．ところが，磁化電流密度 $\boldsymbol{J}_\mathrm{m}$ は，真の電流 I_true に誘導されてできたものだから，その大きさは I_true の大きさ，位置次第で予測困難である．これは，大きさが制御できる自由な電流に比べて扱いに

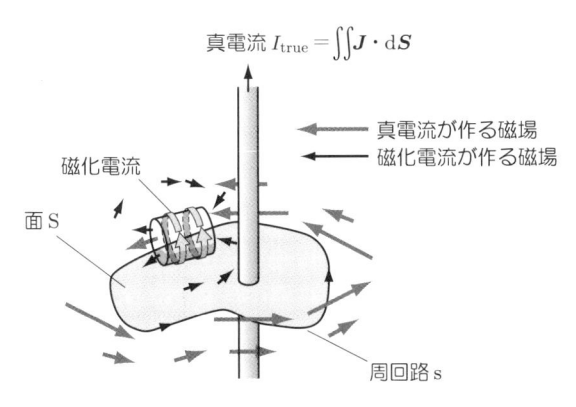

図 7.14 磁場中に置かれた磁性体と，磁性体をくぐる積分路で考えるアンペールの法則

くい. そこで, これをアンペールの法則の中に取り込むことを考えよう.

式 (7.14) の左辺にストークスの定理を使い, 面積分に直せば磁化電流を含んだアンペールの法則の微分形が得られる.

$$\iint_S \mathrm{rot}\boldsymbol{B} \cdot \mathrm{d}\boldsymbol{S} = \iint_S (\mu_0 \boldsymbol{J} + \mu_0 \boldsymbol{J}_\mathrm{m}) \cdot \mathrm{d}\boldsymbol{S} \quad \longrightarrow \quad \mathrm{rot}\boldsymbol{B} = \mu_0 \boldsymbol{J} + \mu_0 \boldsymbol{J}_\mathrm{m}$$

ここに式 (7.13) を代入すると, 以下の形を得る.

$$\mathrm{rot}\boldsymbol{B} = \mu_0 \boldsymbol{J} + \mu_0 \mathrm{rot}\boldsymbol{M} \quad \longrightarrow \quad \mathrm{rot}\left(\frac{\boldsymbol{B}}{\mu_0} - \boldsymbol{M}\right) = \boldsymbol{J} \qquad (7.15)$$

7.4.2 「磁場の強さ H」の定義

ここで, 式 (7.15) 左辺の $\left(\dfrac{\boldsymbol{B}}{\mu_0} - \boldsymbol{M}\right)$ を, **磁場の強さ H** と定義する. (E-B) 対応の電磁気学では, ここに来てはじめて $\boldsymbol{H}$ ベクトルに物理的意味が与えられる. 式 (7.15) から $\boldsymbol{H}$ の次元は磁化 $\boldsymbol{M}$ と同じで, [A/m] である. さて, $\boldsymbol{H}$ にはどのような意味があるのだろうか. 定義式を以下のように変形してみよう.

$$\boldsymbol{B} = \mu_0 \boldsymbol{H} + \mu_0 \boldsymbol{M} \qquad (7.16)$$

磁性体がないとき, そこに磁化はないから, その関係は $\boldsymbol{B} = \mu_0 \boldsymbol{H}$ である. したがって, 式 (7.16) は, 磁性体が存在する場所の磁場を「電流が作った磁場」と「磁化電流が作った磁場」に分けたもの, と解釈できる. では, 本当に磁化電流が作った磁場は $\mu_0 \boldsymbol{M}$ と表せるのだろうか. 図 7.11 (→ p.220) を見ながら定性的に考えよう. 図 7.11 では, 磁化ベクトル $\boldsymbol{M}$ を取り巻くように磁化電流が流れている. 単位長さあたりの磁化電流の大きさが M に等しいことはすでに見た. これは, ソレノイドに流れる電流と同じ分布であるので, ソレノイド内部の磁場の公式

$$B = \mu_0 n I$$

n 　巻き線密度 [m^{-1}] 　　　　　　I 　電流 [A]

が使える. ここで, nI が「ソレノイドの単位長さあたり電流」に等しいことに気づけば, 磁化電流が作る磁場 B_m は

$$B_\mathrm{m} = \mu_0 M$$

となり, $\mu_0 M$ が「磁化電流が作る磁場」に一致することが示された. もちろん, ソレノイド内部の磁場の向きはソレノイドの軸に沿った方向なので, これは $\boldsymbol{M}$ の方向に一致する. つまり, 「磁場の強さ H」は, その場所の磁場 $\boldsymbol{B}$ から「自由な電流がつくった磁場」のみを取り出し μ_0 で割ったもの, と解釈できる.

式 (7.15) を $\boldsymbol{H}$ を使い書き直すと,

> **磁場の強さ H で表したアンペールの法則 (微分形)**
> $$\mathrm{rot}\,\boldsymbol{H} = \boldsymbol{J} \tag{7.17}$$
> **磁場の強さ H で表したアンペールの法則 (積分形)**
> $$\oint_s \boldsymbol{H} \cdot \mathrm{d}\boldsymbol{s} = \iint_S \boldsymbol{J} \cdot \mathrm{d}\boldsymbol{S} \tag{7.18}$$
> ただし，$\boldsymbol{J}$ には磁化電流は含めない．

となる．これは，磁場の強さ H で書けば，磁性体があってもなくてもアンペールの法則は式 (7.17)，(7.18) で書き表せることを意味する．

7.4.3 磁化率 χ_m

しかし，ここで強調しておきたいのは，磁場の基本法則はあくまで「電流素片と電流素片が及ぼし合う力」，すなわち $\boldsymbol{B}$ が本質的な量ということで，$\boldsymbol{H}$ は磁性体を便利に扱うための便宜的な物理量にすぎない，ということである．したがって，磁場の強さのアンペールの法則から磁場の強さ $\boldsymbol{H}$ を求めたら，それを $\boldsymbol{B}$ に変換する作業が必要となる．

ここで，誘電体と同様，多くの物質では，磁場が弱い範囲では物質に誘起される磁気モーメントの大きさは磁場に比例するという近似則が成り立つ点に着目する．すなわち

$$\boldsymbol{m} = \alpha \boldsymbol{H} \tag{7.19}$$

である．すると，巨視的な磁化は磁場の関数で

$$\boldsymbol{M} = \alpha n \boldsymbol{H} \tag{7.20}$$

と表される．ここでこの比例定数 αn を静電場に倣いギリシャ文字 χ_m で表そう．χ_m は**磁化率**とよばれ，物質の磁気的性質を表す定数である．$\boldsymbol{M}$ と $\boldsymbol{H}$ は同じ次元だから，χ_m は無次元量である．

> **磁場と巨視的磁化の関係**
> $$\boldsymbol{M} = \chi_\mathrm{m} \boldsymbol{H} \tag{7.21}$$

7.4.4 「物質の透磁率」の定義

さて，このようにして定量化した磁化を使えば，磁性体内部の $\boldsymbol{H}$ は $\boldsymbol{B}$ と以下のような比例関係にあることがわかるだろう．

$$\boldsymbol{B} = \mu_0 \boldsymbol{H} + \mu_0 \boldsymbol{M} = \mu_0(1+\chi_\mathrm{m})\boldsymbol{H} \tag{7.22}$$

つまり，磁性体で満たされた空間は，磁場 $\boldsymbol{H}$ と磁束密度 $\boldsymbol{B}$ の比例定数が $\mu_0(1+\chi_\mathrm{m})$ になるということである．真空の透磁率が μ_0 なのだから，これを μ として，**磁性体の透磁率**と名づけてもよかろう．

> 磁性体内部では透磁率が真空と異なる値をもち，
>
> $$\mu = \mu_0(1+\chi_\mathrm{m}) \tag{7.23}$$
>
> とみなすことができる．

これは，第 4 章で登場した**誘電体の誘電率** ε と極めてよく似た概念である．比誘電率と同様，比透磁率とよばれる値が $\mu_\mathrm{r} = \mu/\mu_0$ と定義されている．代表的な物質の比透磁率を**表 7.3** に示した．

表 7.3 代表的な物質の比透磁率[6,13]

物質名	比透磁率	物質名	比透磁率
空気	1.0000004	液体酸素	1.0039
アルミニウム	1.000021	水	0.999991
銅	0.999990	ニッケル	250※
グラファイト	0.999986	鉄	～7,000※
ビスマス	0.99983	スーパーマロイ	～6,000,000※

※強磁性体の比透磁率は定数ではないが参考のためオーダーを示す．

7.4.5 常磁性体，強磁性体，反磁性体

表 7.3 から，磁性体は大きく三つのグループに分かれることがわかる．一つは，比透磁率がほとんど 1 だがわずかに 1 を超える物質群 ($\chi_\mathrm{m} \ll 1$) で，これらを**常磁性体**とよぶ．磁化は非常に弱く，磁石にくっつく，といったわかりやすい磁気的応答を示すことはない．

二つ目のグループは比透磁率が 1 より遥かに大きい物質群 ($\chi_\mathrm{m} \gg 1$) だ．これを**強磁性体**とよぶ．強磁性体はほとんどが金属，あるいは金属化合物で，我々が見かける「磁石」は強磁性体の磁化ベクトルをある方法で固定したものである．これについては後述しよう．本章の冒頭で述べたように，強磁性体は原子の内殻電子がペアを作らず，電子の磁気モーメントが打ち消し合わないため，このように大きな磁化率を示す．

7.5 磁性体を含む系の H と B

三つ目のグループは，比透磁率が 1 よりわずかに小さい値をもつ物質群 ($\chi_\mathrm{m} < 0$) だ．これを**反磁性体**とよぶ．反磁性体とは，外部から磁場を加えると原子磁石が外部磁場に逆らうように整列する，なんとも不思議な物質だ．したがって，反磁性体に磁場を与えると図 **7.15** のように外部磁場に反発する磁極が現れる．

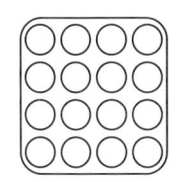

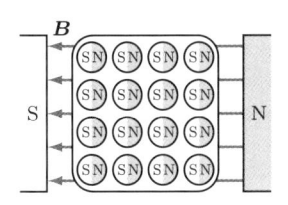

（a）磁場がかかっていないとき　　（b）外部磁場の中に置かれたとき

図 7.15 反磁性体に外部から磁場を掛けたときの振る舞いを模式的に表したもの

反磁性が生じる原因を，単純な回転する微小磁石のモデルで説明することはできない．簡単な説明を試みよう．原子磁石の磁場の源は電子の軌道運動とスピン (自転) だが，いくつかの元素はそれらが逆向きの電子がペアになり完全に打ち消し合っている．つまり，外部磁場が掛かっていないとき，それらの元素は原子単位で磁石になっていない．ところが電子の軌道運動は一定でなく，外部磁場が掛かるとわずかに変化する性質がある．ペアの電子は外部磁場に対して運動が逆向きだから，外部磁場が掛かると打ち消し合いが破れ，このときわずかに外部磁場と逆向きの成分が現れる．これが原子の反磁性の起源だ．したがってすべての原子は本質的に反磁性になる性質をもっているが，この効果が大変弱いため，多くの物質は電子スピンが起源となって常磁性を示す．

反磁性は非常に弱いため，その効果を直接見る機会はなかなかない．しかし，最近手に入るネオジム磁石のような強力な磁石を使うと面白い現象を見ることができる．たとえば，水は反磁性体の一種なので，水道から流れる水に強力な磁石を近づけると水が嫌がるように遠ざかる．自由に動ける小磁石に別の磁石を近づけると，必ず回転して互いに引き合うようになるから，これは「磁石の同極を近づけると反発する」現象とは似ているようで違う．他に反磁性の強い物質としてはカーボングラファイト (黒鉛) やビスマスなどがある．

反磁性体の効果を一番わかりやすく示したものが**磁気浮上**だ．強力な磁石の上に反磁性体を置くと，反磁性体は浮き上がって静止する．永久磁石を，下の磁極と反発する向きにそっと置いてもくるりと回転してくっついてしまうから，磁石の上で自然に浮き上がることができるのは反磁性体だけだ．

7.5 磁性体を含む系の H と B

7.5.1 磁束線と磁力線

第6章で，電場における**電気力線**と**電束線**に対応した概念として，**磁束線**と**磁力線**を定義した．我々は，電気力線が分極電荷で終端する一方，電束線が分極電荷の影響を受けないことから，誘電体を含む系で電気力線，電束線を考えると電場の振る舞いを容易に理解することを見た．

対応する概念である磁力線と磁束線の性質について考えよう．磁束線とは，B を結んでできる線である．磁束線がどこでも切れること無くつながっていることはすでに示したので (→ p.181)，これは電束線に相当する性質をもつことがわかる．一方の磁力線は H を結んでできる線だが，これは磁性体両端の (仮想の) 磁荷で終端する．そしてそれらは，磁性体が存在する系を直感的に理解するためには大いに有用なのである．磁束線・磁力線の性質をまとめると以下のようになる．

- 磁力線は磁荷から出て磁荷で終わる力線である．真の磁荷はないので，「磁荷」とは分極磁荷のことである．
- 磁力線の密度は H に比例する．
- 磁束線は真の磁荷から出て真の磁荷で終わる力線と考えるから，磁束線に終端はなく必ずループになる．
- 磁束線の密度は B に比例する．
- 等方性の磁性体のみを考えるとき，磁力線と磁束線は平行で，H と B の比は μ で与えられる．

電気力線と同様，磁力線，磁束線にも次のような性質がある．

1. 途中で切れたり枝分かれしたりしない．
2. 隣り合う磁力線，磁束線は互いに離れようとする．
3. 1本の磁力線，磁束線はなるべく短くなろうとする．

磁力線と磁束線のこのような性質も，電気力線と同様「マクスウェルの応力」(章末のコラム→ p.240) で説明することができる．

電気力線と電束線を使うと誘電体を含むコンデンサーの問題が容易に解けたが，磁

束線と磁力線を使うと磁性体を含むソレノイドの問題が容易に解ける．次のような問題を考えてみよう．図7.16のように，比透磁率 μ_r の強磁性体をループ状にして，一カ所細い隙間をあける．反対側に導線を N 回巻いてソレノイドを作り，電流 I を流したとき，隙間の磁場はどうなるだろうか．

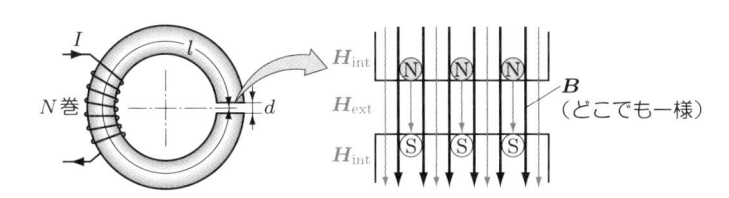

図7.16 ループ状の磁性体に一カ所隙間を空け，反対側に導線を N 回巻いて電流 I を流す．

　まず，左側のソレノイドが作る磁束線は，ソレノイドの外でどうなるかを考えよう．ソレノイドから出た磁束線はどこでも切れずにソレノイドに戻ってくるが，これらはすべて磁性体の中を通ると近似できる．定量的な説明は難しいが，直感的には強磁性体が「自由に回転できる小さな磁石の集合体」と考えると理解できる．ソレノイドが作る磁束は磁性体の原子磁石を磁場の方向に揃えるように強制するが，それが強い磁場を作る．すると，ソレノイドの外側の原子磁石はその磁場により次々と整列されていく．結局，磁性体の原子磁石はすべて同じ方向に整列し，それらが作る強い磁化電流はあたかも磁性体を回るソレノイドのように働くため，ループに沿った強い磁束が作られる，というわけだ．このとき，磁性体内部の磁束線は性質2から互いになるべく離れようとするため，磁性体のどこの断面をとっても磁束密度は一定と近似できる．隙間の所はどうなるかというと，今度は磁束線の性質3からなるべく最短距離でつながろうとするので，隙間を垂直に貫く．磁束線はどこでも連続なので，B の大きさは磁性体内部と同じと考えてよい．一方，磁場の強さ H のベクトルは磁性体の端面で不連続である．これは，磁性体両端面にはNとSの分極磁荷が現れるからで，磁性体端面の磁極NからSへ H ベクトルが走るからである．

　磁場の向きは自明だから，以降は問題をスカラで考えよう．磁性体外部の磁場の強さを H_{ext}，内部の磁場の強さを H_{int} とする．磁性体をぐるりと回った長さを l，隙間の長さを d とすると，磁場の強さのアンペールの法則から

$$H_{\text{int}} l + H_{\text{ext}} d = NI \tag{7.24}$$

が成り立っている．一方，H と B の関係から

$$B = \mu_0 H_{\text{ext}} = \mu_0 \mu_r H_{\text{int}}$$

の関係がある．ここから H_int を H_ext で表せて，式 (7.24) は

$$\left(\frac{l}{\mu_\text{r}} + d\right) H_\text{ext} = NI$$

と変形される．ここで μ_r は数万から数十万と非常に大きく，$\frac{l}{\mu_\text{r}} \ll d$ が成立するとしよう．すると括弧の中は d に近似できて

$$H_\text{ext} = \frac{NI}{d} \tag{7.25}$$

を得る．これは，磁性体の隙間の磁場は，巻き線密度が $\frac{N}{d}$ という極めて大きなソレノイド内部の磁場に等しい，ということを言っている．別の言い方をすれば，反対側のソレノイド巻き線がすべて幅 d に押し込められた状態といってもよい．実は，このような構造は小さな空間に強い磁場を集中させる手段として広く使われている．たとえばビデオテープやハードディスクなど，磁気を使って情報を記録する装置の記録ヘッドなどだ (7.7.2 項で後述→ p.235)．

前節で述べた**磁気浮上**も，磁束線の考え方を使えば簡単に説明できる．図 **7.17** に，浮き上がって静止している反磁性体と磁石から出ている磁束線の概念図を示す．反磁性体は $\mu_\text{r} < 1$ であるからその内部の磁束密度は外部より小さい．一方，磁束線はどこでも切れずにつながっているため，磁性体に侵入できない磁束線は磁性体の外を回り込むことになる．磁束線の性質から，隣り合う磁束線が拡がろうとするから，反磁性体は下と横から押される力を受け，浮き上がって静止することが説明できる．

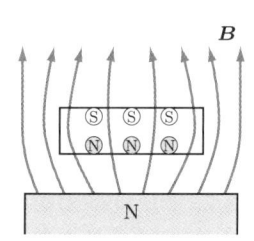

図 **7.17** 磁気浮上を磁束線の性質から説明する

7.5.2 磁場と磁束密度の境界条件

透磁率が異なる界面において，磁場 $\boldsymbol{H}$ と磁束密度 $\boldsymbol{B}$ がどのように保存されるかを，電場 $\boldsymbol{E}$ と電束密度 $\boldsymbol{D}$ の関係になぞらえて考えてみよう．今，透磁率 μ_1 の磁性体と透磁率 μ_2 の磁性体が接しているとし，ここに磁場が存在するとしよう．電流は流れていてもよいが，密度は有限とする．

7.5 磁性体を含む系の H と B

図 **7.18** のように，境界をまたぐ薄いパンケーキのような領域で $\operatorname{div} \boldsymbol{B}$ を積分してみよう．あらゆる場所で $\operatorname{div} \boldsymbol{B} = 0$ であるから，ガウスの発散定理を用いて，

$$\iiint_V \operatorname{div} \boldsymbol{B} \, dV = \oiint_S \boldsymbol{B} \cdot d\boldsymbol{S} = 0$$

を得る．パンケーキをどこまでも薄くしてゆくと積分は上下面の積分で代表でき，領域が充分小さければ磁束密度は一定とみなせる．すると閉曲面の面積分は磁束密度の面に垂直な成分と面積 ΔS の積で表せ，

$$\oiint_S \boldsymbol{B} \cdot d\boldsymbol{S} = B_{1\mathrm{n}} \Delta S - B_{2\mathrm{n}} \Delta S = 0$$

$$\therefore \quad B_{1\mathrm{n}} = B_{2\mathrm{n}}$$

が導かれる．したがって，「透磁率の異なる界面では，磁束密度 $\boldsymbol{B}$ の境界面に垂直な成分が保存される」ことが示された．

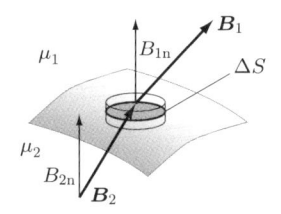

図 7.18 透磁率の異なる境界における磁束密度の保存条件

続いて，境界面のすぐ近くを通る図 **7.19** のような周回積分を考える．磁場 $\boldsymbol{H}$ に対するアンペールの周回積分は

$$\oint_s \boldsymbol{H} \cdot d\boldsymbol{s} = \iint_S \boldsymbol{J} \cdot d\boldsymbol{S}$$

で，右辺は周回路に囲まれた「真の電流」である．一般に，透磁率が異なる界面に磁場がかかると，境界面には磁化電流が現れる．これは積分路をどんなに薄くしても追い出すことができないが，我々はその存在を無視してよい．なぜならそれこそが磁場の強さ $\boldsymbol{H}$ 導入の動機だったのだから．

積分路を限りなく薄くすると，囲まれる電流はゼロに漸近する．同時に，境界面に垂直な $\boldsymbol{s}_2$，$\boldsymbol{s}_4$ の積分路は無視してよい．また積分路 $\boldsymbol{s}_1$，$\boldsymbol{s}_3$ の関係は，

$$\boldsymbol{s}_1 = -\boldsymbol{s}_3, \qquad |\boldsymbol{s}_1| = |\boldsymbol{s}_3| = s$$

である．したがって，

$$\oint \boldsymbol{H} \cdot d\boldsymbol{s} = \boldsymbol{H}_1 \cdot \boldsymbol{s}_1 + \boldsymbol{H}_2 \cdot \boldsymbol{s}_3 = H_{1\mathrm{t}} s - H_{2\mathrm{t}} s = 0$$

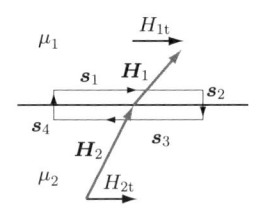

図 7.19 透磁率の異なる境界における磁場の強さの保存条件

$$\therefore \quad H_{1\mathrm{t}} = H_{2\mathrm{t}} \tag{7.26}$$

となる．言い換えれば，「透磁率の異なる界面では，磁場 $\boldsymbol{H}$ の境界面に平行な成分が保存される」ということである．

透磁率が異なる界面の境界条件

$$B_{1\mathrm{n}} = B_{2\mathrm{n}} \tag{7.27}$$

$$H_{1\mathrm{t}} = H_{2\mathrm{t}} \tag{7.28}$$

7.6 磁性体を含む系の静磁エネルギー

第 6 章で，我々は静磁場のエネルギーが，全空間にわたって $\frac{1}{2}\mu_0 H^2$ を積分することで得られることを証明した．この定理は，空間が部分的に磁性体で満たされた場合にも $\mu_0 \to \mu$ の変更でそのまま通用する．この場合，$\boldsymbol{B} = \mu \boldsymbol{H}$ を使い以下のように表した形式が好んで使われる．

磁性体を含む系の単位体積あたり磁場エネルギー

$$u_\mathrm{m} = \frac{1}{2}\boldsymbol{H} \cdot \boldsymbol{B} \tag{7.29}$$

理由は電場のときと同様，より一般的な場合で通用するからだが，当然，高度な電磁気学では**誘電率テンソル**に対応する**透磁率テンソル**という概念が登場する．

一例として，**図 7.20** のような，磁性体を芯にしたソレノイドのエネルギーを考えてみよう．ソレノイドが充分長いとき，磁場はソレノイド内部にのみ一様に存在すると考えても良い近似となる．ソレノイドの単位長さあたり巻き数を n，長さを l，断

7.7 ヒステリシスと永久磁石　233

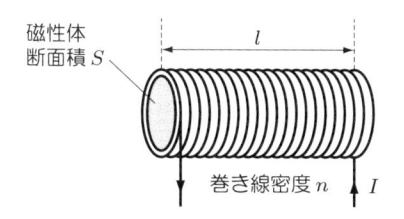

図 7.20　磁性体を芯にして巻いたソレノイド

面積を S とする．はじめに，ソレノイドが空芯の場合に，電流 I が流れるソレノイドに蓄えられるエネルギーを計算してみよう．計算方法はいろいろあるが，インダクタンスを計算して公式 $U_\mathrm{m} = \frac{1}{2}LI^2$ を求める方法でいこう．

$$L = \mu_0 n^2 lS \quad \longrightarrow \quad U_\mathrm{m} = \frac{1}{2}LI^2 = \frac{\mu_0}{2}n^2 lSI^2$$

次に，ソレノイドの芯に透磁率が μ の磁性体を使うと，インダクタンスの公式は μ_0 を μ に置き換えたもので表され，蓄積エネルギーは

$$L = \mu n^2 lS \quad \longrightarrow \quad U_\mathrm{m} = \frac{1}{2}LI^2 = \frac{\mu}{2}n^2 lSI^2$$

となる．コンデンサーと同様，比透磁率 μ_r の磁性体を芯に使ったソレノイドは同じ電流あたり μ_r 倍のエネルギーを蓄えることができる．しかし，コンデンサーと異なり，ソレノイドをエネルギー蓄積を目的として使うことはあまりない．理由は，ソレノイドにエネルギーを蓄積するには電流を流し続けなくてはならないためで，流れる電流に伴うジュール熱が損失となり，エネルギー蓄積装置としてはあまり望ましくないためである．この欠点を補うため，超伝導コイルを使ったエネルギー蓄積装置 SMES (Superconducting Magnetic Energy Storage) の研究が進められている．

7.7 ヒステリシスと永久磁石

7.4.3 項で述べたように，多くの物質では磁気モーメントは外部から加えられた磁場に比例すると考えてよい．しかし，理論面からいっても応用面からいっても面白いのは，B と H の関係が単純な比例関係にならないような物質である．本書ではそのメカニズムには踏み込まないが，代表的な強磁性体の物性である**ヒステリシス**について学ぶ．そして，それこそが「磁石の正体」であることが明らかになる．

7.7.1　ヒステリシス

図 7.20 のように，円柱形の強磁性体にコイルを巻き，ソレノイドを作る．導線の巻き線密度を $n\,[\mathrm{m^{-1}}]$ とすると，電流 I を流したときソレノイド内部の磁場の強さは

$H = nI$ と近似されることはすでに何度か述べた．これは，ソレノイド内部が空芯であっても磁性体があっても変わらない．

一方で，7.4.2項で示したように，内部の磁束密度は「電流が作った磁場」と「磁化が作った磁場」の和で，

$$\boldsymbol{B} = \mu_0 \boldsymbol{H} + \mu_0 \boldsymbol{M} \tag{7.30}$$

と表される．ここで，ある種の強磁性体は $\boldsymbol{M}$ が $\boldsymbol{H}$ に比例せず，奇妙な振る舞いをする．それをグラフにしたものが図 **7.21** である．

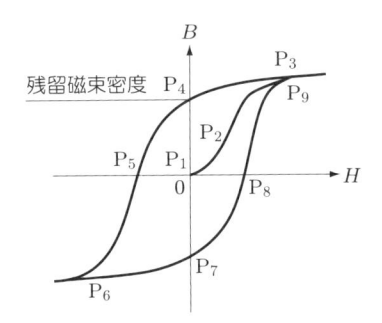

図 7.21 典型的な磁性体における B-H 曲線 (ヒステリシスカーブ)

今，電流 (つまり磁場の強さ $\boldsymbol{H}$) をゼロから増加してゆくと，磁束密度 $\boldsymbol{B}$ が増加してゆく．向きは同じなので以降はスカラで議論しよう．はじめ，磁束密度の増加は緩やかだが，途中からペースが上がっていく．これは，強磁性体の原子磁石の向きが変わるのに一種の「抵抗」があるから，と解釈できる[†]．この様子を表したものが図の P_1-P_2 間のグラフである．

しばらくは順調に B が増えていくが，磁性体のすべての原子が整列してしまうと，これ以上いくら H を増やしても B が増えないという**飽和**現象が見られる．これが，図の P_3 の状態で表されている．これは，式 (7.30) で M が定数となった状態だから，ここから先の磁束密度増加率はもちろん $dB/dH = \mu_0$ である．

ここから，逆方向の磁場を加えてゆくと，磁束密度は図の P_3-P_4-P_5 の経路を通って減少した後 P_5-P_6 の経路を通って逆方向に増加し，また飽和現象を見せる．再び磁場を減少させ，さらにはじめの方向に増加させてゆくと，磁束密度は P_6-P_7-P_8 のように変化する．ここで，再び正方向に飽和現象が見られる P_9 まで磁場を増加させてゆくと，磁場-磁束密度の曲線は図に示したようなループになる．このように，入力に対する応答が可逆的でないことを一般に**ヒステリシス**とよび，図のようなループは

[†] 実際には現象はもっと複雑で，磁性体は磁気モーメントが同じ向きの原子集団である「磁区」からなっている．外部磁場が掛かると隣り合う磁区が陣取り合戦のように勢力図を変えていく．

ヒステリシスループとよばれる．

7.7.2 永久磁石

さて，外部磁場がゼロの P_4 点に注目しよう．グラフから，この点では $\boldsymbol{H}=0$ にも関わらず $\boldsymbol{B}$ が存在していることになる．つまり，外部磁場がないにもかかわらず，磁性体内部には磁束密度が残留している．現象的には，一度整列した磁気モーメントが外部磁場を取り去ってもその状態をほぼ保つために磁化 $\boldsymbol{M}$ が生む磁束密度だけが残るわけである．これを**残留磁束密度**というが，この状態が，**永久磁石**なのだ．永久磁石といっても，悠久の過去から永遠に磁場を発する不思議なものではなく，ヒステリシスカーブの一点で現れる「外部磁場がなくても磁化が残っている状態」を利用しているに過ぎないことがわかる．実際，我々が見かける磁石はこのようにして人工的に作られるのである．

カセットテープやビデオテープなどの磁気テープ，ハードディスクなどの磁気記憶装置は磁性体の残留磁束を巧みに利用した機器である．**図 7.22** に示すように記録媒体には大きなヒステリシスをもつ磁性体が塗られていて，磁気ヘッドによって小さなスポットを磁化させる．デジタル情報は，図 7.21 の P_4 と P_7 をそれぞれ 1 ビットの "0"，"1" に対応させればよい．記録された情報は，外部から消去のための磁場を加えられない限りは保たれつづける．情報を読み取るには，次章で述べる**電磁誘導**の原理を使い，記録面の磁場から発する磁力線によってコイルに起電力を発生させ，その電圧を読みとる．

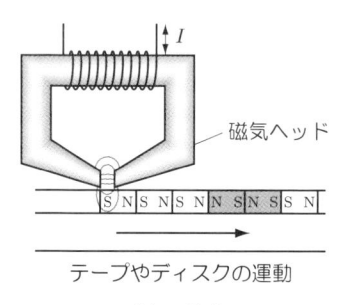

図 7.22 磁気記憶装置の原理

性能のよい磁石になる磁性体は，図 7.21 の「ヒステリシス」と「飽和」がなるべく大きいもの，つまり外部磁場を一往復させたときにグラフが描く面積がなるべく大きくなるものである．これを実現するために磁性体のメーカーは金属の組成，結晶構造などに工夫をこらす．現在までにさまざまな組成の磁石が実用化されており，この分野では日本が伝統的に世界をリードしている．現在もっとも強力な永久磁石

は $Nd_{15}Fe_{77}B_8$ の化学式で表される**ネオジム磁石**である．ハードディスクドライブ (HDD) には駆動用にこのネオジム磁石が使われており，器用な人なら分解して磁石を取り出すことができるだろう．日本の紙幣は偽造防止のため磁性インクが使われているが，近づけるとお札がくっつくほどの威力である．

一方，強磁性体であってもヒステリシスがない方がよい応用も考えられる．たとえば磁性体にソレノイドを巻きつけ，電流で磁力をオン／オフしたい場合を考える．ソレノイドを巻きつけた磁性体は発生した磁束を μ_r 倍に増強するが (→ p.233)，このようにして電流から強い磁場を得るしくみは**電磁石**とよばれる．このような応用では残留磁束があたかも摩擦抵抗のように働き，ヒステリシスループが囲む面積に比例するエネルギーが熱として失われる[†]．したがって，電磁石に使われる磁性体はなるべくヒステリシスをもたないように工夫されており，永久磁石に適した磁性体を**硬磁性材料**とよぶのに対してこれを**軟磁性材料**とよぶ．

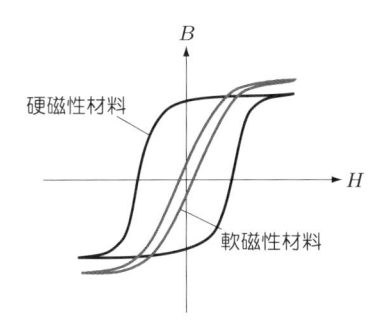

図 7.23 軟磁性材料と硬磁性材料のヒステリシスカーブ

[†] B と H の積が単位体積あたりエネルギーの 2 倍であることを思い出そう．

第7章のまとめ　磁性体：HとB–誘導体との対称性に注目せよ

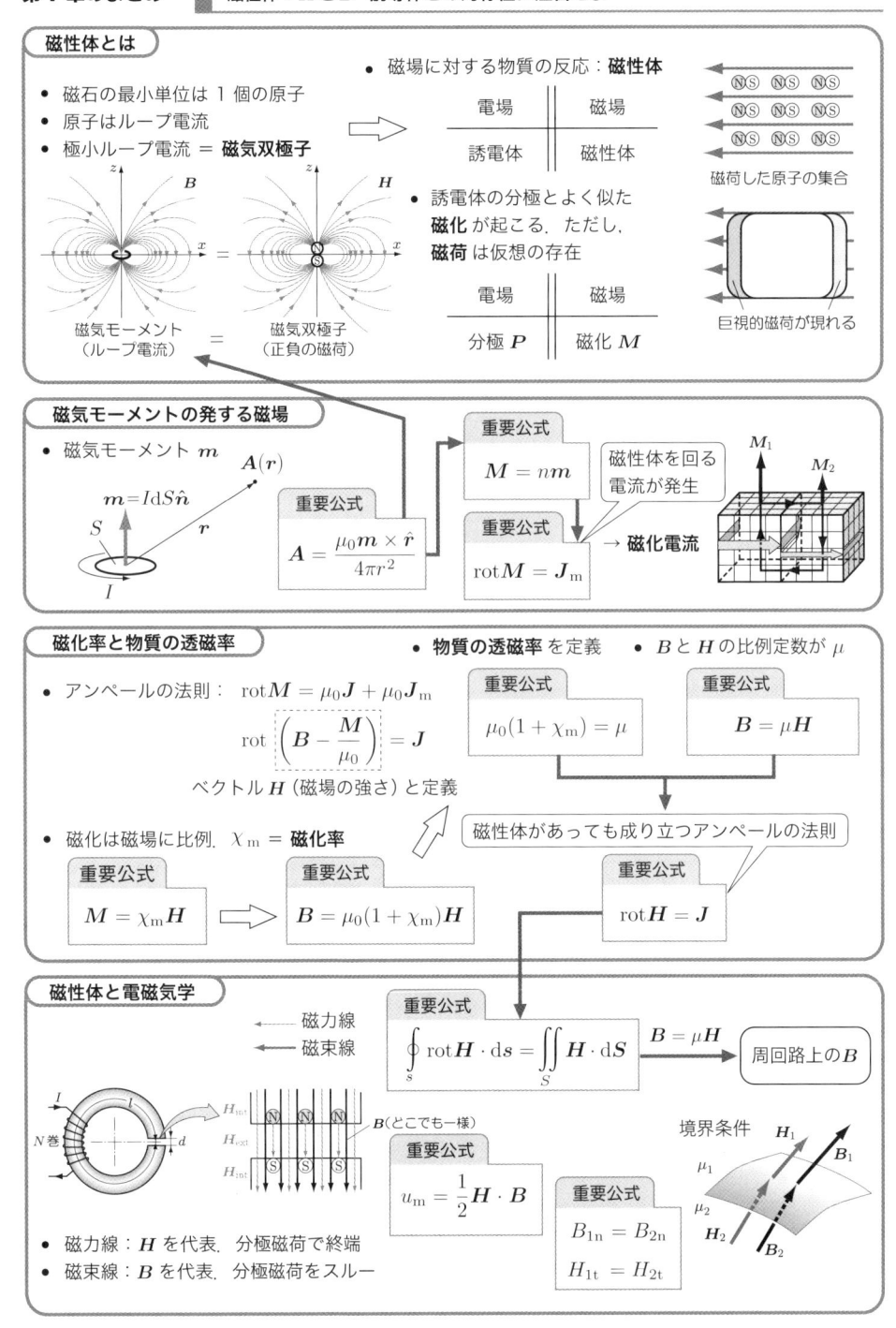

磁性体とは

- 磁石の最小単位は 1 個の原子
- 原子はループ電流
- 極小ループ電流 ＝ **磁気双極子**

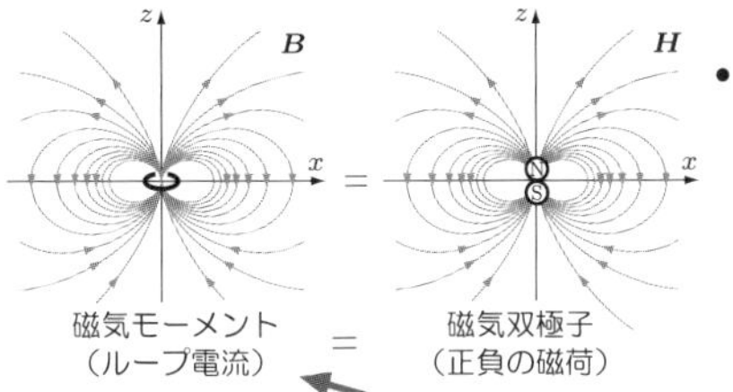

- 磁場に対する物質の反応：**磁性体**

電場	磁場
誘電体	磁性体

- 誘電体の分極とよく似た **磁化** が起こる．ただし，**磁荷** は仮想の存在

電場	磁場
分極 $\boldsymbol{P}$	磁化 $\boldsymbol{M}$

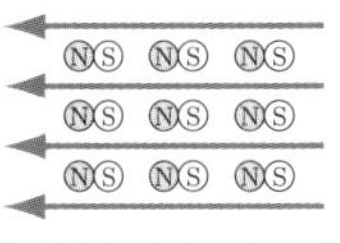

磁荷した原子の集合

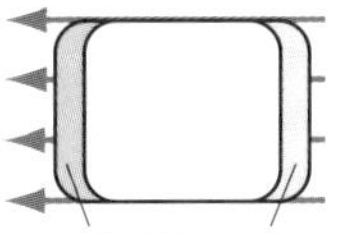

巨視的磁荷が現れる

磁気モーメントの発する磁場

- 磁気モーメント $\boldsymbol{m}$

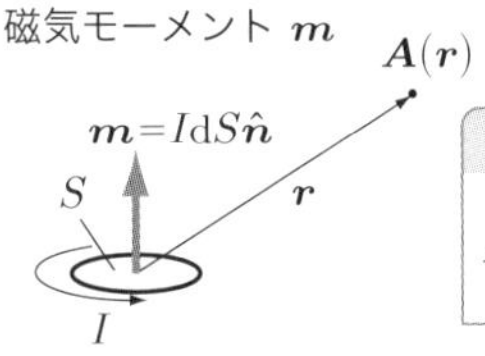

重要公式
$$\boldsymbol{A}=\frac{\mu_0\boldsymbol{m}\times\hat{\boldsymbol{r}}}{4\pi r^2}$$

重要公式
$$\boldsymbol{M}=n\boldsymbol{m}$$

磁性体を回る電流が発生

重要公式
$$\mathrm{rot}\boldsymbol{M}=\boldsymbol{J}_{\mathrm{m}}$$

→ **磁化電流**

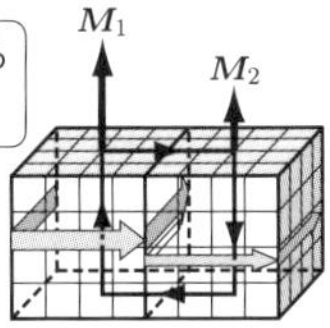

磁化率と物質の透磁率

- アンペールの法則：　$\mathrm{rot}\boldsymbol{M}=\mu_0\boldsymbol{J}+\mu_0\boldsymbol{J}_{\mathrm{m}}$

$$\mathrm{rot}\left(\boldsymbol{B}-\frac{\boldsymbol{M}}{\mu_0}\right)=\boldsymbol{J}$$

ベクトル $\boldsymbol{H}$（磁場の強さ）と定義

- 磁化は磁場に比例．χ_{m} ＝ **磁化率**

重要公式
$$\boldsymbol{M}=\chi_{\mathrm{m}}\boldsymbol{H}$$

⇒

重要公式
$$\boldsymbol{B}=\mu_0(1+\chi_{\mathrm{m}})\boldsymbol{H}$$

- **物質の透磁率** を定義
- $\boldsymbol{B}$ と $\boldsymbol{H}$ の比例定数が μ

重要公式
$$\mu_0(1+\chi_{\mathrm{m}})=\mu$$

重要公式
$$\boldsymbol{B}=\mu\boldsymbol{H}$$

磁性体があっても成り立つアンペールの法則

重要公式
$$\mathrm{rot}\boldsymbol{H}=\boldsymbol{J}$$

磁性体と電磁気学

重要公式
$$\oint_s \mathrm{rot}\boldsymbol{H}\cdot \mathrm{d}\boldsymbol{s}=\iint_S \boldsymbol{H}\cdot \mathrm{d}\boldsymbol{S}$$

$\boldsymbol{B}=\mu\boldsymbol{H}$ → 周回路上の$\boldsymbol{B}$

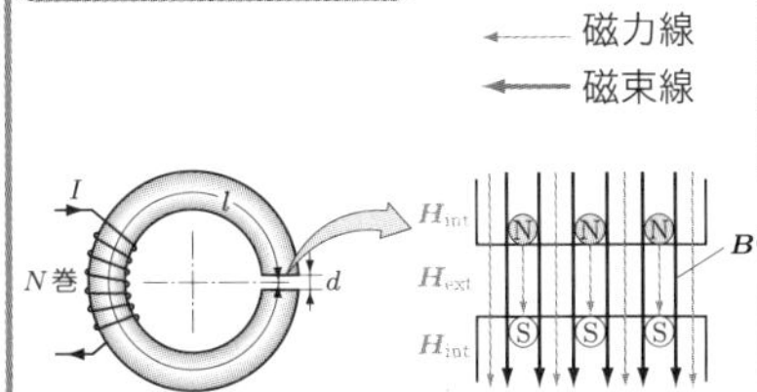

重要公式
$$u_{\mathrm{m}}=\frac{1}{2}\boldsymbol{H}\cdot\boldsymbol{B}$$

重要公式
$$B_{1\mathrm{n}}=B_{2\mathrm{n}}$$
$$H_{1\mathrm{t}}=H_{2\mathrm{t}}$$

境界条件

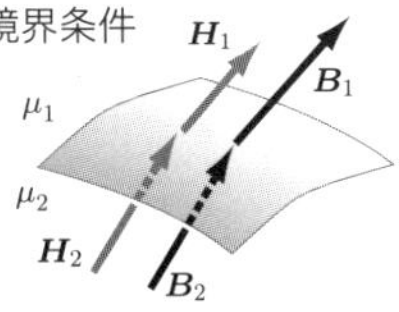

- 磁力線：$\boldsymbol{H}$ を代表．分極磁荷で終端
- 磁束線：$\boldsymbol{B}$ を代表．分極磁荷をスルー

演習問題

7.1 第5章の演習問題 5.6 で，ループ電流，すなわち磁気モーメント m は一様磁場から $mB\sin\theta$ のトルクを受けることを導いた．一方，磁気モーメントは大きさ $q_\mathrm{m}d = \mu_0 m$ の磁気双極子と等価である．では，**問図 7.1** の磁気双極子が一様磁場 B から受けるトルクが $mB\sin\theta$ であることを示しなさい．

7.2 問図 7.2 のように，無限長直線電流が比透磁率 μ_r のドーナツ状磁性体を貫いている．磁性体内部，外部の磁束密度 B の大きさを求めなさい．磁性体は長く，端の効果は無視してよい．

7.3 問図 7.3 のように，断面積 S，比透磁率 μ_r のリング状磁性体に導線を N 回巻きつけコイルを作った．このコイルの自己インダクタンスを求めなさい．近似として磁束線の長さはすべて l として，磁束はすべて磁性体の中に存在するものとする．

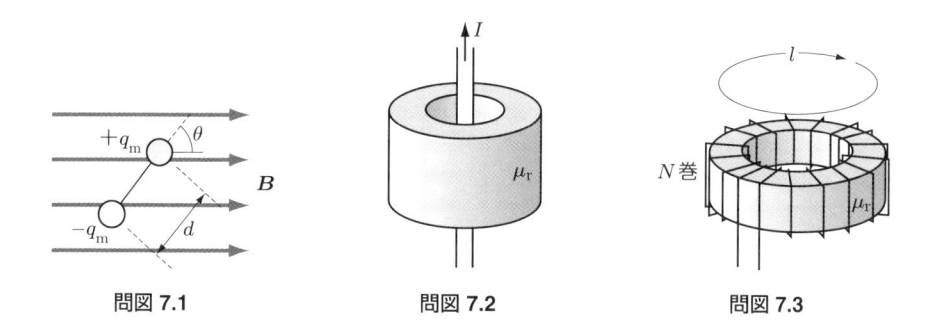

問図 7.1 **問図 7.2** **問図 7.3**

7.4 問図 7.4 のように，断面積 S，半径 R のリング状磁性体に導線を N 回巻きつけコイルを作った．磁性体にはわずかな空隙 d が開けてある．磁性体の透磁率は図のような B-H 曲線で与えられ，定数ではない．このコイルに電流 I を流したとき，空隙に生じる磁束密度を求めたい．以下の問に答えなさい．

(1) 近似として $2\pi R \gg d$ かつ $\mu_\mathrm{r} \gg 1$ を採用した．磁束線，磁力線は空隙部を除けばすべて磁性体内部を通る．磁性体内部，外部の磁場の強さをそれぞれ H_int，H_ext する．このとき成り立つアンペールの法則を示しなさい．

(2) 磁束密度 B は内部，外部で等しいが，$B = \mu_0\mu_\mathrm{r}H_\mathrm{int}$ となる定数 μ_r は存在しない．そこで，H_ext を B で表し，B と H_int の関係を定式化する．(1) の解を変形し B を H_int の関数で表しない．

(3) (2) の解は $B = B_0 - kH_\mathrm{int}$ の形で表される1次関数である．問図 7.4 にこの1次関数を書き入れ，横軸，縦軸との交点を問に与えられた量で表しなさい．

磁性体内部の B と H の関係は，(3) の1次関数と磁性体の B-H 曲線の両方を満たす必要があることから，二つのグラフの交点が与えられた電流 I に対する磁束密度 B を与える．

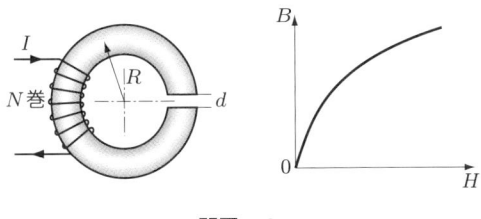

問図 7.4

7.5 問図 **7.5**(a) のように，一様な磁束密度 B_0 の中に，透磁率 μ の薄い板状の磁性体を置いた．磁性体中央，A 点の磁場 H，磁束密度 B の大きさを求めなさい．

7.6 問図 **7.5**(b) のように，一様な磁束密度 B_0 の中に，透磁率 μ の細い棒状の磁性体を置いた．磁性体中央，A 点の磁場 H，磁束密度 B の大きさを求めなさい．

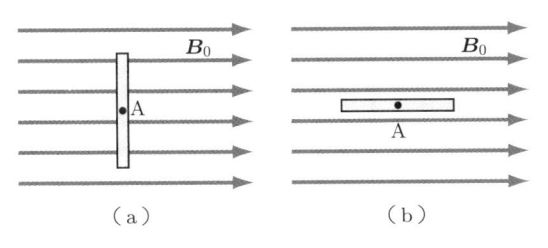

問図 **7.5**

7.7 問図 **7.6** のように細い円環状の磁性体に二つのコイルを巻きつけた．このような系は「変圧器」として利用されている．左右のコイルの相互インダクタンスを求めよ．近似として磁束はすべて磁性体内部を通り，断面内分布は均一とする．

7.8 問図 **7.7** のように透磁率 μ_1 の強磁性体を馬蹄型に成形し，N 巻きのソレノイドを巻きつける．電流 I を流すとこれは電磁石となる．図のように，電磁石に透磁率 μ_2 の鉄片が吸いついている状況を考える．磁力線の長さをそれぞれ l_1, l_2 で一定と仮定，断面積を S_1, S_2 とするとき，鉄片内部の磁束密度を求めなさい．

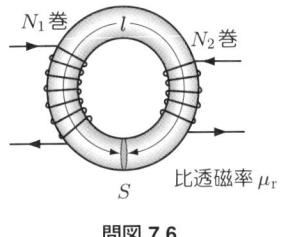

問図 **7.6** 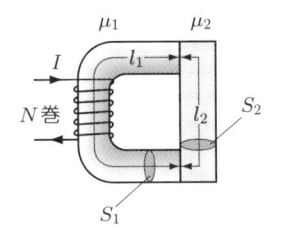   問図 **7.7**

電気力線とマクスウェルの応力テンソル

我々は，クーロンの法則から出発して，単位の電荷が受ける力を表すベクトル場として**電場** E を定義した．そして，電荷があるとき電場がどのように分布するかを直感的に理解する道具として**電気力線**という考え方があることをみた．そして，第3章で，最終的に電場がエネルギーをもち，「単位体積当たり電場がもつエネルギー」が $u_\mathrm{e} = \frac{1}{2}\varepsilon_0 E^2$ と表されることを示した．

1.4.1項 (→ p.45) で電気力線を定義したとき，はじめは「電気力線の四つのルール」を頭から信じてもらった．しかし今では，なぜ電気力線にそのような性質がある，と考えてよいかを，ここまでに学んだことから説明することができる．

ルールの1から3までが電荷の保存とガウスの法則に直接かかわることはすでに見てきた (→ p.47)．では，電気力線がゴムのように縮み，互いに離れようとする性質はどのように説明できるのだろうか．それは，ポテンシャルエネルギーと力に関する以下の定理を考えればよい．

ポテンシャルエネルギー U が物体の位置 x の関数で表されるなら，物体に働く力 F_x は

$$F_x = -\frac{\mathrm{d}U}{\mathrm{d}x}$$

で表される．

わかりやすい例では，ばねのポテンシャルエネルギーは自然長からの変化 x の関数で $U_\mathrm{s} = \frac{1}{2}kx^2$ となるが，ここからばねの反発力，すなわちフックの法則は

$$F_x = -\frac{\mathrm{d}U_\mathrm{s}}{\mathrm{d}x} = -kx$$

と，ポテンシャルのエネルギーの微分で与えられる．3次元においては微分は各成分方向の偏微分に置き換えられ，$\bm{F} = -\mathrm{grad}U$ という関係が成立する．静電ポテンシャル，すなわち単位の電荷がもつ位置エネルギー ϕ と電場，すなわち単位の電荷が受ける力の $\bm{E}$ の関係が $\bm{E} = -\mathrm{grad}\phi$ と表されるのは，より一般的な「ポテンシャルと力の関係」を，電磁気学の用語を用いて表現したものにすぎない，ともいえる．

今，図1のように，一様な電場 $\bm{E}$ で満たされた一辺 L の立方体を考える．立方体に含まれる電場エネルギーはただちに $U_\mathrm{e} = \frac{\varepsilon_0 E^2}{2}L^3$ である．電場の様子を図のように電気力線で代表しよう．この体積を，わずかに Δx だけ力線の方向に伸ばしてみる．力線は立方体とともに伸びるが，結果として電場の大きさは変わらないから，立方体がもつエネルギーは体積増加分だけわずかに増加する．計算すると

$$\Delta U_{\mathrm{e}} = \frac{\varepsilon_0 E^2}{2} L^2 \Delta x$$

となるだろう．立方体が上下に伸びるとエネルギーが増加する，ということは，ポテンシャルエネルギーと力の関係から立方体には上下方向に縮もうとする力が働いている，ということになる．単位面積当たりの力を計算すると

$$F = -\frac{\Delta U_{\mathrm{e}}}{\Delta x} \frac{1}{L^2} = -\frac{\varepsilon_0 E^2}{2}$$

で，確かに Δx に対してマイナスの方向である．

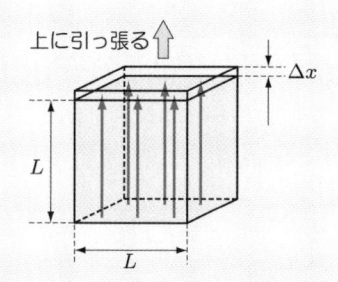

図1 電場が充満した立方体を上方向に引っ張って変形させる

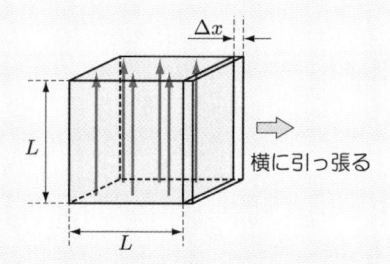

図2 電場が充満した立方体を横方向に引っ張って変形させる

続いて，**図2**のように立方体をわずかに横方向に広げてみよう．今度は力線の間隔が広がるから，立方体内部の電場は減少する．横方向に広げた長さを Δx とすると，電場は

$$E' = E \frac{L}{L + \Delta x}$$

である．一方，体積はわずかに増加する．差し引きで U_{e} はどう変化するか計算してみよう．

$$\Delta U_{\mathrm{e}} = \frac{\varepsilon_0 E'^2}{2} L^2 (L + \Delta x) - \frac{\varepsilon_0 E^2}{2} L^3 = \frac{\varepsilon_0 E^2}{2} L^3 \left(\frac{L}{L + \Delta x} - 1 \right)$$

ここで，Δx が L に比べて小さいとして近似すると

$$\Delta U_{\mathrm{e}} = -\frac{\varepsilon_0 E^2}{2} L^2 \Delta x$$

を得る．つまり，体積を横に広げるとエネルギーが減少することから，体積には横方向に広がろうとする力が働いている．系の対称性から，力は立方体のどの側面をとっても等しい大きさである．これも，単位面積あたりに換算すると，

$$F = -\frac{\Delta U_{\mathrm{e}}}{\Delta x} \frac{1}{L^2} = \frac{\varepsilon_0 E^2}{2}$$

と，上下方向に伸びようとする力と同じ大きさである．

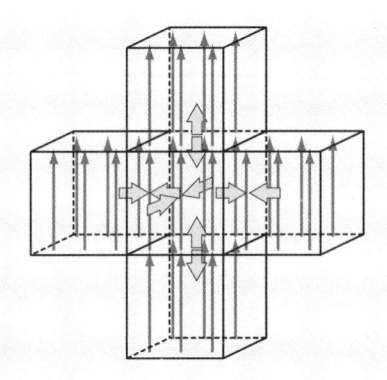

図 3 仮想の立方体にマクスウェルの応力が働いている様子を示す

　これらをまとめると，電場のある空間に仮想の立方体を考えるとき，その立方体は電場の上下方向に縮み，横方向に広がろうとする力を両隣の立方体に及ぼしていることになる．立方体が変形しないのは，隣の立方体が逆方向の力を及ぼし，力が釣り合っているからである (**図 3**)．このように，ある領域が四方から力を受けて釣り合っている状態を**応力が働いている**状態という．深海の海水は，穏やかに止まっていても恐ろしい圧力を互いに及ぼし合っていることを想像しよう．今示した，電場が存在する空間で観測される応力を**マクスウェルの応力**とよぶ．そして，電気力線が短くなろうとする一方で，隣り合う力線が反発する性質は，このマクスウェルの応力を直感的に表したものに他ならない．

　今までは，立方体が電場と垂直・平行な場合のみを考えた．この場合応力は面を垂直に押す力となる．しかし，面が電場に平行でない一般的な場合を考えることができ，この場合は面には横方向にずれるような力も働く．

　電場中に置かれた面がどの方向にどれほどの力を受けるかを計算するために，3 行 3 列の行列 T を考える．すると，面が受ける力のベクトル F は，以下のように面積ベクトル dS をこの行列 T に作用させることで得られる．

$$F = T \cdot dS$$

$$\begin{pmatrix} F_x \\ F_y \\ F_z \end{pmatrix} = \varepsilon_0 \begin{pmatrix} E_x^2 - \frac{1}{2}E^2 & E_x E_y & E_x E_z \\ E_y E_x & E_y^2 - \frac{1}{2}E^2 & E_y E_z \\ E_z E_x & E_z E_y & E_z^2 - \frac{1}{2}E^2 \end{pmatrix} \cdot \begin{pmatrix} dS_x \\ dS_y \\ dS_z \end{pmatrix} \quad (7.31)$$

このように，ベクトルをベクトルに変換する行列を一般に**テンソル**といい，式 (7.31) の行列は**マクスウェルの応力テンソル**として知られている．

　マクスウェルの応力が，結果としてクーロン力を導く例を一つ示そう．**図 4** は，一様な電場に置かれた正電荷を表している．正電荷が発する電気力線を外部電場と色分けして示した．図から，外部の電気力線は正電荷が作る力線を包み込むように分布していることがわかる．そして，外部の力線と正電荷の力線の境界線には力線を横から押すマク

スウェルの応力が働いている．検査面全体に働く力は，この側面から押される力と，図左側の力線自身の張力の合計で表される．直感的にもそれは図左側への正味の力となることは明らかだが，きちんと計算するとそれはクーロンの法則から計算される値にちょうど一致する．

ここまでの議論は電場について行ったが，磁場が $u_\mathrm{m} = \frac{1}{2}\mu_0 H^2$ のエネルギー密度をもつことから，磁力線と磁束線についてもまったく同様の議論が成り立つ．したがって，磁力線，磁束線も「自らは短くなろうとして，互いに反発する」性質があると考えると実際の磁場分布をよく表す理由もマクスウェルの応力で説明できる．

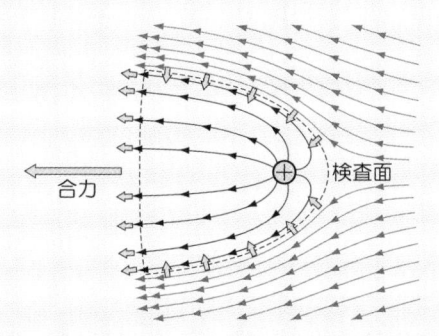

図4 一様な電場中に置かれた点電荷．外部電場が作る力線と点電荷が作る力線を色分けで示す．検査面に働くマクスウェルの応力を合計したものは，点電荷に働くクーロン力に等しい．

第8章 非定常状態の電磁気学

　第1章から第7章まで，我々はクーロンの法則を唯一の公理として電磁気学のさまざまな法則を導出してきた．ただし，電流すなわち動く電荷が磁場を生じるしくみを説明するためには特殊相対性理論が正しいことを認める必要があった．むしろ，電流が磁場を生じることが観測されているのは，特殊相対性理論が正しいことを示す証拠といってもよいのである．特殊相対性理論が導く奇妙な現象は，物体が運動したときに現れる．しかし前章までの議論は，電荷の運動は結果として生じる「磁場」の中に隠されてしまい，議論は時間的に変化のない「静磁気学」にとどまった．しかし，電磁気学の醍醐味は，本章で学ぶ，運動に伴う電気現象を理解することにある．

　本章は，磁場中を運動する導線に生じる**誘導電流**からはじまり，時間変化のある系における電磁気学について学んでいく．そして，議論は，あらゆる電磁現象を統一的に記述する**マクスウェル方程式**に収斂する．しかし話はそこで終わりではない．マクスウェル方程式を導出したマクスウェルは，自らその方程式が波動解をもつこと，波動の伝播速度が当時知られていた光速度に等しいことを発見する．光の正体が電磁波である，というこの発見は，物理学史上最大の発見ともいわれている．

　本書の，電磁気学をめぐる長い旅もいよいよ終盤である．最後はマクスウェルが行ったようにマクスウェル方程式を解き，電磁波が光の速さで伝播する電場と磁場の波であることを確認して終わることにしよう．

8.1　電磁誘導

8.1.1　電磁誘導の発見

　19世紀のはじめまで，電気と磁気はまったく無関係な現象と考えられていたが，エルステッドが電流によって方位磁針が振れるのを発見し，磁場が磁石だけでなく電流からも生じることが明らかになった．現象はただちにビオ–サバールの法則によって定式化され，電場が従う法則と磁場が従う法則の間に美しい対称性があることが明らかになった．

　電場と磁場に対称性があるなら，電流から磁場が生じるように，何らかの方法で磁

石から電場が生じるはずである，と当時の物理学者が考えたのも当然だろう．当初この試みはことごとく失敗したが，1831 年にアメリカのヘンリー (Joseph Henry) とイギリスのファラデー (Michael Faraday) が独立に，磁石から電場を発生させることに成功した．初期の試みがうまくいかなかったのは，はじめ科学者たちは定常磁場から電場を生じさせようと試みたからであった．変化する磁場が電場を生じる現象を**電磁誘導**という．

8.1.2 磁場中を動くループ導線

ファラデー，ヘンリーが最初に発見した現象は，「ループ導線を変化する磁場中に置くと電流が流れる」というものであった．電磁誘導によって生じる電流は**誘導電流**とよばれる．今まで，電流を生じさせるには導線を電位差のある 2 点間に接続する必要があったから，何にもつながっていない一巻きのループ導線に電流が流れるというのは驚きの発見であった．

しかし，図 **8.1** のような例に限れば，電流が流れる理由はローレンツ力から容易に説明ができる†．いま，一巻きのループ導線があり，そこを磁場 B が貫いているとしよう．導線には小さいが有限の電気抵抗がある．そのため，導線が静止しているときは，もちろん電流は流れない．次に，ループを外力によって速度 v で右向きに動かしてみよう．ループを構成する導体の電子は，ループが静止しているときは磁場に対して静止しているが，ループが動きだすとそれらは磁場ベクトルに垂直に運動を始めることになる．運動する電荷は磁場からローレンツ力 $F = qv \times B$ を受ける (→ p.142)．ここで，二つの場合について考えよう．

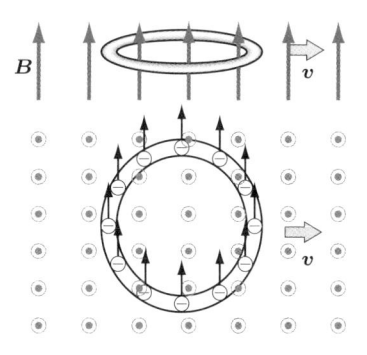

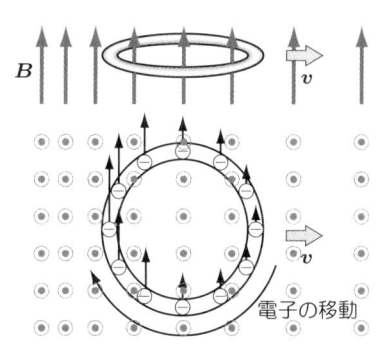

(a) 均一な磁場中に置かれた場合 (b) 不均一な磁場中に置かれた場合

図 8.1 導体ループを磁場と垂直な方向に動かしてみる

---

† もちろん，当時はまだ電流の正体も，ローレンツ力の存在も知られておらず，電磁誘導が生じる理由は謎だった．

図(a)のように磁場の大きさが場所によらず一定な場合は、一巻きのループの各部分の電子が受ける力は図のように一様な向きと大きさとなる。力を受けた電子はループに沿って動こうとするが、反対側の電子が逆方向の力を受けているため、動こうとしても動くことができない。混雑した駅のホームで、階段の上りと下りが別れていない状況を想像して見よう。結局、均一な磁場中で導線ループを動かしても外見的には何も起こっていないように見える。

次に、図(b)のように、磁場が左から右に徐々に弱くなっている場合を考える。今度は、ループの各部分が受ける力の大きさは異なるため、ループの方向にもっとも強い力を受ける電子が勝って、ループ全体として電荷の動き、すなわち電流が観測される。これで、誘導電流が流れるしくみが説明できた。

しかし、この単純な説明は、実験方法を変えるとたちまち破綻してしまう。今度は、導線を固定して、磁場の発生源を左に動かしてみよう。導線から見れば磁場の変化は同じだから起こる現象は同じであろう、と予想されるし、実際に観測される現象も同じである。しかしこの場合、導体ループは動いていないからローレンツ力は働かない。では電流はなぜ流れるのだろうか。とたんに説明に窮してしまうのである。

8.1.3 電磁誘導と特殊相対性理論

オームの法則 (→ p.148) を思い出そう。

$$\boldsymbol{J} = \sigma \boldsymbol{E}$$

静止した導線に電流が流れている、ということはそこには電場が存在している。「屁理屈」と思う諸君もいるかも知れないが、これが現実である。したがって、観測される現象から「静止したループ導体が変化する磁場中にあるとき、ループに沿って電場が発生する」ということを認めなくてはならない。座標系を磁場の方に固定すれば、現象はローレンツ力で容易に説明できたが、座標系を導体に固定した場合、現象がなぜ起こるかの理由が説明できない。

物理学には**相対性の原理**とよばれる信念がある。それは、「物理現象はどの座標系[†]から見ても等しく同じに見える」というものだ。確かに、導体を動かしても、磁場を動かしても、導線に電流が流れるという現象に変わりはない。これは実験事実である。しかし、電子を駆動しているのは片や磁場、片や電場と異なる力である。となると、電磁気学は「相対性の原理」を破っているのだろうか。20世紀初頭、ベルンの特許事務所に勤めるアマチュア物理学者がこの問題をじっくり考え、一編の短い論文を発表した。『運動する物体の電気力学』、これが後に**特殊相対性理論**とよばれる理

[†] 厳密には「慣性系」といって、慣性の法則が成り立つ座標系。

論の控えめな表題で，論文の著者はもちろんアルバート・アインシュタイン (Albert Einstein) その人である．

アインシュタインは，今述べた相対性の原理と，「真空中の光速度はどの座標系 (慣性系) から観測しても一定不変である」ということを前提として運動の法則を再構築した．この主張が，マクスウェル方程式の帰結である**電磁波**と深い繋がりがあることは後でわかる．すると，その結論として，あの有名な $E = mc^2$ だけでなく，動く物体の時間が遅く進み，質量が増え，長さが縮んで見えるといった我々の常識を裏切るさまざまな現象が予言される．その中の一つ，「運動する物体の長さは観測者にとって静止状態より短く見える」という事実，いわゆる**ローレンツ収縮**が磁場の源であることは第 5 章で述べた．そして，「変化する磁場が電場を生む」という事実もまた，特殊相対性理論によって初めて合理的な説明が可能な現象なのである．

ここで，もう一度，なぜ「電流のそばにある動く電荷」が力を感じるか，という説明 (→ p.159) を思い出して欲しい．そもそも，磁場とは相対論的時空で観測されるクーロンの法則に他ならないのだから，荷電粒子が受けるあらゆる力は所詮クーロン力なのである．したがって，電磁誘導も，電流ループと同じ速度で動く座標系からみれば「外部磁場を作る電流」がローレンツ収縮で縮み，ループ内の電子が直接電場として感じられる成分が現れたのだ，と解釈できる．もっとわかりやすい例でいえば，図 5.17 (→ p.160) の実験を，電荷 q とともに動きながら観測することを想像しよう．観測者から見れば電荷は静止しているが，それは確かに導線から引力を感じている．したがって，電荷を引き寄せているのは「電場」としか言いようがないではないか．

このように，電磁気学においては，動く電荷が生み出す相対論効果を「磁場」というあたかも何か別のもののように表現するが，それらはすべて本質的にクーロン力であり，導線ループの中の電子が「電場」を感じるか「磁場」を感じるかは単に見方の問題に過ぎない．もちろん，普段我々は特殊相対性理論を意識する必要はなく，「動く電荷が磁場を生む」と理解しても何ら支障はない[†]．そしてその延長にあるのが今説明した電磁誘導で，一言でいえばそれは「変化する磁場が電場を生む」と解釈できる現象なのである．

[†] その隙をついたさまざまなパラドックスが呈示されているが．

8.2 ファラデーの電磁誘導の法則

8.2.1 誘導電流から誘導電場へ

さて，話を再び19世紀に戻す．ファラデーは，電磁誘導を導線に乗った座標から見たときに起こる現象から，「時間的に変化する磁場は電場を生む」と結論づけた．天才的な発想の転換である．ファラデーの主張を現代風に解釈すると以下のようになる[†]．**図 8.2** の実験で，図 (b) のように一巻きの導線の代わりに一つの電子を置いてみる．導線の中の電子と一つの電子を区別する法則はないから，電子はやはり力を受けるだろう．静止した電子が力を受けるとき，そこには電場がある．すなわち，「電磁誘導」とはもっと一般的な現象で，ループ導線に電流が流れる，というのはその結果観測される現象の一つに過ぎないということなのだ．

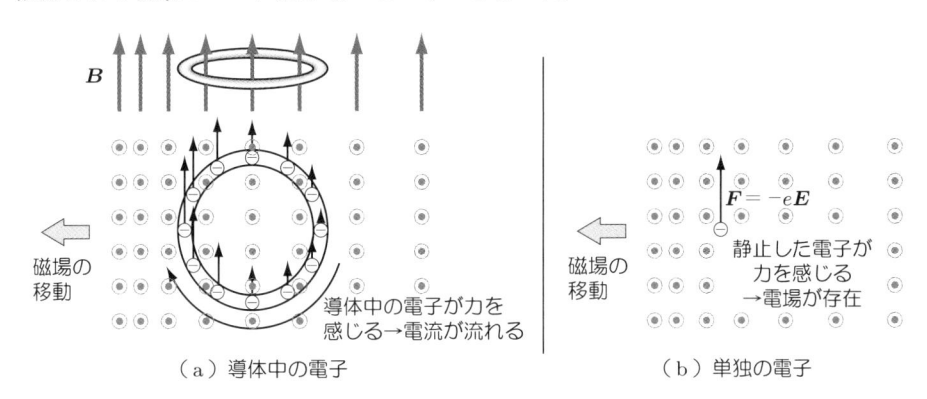

図 8.2 ファラデーの主張．変化する磁場中に置かれた静止電荷は力を受けることから，「そこには電場がある」といってよい．

ファラデーは，磁場の変化と生じる電場の関係を以下のように定式化した．「電磁誘導で生じた電場を任意の閉ループで積分すると，それはループをくぐる磁束の時間変化率に等しい」．これを**ファラデーの電磁誘導の法則**とよぶ．概念図を**図 8.3** に示す．数式では，ファラデーの電磁誘導の法則は以下のように表される．

ファラデーの電磁誘導の法則 (積分形)

$$\oint_s \boldsymbol{E} \cdot \mathrm{d}\boldsymbol{s} = -\frac{\partial}{\partial t} \iint_S \boldsymbol{B} \cdot \mathrm{d}\boldsymbol{S} \tag{8.1}$$

[†] くり返すが，当時はまだ電流が運動する荷電粒子であることは知られていなかったので，ファラデーの解釈はこの説明どおりではない．

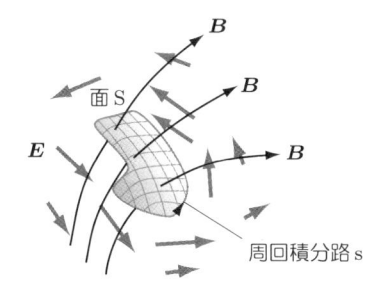

図 8.3 ファラデーの電磁誘導の法則 (積分形) を表した概念図

符号のマイナスは，電場の積分方向と磁束の変化率の関係を示したものである．ベクトル場の回転の定義から，電場をある面の周囲で周回積分したとき，その面の法線ベクトルは周回路について右ねじの方向と約束する．電場の積分値が正の値を取るとき，磁束の変化率は法線方向を基準として負の値となる．

ファラデーの電磁誘導の法則で現れる「電場の周回積分」は単位の電荷が一周すると得るエネルギーに等しく，**誘導起電力**とよばれる．その次元は [V] である．注意しておかなくてはならないのは，誘導起電力は [V] の次元をもつが，スカラポテンシャルではない．なぜなら，スカラポテンシャル場においては任意のループに沿った電場の積分はゼロでなくてはならないからだ．静電ポテンシャルエネルギーを使い，周回運動する電子に正味の仕事をすることはできない．たとえるなら，ジェットコースターを外部からのエネルギー供給無しに無限に運転するようなものだからだ (摩擦抵抗があるので，外部からの仕事がなければ元の高さまで上がれない)．一方，誘導起電力により駆動された荷電粒子は，磁場の変化がある限り抵抗のある導線の中を動き続けることができる．この場合，エネルギー保存則はどうなっているかというと，磁場を変化させるために何か他のエネルギーが消耗している．つまり，電磁誘導は他のエネルギーを電場のエネルギーに変えるエネルギー変換器の原理になるわけだ．

8.2.2 レンツの法則

ループ導線を変化する磁場中に置くと誘導電流が生じ，その電流も磁場を作る．誘導電流が生む磁場は，式 (8.1) の関係から外部磁場の変化を打ち消す方向であることがわかる．この関係を**レンツの法則**とよぶ．

> 誘導電流によって生じる磁場は，電磁誘導を生じさせる磁場の変化を打ち消す方向に発生する．

レンツ (Heinrich Friedrich Emil Lenz) は，この関係をファラデーの電磁誘導の法則に先駆けて発見し，その名を法則に残した．レンツの法則は，直感的にエネルギー保存則から説明できる．

図 **8.4** のように，固定されたループ導線の近くで磁石を動かすことを考えよう．磁石を動かすとループに電流が流れ，電流が磁場を作る．磁場はエネルギーをもっているから，磁場が増大した分に相当する仕事が行われたはずである．レンツの法則によれば，誘導電流が作る磁場はループを貫く磁場の変化を打ち消す方向である．これを，等価な棒磁石で表すと図のようになるが，磁極の向きは磁石が遠ざかるときには吸引力，磁石が近づくときには反発力が働く向きである．つまり，誘導コイルの近くで磁石を動かすとき，磁石には常に抵抗力が発生する．この抵抗力に逆らって磁石を動かす仕事が磁場エネルギーに変換され，エネルギー保存則が満足される，というわけである．

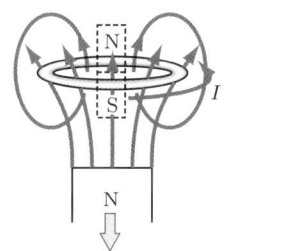

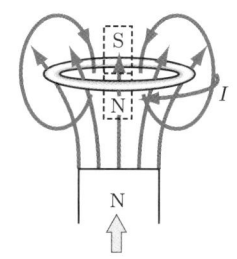

吸引する磁場が誘導される　　反発する磁場が誘導される

（a）磁石を遠ざけるとき　　（b）磁石を近づけるとき

図 **8.4** レンツの法則をエネルギー保存則から説明

8.2.3 電磁誘導の法則を証明する

ファラデーの電磁誘導の法則を証明してみよう．証明は静磁場中を動くループ導線について行う．図 **8.5** のように，磁場中を一巻きのループ導線が運動している．導線内部の電子はローレンツ力 $F = qv \times B$ を受けるが，これを「導線内部の電子が電場 E を感じている」と解釈してもよいことはすでに説明した．すると，$qv \times B = qE$ と置き換えてよいから，ループに沿った電場の積分は以下のように表せる．

$$\oint_s E \cdot ds = \oint_s (v \times B) \cdot ds \tag{8.2}$$

ベクトル積の公式 (付録 A.1.3 項 → p.277) を使い，外積と内積を入れ換えよう．

$$\oint_s (v \times B) \cdot ds = -\oint_s B \cdot (v \times ds) \tag{8.3}$$

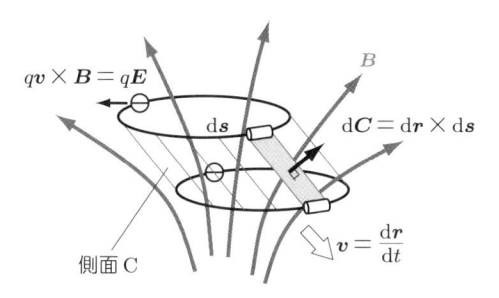

図 8.5 ファラデーの電磁誘導の法則を証明

さてここで，$\oint_s \boldsymbol{B} \cdot (\boldsymbol{v} \times \mathrm{d}\boldsymbol{s})$ の意味を考えよう．$\boldsymbol{v}$ は，時間 $\mathrm{d}t$ の間にループが $\mathrm{d}\boldsymbol{r}$ 動くということを表している．そこで，式 (8.3) の $\boldsymbol{v}$ を $\dfrac{\mathrm{d}\boldsymbol{r}}{\mathrm{d}t}$ に置き換えよう．図 8.5 に，$t=0$ と $t=\mathrm{d}t$ のループを図示した．このときベクトル $\mathrm{d}\boldsymbol{r} \times \mathrm{d}\boldsymbol{s}$ は，二つのループが張る側面の法線方向ベクトルで，その大きさは $\mathrm{d}\boldsymbol{r}$ と $\mathrm{d}\boldsymbol{s}$ で作られる微小面積要素 (図中のグレーの領域) に等しいことがわかる．この面積ベクトルを $\mathrm{d}\boldsymbol{C}$ とすると，式 (8.3) は

$$\oint_s \boldsymbol{B} \cdot (\boldsymbol{v} \times \mathrm{d}\boldsymbol{s}) = \frac{1}{\mathrm{d}t}\oint_s \boldsymbol{B} \cdot (\mathrm{d}\boldsymbol{r} \times \mathrm{d}\boldsymbol{s}) = \frac{1}{\mathrm{d}t}\iint_C \boldsymbol{B} \cdot \mathrm{d}\boldsymbol{C}$$

と書くことができる．上の面積分は，二つのループで張られる円筒状の領域 C で実行していることに注意すること．

ここで，$\iint_C \boldsymbol{B} \cdot \mathrm{d}\boldsymbol{C}$ の意味を考えてみよう．図から明らかなように，これは「円筒面 C を貫く $\boldsymbol{B}$ ベクトルを面積分する」という意味である．一方，これは，「$\mathrm{d}t$ の間に，ループが取り込んだ磁束 $\mathrm{d}\Phi_\mathrm{m}$」と一致する．したがって，

$$\mathrm{d}\Phi_\mathrm{m} = \iint_C \boldsymbol{B} \cdot \mathrm{d}\boldsymbol{C} = \oint_s \boldsymbol{B} \cdot (\mathrm{d}\boldsymbol{r} \times \mathrm{d}\boldsymbol{s}) \quad \longrightarrow \quad \frac{\mathrm{d}\Phi_\mathrm{m}}{\mathrm{d}t} = \oint_s \boldsymbol{B} \cdot (\boldsymbol{v} \times \mathrm{d}\boldsymbol{s})$$

の関係が成り立つ．また，式 (8.2)，式 (8.3) の関係があるので結局，

$$\oint_s \boldsymbol{E} \cdot \mathrm{d}\boldsymbol{s} = -\frac{\mathrm{d}\Phi_\mathrm{m}}{\mathrm{d}t}$$

の関係が成り立つ．ループをくぐる磁束を面積分で表せば

$$\oint_s \boldsymbol{E} \cdot \mathrm{d}\boldsymbol{s} = -\frac{\partial}{\partial t}\iint_S \boldsymbol{B} \cdot \mathrm{d}\boldsymbol{S}$$

第8章 非定常状態の電磁気学

となり，ファラデーの電磁誘導の法則が証明された．磁束密度は $\boldsymbol{B}(\boldsymbol{r},t)$ と時間・空間の関数であるので時間微分には偏微分記号を使う．

ファラデーが発見した電磁誘導の法則は，任意のループに沿って一回り積分した電場とループをくぐる磁束の時間変化という，一見すると直接関係無さそうな二つの物理量を等号で結ぶ不思議な法則だ．しかし，以下の簡単な例を用いて，もう一度ファラデーの電磁誘導の法則を考え直せば，その意味がわかるのではないだろうか．

再び，静磁場中を速度 $\boldsymbol{v}$ で動くループ導線を考える．簡単のために導線は矩形で，**図 8.6** のように磁場に対して垂直な面内を運動しているとする．すると，導線の区間 l が感じる誘導起電力は $El = vBl$ で，これは，その区間が1秒間に「掃く」面積 vl と磁場 B の積とも解釈できる．これは，1秒間に導線がどれだけの磁束線を横切ったかを数えていることに他ならない．それを一周積分すれば，毎秒どれだけの磁束線がループから逃げていったかを数えていることになる．そしてそれは，定義からループに沿って電場を積分した値でもあり，確かにファラデーの電磁誘導の法則が主張する通りの関係が成立している．

さて，次に，ファラデーの電磁誘導の法則を微分形に変形しておこう．これはストークスの定理を使えば簡単に，以下のような形になることが示される．

$$\oint_s \boldsymbol{E} \cdot \mathrm{d}\boldsymbol{s} = \iint_S (\nabla \times \boldsymbol{E}) \cdot \mathrm{d}\boldsymbol{S} \quad \longrightarrow \quad \iint_S (\nabla \times \boldsymbol{E}) \cdot \mathrm{d}\boldsymbol{S} = -\iint_S \frac{\partial \boldsymbol{B}}{\partial t} \mathrm{d}\boldsymbol{S}$$

上式がどこでも成立するためには，任意の場所で $\mathrm{rot}\, \boldsymbol{E} = -\dfrac{\partial \boldsymbol{B}}{\partial t}$ が要請される．

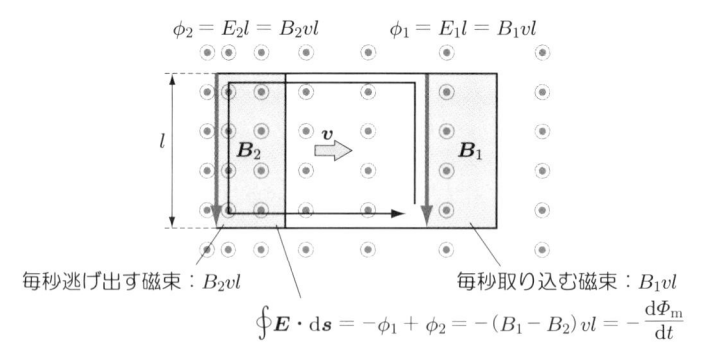

図 8.6 「ループに沿った電場の周回積分」と「毎秒ループが逃がす磁束」が等しい理由を直感的に理解

ファラデーの電磁誘導の法則 (微分形)

$$\mathrm{rot}\,\boldsymbol{E} = -\frac{\partial \boldsymbol{B}}{\partial t} \tag{8.4}$$

8.2.4 発電機とモーター

8.2.2項で述べたように，電磁誘導は力学的エネルギーを電磁エネルギーに変換する際に鍵となる物理現象で，これを効率よく行う装置が**発電機**である．図 8.7 は発電機の原理を示した概念図である．発電機は，磁場中に置かれた回転可能なループ導線と，そのループから電流を取り出す端子 (スリップリング) からできている．

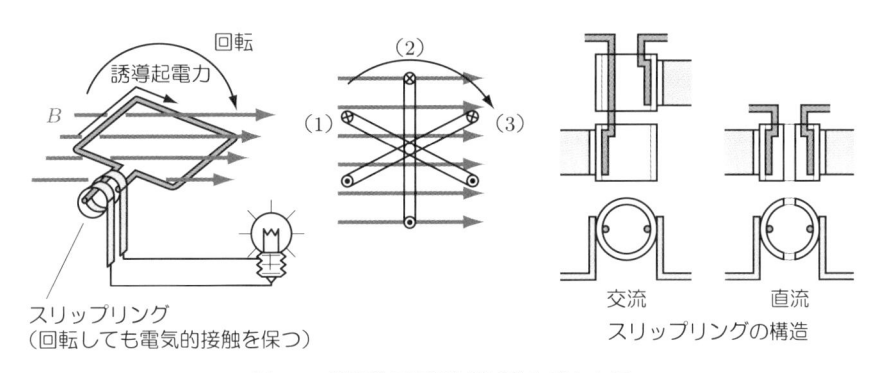

図 8.7 発電機の原理を模式的に表した図

導線に力を加え矢印の方向に回転させてみよう．導線が図の (1) から (2) の状態にあるとすると，ループをくぐる磁束は回転につれ増加する．ファラデーの電磁誘導の法則から起電力が生まれ，その方向はレンツの法則から磁束を減らそうとする図矢印の方向となる．スリップリングの先に電球をつなぎ，回路を閉じれば電流が流れて明るく光るだろう．つまり，運動エネルギーが電子を駆動する電場のエネルギーに変換され，さらにジュール熱に変換されるというわけだ．ところが，ループが磁場に垂直な (2) から (3) の状態に回転するとき，今度は磁束が減少するので誘導起電力が逆方向になる．ここに示した発電機は，電流の向きが回転に伴って反転する**交流発電機**なのだ．しかし，交流は，トランス (同じく電磁誘導の原理を使った変圧器) で容易に電圧を変換できるのでかえって好都合．現代の商用電源はほとんどが交流だ．スリップリングの形を工夫すれば常に同じ方向の電流を取り出す**直流発電機**も容易に作れる．この場合は，電流が回転角に伴って変化するのを補うため大きな容量をもつコンデンサーを並列につないで電流の脈動を吸収する．

一方，モーターは発電機とは逆に電流を流すと動力を生じる装置である．基本原理は，一定の方向を向いた磁場 (固定子) と回転可能な電流ループ (回転子) との間の吸引力・反発力を利用し，回転子にトルクを与えるものである．だがその機構は発電機とほとんど変わらない．図 8.7 の (1) の状態で，ループ導線に上から見て反時計回りの電流を与える．するとループは上側が N 極の電磁石となり，右回りのトルクを受ける．ループが (2) の位置にきたとき，電流も反転させればループは常に右回りのトルクを受け続ける，というしくみである．この場合，供給される電流は交流のためこれを**交流モーター**とよぶ．もちろん，スリップリングの構造を直流発電機と同じにすればそれは**直流モーター**になる．

発電機とモーターに関する面白いエピソードを紹介しよう．発電機はモーターに先駆けて発明されたが，発生した電力を効率よく動力に変える機構の発明は遅々として進まなかった．ところが，1873 年に開かれたある博覧会で発電機の展示をしようとして，誤って電源に発電機をつないでしまい，スイッチを入れたら発電機が勝手に回り出したのだという．そこではじめて，発電機に電流を流せばモーターになることが見いだされた，というわけだ．最近流行のハイブリッド自動車は加速にモーターを使うが，減速はブレーキを使わずにタイヤの回転で発電をする．そして生まれた電力をバッテリーに戻すことでエネルギーを節約している．もちろん，専用の発電機を積んでいるわけではなく，加速用のモーターをそのまま発電機として利用しているわけだ．このように，エネルギーの相互変換が容易なことから電気エネルギーは「エネルギーの通貨」ともよばれている．

8.3 電束電流

8.3.1 マクスウェルの慧眼

クーロンの法則を出発点として，第 1 章からここまでに証明してきた電磁気学の基本法則を列挙すると，19 世紀中ごろの電磁気学の知識を集大成することができる．

電束密度のガウスの法則 (第 4 章) 電束密度 D の発散は電荷密度に一致する．

$$\text{微分形}: \nabla \cdot D = \rho \quad \longleftrightarrow \quad \text{積分形}: \oiint_S D \cdot dS = \iiint_V \rho dV$$

磁束密度のガウスの法則 (第 5 章) 電流が作るベクトルポテンシャル A と磁場の関係は

$$B = \nabla \times A$$

と表される．そして，上の関係が正しいなら B に発散はなく

$$\text{微分形：}\nabla \cdot B = 0 \quad \longleftrightarrow \quad \text{積分形：}\oiint_S B \cdot dS = 0$$

が恒等的に成り立つ．

ファラデーの電磁誘導の法則 (第 8 章)　時間変化する磁場と電場に対して

$$\text{微分形：}\nabla \times E = -\frac{\partial B}{\partial t} \quad \longleftrightarrow \quad \text{積分形：}\oint_s E \cdot ds = -\frac{\partial}{\partial t}\iint_S B \cdot dS$$

なる関係が成立する．

磁場の強さのアンペールの法則 (第 7 章)　磁場の強さ H の回転は電流密度に一致する．

$$\text{微分形：}\nabla \times H = J \quad \longleftrightarrow \quad \text{積分形：}\oint_s H \cdot ds = \iint_S J \cdot dS$$

　イギリスの理論物理学者マクスウェル (James Clerk Maxwell) は，このうち，上から三つまでは，定常状態でも非定常状態でも成り立つ普遍的な法則だが，四つめの公式，「アンペールの法則」だけが，非定常状態では成立しないということに気づいた．アンペールの法則が非定常系で成り立たないことを示すため，以下の実験を考えよう．

　図 **8.8** はコンデンサーを電源につないだ様子を示している．はじめ，極板には電荷がたまっていないが，スイッチを入れると電源からコンデンサーの負極板に電子が流れ込む．すると正極板から電子が押し出され，電源から見れば普通に電流が流れているように見える．だが，電源のマイナス端子から出発した電子は，決して極板をまたいで反対側へは行かない．ここで，電流はいったん切れていることに注意しよう．ここにアンペールの法則を適用してみる．復習するが，アンペールの法則の積分形を言

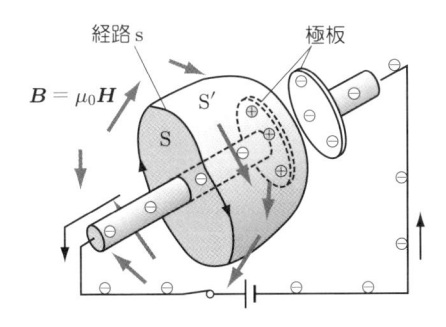

図 **8.8**　アンペールの法則が成り立たない思考実験

葉で表せば,「任意の閉回路 s に沿って磁場 $\bm{H}$ を線積分したものは,s をへりとする面 S を通り抜ける電流に等しい」だ.ここで,「経路をへりとする面 S」は何も一つに限らない.図 8.8 には,s をへりとする二つの面 S,S' が描かれているが,アンペールの法則はどちらの面に対しても等しく成立するはずである.しかし,面 S は電流 I が貫いているのに対して,面 S' を貫く電流はあきらかに存在しない.つまり,この場合はアンペールの法則が成立しないことが示された.

ただし,今の場合,コンデンサーに流れる電流は永久に続くわけではなく,極板の電位差が電源の電位差とつり合ったときに電流が流れなくなる.つまり,電流は定常ではない.どうやら,アンペールの法則の例外を探そうとするとき,かならず「時間変化する電流」が関係してくるようだ.マクスウェルはこの系をじっくりと観察し,「コンデンサーの極板の間に何かが流れている」という洞察を得た.たしかに,コンデンサーをブラックボックスで囲んでしまえば,電子は右から左によどみなく流れている.極板間の空間にも何かが流れていると考えるのは天才的な発想ではあるが理にかなったものであろう.

第 2 章でガウスの法則を証明したとき,電束 Φ_e は電荷と同じ次元の物理量であることを示した.これを時間微分すると電流と同じ次元になる.マクスウェルは,面 S' を貫く電束を時間微分すると,ちょうど面 S を貫く電流 I に等しくなることを見抜いたのだ.マクスウェルは,このように電束の時間変化が電流と同じ意味をもつことを示し,これを**電束電流**(変位電流ともいう)と名づけた.そして,マクスウェルは,電流が時間変化しているときでも,真の電流と電束電流を合わせればアンペールの法則が成り立っていることを発見した.この拡張されたアンペールの法則を**アンペール-マクスウェルの法則**とよぶ.

アンペール-マクスウェルの法則

$$\text{微分形}: \quad \text{rot}\,\bm{H} = \bm{J} + \frac{\partial \bm{D}}{\partial t} \tag{8.5}$$

$$\text{積分形}: \quad \oint_s \bm{H} \cdot d\bm{s} = \iint_S \left(\bm{J} + \frac{\partial \bm{D}}{\partial t} \right) \cdot d\bm{S} \tag{8.6}$$

ただし,マクスウェルによって提唱されたこの「電束電流」の概念は実験的証拠を伴っていなかったため,はじめはなかなか認められなかった.

8.3.2 電束電流と広義の電流保存則

$\frac{\partial \boldsymbol{D}}{\partial t} = 0$ のときにアンペール–マクスウェルの法則が成り立つことは当然だが，果たして非定常のときに式 (8.5) が成り立つと主張する根拠は何なのだろうか．両辺の発散 (div) をとってみよう．左辺は，ベクトル恒等式により

$$\nabla \cdot (\nabla \times \boldsymbol{H}) = 0$$

となる．したがって右辺は，

$$\nabla \cdot \left(\boldsymbol{J} + \frac{\partial \boldsymbol{D}}{\partial t} \right) = 0 \tag{8.7}$$

でなくてはならない．つまり，アンペール–マクスウェルの法則は「電流密度と電束電流密度の和の発散はゼロ」といっているのと等価であることがわかった．では，この意味について考えよう．

今，ある閉曲面を考え，そこに出入りする荷電粒子を考える．定常状態では，体積を貫く電流密度の和はゼロとなる．

$$\oiint_S \boldsymbol{J} \cdot \mathrm{d}\boldsymbol{S} = 0$$

これは，電荷が不滅の物理量である，という公理 (信念) からの帰結で，これを**電流保存則**とよんだ (→ p.146)．では，今度は電流が時間的に変化してもよい，とした場合の電流保存則について考える．電荷が保存する量ならば，ある体積に存在する全電荷 Q の時間変化はそこから出入りする電流の差し引きと等しい，という以下の関係がただちに導かれるだろう．

$$\frac{\mathrm{d}Q}{\mathrm{d}t} = -\oiint_S \boldsymbol{J} \cdot \mathrm{d}\boldsymbol{S} \quad \longrightarrow \quad \frac{\partial}{\partial t} \iiint_V \rho \mathrm{d}V = -\oiint_S \boldsymbol{J} \cdot \mathrm{d}\boldsymbol{S}$$

右辺にガウスの発散定理を使い，

$$\frac{\partial}{\partial t} \iiint_V \rho \mathrm{d}V = -\iiint_V \nabla \cdot \boldsymbol{J} \mathrm{d}V$$

である．両辺が任意の体積 V で常に等しくなるには以下の関係が要請される．これが，非定常でも成り立つ形の電流保存則である．

非定常でも成り立つ電流保存則

$$\frac{\partial \rho}{\partial t} = -\nabla \cdot \boldsymbol{J} \tag{8.8}$$

式 (8.8) の左辺に，電束密度に対するガウスの法則 $\nabla \cdot \boldsymbol{D} = \rho$ を適用すると，以下のようになる．

$$\frac{\partial}{\partial t} \nabla \cdot \boldsymbol{D} = -\nabla \cdot \boldsymbol{J}$$

時間微分と空間微分を入れ替えることができて，

電束電流を含む，広義の電流保存則

$$\nabla \cdot \left(\boldsymbol{J} + \frac{\partial \boldsymbol{D}}{\partial t} \right) = 0 \tag{8.9}$$

を得る．これは，式 (8.7) と同じものである．したがって，「電束電流」と「アンペール–マクスウェルの法則」は，電流保存則を時間変化する系に拡張した結果として自然に生まれる概念であることが理解できる．

簡単な例を使い，電束電流と電流の和が広義の電流保存則を満たすことを確認する．**図 8.9** は，コンデンサーと抵抗器を直列に接続した回路である．はじめコンデンサーは充電されておらず，スイッチは開いていたとする．$t = 0$ でスイッチを閉じたとき，起こる現象について考えよう．

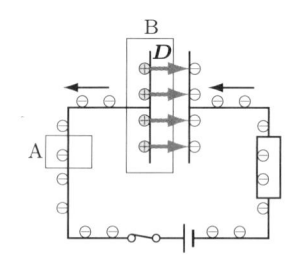

図 8.9 コンデンサーの充電で電流保存則を確認する．

この回路では，コンデンサーの場所では導線がつながっていないのでその場所での電流は当然ゼロである．また，その他の場所では電流は一定と考えてよい．さもなくば，どこかに電荷が滞留してしまう．この電流を I としよう．今，A のように，コン

デンサーを含まない任意の体積では明らかに $\oiint_S \boldsymbol{J}\cdot\mathrm{d}\boldsymbol{S}=0$ である．次に，コンデンサーの片側の極板を含む B のように体積をとってみよう．体積の左側から電流 I が流れ込むが，電流はどこにも出て行かないことがわかる．したがって

$$\oiint_S \boldsymbol{J}\cdot\mathrm{d}\boldsymbol{S}=-I \tag{8.10}$$

となる．一方，ガウスの法則から，極板を含む閉曲面で電束を面積分すれば，それは極板内部の電荷に等しい．

$$\oiint_S \boldsymbol{D}\cdot\mathrm{d}\boldsymbol{S}=Q$$

両辺を時間で微分，左辺の時間微分と面積分の順序を入れ換えると

$$\oiint_S \frac{\partial \boldsymbol{D}}{\partial t}\cdot\mathrm{d}\boldsymbol{S}=\frac{\mathrm{d}Q}{\mathrm{d}t} \tag{8.11}$$

が成り立つ．ここで，電荷の増加率 $\dfrac{\mathrm{d}Q}{\mathrm{d}t}$ が流れ込む電流に等しいことに気づけば式 (8.10) と式 (8.11) が等置できて，

$$\oiint_S \frac{\partial \boldsymbol{D}}{\partial t}\cdot\mathrm{d}\boldsymbol{S}=-\oiint_S \boldsymbol{J}\cdot\mathrm{d}\boldsymbol{S} \longrightarrow \oiint_S \left(\frac{\partial \boldsymbol{D}}{\partial t}+\boldsymbol{J}\right)\cdot\mathrm{d}\boldsymbol{S}=0$$

を得る．あとはガウスの発散定理を使えば

$$\iiint_V \nabla\cdot\left(\frac{\partial \boldsymbol{D}}{\partial t}+\boldsymbol{J}\right)\mathrm{d}V=0 \longrightarrow \nabla\cdot\left(\frac{\partial \boldsymbol{D}}{\partial t}+\boldsymbol{J}\right)=0$$

と，広義の電流保存則が成り立っていることが示された．

8.4 マクスウェル方程式

　電束電流の存在とアンペール–マクスウェルの法則の正しさを確信したマクスウェルは，電場が従う法則と磁場が従う法則に**対称性**と**関連性**があることに気づいた．そして，数々の定理・法則が**電場の発散**，**磁場の発散**，**電場の回転**，**磁場の回転**で表される四つの方程式の言い換えに過ぎないことに気づいた．この，マクスウェルによって発見された電磁場理論の完全な形，すなわち

> **マクスウェル方程式**
>
> $$\nabla \cdot \boldsymbol{D} = \rho \tag{8.12}$$
>
> $$\nabla \cdot \boldsymbol{B} = 0 \tag{8.13}$$
>
> $$\nabla \times \boldsymbol{E} = -\frac{\partial \boldsymbol{B}}{\partial t} \tag{8.14}$$
>
> $$\nabla \times \boldsymbol{H} = \boldsymbol{J} + \frac{\partial \boldsymbol{D}}{\partial t} \tag{8.15}$$

を**マクスウェル方程式**とよぶ．実際には，マクスウェルが発表した方程式はベクトルポテンシャル $\boldsymbol{A}$ とスカラポテンシャル ϕ を含む 20 の方程式で，ベクトルをスカラ成分に分けて書く表記法を用いていたためかなり見通しが悪かった．当時はまだ「ベクトル場」の考え方が未発達だったのだ．これを上の形にまとめたのはヘヴィサイド (Oliver Heaviside) の業績[†]であるが，これによりマクスウェルの偉業に傷がつくことはいささかもない．

この方程式を見た，統計物理学の創始者ボルツマン (Ludwig Eduard Boltzmann) は，「これは神の創造した芸術品である」と言ったそうである．また，教育者としても名高い，20 世紀を代表する物理学者ファインマン (Richard Phillips Feynman) は，「今から 1 万年後の世界から眺めたら，19 世紀最大の事件は『マクスウェル方程式の発見』と判断されることはほとんど間違いない」と述べている．

物理の法則は，三つの基準を満足するべきだといわれている．第一に，物理量は一組の局所的法則に従わなくてはいけない．通常，その法則は微分方程式の形で表される．第二に，ある決まった時刻におけるある空間領域の状態を与えれば，その理論はその後の系の振る舞いを正確に予言するべきである．最後に，これは 20 世紀になって明らかになったことだが，物理法則は時空のローレンツ変換に対して不変でなければならない．簡単にいえば，その理論は特殊相対性理論と矛盾してはならない．

1865 年にマクスウェルによって完成された一組の電場，磁場を関係づける方程式群は，それ以前に知られていた電磁気学の法則を完全に体系づけたもので，上の条件を完全に満たしている．それから 150 年近くがたった現在，マクスウェルの見いだした方程式の修正が迫られるような現象は何一つ見つかっておらず，これまでに発見されたあらゆる電磁現象はすべてこれらの方程式で記述できる．

多くの物理学者は，物理学の基本法則は第一に「美しいこと」が条件であると語っている．その点，マクスウェル方程式は，まさに電磁気学の基本法則にふさわしい美

[†] 一般に，ヘルツというのが定説だが彼の方が 5 年早い．ヘルツもこのことは認めている．

しさと気品を備えている．諸君は，マクスウェル方程式から美しさを感じ取ることができるだろうか．もしできたなら，君には物理学者になる素質がある．

8.5 電磁波

8.5.1 光の正体

「光の正体は何か」という問題はかつて多くの物理学者を悩ませてきた．光がとてつもなく速く進む「何か」ということは観測からわかっていたのだが，その正体はわからなかった．「光は粒子の一種である」とするニュートン (Isaac Newton) 等の学派と，「光は波の一種である」とするホイヘンス (Christiaan Huygens) 等の学派が激しく対立していたが，どちらの主張にも欠点があった．波動説学派の最大の弱点は，光が真空中でも伝わる，という事実である．当時の物理学の常識では，「波」とは実在する媒体を伝わる振動現象とされていたから，真空中を進む波というのは想像もつかない現象だったに違いない．しかし，一方で，光は確かに真空中を進む．光が波動である証拠，すなわち光の干渉や回折はニュートンの時代から知られていながら[†]，それまで光が波であるという学説が決定的勝利を収めることができなかったのはまさにその性質によるものなのだ．

当時，光の正体はまだ謎であったので，その速さを測るということは最先端の物理学研究のテーマであった．いくつかの方法が開発されたが，当時もっとも正確だったのが，フィゾー (Armand Hippolyte Louis Fizeau) による，回転歯車を使った方法である [3]．図 **8.10** のように，光源から出た光をレンズで集め，ハーフミラーで反射させたのち回転歯車を通過させる．歯車を通過した光は $L = 8.6$ km 離れた鏡に当たり戻ってくる．この際，歯車の回転数 r [1/s]，歯数 G と光が一往復する時間 Δt [s] が

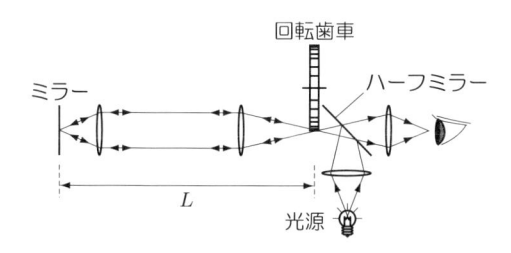

図 **8.10** フィゾーにより行われた，光速度測定実験の概念図

[†] 代表的な干渉現象の一つには皮肉にも「ニュートン環」の名がつけられている．当然，ニュートンはこれを粒子説で説明した．

$$\Delta t = \frac{1}{2Gr} \tag{8.16}$$

の関係を満たすと，ハーフミラーの後ろから見る観測者は戻ってきた光が歯車で遮られるのを見る．フィゾーは Δt と L から光の速度を計算し，3.13×10^8 m/s という結果を得た．これは，現在の光速度 (定義値)，299 792 458 m/s と比べると 4 ％ほど大きい．

8.5.2 マクスウェル方程式と電磁波

一方，マクスウェルは，自ら発見した方程式から驚くべき予言を行った．それは，マクスウェル方程式が正しければ，電場と磁場が絡み合って進行する波動解が存在し，その伝播速度は $1/\sqrt{\varepsilon\mu}$ となるというものである．マクスウェルはこれを**電磁波**と名づけた．真空の誘電率と透磁率はすでに知られており，計算すると 3.11×10^8 m/s となる．したがってマクスウェルは，「光は，波長が短い電磁波の一種であろう」と考えた．

マクスウェルの行った式変形を追いかけてみよう．はじめに，式 (8.14) の回転を取る．

$$\nabla \times \nabla \times \boldsymbol{E} = -\nabla \times \frac{\partial \boldsymbol{B}}{\partial t} \tag{8.17}$$

$\boldsymbol{B}$ に対する時間微分と空間微分の順番を入れ替え，

$$\nabla \times \nabla \times \boldsymbol{E} = -\frac{\partial}{\partial t}(\nabla \times \boldsymbol{B})$$

を得る．出てきた $\nabla \times \boldsymbol{B}$ を式 (8.15) で置き換えて ($\boldsymbol{B} = \mu \boldsymbol{H}$)，

$$\nabla \times \nabla \times \boldsymbol{E} = -\mu \frac{\partial}{\partial t}\left(\frac{\partial \varepsilon \boldsymbol{E}}{\partial t} + \boldsymbol{J}\right)$$

を得る．

今は，系として自由な電荷がない媒体 (誘電体) を考える．もちろん，真空も，誘電率 ε_0 でこの条件に当てはまる．すると $\boldsymbol{J}$ は存在しないので，整理すると

$$\nabla \times \nabla \times \boldsymbol{E} = -\varepsilon\mu \frac{\partial^2 \boldsymbol{E}}{\partial t^2}$$

となる．一方，左辺は，ベクトル演算の恒等式 (付録 A.1.5 項 → p.277) を利用すると，

$$\nabla(\nabla \cdot \boldsymbol{E}) - \nabla^2 \boldsymbol{E} = -\varepsilon\mu \frac{\partial^2 \boldsymbol{E}}{\partial t^2}$$

となる．系には自由な電荷がないとしたから，マクスウェル方程式 (8.12) から $\nabla \cdot \boldsymbol{E} = 0$ となる．結局，式 (8.17) は

$$\nabla^2 \boldsymbol{E} = \varepsilon\mu \frac{\partial^2 \boldsymbol{E}}{\partial t^2}$$

と変形された．まったく同じ方法で，磁場に関する方程式 $\nabla^2 \boldsymbol{H} = \varepsilon\mu \dfrac{\partial^2 \boldsymbol{H}}{\partial t^2}$ を導出することもできるが，これは演習問題にとっておこう．これらの方程式の形は**波動方程式**とよばれており，本質的に振動解をもつ微分方程式である．波が進む速度が微分方程式の定数 $\varepsilon\mu$ の逆数の平方根である理由は後で解説しよう．

> **マクスウェルの波動方程式**
>
> $$\nabla^2 \boldsymbol{E} = \varepsilon\mu \frac{\partial^2 \boldsymbol{E}}{\partial t^2} \tag{8.18}$$
>
> $$\nabla^2 \boldsymbol{H} = \varepsilon\mu \frac{\partial^2 \boldsymbol{H}}{\partial t^2} \tag{8.19}$$

電場・磁場は真空でも存在できるから，光が電磁波なら真空中を伝播する事実に説明がつく．しかも，その速度は偶然の一致というにはあまりにも光速度に近い．当時の光速度の計測値と真空の誘電率，透磁率の計測値の誤差が同じ方向に，ほぼ同じ大きさであったこともマクスウェルに味方した．

しかし，マクスウェルによる電磁波の仮説はなかなか認められなかった．プロイセン（当時のドイツ）を代表する物理学者の一人であったヘルムホルツ (Hermann Ludwig Ferdinand von Helmholtz) はこの問題に決着をつけるため，科学アカデミーを説得して懸賞を出させることにした．結局，問題に決着をつけたのは弟子のヘルツ (Heinrich Rudolf Hertz) で，彼は 1888 年，振動する電荷から電磁波を生成し，それを受信してその波長と振動数の関係から速度が光速度に一致すること，物質中で屈折することなどを確かめた論文を発表した．この実験によりマクスウェル理論の正しさについての論争に終止符が打たれたが，マクスウェルはすでに癌で早世し，生きてその報に接することはなかったという．そして，電波による通信がはじめてドーバー海峡を横断したのは早くも 1899 年のことである．

かのマイケル・ファラデーが女王陛下の謁見を得たとき，女王から「この研究は何の役に立つのか」と問われ，「恐れながら陛下，いずれ王国はこの発明に課税することになるでしょう」と答えたという逸話がある．第二次大戦の趨勢を決めたのは電波による通信とレーダーの技術であったともいわれているし，社会のあり方を変えたといわれる「インターネット」は大陸間からスマートフォンまでほぼすべての経路で電磁波を利用している．マクスウェルにより予言され，ヘルツによって確認された 19 世紀最大の発見は，このようにして瞬く間に単なる知的好奇心の対象から，人類の活動そのものといえるほどの重要な存在となった．

宇宙人とのファースト・コンタクトのきっかけになるのが地球から漏れ出た電波である，というのはSF小説では定番のネタ[†]である．科学者も，我々以外の知的文明を探すために，巨大な電波望遠鏡で宇宙を漂う「ささやき」に日夜耳をすませている．電磁波の発見と利用によってはじめて，我々の文明が一段高いステージに上がったといえるのは間違いあるまい．

8.5.3 平面波解

前項では，マクスウェル方程式を変形すると波動方程式が現れることを見た．では，その解である**電磁波**とは具体的にはどんな波なのだろうか．我々が見るあらゆる電磁波は，当然のことながらすべてマクスウェル方程式の解である．それゆえ，マクスウェル方程式からある特定の解を演繹的に導くことはできない．ここでは，**平面波解**とよばれる電磁場の分布がマクスウェル方程式の解の一つであることを示そう．

解くべきは式 (8.18) の波動方程式である．今，方程式の解 $\boldsymbol{E}(x,y,z,t)$ が以下の条件を満たすとする．

1. $\boldsymbol{E}$ は x 成分しかもたない．
2. $\boldsymbol{E}$ は xy 平面内で等しい値をもつ (つまり，z のみの関数)
3. $\boldsymbol{E}$ の z 方向の変化は調和振動的である．
4. $\boldsymbol{E}$ の時間変化は調和振動的である．

これは，マクスウェル方程式を満たすであろうあらゆる関数の中から，上の条件を満たす特殊なものを選び出す作業と考えてもらいたい．以上の条件を満たす関数は，数式では

波動方程式の平面波解

$$E_x = E_0 \cos(\omega t - kz) \tag{8.20}$$

ω　角振動数 [s^{-1}]　　　　　k　波数 [m^{-1}]

と表される．ここで ω, k は任意の定数だが，ω と k の間に一定の関係があることはこの後すぐわかる．電場 $\boldsymbol{E}$ の大きさは xy 平面内では一様で，電磁波は無限に広い3次元空間を占める．このように，平面波解は，波面，すなわち波の位相が一定な点が平面であるという特徴をもつ．

では，平面波解が確かにマクスウェル方程式の解かを調べてみよう．波動方程式 (8.18) をデカルト座標で書き下してみる．

[†] たとえばC. セーガン「コンタクト」など．

$$\begin{pmatrix} \dfrac{\partial^2 E_x}{\partial x^2} + \dfrac{\partial^2 E_x}{\partial y^2} + \dfrac{\partial^2 E_x}{\partial z^2} \\ \dfrac{\partial^2 E_y}{\partial x^2} + \dfrac{\partial^2 E_y}{\partial y^2} + \dfrac{\partial^2 E_y}{\partial z^2} \\ \dfrac{\partial^2 E_z}{\partial x^2} + \dfrac{\partial^2 E_z}{\partial y^2} + \dfrac{\partial^2 E_z}{\partial z^2} \end{pmatrix} = \varepsilon\mu \begin{pmatrix} \dfrac{\partial^2 E_x}{\partial t^2} \\ \dfrac{\partial^2 E_y}{\partial t^2} \\ \dfrac{\partial^2 E_z}{\partial t^2} \end{pmatrix} \quad (8.21)$$

条件 1, 2 から上式は E_x 成分しかもたず, かつ $\partial/\partial z$ 成分以外の微分はすべてゼロになるので, これは以下のように簡略化される.

$$\frac{\partial^2 E_x}{\partial z^2} = \varepsilon\mu \frac{\partial^2 E_x}{\partial t^2} \quad (8.22)$$

式 (8.22) に式 (8.20) を代入する.

$$\frac{\partial^2}{\partial z^2} E_0 \cos(\omega t - kz) = \varepsilon\mu \frac{\partial^2}{\partial t^2} E_0 \cos(\omega t - kz)$$
$$k^2 E_0 \cos(\omega t - kz) = \varepsilon\mu \omega^2 E_0 \cos(\omega t - kz)$$
$$k^2 = \varepsilon\mu\omega^2 \quad (8.23)$$

上の計算から, ω と k の間に式 (8.23) の関係が満たされるなら式 (8.20) は恒等的に式 (8.22) を満足するので, 仮定された式 (8.20) の関数は $k^2 = \varepsilon\mu\omega^2$ という条件のもとで波動方程式の解であることが証明された.

式 (8.20) を, ある時刻 (たとえば $t = 0$) で固定してみると $E(z) = E_0 \cos(-kz)$ となり, 電場は全空間にわたって調和的に波打っていることがわかる. このとき, 振動の一周期の距離を**波長**といい, 一般的には λ で表す. 三角関数の性質から, $\cos(-kz) = 1$ となるのは $kz = 2n\pi$ (n は整数) だから, 隣り合う最高点間の距離, すなわち波長は k と以下の関係にある.

$$k\lambda = 2\pi \quad \longrightarrow \quad k = \frac{2\pi}{\lambda}$$

k は**波数**とよばれ, その意味は,「1 m あたりの振動数に 2π を掛けたもの」である.

一方, ある点 (たとえば $z = 0$) に注目すると, 電場の時間変化は $E(t) = E_0 \cos(\omega t)$ で調和振動である. このとき, 三角関数の性質から, $\cos(\omega t) = 1$ となるのは $\omega t = 2n\pi$ (n は整数) だから, 振動一周期に掛かる時間 T と ω の関係は以下のようになる.

$$\omega T = 2\pi \quad \longrightarrow \quad \omega = \frac{2\pi}{T}$$

ω は**角振動数**とよばれ, その意味は,「1 秒あたりの振動数に 2π を掛けたもの」である.

これらを総合すると, 式 (8.20) の関数は, $E_x(z) = E_0 \cos(-kz)$ という電場分布がある速度で z 軸方向に動いている様子を表した関数, とみることができる.

たとえば電場のピーク，すなわち $(\omega t - kz) = 0$ の点についていくように移動すると，波の伝播速度がわかる．今，**図 8.11** のように，$t = 0$ で波のピークである $z = 0$ に注目する．$t = \Delta t$ のときピークの点が Δz の位置に移動したとすると，その点においても $(\omega \Delta t - k \Delta z) = 0$ が満たされるから，移動速度は

$$\omega \Delta t - k \Delta z = 0 \quad \longrightarrow \quad v_\mathrm{p} = \frac{\Delta z}{\Delta t} = \frac{\omega}{k}$$

となることがわかる．この速度 v_p を電磁波の**位相速度**とよぶ．そして，式 (8.23) の関係から，位相速度は媒質の誘電率，透磁率で

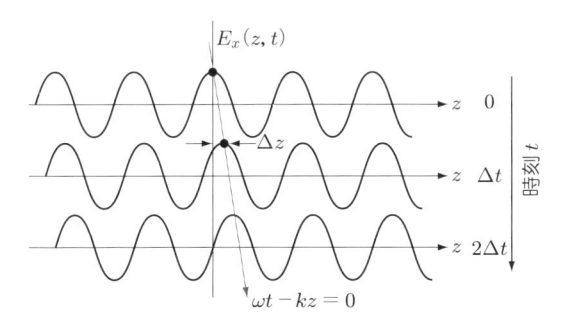

図 8.11 $E_x(z, t) = E_0 \cos(\omega t - kz)$ の時間・空間的変化の概念図

電磁波の進む速度 (位相速度)

$$v_\mathrm{p} = \frac{1}{\sqrt{\varepsilon \mu}} \tag{8.24}$$

と表されることがわかる．

図 8.12 に，平面波の電場・磁場が，ある瞬間にはどのような空間分布をもち，それが時間とともにどのように変化するかを示した．ある場所の電場の大きさ，向きが決まれば磁場の大きさ，向きは自動的に決定されるが，それは 8.5.5 項で解説する．動かない挿絵で電磁波の様子を描写するのは大変骨が折れるものだが，図から電場が $E_x(z) = E_0 \cos(-kz + \delta)$ という空間分布をもち，この空間分布が形を変えずに z 軸に沿って移動している様子を想像してもらいたい．

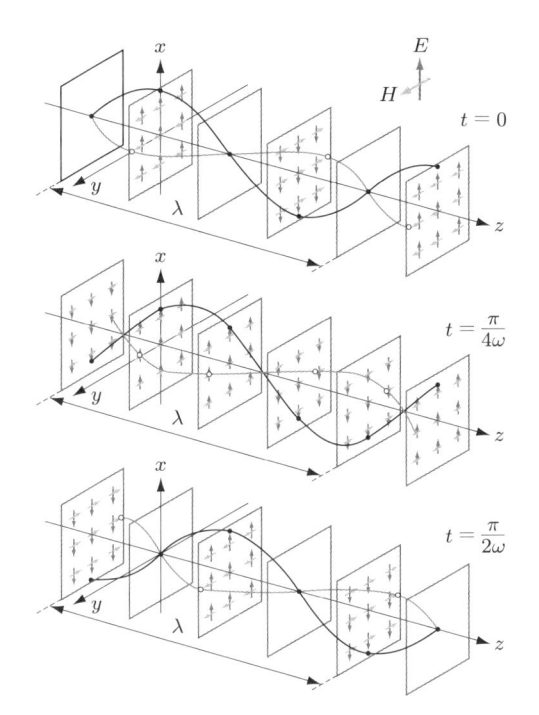

図 8.12 平面波が空間を伝播する様子を模式的に表したもの．実際には波は無限に広い空間を占める．

8.5.4 真空の光速度 c

ここで，媒質が真空のとき，我々はこの速度を特別に「真空の光速度」として定数 c で表す．ε_0, μ_0 は真空の定数だから，いつ，どこで，誰が測っても一定不変のはずである．すると，奇妙な事実に気がつく．

真空中で A 氏が光を発し，その速度を測る．光の速度は A 氏を基準にして $1/\sqrt{\varepsilon_0 \mu_0}$ である．B 氏は，A 氏が発した光の方向に速度 v で運動する宇宙船の中にいるとしよう (図 8.13)．B 氏は，A 氏が発した光を宇宙船の中に導いて，船内でその速度を計

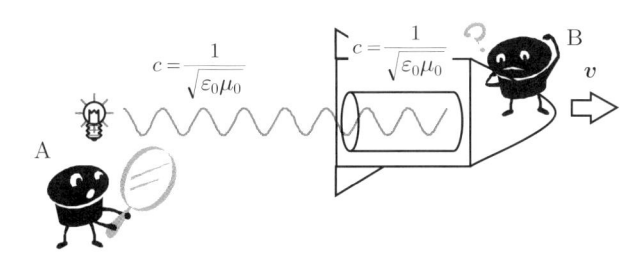

図 8.13 同じ光を違う立場で見る．我々の常識では，B が見る光の速度は $c - v$ であるが，マクスウェル方程式と「相対性の原理」はその主張を退ける．

測する．B氏が測る光の速度は，船内の座標系に対して$1/\sqrt{\varepsilon_0\mu_0}$である．なぜなら，「相対性の原理」により，等速運動するあらゆる座標系で真空の定数は同じ値をとるはずだからだ．

これは20世紀以前の物理学には受け入れられない事実であった．当時の物理学者はこの矛盾を解決するため，光は宇宙に固定された**エーテル**という媒体に対してcで進み，マクスウェル方程式に対しては「相対性の原理」は成り立たない，という仮説を打ちだした．ところが，アメリカの物理学者マイケルソン (Albert Abraham Michelson) とモーリー (Edward Williams Morley) が1887年に「地球はエーテルに対して静止している」という実験結果を示し，この仮説を否定した．まさか，この地球が全宇宙の中心であるわけはないだろう．そんな混迷を打ち破ったのが，「光速度の絶対性を前提として，物理の法則の方を変更する」というアインシュタインの大胆な発想の転換であった．現在では，真空の光速度が座標系によらず一定であること，すなわち「相対性の原理」が健在であることは広く認められている．

光速度の計測は，光の正体が明らかになってからも綿々と続けられてきた．その精度は1980年代に入り10桁を超えるまでになったが，それは1983年に終わりを告げる．なぜなら，1 mの定義が

> 電磁波が真空中を1/299 792 458 sに進む長さを1 mと定義する．

となったからで，「光の速度を測る」行為そのものに意味がなくなってしまったためだ．光の速度が1 mの定義に採用された理由は，真空の性質のみで決まることから不変であること，そして条件さえ揃えばいつでも，誰でも再現できるという普遍性が長さの定義としてふさわしいからである．「メートルは最優先の基本単位であるから，メートルを定義するために『秒』が必要なのはいかなものか」という議論があったそうだが，今のところこれよりうまい方法は見つかっていない．果たして将来，光速度に依存しない長さの絶対標準が採用されることがあるだろうか．一方で，「秒」の定義はレーザーを使った方法に大きな進展があり，精度18桁の原子時計がもうすぐ手の届くところに来ている．これは，宇宙が始まってから現在までの時間を1秒以内の精度で測れる，ということを意味している．長さの定義は時間の定義に依存しているから，18桁の精度とは太陽系の大きさをマイクロメートルの精度で測れることに相当する．

8.5.5 電磁波の性質

以降の議論は電磁波一般で成り立つものだが,簡単のために平面波で考える.はじめに,マクスウェル方程式 (8.15) をデカルト座標で書き下しておく.

$$\begin{pmatrix} \dfrac{\partial E_z}{\partial y} - \dfrac{\partial E_y}{\partial z} \\ \dfrac{\partial E_x}{\partial z} - \dfrac{\partial E_z}{\partial x} \\ \dfrac{\partial E_y}{\partial x} - \dfrac{\partial E_x}{\partial y} \end{pmatrix} = -\mu \begin{pmatrix} \dfrac{\partial H_x}{\partial t} \\ \dfrac{\partial H_y}{\partial t} \\ \dfrac{\partial H_z}{\partial t} \end{pmatrix}$$

今,z 方向に進む平面波の電場 $\boldsymbol{E}$ が x 成分しかもたないとしよう.すると,電場の y, z 成分と $\partial/\partial x$, $\partial/\partial y$ 微分の項はすべて消滅して上式は

$$\frac{\partial E_x}{\partial z} = -\mu \frac{\partial H_y}{\partial t}$$

となる.すなわち,電場が x 成分のみのとき,磁場は y 成分しかもたないということである.ここに $E_x = E_0 \cos(\omega t - kz)$ を代入すれば H_y として

$$H_y = \frac{k}{\omega \mu} E_x$$

を得る.$k^2 = \varepsilon \mu \omega^2$ の関係が成り立っているので,結局 H_y は,

$$H_y = \sqrt{\frac{\varepsilon}{\mu}} E_x$$

となる.すなわち,電磁波が存在するとき,ある点における磁場の大きさと向きは,電場の大きさと向きが決まれば自動的に決まる.そして,電場と磁場の大きさが常に $\sqrt{\dfrac{\mu}{\varepsilon}}$ という比率をもつことが明らかになった.この (電場/磁場) の比率を媒体の**特性インピーダンス**という.

電磁波において,電場 $\boldsymbol{E}$ と磁場 $\boldsymbol{H}$ ベクトルは必ず直交する.互いの向きの関係は,$\boldsymbol{E} \times \boldsymbol{H}$ が電磁波の進行方向になる向きである.

電磁波が伝わるとき,電場と磁場の大きさは常に一定の比率を保つ.この比率を特性インピーダンスといい,η で表す.

$$\frac{E}{H} = \eta = \sqrt{\frac{\mu}{\varepsilon}} \tag{8.25}$$

「インピーダンス」の言葉からわかるように，この物理量は電気抵抗と同じ次元をもつ．MKSA 単位系では，電場は [V/m]，磁場は [A/m] なので，当然特性インピーダンスの次元は [Ω] である．計算すると，真空の特性インピーダンスは 377 Ω とわりあい卑近な値となる．

諸君は太陽からの熱と光，すなわち電磁波が地球上の気象や生命活動のエネルギー源になっていることはよく知っていると思う．石油や石炭も，植物や動物の死骸が変化したものといわれているから，これらは太陽エネルギーの貯金を使っているようなものだ．つまり，電磁波はその進行方向に沿ってエネルギーを運んでいる．では電磁波が運ぶエネルギーは電場，磁場とどのような関係にあるだろうか．誘電率 ε，透磁率 μ の媒体を進む平面波で考えてみよう．

計算は，「電場は単位体積あたり $\frac{1}{2}\varepsilon E^2$ のエネルギーをもつ」という事実と「磁場は単位体積あたり $\frac{1}{2}\mu H^2$ のエネルギーをもつ」という事実を使う．電磁波は光速で進む電場と磁場の波動だから，これらは電場，磁場のエネルギーを光速で輸送しているとも解釈できるのである．図 **8.14** のように平面波が伝播している空間から電磁波が 1 秒間に進む長さに相当する v_p [m]，縦横 1 m の直方体を抜き出してその中に含まれる電場のエネルギーを計算してみよう．時刻は $t=0$ を選んで，

$$U_\mathrm{e} = \frac{\varepsilon E_0^2}{2} \int_0^{v_\mathrm{p}} \cos^2(-kz)\mathrm{d}z$$

である．エネルギーの密度は E_0 のみで決まり，波長を含まないから，波長をちょうど $z = v_\mathrm{p}$ で $\cos(-kz) = 1$ となるように選んでも構わないだろう．すると，図 **8.15** に示されるように $\cos^2(-kz)$ の積分は計算するまでもなく $v_\mathrm{p}/2$ とわかる．したがって積分値は

$$U_\mathrm{e} = \frac{\varepsilon E_0^2 v_\mathrm{p}}{4}$$

である．同様にして磁場エネルギーの積分を行えば，

$$U_\mathrm{m} = \frac{\mu H_0^2 v_\mathrm{p}}{4}$$

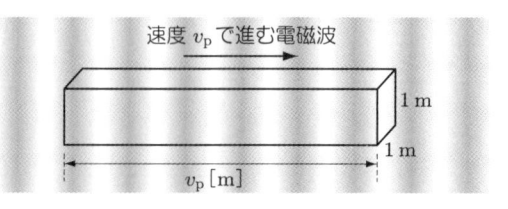

図 **8.14** 平面波が運ぶエネルギーを計算する

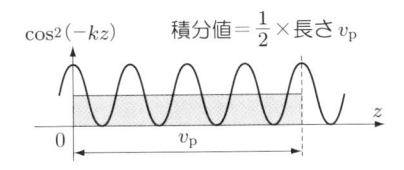

図 8.15 $\cos^2(-kz)$ を周期の整数倍の区間で積分する

を得る．ここで特性インピーダンスの関係を用いて H_0 を E_0 で表すと，

$$U_\mathrm{m} = \frac{\varepsilon E_0^2 v_\mathrm{p}}{4}$$

を得る．すなわち「電磁波が運ぶエネルギーは電場エネルギーと磁場エネルギーで等分されている」という事実が明らかになった．

最後に，電場エネルギーと磁場エネルギーを足し，図 8.14 の直方体は電磁波が 1 秒間に面積 1 m^2 の枠を通り抜けた体積である，ということを考えると，電磁波が毎秒運ぶエネルギー，すなわちパワーは以下の表式であることがわかる．

電磁波が運ぶエネルギーは電場エネルギーと磁場エネルギーに等分される

誘電率 ε の媒体中を進む平面波が単位面積あたり運ぶパワー

$$P = \frac{\varepsilon E_0^2 v_\mathrm{p}}{2} \tag{8.26}$$

8.6 エピローグ

以上で，本書の電磁場理論をめぐる旅はおしまいである．本書を通して私が伝えたかったことは，電磁気学とは多数の公式の羅列ではなく，「クーロンの法則」に始まり「マクスウェル方程式」で大団円を迎える壮大なドラマであり，ポテンシャル，エネルギー，分極や磁化などさまざまなルートにわかれる巨大なダンジョン (地下迷宮) だ，ということなのだが，果たして読者の皆さんはどう感じただろうか．

結局，電磁気学のすべての法則はマクスウェル方程式に集約されるわけだから，最初にこれを呈示して，そこから各種の法則を帰納的に導出していった方が合理的ではないか，と思う読者もいるかもしれない．実際，その流儀で書かれた教科書もたくさんある．しかし，はじめに事実として揺るぎなく存在するクーロンの法則を公理とし

て認め，そこからあらゆる法則が次々と導かれていく本書のような進め方の方が電磁場理論をより面白く感じられる，と私は思う．事実，本書のアプローチは電磁場理論の一つのスタンダードな教え方となっている．

18世紀の数学者にして物理学者のポアンカレ (Jules-Henri Poincaré) は，「科学者が自然を研究するのはそれが役に立つからではなく，それが美しく，研究が楽しいからだ」という名言を残している．私個人の経験をいえば，電磁場理論の美しさ，面白さに目覚めたのは，「磁場とは特殊相対性理論が事実である証拠」というのを大学の授業で教わったときのことだと思う (第5章)．あのときの衝撃は今でも忘れることはできない．その他にも，はじめは仕事の原理で定義された静電エネルギー，静磁エネルギーが最後は電場，磁場のエネルギーになり，それが光速で進むと電磁波が運ぶエネルギーになり，しかも電場と磁場は同じ量のエネルギーを運んでいる，という関係にも，自然界の秩序に対する畏怖に近い感情を抱かざるをえない．

それでも，私は電磁気学の有用性についてはこれ以上はないくらい強調しておきたい．本書で学んだ「古典電磁気学」は，いわば「枯れた」学問分野であるが，その本質が特殊相対性理論を含むため直感的には受け入れがたい現象がいくつかある．たとえば，光速度が真空の定数で決まり，それゆえ観測者の速度によらない，というのが最たるものだ．これを，ただ「不思議なもの」と放置せずにトコトン追求したのがアインシュタインで，その結果がこの世界の理解を根本から変えた新理論の発見だった．一方で，電磁場理論が導く結論がどんなに不思議なものであっても，それは「電荷の保存」，「クーロンの法則」，そして「特殊相対性理論」というあらかじめ信じるしかないこれらの原則から必ず説明できるのだ，と納得してしまう考え方もあるだろう．

かつてファラデーが女王陛下に語ったように，我々の経済活動 (そして納税額) の多くは電磁気学に直接，間接に関わりのある活動に費やされている．20世紀になって登場した素晴らしい発明品，たとえば無線通信，半導体，レーザー，そしてTVやコンピューター，携帯電話などの応用品は，すべて電磁場理論の上に立脚したものである．本書の冒頭で述べたように，電磁気学の公理はいわば「ゲームのルール」である．ルールの許す範囲であればどんなことも可能だし，我々の眼前にはまだまだ見つかっていない素晴らしい宝物が眠っているはずだ．それを見つけるために必要なのは，電磁場理論のダンジョンを熟知し，その中をくまなく縦横に歩き回れる能力ではないだろうか．

一つの例として，ここ10年ほどの間ににわかに活況を呈している研究分野，**電磁メタマテリアル**を紹介しよう．これは，**図 8.16** のように，対象とする電磁波の波長より細かい構造をもった物質で，その構造は綿密な計算を元に人工的に作られる．物質の微細構造が波長より小さければ，それは電磁波にとってはある大きさの誘電率，

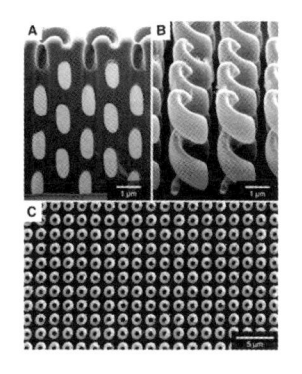

図 8.16 電磁メタマテリアルの一例

(J. K. Gansel *et al.*, "Gold Helix Photonic Metamaterial as Broadband Circular Polarizer," Science **325**, 1513 (2009); Reproduced with permission from AAAS.)

透磁率をもつ一様な物質と変わらない．そして，ある種の構造は**負の誘電率，負の透磁率**とみなせることが発見されたのだ．電磁波の速度を表す公式は $v_\mathrm{p} = 1/\sqrt{\varepsilon\mu}$ だが，金属など高い電気伝導率をもつ物質は ε が負の値をもち，平方根の中がマイナスになってしまうから電磁波がその中を伝播できない，と解釈できる．では，ε も μ も負だったらどうなるか．マイナス×マイナス＝プラスなので，原理的にはそういった物質の中を電磁波は伝播することができる．しかも，その伝播の仕方は，我々の常識では計り知れない不可思議なものとなるはずだ．単純な例では，光は真空から物質に入射するとき屈折するが，メタマテリアルに入射した光は通常の物質とは逆方向に屈折する．

この性質をうまく使えば，光線をその表面に沿って逃がすように伝える物質が原理的に可能だという．結果としてそれは相手から姿を隠す「透明マント」を実現する．研究がもっとも進んでいるのはアメリカで，国防省が莫大な研究予算を費やして大学などに研究を促している．2006 年，アメリカのデューク大学のグループが，世界で初めてマイクロ波 (波長 10 cm 程度の電磁波) 領域での「透明マント」を試作して話題となった．

なんだか魔法のようなこの技術，基本原理は本書で学んだマクスウェル方程式のみに立脚している．したがってその実現には (技術的ハードルは別として) 現代物理学の登場を待つ必要はなかったのだが，今まで誰も，そんなことが可能とは想像もしていなかった．もしかしたら，君の目の前にもまだ宝物が眠っているかもしれないよ．

第8章のまとめ　マクスウェル方程式：神の創った芸術品

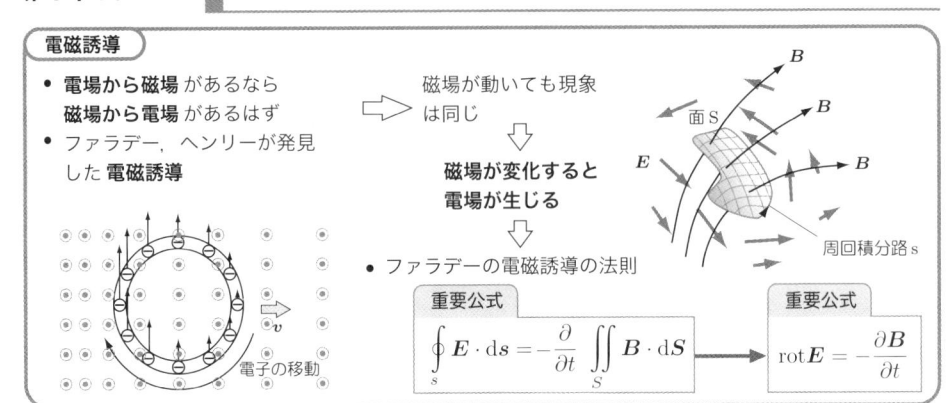

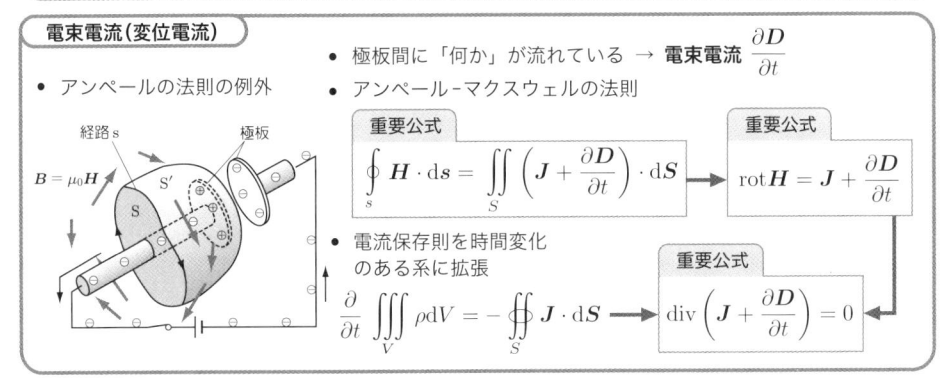

電磁誘導

- **電場から磁場** があるなら **磁場から電場** があるはず
- ファラデー，ヘンリーが発見した **電磁誘導**

磁場が動いても現象は同じ
⇓
磁場が変化すると電場が生じる
⇓
- ファラデーの電磁誘導の法則

重要公式
$$\oint_s \boldsymbol{E} \cdot \mathrm{d}\boldsymbol{s} = -\frac{\partial}{\partial t} \iint_S \boldsymbol{B} \cdot \mathrm{d}\boldsymbol{S}$$

重要公式
$$\mathrm{rot}\,\boldsymbol{E} = -\frac{\partial \boldsymbol{B}}{\partial t}$$

電束電流（変位電流）

- アンペールの法則の例外
- 極板間に「何か」が流れている → **電束電流** $\dfrac{\partial \boldsymbol{D}}{\partial t}$
- アンペール-マクスウェルの法則

重要公式
$$\oint_s \boldsymbol{H} \cdot \mathrm{d}\boldsymbol{s} = \iint_S \left(\boldsymbol{J} + \frac{\partial \boldsymbol{D}}{\partial t}\right) \cdot \mathrm{d}\boldsymbol{S}$$

重要公式
$$\mathrm{rot}\,\boldsymbol{H} = \boldsymbol{J} + \frac{\partial \boldsymbol{D}}{\partial t}$$

- 電流保存則を時間変化のある系に拡張

$$\frac{\partial}{\partial t}\iiint_V \rho\,\mathrm{d}V = -\oiint_S \boldsymbol{J} \cdot \mathrm{d}\boldsymbol{S}$$

重要公式
$$\mathrm{div}\left(\boldsymbol{J} + \frac{\partial \boldsymbol{D}}{\partial t}\right) = 0$$

マクスウェル方程式

- マクスウェルが **電束電流** の仮説を提唱
⇓
- 電磁気学の諸法則が四つの方程式にまとめられることに気づく

- **マクスウェル方程式**

重要公式
$$\mathrm{div}\,\boldsymbol{D} = \rho \qquad \mathrm{div}\,\boldsymbol{B} = 0$$
$$\mathrm{rot}\,\boldsymbol{E} = -\frac{\partial \boldsymbol{B}}{\partial t} \qquad \mathrm{rot}\,\boldsymbol{H} = \boldsymbol{J} + \frac{\partial \boldsymbol{D}}{\partial t}$$

・電場の発散
・磁場の発散
・電場の回転
・磁場の回転
からなる，美しい方程式群

電磁波

- 光は **粒子** か **波動** か？ → 伝播速度：$3.0 \times 10^8 \mathrm{m/s}$

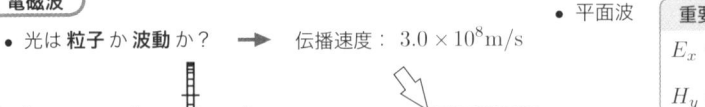

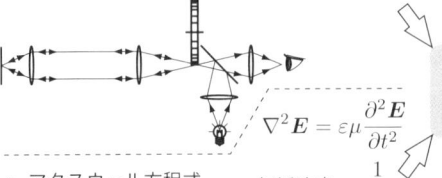

- 平面波

重要公式
$$E_x = E_0 \cos(\omega t - kz)$$
$$H_y = H_0 \cos(\omega t - kz)$$

光は電磁波の一種である

$$\nabla^2 \boldsymbol{E} = \varepsilon\mu \frac{\partial^2 \boldsymbol{E}}{\partial t^2}$$

- マクスウェル方程式が波動解をもつ = **電磁波**

伝播速度 $\dfrac{1}{\sqrt{\varepsilon_0 \mu_0}} = 3.0 \times 10^8 \mathrm{m/s}$

- 電場と磁場は直交
- 電場と磁場の大きさの比率：

特性インピーダンス $\eta = \sqrt{\dfrac{\mu}{\varepsilon}}$

- 電磁波が運ぶパワー $P = \dfrac{\varepsilon E_0^2}{2} v_\mathrm{p}$

演習問題

8.1 問図 **8.1** のように，一様な磁場中に垂直に方形ループ導線を置き，これを一定の角速度 ω で回転させる．$t=0$ で導線が図の位置にあったとして，導線両端点 A，B 間の電位差 $(\phi_B - \phi_A)$ を表す式を求めなさい．

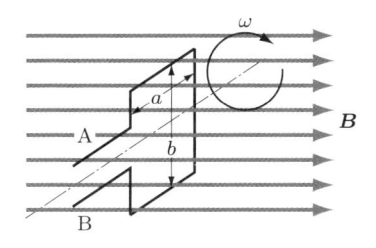

問図 **8.1**

8.2 問図 **8.2** のように，一巻きのループ導線の近くを棒磁石が一定の速度で通過した．(1)～(3) の場合に，導線に生じる誘導起電力はどのようになるか．概略をグラフに示しなさい．起電力は上から見て時計回りを正と定義する．

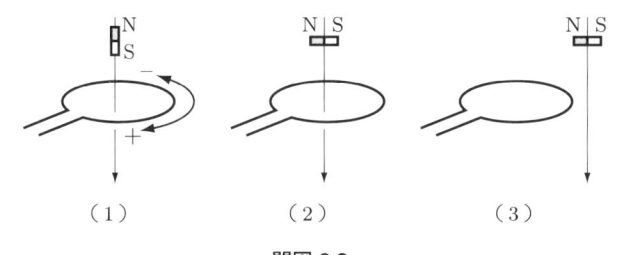

問図 **8.2**

8.3 $\nabla \times \boldsymbol{E} = -\dfrac{\partial \boldsymbol{B}}{\partial t}$，$\nabla \times \boldsymbol{H} = \boldsymbol{J} + \dfrac{\partial \boldsymbol{D}}{\partial t}$，$\nabla \cdot \boldsymbol{J} = -\dfrac{\partial \rho}{\partial t}$ が正しいと認められているとき，$\nabla \cdot \boldsymbol{D} = \rho$，$\nabla \cdot \boldsymbol{B} = 0$ が成立することを導出しなさい．

8.4 問図 **8.3** のように，抵抗 R と自己インダクタンス L のソレノイドを結んで閉回路を作る．$t=0$ で I_0 の電流が流れていたとして，以降の変化について次の問に答えよ．

(1) ソレノイドを流れる電流の時間変化と両端の電位差の関係を表す式を導け．

(2) 回路を 1 周回ったときの電圧降下がゼロであることを利用し，微分方程式を立てなさい．またそれを解き，系に流れる電流の時間変化を求めなさい．

8.5 問図 **8.4** のように，一様な磁場 $\boldsymbol{B}$ に平行な軸をもつ導体円盤を一定の角速度 ω で回転させると，外周と中心の間に電位差が現れる．この電位差を求めなさい．この現象は，**単極誘導**というよく知られたもので，電磁気学の問題でも好んで使われる．

8.6 第 7 章で見た，問図 **8.5** に示す変圧器の働きを解析してみよう．左側を変圧器の **1 次側**，右側を **2 次側**とよぶ．今，1 次側に電流 $I(t) = I_1 \cos \omega t$ が流れているとしよう．この

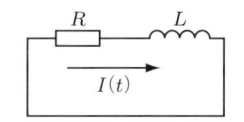

276　第 8 章　非定常状態の電磁気学

とき，1 次側端子間電位差 $\phi_1(t)$，2 次側に表れる誘導起電力 $\phi_2(t)$ を求め，ϕ_2/ϕ_1 を計算しなさい．

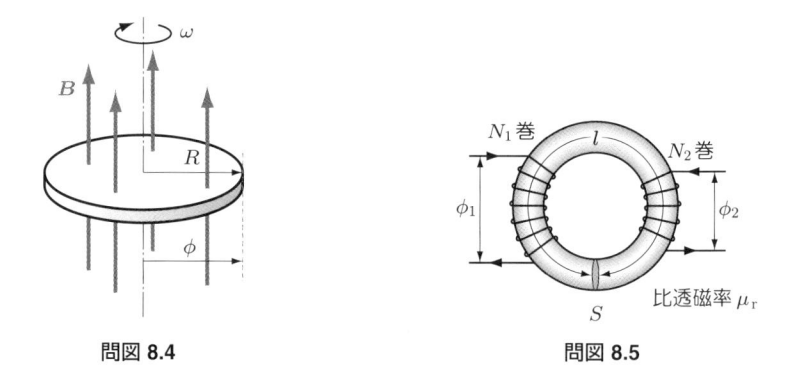

問図 8.4

問図 8.5

8.7 式 (8.12)〜式 (8.15) のマクスウェル方程式から出発して，デカルト座標における波動方程式 (8.19) を導出せよ．系には電流も電荷もなく，ε, μ は場所によらず一定と仮定せよ．

8.8 TV 局が出している電波のパワーを推測したい．放送はおよそ半径 100 km の範囲で受信可能で，100 km 先での電場の大きさはおよそ 10 mV/m である．電波は半球状に一様に広がると仮定して，TV 局が発する電波のパワーを計算せよ．

付　録

A.1　ベクトル演算の公式

本書で登場したベクトル演算の公式をまとめておく．ベクトル演算の公式は数多くあるが，本書の範囲で必要なものはとりあえずこれだけである．これらの公式は，デカルト座標系で実際に試してみれば容易に証明できる．疑問に思ったら挑戦してみよう．

A.1.1　外積の交換則，分配則

$$\boldsymbol{A} \times \boldsymbol{B} = -\boldsymbol{B} \times \boldsymbol{A} \tag{A.1}$$

$$\boldsymbol{A} \times (\boldsymbol{B} + \boldsymbol{C}) = \boldsymbol{A} \times \boldsymbol{B} + \boldsymbol{A} \times \boldsymbol{C} \tag{A.2}$$

A.1.2　内積，外積，スカラ倍の組み合わせ

$$\boldsymbol{A} \cdot (\boldsymbol{B} \times \boldsymbol{C}) = (\boldsymbol{A} \times \boldsymbol{B}) \cdot \boldsymbol{C} \tag{A.3}$$

$$k(\boldsymbol{A} \times \boldsymbol{B}) = (k\boldsymbol{A} \times \boldsymbol{B}) = (\boldsymbol{A} \times k\boldsymbol{B}) \tag{A.4}$$

A.1.3　スカラ三重積

$$\boldsymbol{A} \cdot (\boldsymbol{B} \times \boldsymbol{C}) = \boldsymbol{B} \cdot (\boldsymbol{C} \times \boldsymbol{A}) = \boldsymbol{C} \cdot (\boldsymbol{A} \times \boldsymbol{B}) \tag{A.5}$$

答が $\boldsymbol{A}$，$\boldsymbol{B}$，$\boldsymbol{C}$ を稜線とする平行六面体の体積になることを知っておくとよい．一見，異なる公式に見えるが，$\boldsymbol{A} \cdot (\boldsymbol{B} \times \boldsymbol{C}) = (\boldsymbol{A} \times \boldsymbol{B}) \cdot \boldsymbol{C}$ も同じことをいっている．

A.1.4　ベクトル三重積

$$\boldsymbol{A} \times (\boldsymbol{B} \times \boldsymbol{C}) = (\boldsymbol{A} \cdot \boldsymbol{C})\boldsymbol{B} - (\boldsymbol{A} \cdot \boldsymbol{B})\boldsymbol{C} \tag{A.6}$$

A.1.5　微分の公式

$$\nabla \cdot (\phi \boldsymbol{A}) = (\nabla \phi) \cdot \boldsymbol{A} + \phi(\nabla \cdot \boldsymbol{A}) \tag{A.7}$$

$$\nabla \times (\phi \boldsymbol{A}) = (\nabla \phi) \times \boldsymbol{A} + \phi(\nabla \times \boldsymbol{A}) \tag{A.8}$$

$$\nabla \cdot (\boldsymbol{A} \times \boldsymbol{B}) = \boldsymbol{B} \cdot (\nabla \times \boldsymbol{A}) - \boldsymbol{A} \cdot (\nabla \times \boldsymbol{B}) \tag{A.9}$$

$$\nabla \times (\boldsymbol{A} \times \boldsymbol{B}) = \boldsymbol{A}(\nabla \cdot \boldsymbol{B}) - \boldsymbol{B}(\nabla \cdot \boldsymbol{A}) + (\boldsymbol{B} \cdot \nabla)\boldsymbol{A} - (\boldsymbol{A} \cdot \nabla)\boldsymbol{B} \tag{A.10}$$

$$\nabla \times \nabla \times \boldsymbol{A} = \nabla(\nabla \cdot \boldsymbol{A}) - \nabla^2 \boldsymbol{A} \tag{A.11}$$

A.1.6 その他

$$\nabla \cdot (\nabla \times \boldsymbol{A}) = 0 \quad (回転場には発散がない) \tag{A.12}$$

$$\nabla \times (\nabla \phi) = 0 \quad (勾配場には回転がない) \tag{A.13}$$

A.1.7 位置ベクトル r を含む微分

$$\nabla \times (\boldsymbol{m} \times \boldsymbol{r}) = 2\boldsymbol{m} \quad (\boldsymbol{m}\text{ は定ベクトル}) \tag{A.14}$$

証明：

$\nabla \times (\boldsymbol{m} \times \boldsymbol{r})$

$= \boldsymbol{m}(\nabla \cdot \boldsymbol{r}) - \boldsymbol{r}(\nabla \cdot \boldsymbol{m}) + (\boldsymbol{r} \cdot \nabla)\boldsymbol{m} - (\boldsymbol{m} \cdot \nabla)\boldsymbol{r}$

$= \boldsymbol{m}(\nabla \cdot \boldsymbol{r}) - (\boldsymbol{m} \cdot \nabla)\boldsymbol{r}$

$= \boldsymbol{m}(\nabla \cdot \boldsymbol{r}) - \left(m_x \dfrac{\partial}{\partial x} + m_y \dfrac{\partial}{\partial y} + m_x \dfrac{\partial}{\partial z}\right)(x\boldsymbol{i} + y\boldsymbol{j} + z\boldsymbol{k})$

$= 3\boldsymbol{m} - \boldsymbol{m}$

$= 2\boldsymbol{m}$

$$\nabla(r^n) = n r^{n-2} \boldsymbol{r} \tag{A.15}$$

証明：

$\boldsymbol{i}$ 成分について： $\dfrac{\partial r^n}{\partial x} = nr^{n-1}\dfrac{\partial r}{\partial x} = nr^{n-1}\dfrac{\partial \sqrt{x^2+y^2+z^2}}{\partial x}$

$\qquad\qquad\qquad = nr^{n-1}\dfrac{x}{r} = nr^{n-2}x$

※ $\nabla \dfrac{1}{r} = -\dfrac{\boldsymbol{r}}{r^3}$, $\nabla r = \dfrac{\boldsymbol{r}}{r}$ がよく使われる.

A.2　ベクトル微分演算の一覧

A.2.1　デカルト座標

独立変数：(x, y, z)　　単位ベクトル：$(\boldsymbol{i}, \boldsymbol{j}, \boldsymbol{k})$

$$\mathrm{grad}\phi = \frac{\partial \phi}{\partial x}\boldsymbol{i} + \frac{\partial \phi}{\partial y}\boldsymbol{j} + \frac{\partial \phi}{\partial z}\boldsymbol{k} \tag{A.16}$$

$$\mathrm{div}\,\boldsymbol{A} = \frac{\partial A_x}{\partial x} + \frac{\partial A_y}{\partial y} + \frac{\partial A_z}{\partial z} \tag{A.17}$$

$$\mathrm{rot}\,\boldsymbol{A} = \begin{pmatrix} \dfrac{\partial A_z}{\partial y} - \dfrac{\partial A_y}{\partial z} \\ \dfrac{\partial A_x}{\partial z} - \dfrac{\partial A_z}{\partial x} \\ \dfrac{\partial A_y}{\partial x} - \dfrac{\partial A_x}{\partial y} \end{pmatrix} \tag{A.18}$$

$$\nabla^2 \phi = \frac{\partial^2 \phi}{\partial x^2} + \frac{\partial^2 \phi}{\partial y^2} + \frac{\partial^2 \phi}{\partial z^2} \tag{A.19}$$

$$\nabla^2 \boldsymbol{A} = \begin{pmatrix} \dfrac{\partial^2 A_x}{\partial x^2} + \dfrac{\partial^2 A_x}{\partial y^2} + \dfrac{\partial^2 A_x}{\partial z^2} \\ \dfrac{\partial^2 A_y}{\partial x^2} + \dfrac{\partial^2 A_y}{\partial y^2} + \dfrac{\partial^2 A_y}{\partial z^2} \\ \dfrac{\partial^2 A_z}{\partial x^2} + \dfrac{\partial^2 A_z}{\partial y^2} + \dfrac{\partial^2 A_z}{\partial z^2} \end{pmatrix} \tag{A.20}$$

A.2.2　円筒座標

独立変数：(r, ϕ, z)　　単位ベクトル：$(\hat{\boldsymbol{r}}, \hat{\boldsymbol{\varphi}}, \hat{\boldsymbol{z}})$

$$\mathrm{grad}\phi = \frac{\partial \phi}{\partial r}\hat{\boldsymbol{r}} + \frac{1}{r}\frac{\partial \phi}{\partial \varphi}\hat{\boldsymbol{\varphi}} + \frac{\partial \phi}{\partial z}\hat{\boldsymbol{z}} \tag{A.21}$$

$$\mathrm{div}\,\boldsymbol{A} = \frac{1}{r}\frac{\partial (rA_r)}{\partial r} + \frac{1}{r}\frac{\partial A_\varphi}{\partial \varphi} + \frac{\partial A_z}{\partial z} \tag{A.22}$$

$$\mathrm{rot}\,\boldsymbol{A} = \begin{pmatrix} \dfrac{1}{r}\dfrac{\partial A_z}{\partial \varphi} - \dfrac{\partial A_\varphi}{\partial z} \\ \dfrac{\partial A_r}{\partial z} - \dfrac{\partial A_z}{\partial r} \\ \dfrac{1}{r}\left\{\dfrac{\partial (rA_\varphi)}{\partial r} - \dfrac{\partial A_r}{\partial \varphi}\right\} \end{pmatrix} \tag{A.23}$$

$$\nabla^2 \phi = \frac{1}{r}\frac{\partial}{\partial r}\left(r\frac{\partial \phi}{\partial r}\right) + \frac{1}{r^2}\frac{\partial^2 \phi}{\partial \varphi^2} + \frac{\partial^2 \phi}{\partial z^2} \tag{A.24}$$

$$(\nabla^2 \boldsymbol{A})_r = \frac{1}{r}\frac{\partial}{\partial r}\left(r\frac{\partial A_r}{\partial r}\right) + \frac{1}{r^2}\frac{\partial^2 A_r}{\partial \varphi^2} + \frac{\partial^2 A_r}{\partial z^2} - \frac{2}{r^2}\frac{\partial A_\varphi}{\partial \varphi} - \frac{A_r}{r^2} \tag{A.25}$$

$$(\nabla^2 \boldsymbol{A})_\varphi = \frac{1}{r}\frac{\partial}{\partial r}\left(r\frac{\partial A_\varphi}{\partial r}\right) + \frac{1}{r^2}\frac{\partial^2 A_\varphi}{\partial \varphi^2} + \frac{\partial^2 A_\varphi}{\partial z^2} + \frac{2}{r^2}\frac{\partial A_r}{\partial \varphi} - \frac{A_\varphi}{r^2} \tag{A.26}$$

$$(\nabla^2 \boldsymbol{A})_z = \frac{1}{r}\frac{\partial}{\partial r}\left(r\frac{\partial A_z}{\partial r}\right) + \frac{1}{r^2}\frac{\partial^2 A_z}{\partial \varphi^2} + \frac{\partial^2 A_z}{\partial z^2} \tag{A.27}$$

A.2.3 極座標

独立変数：(r, θ, φ)　　単位ベクトル：$(\hat{\boldsymbol{r}}, \hat{\boldsymbol{\theta}}, \hat{\boldsymbol{\varphi}})$

$$\mathrm{grad}\phi = \frac{\partial \phi}{\partial r}\hat{\boldsymbol{r}} + \frac{1}{r}\frac{\partial \phi}{\partial \theta}\hat{\boldsymbol{\theta}} + \frac{1}{r\sin\theta}\frac{\partial \phi}{\partial \varphi}\hat{\boldsymbol{\varphi}} \tag{A.28}$$

$$\mathrm{div}\,\boldsymbol{A} = \frac{1}{r^2}\frac{\partial(r^2 A_r)}{\partial r} + \frac{1}{r\sin\theta}\frac{\partial(\sin\theta A_\theta)}{\partial \theta} + \frac{1}{r\sin\theta}\frac{\partial A_\varphi}{\partial \varphi} \tag{A.29}$$

$$\mathrm{rot}\boldsymbol{A} = \begin{pmatrix} \dfrac{1}{r\sin\theta}\left\{\dfrac{\partial(\sin\theta A_\varphi)}{\partial \theta} - \dfrac{\partial A_\theta}{\partial \varphi}\right\} \\ \dfrac{1}{r}\left\{\dfrac{1}{\sin\theta}\dfrac{\partial A_r}{\partial \varphi} - \dfrac{\partial(rA_\varphi)}{\partial r}\right\} \\ \dfrac{1}{r}\left\{\dfrac{\partial(rA_\theta)}{\partial r} - \dfrac{\partial A_r}{\partial \theta}\right\} \end{pmatrix} \tag{A.30}$$

$$\nabla^2 \phi = \frac{1}{r^2}\frac{\partial}{\partial r}\left(r^2\frac{\partial \phi}{\partial r}\right) + \frac{1}{r^2\sin\theta}\frac{\partial}{\partial \theta}\left(\sin\theta\frac{\partial \phi}{\partial \theta}\right) + \frac{1}{r^2\sin^2\theta}\frac{\partial^2 \phi}{\partial \varphi^2} \tag{A.31}$$

$$(\nabla^2 \boldsymbol{A})_r = \frac{1}{r^2}\frac{\partial}{\partial r}\left(r^2\frac{\partial A_r}{\partial r}\right) + \frac{1}{r^2\sin\theta}\frac{\partial}{\partial \theta}\left(\sin\theta\frac{\partial A_r}{\partial \theta}\right) + \frac{1}{r^2\sin^2\theta}\frac{\partial^2 A_r}{\partial \varphi^2}$$
$$- \frac{2A_r}{r^2} - \frac{2}{r^2}\frac{\partial A_\theta}{\partial \theta} - \frac{2\cot\theta A_\theta}{r^2} - \frac{2}{r^2\sin\theta}\frac{\partial A_\varphi}{\partial \varphi} \tag{A.32}$$

$$(\nabla^2 \boldsymbol{A})_\theta = \frac{1}{r^2}\frac{\partial}{\partial r}\left(r^2\frac{\partial A_\theta}{\partial r}\right) + \frac{1}{r^2\sin\theta}\frac{\partial}{\partial \theta}\left(\sin\theta\frac{\partial A_\theta}{\partial \theta}\right) + \frac{1}{r^2\sin^2\theta}\frac{\partial^2 A_\theta}{\partial \varphi^2}$$
$$+ \frac{2}{r^2}\frac{\partial A_r}{\partial \theta} - \frac{A_\theta}{r^2\sin^2\theta} - \frac{2\cos\theta}{r^2\sin^2\theta}\frac{\partial A_\varphi}{\partial \varphi} \tag{A.33}$$

$$(\nabla^2 \boldsymbol{A})_\varphi = \frac{1}{r^2}\frac{\partial}{\partial r}\left(r^2\frac{\partial A_\varphi}{\partial r}\right) + \frac{1}{r^2\sin\theta}\frac{\partial}{\partial \theta}\left(\sin\theta\frac{\partial A_\varphi}{\partial \theta}\right) + \frac{1}{r^2\sin^2\theta}\frac{\partial^2 A_\varphi}{\partial \varphi^2}$$
$$- \frac{A_\varphi}{r^2\sin^2\theta} + \frac{2}{r^2\sin\theta}\frac{\partial A_r}{\partial \varphi} + \frac{2\cos\theta}{r^2\sin^2\theta}\frac{\partial A_\theta}{\partial \varphi} \tag{A.34}$$

演習問題解答

第 0 章

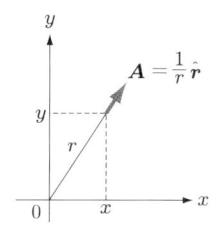

解図 0.1 円筒座標からデカルト座標への変換

0.1 $r = \sqrt{x^2 + y^2}$ で,$\hat{\boldsymbol{r}}$ 方向ベクトル $\boldsymbol{A}$ の x 成分,y 成分がそれぞれ $A_x = A\dfrac{x}{r}$,$A_y = A\dfrac{y}{r}$ と表される性質を使う.解:$A_x = \dfrac{x}{x^2 + y^2}$,$A_y = \dfrac{y}{x^2 + y^2}$.

0.2 積分は円筒座標で行う.微小線要素 $\mathrm{d}\boldsymbol{s}$ は円筒座標では $r\mathrm{d}\varphi\hat{\boldsymbol{\varphi}}$ で,$\boldsymbol{A}\cdot\mathrm{d}\boldsymbol{s} = -rA\sin\varphi\mathrm{d}\varphi$ である.したがって線積分は $\displaystyle\int_0^\pi -rA\sin\varphi\mathrm{d}\varphi = -2rA$.

0.3 積分は極座標で行う.球面上の微小面積要素 $\mathrm{d}\boldsymbol{S}$ は $r^2\sin\theta\mathrm{d}\theta\mathrm{d}\varphi\hat{\boldsymbol{r}}$ で (図 0.19 → p.19 を見よ),$\boldsymbol{A}\cdot\mathrm{d}\boldsymbol{S} = A\cos\theta\mathrm{d}S$ である.したがって面積分は $r^2 A\displaystyle\int_0^{2\pi}\mathrm{d}\varphi\int_0^{\pi/2}\sin\theta\cos\theta\mathrm{d}\theta$ となる.三角関数の定理,$\sin\theta\cos\theta = \dfrac{\sin 2\theta}{2}$ を使い,積分すれば $\pi r^2 A\displaystyle\int_0^{\pi/2}\sin(2\theta)\mathrm{d}\theta = \pi r^2 A$ となる.A に半径 r の円の面積を掛けた値になるのは偶然ではない.理由を考えよ.

0.4 外積を憶えるのに**行列式**を求めるときに使う**たすきがけ**のルールを使う.
$$\mathrm{rot}\boldsymbol{A} = \begin{vmatrix} \boldsymbol{i} & \boldsymbol{j} & \boldsymbol{k} \\ \dfrac{\partial}{\partial x} & \dfrac{\partial}{\partial y} & \dfrac{\partial}{\partial z} \\ A_x & A_y & A_z \end{vmatrix} = \begin{pmatrix} \dfrac{\partial A_z}{\partial y} - \dfrac{\partial A_y}{\partial z} \\ \dfrac{\partial A_x}{\partial z} - \dfrac{\partial A_z}{\partial x} \\ \dfrac{\partial A_y}{\partial x} - \dfrac{\partial A_x}{\partial y} \end{pmatrix}$$

0.5 極座標の場合,計算は付録 A.2 の式 (A.28) を見れば一瞬で終了する.
$$\nabla r = \dfrac{\partial r}{\partial r}\hat{\boldsymbol{r}} = \hat{\boldsymbol{r}}$$
少々厄介なのがデカルト座標で,$r = \sqrt{x^2 + y^2 + z^2}$ だからこれを各成分で微分,

$$\nabla r = \frac{\partial \sqrt{x^2+y^2+z^2}}{\partial x}\boldsymbol{i} + \frac{\partial \sqrt{x^2+y^2+z^2}}{\partial y}\boldsymbol{j} + \frac{\partial \sqrt{x^2+y^2+z^2}}{\partial z}\boldsymbol{k}$$
$$= (x^2+y^2+z^2)^{-1/2}(x\boldsymbol{i} + y\boldsymbol{j} + z\boldsymbol{k}) = \frac{1}{r}\boldsymbol{r} = \hat{\boldsymbol{r}}$$

確かに同じ結果となる.

0.6 意味があるもの: ①, ④, ⑥, ⑦, ⑨ 恒等的に 0 となるもの: ⑥, ⑦ 意味をなさないもの: ②, ③, ⑤, ⑧

0.7 ベクトル $\boldsymbol{A}$ が φ 成分のみをもつため線積分は簡単で, $2\pi a R^2$. 面積分を計算するためにまず $\mathrm{rot}\,\boldsymbol{A}$ を求める. 付録 A.2 の式 (A.23) から, $\mathrm{rot}\,\boldsymbol{A} = (0,0,2a)$ となる. $r\varphi$ 面内で z 方向の定ベクトルを面積分するので, 単純に「面積 × ベクトル量」となり, 積分値は $2a \times \pi R^2 = 2\pi a R^2$. これでストークスの定理が成り立つことが証明された.

0.8 ガウスの発散定理を使い, $\dfrac{1}{3}\oiint_S \boldsymbol{r}\cdot\hat{\boldsymbol{n}}\,\mathrm{d}\boldsymbol{S} = \dfrac{1}{3}\iiint_V (\nabla\cdot\boldsymbol{r})\,\mathrm{d}V.$

極座標の div は付録 A.2 の式 (A.29) にあるので参照して,
$$= \frac{1}{3}\iiint_V \frac{1}{r^2}\frac{\partial r^3}{\partial r}\,\mathrm{d}V = \frac{1}{3}\iiint_V 3\,\mathrm{d}V = V$$

と, S 内部の体積に等しいことが示された.

第 1 章

1.1 8.99×10^9 N. 力の大きさに驚くこと.

1.2 点 $\boldsymbol{r} = (x,y,z)$ と電荷の座標 $\boldsymbol{r}_0 = (x_0,y_0,z_0)$ 間の距離を R とすると, 電場の大きさは $E = \dfrac{Q}{4\pi\varepsilon_0 R^2}$, 電場の x 成分は $E_x = E\dfrac{x-x_0}{R}$ である. これを R を使わずに表せば,
$$E_x = \frac{Q(x-x_0)}{4\pi\varepsilon_0\{(x-x_0)^2 + (y-y_0)^2 + (z-z_0)^2\}^{3/2}}$$
$$E_y = \frac{Q(y-y_0)}{4\pi\varepsilon_0\{(x-x_0)^2 + (y-y_0)^2 + (z-z_0)^2\}^{3/2}}$$
$$E_z = \frac{Q(z-z_0)}{4\pi\varepsilon_0\{(x-x_0)^2 + (y-y_0)^2 + (z-z_0)^2\}^{3/2}}$$

1.3 正負電荷が作る電場を $\boldsymbol{E}_\mathrm{A}$, $\boldsymbol{E}_\mathrm{B}$ とすると, 電場は**解図 1.1** のようになる. 大きさはクーロンの法則から $E_\mathrm{A} = E_\mathrm{B} = \dfrac{Q}{4\pi\varepsilon_0(a^2+d^2)}$ である. 系の対称性から電場の y 成分は打ち消し合い, x 成分は足されるから, $\boldsymbol{E}_\mathrm{A}$ の x 成分を 2 倍すればよい. $\boldsymbol{E}_\mathrm{A}$ の x 成分は $-E_\mathrm{A}\dfrac{a}{\sqrt{a^2+d^2}}$ だから, 答えは $\left(-\dfrac{aQ}{2\pi\varepsilon_0(a^2+d^2)^{3/2}},0\right)$.

1.4 リング状導体の長さ $\mathrm{d}s$ の部分が z 点に作る電場の大きさは**解図 1.2** より $\mathrm{d}E = \dfrac{1}{4\pi\varepsilon_0}\dfrac{Q\mathrm{d}s}{2\pi R(R^2+z^2)}$ で, 系の対称性から一周積分することにより R 成分は消えてしま

う．したがって，以降は z 成分のみ検討する．電場の z 成分は $\mathrm{d}E\dfrac{z}{\sqrt{R^2+z^2}}$ だから，すべての電荷が作る電場はこれを積分する．区間 $\mathrm{d}s$ を $R\mathrm{d}\theta$ に置き換え，

$$E_z = \int_0^{2\pi} \frac{1}{4\pi\varepsilon_0} \frac{QzR\mathrm{d}\theta}{2\pi R(R^2+z^2)^{3/2}} = \frac{Qz}{4\pi\varepsilon_0(R^2+z^2)^{3/2}}$$

である．

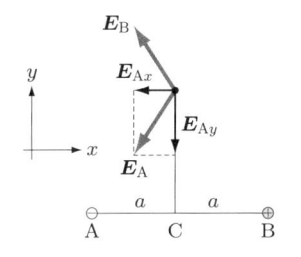

解図 1.1 二つの点電荷が作る電場

解図 1.2 長さ $\mathrm{d}s$ の部分が作る電場

1.5 独立変数を z にとり，正直に積分する．問題文にあるとおり，E_r のみを考えればよい．計算式は $E_r = \displaystyle\int_{-\infty}^{\infty} \frac{r\tau \mathrm{d}z}{4\pi\varepsilon_0(r^2+z^2)^{3/2}}$ である．かなり面倒な積分だが，$\dfrac{\partial}{\partial z}z(r^2+z^2)^{-1/2} = \dfrac{r^2}{(r^2+z^2)^{3/2}}$ を知っていれば実行可能だろう．答は $\dfrac{\tau}{4\pi\varepsilon_0 r}\left[\dfrac{z}{(r^2+z^2)^{1/2}}\right]_{-\infty}^{\infty} = \dfrac{\tau}{2\pi\varepsilon_0 r}$．よく似た問題を第 5 章で取り上げるが（→ p.161），そのときに積分変数を θ に変換する巧みな方法を教えよう．

1.6 正解は**解図 1.3** のとおり．

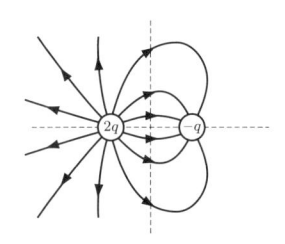

解図 1.3 二つの電荷が置かれた系の電気力線

第 2 章

2.1 (1) **解図 2.1** のように，半径 r，厚さ $\mathrm{d}r$ の薄いリングを貫く電束は

$$\mathrm{d}\Phi_\mathrm{e} = \frac{q}{4\pi(R^2+r^2)} 2\pi r \mathrm{d}r \cos\theta$$

$$= \frac{qRr}{2(R^2+r^2)^{3/2}} \mathrm{d}r$$

これを 0 から a まで積分すれば，半径 a の円板を貫く電束が得られる．ここで，

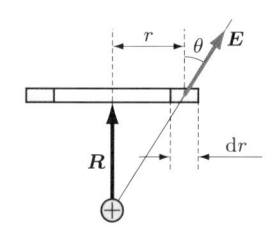

解図 2.1 点電荷の近くに置かれた幅 $\mathrm{d}r$ のリングを貫く電束

$$\frac{\mathrm{d}}{\mathrm{d}r}(R^2+r^2)^{-1/2} = -r(R^2+r^2)^{-3/2}$$

であることに気づけば，$\Phi_e = \dfrac{q}{2}\left(1 - \dfrac{R}{\sqrt{R^2+a^2}}\right)$ が得られる．

(2) 点電荷から発せられる電気力線は電荷から対称に，放射状に発している．したがって無限に広い平板を置くと，電気力線のうち半分は必ずいつかは平板に当たる．大きさ q の点電荷が発する電束は q だから，平板を貫く電束は $q/2$ であることがただちにいえる．(1) の解で a を無限に大きくしたとき解が $q/2$ であることを確認しておこう．

2.2 電荷密度を $\rho(r)$ と置く．半径 r より内側に存在する電荷を積分すると，$\displaystyle\int_0^r \rho(r')4\pi r'^2 \mathrm{d}r'$ である．積分結果が r^2 に定数を掛けたものであればガウスの法則から電場の大きさは r によらず定数となる．積分して r^2 になるのは r だから，被積分関数が r の 1 次関数になるよう $\rho(r)$ を決める．すると，$\rho(r) = \dfrac{k}{r}$（k は定数）であればよいことがわかる．

2.3 ガウスの法則の微分形より，$\varepsilon_0 \mathrm{div}\, \boldsymbol{E} = 0$ を証明すればよい．円筒座標系の発散の公式（付録 A.22 式 → p.279）より $r > 0$ で $\mathrm{div}\, \boldsymbol{E} = \dfrac{1}{r}\dfrac{\partial(rA_r)}{\partial r} = 0$. したがって電荷は存在しない．

2.4 こういうシチュエーションで，「オーダーの見積り」ができるセンスをぜひ養って欲しい．題意から放電が飛ぶとき指とドアノブの間には $35\,\mathrm{kV/cm} = 3.5\times 10^6\,\mathrm{V/m}$ の電場がある．ガウス面を**解図 2.2** のように指のまわりにとる．放電が短い距離で起こることから，電場はガウス面の正面，ドアノブに近い側にのみ存在すると考えてよい[†]．指の大きさ，ドアノブとの距離を考え，電場が存在する面積は大まかに $1\,\mathrm{cm}^2$ と考えよう．すると，$\displaystyle\oiint \boldsymbol{E}\cdot \mathrm{d}\boldsymbol{S} \sim 3\times 10^2\,\mathrm{Vm}$ となる．ガウスの法則よりこれが Q/ε_0 に等しいわけだから，計算して $Q \sim 3\times 10^{-9}\,\mathrm{C}$ となる．これを素電荷 $1.6\times 10^{-19}\,\mathrm{C}$ で割り，銅 $1\,\mathrm{cm}^3$ に含まれる自由電子の数と比較すると 10^{-13} のオーダーとなる．もちろん，解答がここで示した値と一桁くらい違うことがあってもよいが，大切なのは推算に論理的裏づけがあること．

[†] ここで想定した力線のおよその分布は電気力線の性質によって裏づけられる．

2.5 導体表面のわずかに内側をガウス面とする．導体の静電平衡の性質から，ガウス面を貫く電束は存在しない．したがって $\oiint \bm{D} \cdot \mathrm{d}\bm{S} = 0$．ガウスの法則 $\oiint \bm{D} \cdot \mathrm{d}\bm{S} = \iiint \rho \mathrm{d}V$ からガウス面の内側，つまり導体内部には正味の電荷が存在しない．

2.6 解図 2.3 のとおり．導体の形と，電荷の符号に惑わされないように．

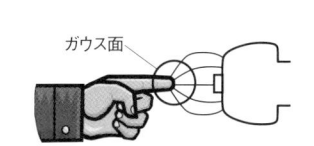

解図 2.2 指とドアノブとガウス面

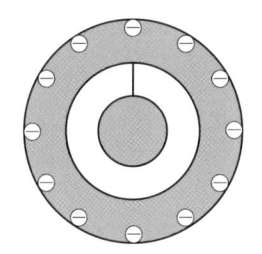

解図 2.3 ドーナツ状の導体に負電荷を与えたときの平衡状態

2.7 導体から発する電場と面電荷密度の関係を使う．$\sigma = \varepsilon_0 E$．$Q = \sigma S$ から全電荷は $Q = \varepsilon_0 E S$ と求められる．

2.8 与えられたデータより銅のモル原子密度は $9.0/64 = 0.141$ mol/cm^3．アボガドロ数 (6.02×10^{23}) を掛ければ数密度は 8.5×10^{22} cm^{-3} となる．題意よりこれが自由電子の数密度に等しい．

第 3 章

3.1 任意の経路で電場を線積分して符号をひっくり返せばよい．一番楽なのは解図 3.1 のような座標軸に平行なルートだろう．

$$-\phi(2,2) = \int_0^2 x^2 \mathrm{d}x + \int_0^2 (y^2 - 2) \mathrm{d}y = \frac{4}{3} \qquad 解：-\frac{4}{3} \mathrm{V}$$

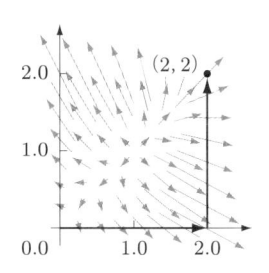

解図 3.1 問題文の電場をベクトル矢印で表したものと，積分経路の一例

3.2 問題に与えられた電位は，原点に置かれた点電荷 q のものであることに気づいただろう．電荷が無いことを示すには電位のラプラシアンを取り，ゼロであることを示せばよい．系の対称性より極座標を使う．

$$\nabla^2 \phi = \frac{q}{4\pi\varepsilon_0} \frac{1}{r^2} \frac{d}{dr}\left(r^2 \frac{d}{dr}\frac{1}{r}\right) = \frac{q}{4\pi\varepsilon_0} \frac{1}{r^2} \frac{d}{dr}(-1) = 0$$

したがって $r > 0$ の領域に電荷がないことが示された.

3.3 系の対称性から, 円筒座標が好ましい. 円筒座標のラプラシアンは円筒対称の系では大部分の項が消え, 方程式は r のみの $\frac{1}{r}\frac{d}{dr}\left(r\frac{d\phi}{dr}\right) = 0$ となる. これを解くには, 両辺に r を掛けて 1 階積分, $\frac{d\phi}{dr} = \frac{C_1}{r}$ を得て, さらにこれを積分すれば $\phi = C_1 \ln r + C_2$ (C_1, C_2 は積分定数) を得る. $r = a$ と $r = b$ の境界条件を使い積分定数を定めれば

$$\phi = \frac{1}{\ln a - \ln b}\{(\phi_a - \phi_b)\ln r - \phi_a \ln b + \phi_b \ln a\}$$

$$E_r = -\frac{d\phi}{dr} = \frac{(\phi_b - \phi_a)}{(\ln a - \ln b)r}$$

と求められる.

3.4 中空導体の内部空間にアーンショウの定理を適用すれば, 内部空間に電位の極小・極大はない. これは, 「電位の最大値/最小値は内部空間のへり, すなわち導体表面にある」と言っているのと等価である. 一方, 導体の静電平衡の性質 7 ($\to$ p.82) から, 導体表面は至るところ等電位である. したがって, 内部空間も至るところ等電位でなくてはならず, 内部空間に電場がないことが示された.

3.5 対称性の議論から電場は r 成分のみをもち半径 r のみの関数. 内外導体に電荷 $\pm Q$ を与えると, ガウスの法則からただちに $E(r) = \frac{Q}{4\pi\varepsilon_0 r^2}$ である. したがって内外導体の電位差はこれを半径 a から b まで積分,

$$\phi(a) - \phi(b) = \int_a^b \frac{Q}{4\pi\varepsilon_0 r^2} dr = \frac{Q}{4\pi\varepsilon_0}\left(\frac{1}{a} - \frac{1}{b}\right)$$

静電容量は $C = Q/\Delta\phi$ なので $C = 4\pi\varepsilon_0 \frac{ab}{b-a}$.

3.6 $U_e = \frac{1}{2}\frac{Q^2}{C} = \frac{q^2 x}{2\varepsilon_0 S} \longrightarrow F = -\frac{dU}{dx} = -\frac{Q^2}{2\varepsilon_0 S}$

マイナス符号は引力であることを意味する.

3.7 $F = QE$ で極板に働く力を計算すると, E を問に与えられた量で表し $F = \frac{Q^2}{\varepsilon_0 S}$ と計算される. しかし, これは正しい答の 2 倍となる. その理由は, 電場と力の関係において見逃されがちなある事実による. 電荷 q が電場の中にあるときどのくらいの外力を受けるかは $F = qE$ で表されるが, ここには「q の作る電場は E に含まない」という約束がある. 点電荷の場合, 自分自身の位置の電場を加えると解が無限大になりすぐに気がつくが, 分布電荷の場合は自分自身が作る電場を足しても解が有限の大きさにとどまるためうっかりこの原則を忘れがちである. 本問の極板間電荷は両極板が作る電場が合成されたものだから, 「極板間の電場は, 系の対称性から半分は自分自身が作ったものである」と考えてよい. すると, 反対側の極板が作った電場の大きさは半分となり, 答は演

習問題 3.6 に一致する.

3.8 (1) 系の対称性より極座標を採用.
$$\frac{1}{r^2}\frac{\partial}{\partial r}\left(r^2\frac{\partial \phi}{\partial r}\right) = -\frac{\rho}{\varepsilon_0} \longrightarrow \frac{\partial \phi}{\partial r} = -\frac{\rho}{3\varepsilon_0}r + \frac{C_1}{r^2}$$
$$\therefore \phi(r) = -\frac{\rho r^2}{6\varepsilon_0} - \frac{C_1}{r} + C_2$$

$r \to 0$ で ϕ が発散しないために $C_1 = 0$ で，C_2 は $r = a$ で $\phi = 0$ の境界条件から決定できる．答は $\phi(r) = \dfrac{\rho}{6\varepsilon_0}\left(a^2 - r^2\right)$

(2) $E_r = -\dfrac{\partial \phi}{\partial r}$ から，$E_r = \dfrac{\rho r}{3\varepsilon_0}$.

(3) $U_e = \dfrac{\rho}{2}\displaystyle\int_0^a \phi(r)4\pi r^2 \mathrm{d}r = \dfrac{2\rho^2 \pi a^5}{45\varepsilon_0}$

(4) $U_e = \displaystyle\int_0^a \dfrac{\varepsilon_0 E_r^2}{2}4\pi r^2 \mathrm{d}r = \dfrac{2\rho^2 \pi a^5}{45\varepsilon_0}$

(5) ちょっと意地悪な出題．ガウスの法則はいかなるときにも正しい．ということは，ガウス面内側のどこかに負電荷があり，球内部の正電荷と加えると正味ゼロになる，と考える．負電荷の正体は何かというと，接地によって大地から供給された負電荷で，これが導体球殻面上に均一に存在している．「電位をゼロに保つ」ということは，電位がゼロになるまで正または負の電荷がいくらでも供給される，というのと同じことなのだ．むしろ，供給される電荷量を知るためにガウスの法則を有効に使おう．

第 4 章

4.1 (1) $\hat{\boldsymbol{r}}$ をデカルト座標で表し，$\hat{\boldsymbol{r}} = \sin\theta\cos\varphi\boldsymbol{i} + \sin\theta\sin\varphi\boldsymbol{j} + \cos\theta\boldsymbol{k}$．これと大きさ p で $\boldsymbol{i}$ 方向のベクトルの内積を取る．解：$\boldsymbol{p}\cdot\hat{\boldsymbol{r}} = p\sin\theta\cos\varphi$.

(2) $E_r = -\dfrac{1}{4\pi\varepsilon_0}\dfrac{\partial}{\partial r}\left(\dfrac{p\sin\theta\cos\varphi}{r^2}\right) = \dfrac{p}{2\pi\varepsilon_0 r^3}\sin\theta\cos\varphi$

$E_\theta = -\dfrac{1}{4\pi\varepsilon_0}\dfrac{1}{r}\dfrac{\partial}{\partial \theta}\left(\dfrac{p\sin\theta\cos\varphi}{r^2}\right) = -\dfrac{p}{4\pi\varepsilon_0 r^3}\cos\theta\cos\varphi$

$E_\varphi = -\dfrac{1}{4\pi\varepsilon_0}\dfrac{1}{r\sin\theta}\dfrac{\partial}{\partial \varphi}\left(\dfrac{p\sin\theta\cos\varphi}{r^2}\right) = \dfrac{p}{4\pi\varepsilon_0 r^3}\sin\varphi$

4.2 内，外導体に $\pm Q$ の電荷を与える．系の対称性から電束線は内側導体から外側導体に放射状で，誘電体の界面でも連続である．したがって，ガウスの法則から導体間のどこでも $D = \dfrac{Q}{2\pi r L}$ である．ここから，電場は半径 $a \leqq r \leqq 2a$ で $\dfrac{Q}{4\pi\varepsilon_0 rL}$，$2a \leqq r \leqq 3a$ で $\dfrac{Q}{2\pi\varepsilon_0 rL}$ とわかる．これを a から $3a$ まで積分し，容量の定義，$C = \dfrac{Q}{\Delta\phi}$ を用いて計算すると $C = \dfrac{4\pi\varepsilon_0 L}{\ln(9/2)}$ を得る．

4.3 原点に中心をもつ，電荷密度 ρ の球状電荷が作る電場はすでに何度か求めているので (たとえば p92) 解だけ示すと，$\boldsymbol{E} = \dfrac{\rho r}{3\varepsilon_0}\hat{\boldsymbol{r}}$ である．正負の電荷の中心から $\boldsymbol{r}$ までの変

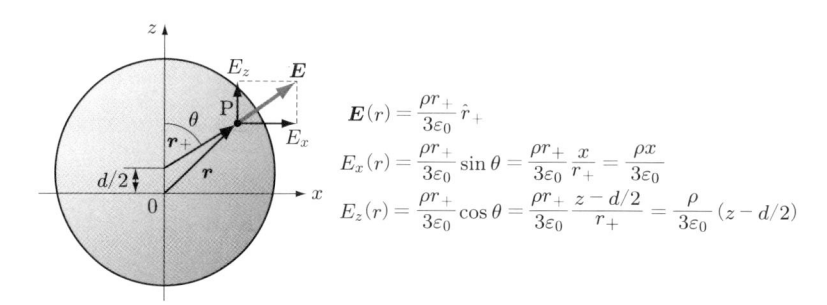

$$\boldsymbol{E}(r) = \dfrac{\rho r_+}{3\varepsilon_0}\hat{\boldsymbol{r}}_+$$

$$E_x(r) = \dfrac{\rho r_+}{3\varepsilon_0}\sin\theta = \dfrac{\rho r_+}{3\varepsilon_0}\dfrac{x}{r_+} = \dfrac{\rho x}{3\varepsilon_0}$$

$$E_z(r) = \dfrac{\rho r_+}{3\varepsilon_0}\cos\theta = \dfrac{\rho r_+}{3\varepsilon_0}\dfrac{z-d/2}{r_+} = \dfrac{\rho}{3\varepsilon_0}(z-d/2)$$

解図 4.1 一様な電荷密度をもつ球を原点から $d/2$ だけ z 軸方向にずらして配置する

位ベクトルをそれぞれ $\boldsymbol{r}_+$, $\boldsymbol{r}_-$ とする．このとき正負の電荷球の作る電場を足したものは $\boldsymbol{E} = \dfrac{\rho r_+}{3\varepsilon_0}\hat{\boldsymbol{r}}_+ - \dfrac{\rho r_-}{3\varepsilon_0}\hat{\boldsymbol{r}}_-$ で表される．正電荷が作る電場をデカルト座標に分解しよう．**解図 4.1** は，xz 平面内にある点 P に正電荷が作る電場を表している．電場の x 成分を求めると $\dfrac{\rho x}{3\varepsilon_0}$ となり，電荷が原点にないにもかかわらず d が含まれない．すなわち，電荷を z 軸に平行に移動しても電場の x 成分は変化しないことがわかる．同様のことが電場の y 成分にもいえる．したがって正負の球状電荷を z 方向にずらして重ねたとき，電場の x, y 成分は完全に打ち消し合い，残るのは z 成分のみとなることがわかる．図から正電荷が作る電場の z 成分は $\dfrac{\rho}{3\varepsilon_0}\left(z - \dfrac{d}{2}\right)$．負電荷が作る電場の z 成分は $-\dfrac{\rho}{3\varepsilon_0}\left(z + \dfrac{d}{2}\right)$ であるから，足せば $E_z = -\dfrac{\rho d}{3\varepsilon_0}$ となる．意外なことに，球内部の電場は一様であり，大きさは電荷のずれ d に比例する．ただしこの特異な現象は「電荷が球状である」という条件の下でのみ成り立つことに注意しよう．

4.4 電束密度と電場の関係，$D = \varepsilon E_\text{int} = \varepsilon_0 E_\text{int} + P$ をヒントの数式と組み合わせて変形する．

$$E_\text{int} = E_0 - \dfrac{(\varepsilon - \varepsilon_0)E_\text{int}}{3\varepsilon_0} \quad \longrightarrow \quad E_\text{int} = E_0 \dfrac{3\varepsilon_0}{\varepsilon + 2\varepsilon_0}$$

となる．これを $P = (\varepsilon - \varepsilon_0)E_\text{int}$ に代入し，$P = E_0 \dfrac{3\varepsilon_0(\varepsilon - \varepsilon_0)}{\varepsilon + 2\varepsilon_0}$ である．

4.5 電場 $\boldsymbol{E}$ と電束密度 $\boldsymbol{D}$ の様子を**解図 4.2**(a) に示す．系の対称性より，誘電体の中央では電場，電束密度は境界面に垂直となる．すると，電束密度の境界条件より誘電体内部の電束密度は外部と同じ $\varepsilon_0 \boldsymbol{E}_0$ となることがただちにわかる．そして，誘電率 ε を考えれば電場の大きさは $E_0\varepsilon_0/\varepsilon$ となる．このような系では内部の電場は外部に対して $\varepsilon_0/\varepsilon$ 倍に減じられる．

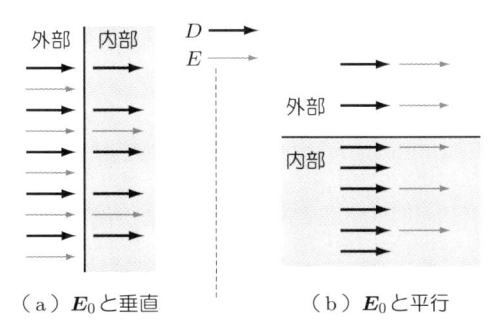

演習問題解答 289

（a）E_0 と垂直　　　　　（b）E_0 と平行

解図 4.2 (a) 平たい誘電体，(b) 細い誘電体 の境界での電場 E，電束密度 D の様子

解）電場：$E = E_0 \varepsilon_0/\varepsilon$, 　電束密度：$D = \varepsilon_0 E_0$.

4.6 電場 E と電束密度 D の様子を**解図 4.2**(b) に示す．系の対称性より，誘電体の中央部では電場，電束密度は境界面に平行となる．すると，電場の境界条件より誘電体内部の電場は外部と同じ E_0 となることがただちにわかる．そして，誘電率 ε を考えれば電束密度の大きさは εE_0 となる．このような系では内部の電束密度は外部に対して $\varepsilon/\varepsilon_0$ 倍に増加する．

解）電場：$E = E_0$, 　電束密度：$D = \varepsilon E_0$.

4.7 電場の接線方向が保存されることから誘電体中の電場の大きさは $E_1 = \dfrac{1}{\sqrt{2}} E_0$ と計算される．誘電体中の電束密度も同様に法線方向の大きさが保存されることを利用して $D_1 = \sqrt{\dfrac{3}{2}} D_0$ と計算できる．ここから誘電体の比誘電率は $\varepsilon_\mathrm{r} = \dfrac{D_1/E_1}{D_0/E_0} = \sqrt{3}$ と求めることができる．

4.8 第 3 章の演習問題 3.6 で用いた「仮想変位の方法」を使う．容量を誘電体の位置 x の関数で表し，力は $F = -\dfrac{\mathrm{d}U_\mathrm{e}}{\mathrm{d}x}$ で求める．計算すると，$\dfrac{\mathrm{d}}{\mathrm{d}x}\left(\dfrac{Q^2}{2C}\right) = \dfrac{Q^2}{2}(-C^{-2})\dfrac{\mathrm{d}C}{\mathrm{d}x}$.
一方，$C = \dfrac{\varepsilon_0 a(3a-2x)}{d}$ だから，$F = -\dfrac{Q^2 d}{\varepsilon_0 a(3a-2x)^2}$.

4.9 (1) コンデンサーに蓄えられるエネルギーだけを考えると誘電体は押し出される方向に力が加わるように思われるが，もう一つの効果を考えなくてはいけない．コンデンサーの容量が増加すると，V を一定に保つため電池から電荷が供給される．これは，電池が新たな電荷をポテンシャル V に持ち上げる仕事をする，ということである．したがって系全体のエネルギー収支は「コンデンサーの得たエネルギー」−「電池の失ったエネルギー」としなければならない．計算するとこれはマイナスとなるため，誘電体にははまり込む方向に力が働く．

(2) コンデンサーに蓄えられるエネルギーを $\dfrac{CV^2}{2}$ で表す．極板が $\mathrm{d}x$ 動いたとき，極板に新たに供給される電荷量は $\mathrm{d}q = \dfrac{\mathrm{d}C}{\mathrm{d}x}\mathrm{d}x V$ で表される．したがって，電池の失

うエネルギーは $\mathrm{d}qV = \dfrac{\mathrm{d}C}{\mathrm{d}x}\mathrm{d}xV^2$ で表される．これを考慮して仮想変位の方法を使えば，

$$F = -\frac{\mathrm{d}U_\text{total}}{\mathrm{d}x} = -\frac{\mathrm{d}}{\mathrm{d}x}\left(\frac{1}{2}CV^2\right) + \frac{\mathrm{d}C}{\mathrm{d}x}V^2 \longrightarrow F = \frac{V^2}{2}\frac{\mathrm{d}C}{\mathrm{d}x} = -\frac{\varepsilon_0 aV^2}{d}$$

第 5 章

5.1 解図 5.1 のように，電場中の微小体積要素を考える．各辺の長さは a，電場は左から右に稜線に沿った方向とする．微小体積両端の電位差は $V = Ea$，左端から流れ込む電流は $I = Ja^2$ である．したがってこの体積で発生するジュール熱は $VI = JEa^3$ である．オームの法則 $J = \sigma E$ を代入，体積で割れば体積あたりの発熱は $p = \sigma E^2$ となる．

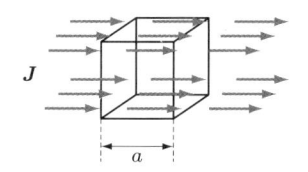

解図 5.1　微小体積に流れ込む電流とその発熱の計算

5.2 (1) 電流密度ベクトルは半径に沿った方向であることは明らかなので，電流を外周導体の面積で割ったものが電流密度．解：$\dfrac{I}{2\pi bh}$

(2) 内外導体間の電位差を電流，電気伝導率から求める．半径 r のリング面上の電流密度は (1) の解から $J = \dfrac{I}{2\pi rh}$ とわかり，電場は $E = \dfrac{J}{\sigma} = \dfrac{I}{2\pi rh\sigma}$ とわかる．あとはこれを半径 a から b まで積分，$V = \dfrac{I}{2\pi h\sigma}\ln\dfrac{b}{a}$，オームの法則から $R = \dfrac{1}{2\pi h\sigma}\ln\dfrac{b}{a}$．

(3) 半径 r，厚さ $\mathrm{d}r$ の薄いドーナツを微小体積要素 $\mathrm{d}V$ として発熱を計算する．$P = \displaystyle\int_a^b \sigma E^2 2\pi rh\mathrm{d}r = \dfrac{I^2}{2\pi h\sigma}\ln\dfrac{b}{a}$．これを R を使って表せば $P = I^2R$ であり，オームの法則 $V = IR$ を代入，$P = IV$ を得る．

5.3 (1) 1.1×10^4 C/m　(2) 9.1×10^{-5} m/s　(3) $\left\{1 - \left(\dfrac{v}{c}\right)^2\right\}^{-1/2} \sim 1 + \dfrac{1}{2}\left(\dfrac{v}{c}\right)^2$ の近似を使う．$x = 4.6 \times 10^{-26}$　(4) 2.0×10^{18} N　(5) 9.1×10^{-8} N
(6) 2.0×10^{-7} N

5.4 電流素片 $I\mathrm{d}s$ が軸上，面から距離 d の位置に作る磁場の大きさは $\dfrac{\mu_0}{4\pi}\dfrac{I\mathrm{d}s}{a^2 + d^2}$．このうち，軸方向成分以外は周回積分すると相殺してしまうので，軸方向成分のみを周回積分すればよい．軸方向成分は磁場の大きさに $\dfrac{a}{\sqrt{a^2 + d^2}}$ を掛け，積分結果は $\mathrm{d}s$ を $2\pi a$ に置き換える．解：$\dfrac{\mu_0 I a^2}{2(a^2 + d^2)^{3/2}}$.

5.5 系の対称性から，磁束は円軌道で，トロイダルコイル内部を周回していることは間違いないだろう．半径 r の円軌道でアンペールの法則を適用すると $2\pi r B = \mu_0 N I$．
解：$B = \dfrac{\mu_0 N I}{2\pi r}$．

5.6 解図 5.2 に，ループの各辺が受ける力を $\boldsymbol{F}_1..\boldsymbol{F}_4$ で示した．$\boldsymbol{F}_3$ と $\boldsymbol{F}_4$ は常に同じ大きさで逆向きのためこれらは相殺する．$\boldsymbol{F}_1$ と $\boldsymbol{F}_2$ も常に同じ大きさで逆向きだが，軸に対する作用線が一致しないのでこれがトルクを生む．トルクの大きさ τ は腕の長さを L，力と腕のなす角を θ とするとき $\tau = FL\sin\theta$ である．したがってこの系ではトルクは $\tau = 2IbB\dfrac{a}{2}\sin\theta = IabB\sin\theta$．ループの面積を S とすれば $\tau = ISB\sin\theta$．すなわちループが磁場から受ける力は電流と面積の積で表される量で特徴づけられることがわかる．この関係は磁場が一様ならループの形によらず成立することが示され，IS をループの**磁気モーメント**と定義する．磁気モーメントの物理的意味については第 7 章で詳しく学ぶ．

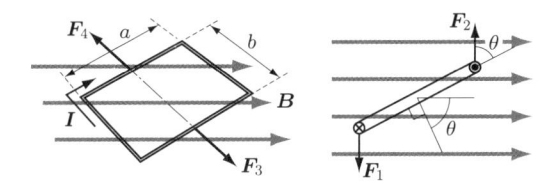

解図 5.2 一様磁場中に置かれたループ電流が受ける力

(1) デカルト座標で分解してしまえば，運動は x 軸方向の並進運動と yz 平面の円運動で独立に解析できる．初速度は $v_x = v\sin\theta$, $v_z = -v\cos\theta$ で，荷電粒子は磁場に平行な x 軸方向に力を受けることはないから v_x は保存される．解：$v_x = v\sin\theta$．

(2) 荷電粒子が受ける力は $q\boldsymbol{v}\times\boldsymbol{B}$ でベクトル $\boldsymbol{v}$ に垂直であることから，速度の絶対値は保存する．したがって，yz 平面で運動する粒子の速度の大きさは $v_{(yz)} = v\cos\theta$ であることは間違いない．荷電粒子の受けるローレンツ力の大きさは $F = qv_{(yz)}B$ で，これが円運動の向心力 F_{c} になっているわけだから，$F_{\mathrm{c}} = m\dfrac{(v\cos\theta)^2}{r} = qvB\cos\theta$．これを r について解き，$r = \dfrac{mv\cos\theta}{qB}$．

第 6 章

6.1 (1) $A_\varphi(r)$ を半径 r の円周で周回積分すると値は $A_\varphi(r)2\pi r$ である．$\oint \boldsymbol{A}\cdot\mathrm{d}\boldsymbol{s} = \iint \boldsymbol{B}\cdot\mathrm{d}\boldsymbol{S}$ から，これは円周内側の磁束に等しい．場合分けして考える．

$$r < a : A_\varphi(r)2\pi r = \mu_0 n I \pi r^2 \quad \longrightarrow \quad A_\varphi(r) = \dfrac{\mu_0 n I r}{2}$$

$$r > a : A_\varphi(r)2\pi r = \mu_0 nI\pi a^2 \longrightarrow A_\varphi(r) = \frac{\mu_0 nIa^2}{2r}$$

(2) **解図 6.1** のとおり．ベクトルポテンシャルは電流と同じ方向に回る渦状のベクトル場で，(1) の解からソレノイド内部では半径に比例，外部では半径に逆比例する大きさになる．

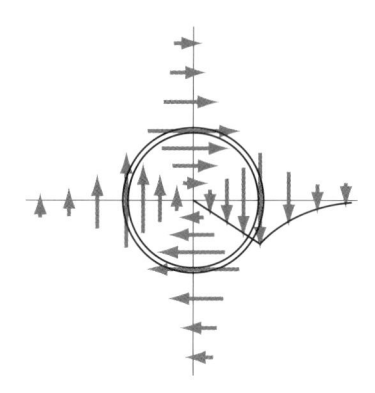

解図 6.1 ソレノイドが作るベクトルポテンシャルの概略図

6.2 $B = \nabla \times A$ を素直に計算してみる．

$$B = \nabla \times \frac{\mu_0 I d\boldsymbol{s}}{4\pi r} = \frac{\mu_0 I}{4\pi} \nabla \times \left(\frac{d\boldsymbol{s}}{r}\right)$$

積の微分の公式を使い，

$$B = \frac{\mu_0 I}{4\pi}\left\{\nabla\frac{1}{r} \times d\boldsymbol{s} + \frac{1}{r}(\nabla \times d\boldsymbol{s})\right\} = \frac{\mu_0 I}{4\pi}\nabla\frac{1}{r} \times d\boldsymbol{s} \quad \text{(定ベクトルの回転はゼロ)}$$

$$= \frac{\mu_0 I}{4\pi}\left(-\frac{\hat{\boldsymbol{r}}}{r^2}\right) \times d\boldsymbol{s} = \frac{\mu_0 I d\boldsymbol{s} \times \hat{\boldsymbol{r}}}{4\pi r^2}$$

$\nabla\dfrac{1}{r} = -\dfrac{\hat{\boldsymbol{r}}}{r^2}$ の証明は (付録 A.15 式 → p.278) を参照のこと．

6.3 解図 6.2 のようにループ上の電流素片が P 点に作るベクトルポテンシャルを定式化して，これをループに沿って一周積分する．ここで，$a \gg r$ の条件から $a' \sim a - r\cos\varphi$ の近似を使う．さらに，$x \ll 1$ のとき $(1+x)^n \sim 1 + nx$ を使い，$\dfrac{1}{a'} = \dfrac{1}{a}\left(1 + \dfrac{r}{a}\cos\varphi\right)$ と変

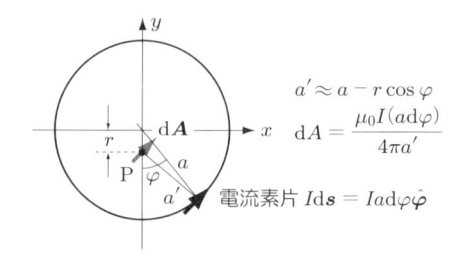

$a' \approx a - r\cos\varphi$

$dA = \dfrac{\mu_0 I(a d\varphi)}{4\pi a'}$

電流素片 $Id\boldsymbol{s} = Ia d\varphi \hat{\boldsymbol{\varphi}}$

解図 6.2 一巻きのループ電流上の電流素片がループ中心近傍に作るベクトルポテンシャル

形する．これをベクトルポテンシャルの表式に代入し，ループに沿って周回積分する．対称性の考察から A の y 成分は打ち消し合うから，積分は $A_x = A\cos\varphi$ について行う．

$$dA_x = \frac{\mu_0 I}{4\pi}\left(1 + \frac{r}{a}\cos\varphi\right)\cos\varphi$$

$$A_\varphi = \frac{\mu_0 I}{4\pi}\left(\int_0^{2\pi}\cos\varphi d\varphi + \frac{r}{a}\int_0^{2\pi}\cos^2\varphi d\varphi\right) = \frac{\mu_0 I}{4a}r$$

別解）実はこの問題はもっと簡単に解くことができる．ループ中心近くに半径 r の円を考える．この円を貫く磁束はループ中心の磁束密度に円の面積を掛けたもので近似できる．すなわち $\Phi_\mathrm{m} = \frac{\mu_0 I}{2a}\pi r^2$ である．ストークスの定理からこれが円周に沿ったベクトルポテンシャルの周回積分値に一致する．

$$\frac{\mu_0 I}{2a}\pi r^2 = 2\pi r A_\varphi \quad\longrightarrow\quad A_\varphi = \frac{\mu_0 I}{4a}r$$

6.4 磁場は導体を回る向きに，内側導体と外側導体の間にのみ存在する．半径 r の位置の磁場 H の大きさは $\frac{I}{2\pi r}$．半径 r，太さ dr，長さ 1 m の薄い円筒がもつエネルギーは $\frac{\mu_0 I^2}{4\pi r}dr$．これを a から b まで積分すれば，$U_\mathrm{m} = \frac{\mu_0 I^2}{4\pi}\ln\frac{b}{a}$．本文（→ p.198）で計算した自己インダクタンスを使えば $U_\mathrm{m} = \frac{1}{2}LI^2$ と表せる．

6.5 一般に n 個のループ導線があるとき，相互インダクタンスは $n(n-1)/2$ 個定義される．またその定義は，i 番目と j 番目の導線の相互インダクタンス M_{ij} が，系に導線 i と j のみが存在するとして相互インダクタンスを定義どおり計算したものになる．これらの定義された値を使い，系のエネルギーは

$$U_\mathrm{m} = \frac{1}{2}\left(L_1 I_1^2 + L_2 I_2^2 + L_3 I_3^2 + 2M_{12}I_1 I_2 + 2M_{23}I_2 I_3 + 2M_{13}I_1 I_3\right)$$

となる．

6.6 外側導線が中心に作る磁束密度は $\frac{\mu_0 I}{2r_2}$ である．$r_1 \ll r_2$ の仮定から内側導線を貫く磁束はこれに面積 πr_1^2 を掛ければよく，相互インダクタンスの定義から $M = \frac{\mu_0 \pi r_1^2}{2r_2}$．

6.7（1）磁束密度の求め方は第 5 章の演習問題 5.5（→ p.176）で扱ったので省略する．中心軸から半径 r における磁束密度は $B = \frac{\mu_0 NI}{2\pi r}$ である．全磁束を求めよう．積分は**解図 6.3** のようにトロイダルコイルの断面に高さ b，長さ dr の細長い長方形の領域を考え，

$$\Phi_\mathrm{m} = \int_R^{R+a}\frac{\mu_0 NI}{2\pi r}bdr = \frac{\mu_0 NIb}{2\pi}\ln\frac{R+a}{R}$$

である．ソレノイドのインダクタンスの公式，$L = N\Phi_\mathrm{m}/I$ を使い，$L = \frac{\mu_0 N^2 b}{2\pi}\ln\frac{R+a}{R}$．

（2）解図 6.3 の断面をもつ，薄いドーナツ状の体積をとる．この領域に蓄えられているエネルギーは $dU_\mathrm{m} = \frac{\mu_0 H^2}{2}2\pi rbdr = \frac{\mu_0 N^2 I^2 bdr}{4\pi r}$．全エネルギーはこれを R か

ら $R+a$ まで積分すればよく,
$$U_\mathrm{m} = \int_R^{R+a} \frac{\mu_0 N^2 I^2 b \mathrm{d}r}{4\pi r} = \frac{\mu_0 N^2 I^2 b}{4\pi} \ln \frac{R+a}{R}$$
である. 当然, この問題も $U_\mathrm{m} = \frac{1}{2}LI^2$ が成立している.

6.8 解き方としては, 「無限長直線電流と, その電流が矩形ループ内に作る磁束」の比例定数を求めるのがほとんど唯一の方法である. 原理的には「矩形ループが作るベクトルポテンシャルを無限長直線電流の上で線積分」しても相互インダクタンスは求まるが, これは相当大変. 面白いのは, 相互インダクタンスの性質から, 前者の計算で後者の答がわかる, ということだ. **解図 6.4** のように座標をとって計算しよう.
$$M = \frac{\phi}{I} = \int_R^{R+a} \frac{\mu_0 b}{2\pi r} \mathrm{d}r = \frac{\mu_0 b}{2\pi} \ln\left(\frac{R+a}{R}\right)$$

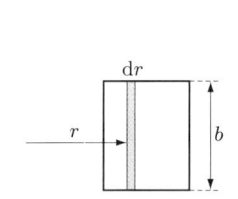

解図 6.3 トロイダルコイル断面と細長い長方形領域

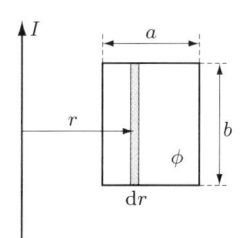

解図 6.4 矩形コイルを貫く無限長直線電流の磁場を積分

6.9 円形ループ電流中央の磁束密度は $\frac{\mu_0 I}{2r}$ である. これに, 円の面積 πr^2 を掛け, 電流で割れば円形ループ電流の自己インダクタンスは $L \approx \frac{\mu_0 \pi r}{2}$ と求められる. $\pi/2 \approx 1.5$ なので題意が示された.

さて, 厳密に計算するとこの問題はどうなるのだろうか. 実は, これは一見簡単に見えるが, 非常に難しい問題なのだ. 第一に, 中心を外れた位置の磁束密度は初等的な関数では表されず, **楕円積分**という特殊関数を使わないと表現できない. 加えて, 厳密な計算にはループを構成する導線の太さが重要な意味をもつ. なぜなら, 導線の太さをゼロに漸近して行くと導線付近の磁束密度はいくらでも大きくなり, それに伴ってループ内側の全磁束も増加するためである. 実用的には, 以下の近似式が広く使われている.
$$L \approx \mu_0 r \left[\ln\left(\frac{8r}{a}\right) - 2.0\right]$$
r：ループの半径　　a：導線の半径

$r/a = 100$ で計算すると $L = 4.7\mu_0 r$ となり, 本問の推算がオーダーでは正しいことがわかる. また, 上の式から導線を細くすれば円形ループのインダクタンスはいくらでも大きくできることがわかる.

第7章

7.1 磁気双極子が一様磁場から受ける偶力を**解図 7.1** のように F_1, F_2 で表す．磁気クーロンの法則から $F_1 = F_2 = q_\mathrm{m} H$．トルクは $\tau = q_\mathrm{m} H d \sin\theta$ である．$q_\mathrm{m} d$ を $\mu_0 m$ に，$\mu_0 H$ を B に置き換えれば $\tau = mB\sin\theta$ で題意が示された．

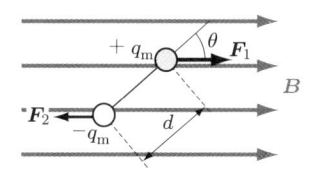

解図 7.1 磁気双極子が一様磁場から受ける偶力

7.2 系の対称性から H は円周方向で，r のみの関数といえる．電流からの距離を r とすると，アンペールの法則より H_r は全領域で $\dfrac{I}{2\pi r}$．B_r は，磁性体外部では $\dfrac{\mu_0 I}{2\pi r}$ 磁性体内部では $\dfrac{\mu_\mathrm{r} \mu_0 I}{2\pi r}$．

7.3 磁性体に沿った周回路でアンペールの法則を適用．導線は磁性体を N 回巻いているので $Hl = NI$ を得る．比透磁率 μ_r なので，磁束密度は $\dfrac{\mu_0 \mu_\mathrm{r} NI}{l}$ で，インダクタンスは電流が磁束を N 回まわっていることから $N\Phi_\mathrm{m} = LI$ の関係となることに注意する．

解：$L = \dfrac{\mu_0 \mu_\mathrm{r} N^2 S}{l}$．

7.4 (1) $2\pi R H_\mathrm{int} + d H_\mathrm{ext} = NI$．

(2) $B = \mu_0 H_\mathrm{ext}$ を代入，整理すると $B = \dfrac{\mu_0 NI}{d} - \dfrac{\mu_0 2\pi R}{d} H_\mathrm{int}$

(3) **解図 7.2** のとおり．

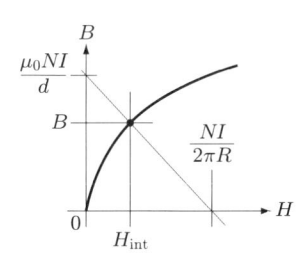

解図 7.2 磁性体の B-H 曲線から，与えられた電流に対する磁束密度を図式的に求める

7.5 磁場 H と磁束密度 B の様子を**解図 7.3**(a) に示す．系の対称性より，磁性体の中央では磁場，磁束密度は境界面に垂直となる．すると，磁束密度の境界条件より磁性体内部の磁束密度は外部と同じ B_0 となることがただちにわかる．そして，透磁率 μ を考えれ

ば磁場 H の大きさは B_0/μ となる．このような系では内部の磁場 H は外部に対して μ_0/μ 倍に減じられる．

解）磁場：$H = B_0/\mu$, 磁束密度：$B = B_0$.

7.6 磁場 H と磁束密度 B の様子を**解図 7.3**(b) に示す．系の対称性より，磁性体の中央部では磁場，磁束密度は境界面に平行となる．すると，磁場の境界条件より磁性体内部の磁場 H は外部と同じ B_0/μ_0 となることがただちにわかる．そして，透磁率 μ を考えれば磁束密度の大きさは $B_0\mu/\mu_0$ となる．このような系では内部の磁束密度は外部に対して μ/μ_0 倍に増加する．

解）磁場：$H = B_0/\mu_0$, 磁束密度：$B = B_0\mu/\mu_0$.

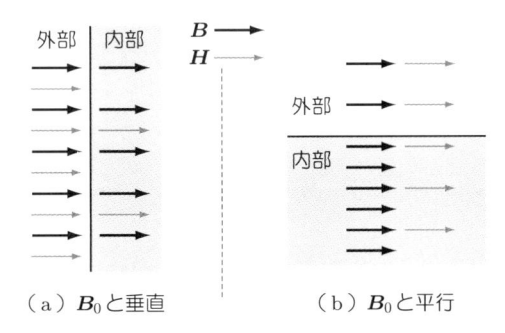

解図 7.3 (a) 平たい磁性体，(b) 細い磁性体 の境界での磁場 H，磁束密度 B の様子

7.7 相互インダクタンスを求めるため，「左コイルに流れる電流 I と右コイルを貫く磁束」の比率を求めよう．電流 I が流れるとき，アンペールの法則から磁性体内部の磁場の強さは $H = N_1 I/l$ となる．したがって磁束密度は $B = \mu_0\mu_r N_1 I_1/l$ である．磁性体内部を循環する全磁束 Φ_m はこれに面積 S を掛ければよい．一方，磁束は右コイルの導線を N_2 回貫くので，右コイルを貫く実効的な磁束はさらに N_2 倍する．すなわち $N_2\Phi_m = MI_1$ であり，相互インダクタンスは $M = \mu_0\mu_r N_1 N_2 S/l$ となる．

7.8 磁石，鉄片の磁場の強さをそれぞれ H_1, H_2 とする．アンペールの法則は $l_1 H_1 + l_2 H_2 = NI$．磁束がどこでも連続であることから $\mu_1 H_1 S_1 = \mu_2 H_2 S_2$ が成立する．この 2 式を連立し，鉄片内部の磁束密度，つまり $\mu_2 H_2$ について解けばよい．

解：$B_2 = \dfrac{NI}{\dfrac{l_1 S_2}{\mu_1 S_1} + \dfrac{l_2}{\mu_2}}$.

第 8 章

8.1 ループをくぐる磁束は $\Phi_m = -abB\cos\omega t$ である．ここで，符号はループを A から B に回ったときの右ねじの方向，すなわち B と逆方向を正に取る点に注意．

$$\phi_B - \phi_A = -\int_A^B \boldsymbol{E} \cdot d\boldsymbol{s} = \frac{\partial \Phi_m}{\partial t} = \omega ab B \sin\omega t$$

演習問題解答　297

注）符号を間違いやすいので，電場は $\omega t = \dfrac{\pi}{2}$ のとき「A → B」か「B → A」かをチェックすること．この瞬間は $\phi_B > \phi_A$ なので，電場は B → A のはずである．図の上から下に運動する正電荷が感じるローレンツ力の向きはどっちか？

8.2 棒磁石の発する磁力線は**解図 8.1** のようになっている．ここから，ループと磁石の相対位置が変化したとき，ループを通過する磁力線の向きと本数がどう変化するかを想像する．それを1階微分したものが起電力．起電力のグラフを積分したものが磁束だから，グラフの上側，下側の面積が等しくなくてはいけない．よって解図 8.1 のとおり．

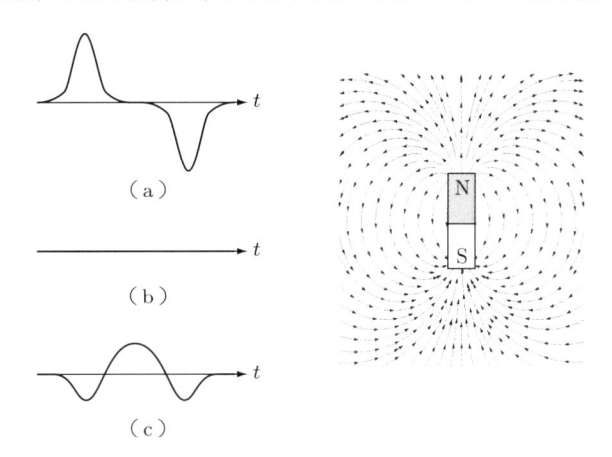

解図 8.1　導線に生じる誘導起電力

8.3 第2式の発散をとると次のようになる．

$$\nabla \cdot (\nabla \times \boldsymbol{H}) = \nabla \cdot \left(\boldsymbol{J} + \frac{\partial \boldsymbol{D}}{\partial t} \right) = 0 \quad \longrightarrow \quad -\frac{\partial \rho}{\partial t} + \frac{\partial}{\partial t}(\nabla \cdot \boldsymbol{D}) = 0$$

$$\therefore \rho(t) = \nabla \cdot \boldsymbol{D}(t) + \mathrm{const}$$

任意の領域において，無限の過去にさかのぼれば $\rho = \boldsymbol{D} = 0$ と考えるのが自然である．したがって定数はゼロでなくてはいけない．ゆえに $\rho = \nabla \cdot \boldsymbol{D}$ が常に成立する．

$$\nabla \cdot (\nabla \times \boldsymbol{E}) = -\nabla \cdot \left(\frac{\partial \boldsymbol{B}}{\partial t} \right) = 0 \quad \longrightarrow \quad \frac{\partial}{\partial t}(\nabla \cdot \boldsymbol{B}) = 0$$

$$\therefore \nabla \cdot \boldsymbol{B}(t) = \mathrm{const}$$

任意の領域において，無限の過去にさかのぼれば $\boldsymbol{B} = 0$ と考えるのが自然である．したがって定数はゼロでなくてはいけない．ゆえに $\nabla \cdot \boldsymbol{B} = 0$ が常に成立する．

8.4 (1) **解図 8.2** にソレノイドの中を通過する磁束と生じる起電力を示す．ΔV をソレノイド1巻あたりの起電力，V を全体での起電力とする．電流を I，ソレノイドの中を通過する磁束を Φ_m，巻き数を N とすると $N\Phi_\mathrm{m} = LI$ である．両辺を1階微分すれば，

$$N\frac{\mathrm{d}\Phi_\mathrm{m}}{\mathrm{d}t} = L\frac{\mathrm{d}I}{\mathrm{d}t} \quad \longrightarrow \quad -N\Delta V = L\frac{\mathrm{d}I}{\mathrm{d}t} \quad \longrightarrow \quad -V = L\frac{\mathrm{d}I}{\mathrm{d}t}$$

を得る．解：$V = -L\dfrac{dI}{dt}$

(2) ソレノイドの起電力と抵抗の電圧降下を足したものが常にゼロという条件を式にすると $L\dfrac{dI}{dt} + RI = 0$．これを解くと $I(t) = C\exp\left(-\dfrac{R}{L}t\right)$（$C$ は定数）．$t = 0$ で $I = I_0$ の初期条件を代入すると，解：$I(t) = I_0 \exp\left(-\dfrac{R}{L}t\right)$．

8.5 円盤のまま考えるとわかりにくいので，**解図 8.3** のように 1 本の棒で考えよう．対称性の考察から半径 r が等しい点は等電位と考えられるので，棒でも円盤でも答は同じである．棒上，中心から半径 r の点にある電荷 q が受ける力を考える．この電荷が受ける力は大きさ $qvB = qr\omega B$，向きは半径方向である．すなわち電荷は電場 $E = r\omega B$ を感じていることになる．電場を中心から半径 R まで積分したものが中心と外周の電位差 $\Delta\phi$ で，計算すると

$$\Delta\phi = \int_0^R r\omega B\,dr = \dfrac{\omega B}{2}\left[r^2\right]_0^R = \dfrac{R^2\omega B}{2}$$

である．本問の場合，ローレンツ力は円の中心に向かうので，外周側が高電位となる．

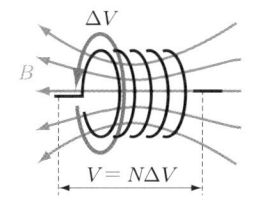

解図 8.2 ソレノイドを通過する磁束と起電力

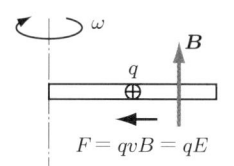

解図 8.3 回転する棒上の正電荷が受ける力

8.6 1 次側端子電圧 $\phi_1(t)$ は，1 次側コイルの誘導起電力により生じている．表式は

$$\phi_1(t) = -N_1\dfrac{d\Phi_m}{dt} = -L_1\dfrac{dI}{dt} = L_1 I_1 \omega \sin\omega t$$

である．ここで Φ_m は磁性体を貫く磁束，L_1 は 1 次側コイルの自己インダクタンスで，これは $L_1 = N_1\Phi_m/I = N_1^2 \mu_0 \mu_r S/l$ で与えられる．ここで，アンペールの法則，$Bl = N_1 \mu_0 \mu_r I$ を使った．

一方，コイルの 2 次側端子電圧は磁性体を貫く磁束密度と相互インダクタンスで

$$\phi_2(t) = -N_2\dfrac{d\Phi_m}{dt} = -M\dfrac{dI}{dt} = M I_1 \omega \sin\omega t$$

と表される．M を求めると，先ほどと同様の計算で $M = N_2\Phi_m/I = N_1 N_2 \mu_0 \mu_r S/l$ を得る (第 7 章の演習問題 7.6 の解答を参照)．したがって $\phi_1/\phi_2 = L_1/M = N_1/N_2$ と求められる．すなわち，変圧器の 1 次側電圧と 2 次側電圧の比率はコイルの巻き線比によってコントロールすることができることが示された．

8.7 はじめに,式 (8.15) の回転を取り,$\nabla \times \nabla \times \boldsymbol{H} = \nabla \times \dfrac{\partial \boldsymbol{D}}{\partial t}$ の $\boldsymbol{D}$ に対する時間微分と空間微分を入れ替えれば $\nabla \times \nabla \times \boldsymbol{H} = \dfrac{\partial}{\partial t}(\nabla \times \boldsymbol{D})$ を得る.出てきた $\nabla \times \boldsymbol{D}$ を式 (8.14) で置き換えて,$\nabla \times \nabla \times \boldsymbol{H} = \varepsilon \dfrac{\partial}{\partial t}\left\{ -\dfrac{\partial(\mu \boldsymbol{H})}{\partial t} \right\}$ を得る.整理して,$\nabla \times \nabla \times \boldsymbol{H} = -\varepsilon\mu \dfrac{\partial^2}{\partial t^2}\boldsymbol{H}$ となる.左辺をベクトル演算の恒等式 (付録 A.1.5 項→ p.277) で展開,透磁率がスカラ定数のとき $\nabla \cdot \boldsymbol{H} = 0$ なので $\nabla^2 \boldsymbol{H} = \varepsilon\mu \dfrac{\partial^2 \boldsymbol{H}}{\partial t^2}$ を得る.

8.8 電場の大きさ 10 mV/m からパワー密度 1.33×10^{-7} W/m^2 を得る.半径 100 km の半球の面積は 6.28×10^{10} m^2 だから,掛けて $P = 8.4 \times 10^3$ W を得た.実際に,TV局が出している電波は 1 チャンネルあたり 10 kW のオーダーである.

参考文献

[1] 遠藤雅守 著，真西まり 画，トレンドプロ製作：マンガでわかる電磁気学，オーム社 (2011)
[2] R. P. Feynman，宮島龍興訳：ファインマン物理学 III 電磁気学，岩波書店 (1969)
[3] 霜田光一：歴史をかえた物理実験 (パリティブックス)，丸善 (1996)
[4] V. D. Barger, M. G. Olsson，小林澈郎・土佐幸子訳：電磁気学 – 新しい視点にたって I，培風館 (1991)
[5] V. D. Barger, M. G. Olsson，小林澈郎・土佐幸子訳：電磁気学 – 新しい視点にたって II，培風館 (1992)
[6] 国立天文台 編：理科年表 平成24年版，丸善 (2012)
[7] 小塚洋司：電気磁気学 その物理像と詳論 [新装版]，森北出版 (2012)
[8] R. A. Serway，松村博之訳：科学者と技術者のための物理学 III 電磁気学，学術図書 (1995)
[9] 橋本正弘：絵でわかる電磁気学，オーム社 (1993)
[10] 砂川重信：電磁気学 (物理テキストシリーズ 4)，岩波書店 (1987)
[11] 岡部洋一：電磁気学の意味と考え方，講談社 (2008)
[12] 外村彰：岩波講座 物理の世界「量子力学への招待」，岩波書店 (2001)
[13] W. M. Haynes: *CRC Handbook of Chemistry and Physics, 92nd Edition*, CRC Press (2011)
[14] 前野昌弘：よくわかる電磁気学，東京図書 (2010)
[15] 太田浩一：電磁気学の基礎 I，シュプリンガージャパン (2007)
[16] 太田浩一：電磁気学の基礎 II，シュプリンガージャパン (2007)
[17] 木幡重雄：電磁気の単位はこうして作られた —「電磁気学」の発展と「単位系」の変遷を辿る，工学社 (2003)

索　引

英数字・記号

1 m の定義　268
A　　→ アンペア
C　　→ クーロン
div　→ 発散
ε_0　→ 真空の誘電率
(E-B) 対応　154
(E-H) 対応　154, 215
F　　→ ファラド
grad　→ 勾配
H　　→ ヘンリー
μ_0　→ 真空の透磁率
MKSA 単位系　154
∇　　→ ナブラ
∇^2　→ ラプラシアン
rot　→ 回転
S　　→ ジーメンス
SI 単位系　152
T　　→ テスラ
V　　→ ボルト
Ω　　→ オーム
W　　→ ワット
Wb　→ ウェーバー

あ 行

アインシュタイン (Albert Einstein)
　　41, 142, 247, 268, 272
アース　107
アハラノフ (Yakir Aharonov)　207
アハラノフ–ボーム効果　207
アーンショウの定理　87
アンペア (A)　143
アンペール (André-Marie Ampér)
　　143

アンペールの法則　163, 166
アンペール–マクスウェルの法則　256
位相速度　266
インダクタンス　194
ウィリアムス (E. R. Williams)　71
ウェーバー (Wilhelm Eduard Weber)
　　153
ウェーバー (Wb)　153
永久磁石　235
エーテル　268
エルステッド (Hans Christian Ørstead)
　　141, 156
遠隔作用　41
円筒座標　16
応力　242
オーム (Georg Simon Ohm)　148
オーム (Ω)　150
オームの法則　148

か 行

回転 (rot)　7
ガウス＝ザイデル法　111
ガウスの発散定理　26
ガウスの法則　52, 56, 127, 128
ガウス面　57
角振動数　265
重ね合わせの原理　40
仮想変位　107, 140, 289
カラーマップ　1
完全反磁性　208
キャベンディッシュ (Henry Cavendish)
　　71
境界条件　133
境界値問題　88

索引　303

強磁性体　226
行列式　281
極座標　18
ギルバート (William Gilbert)　141
近接作用　41
クーロン (C)　34
クーロン (Charles-Augustin de Coulomb)　38
クーロン定数　39
クーロンの法則　38, 70
コイル　168
光子　71
硬磁性材料　236
勾配 (grad)　9
後方差分　109
公理　37
交流発電機　253
交流モーター　254
国際標準化機構 (ISO)　126
コンデンサー　100

さ 行
サイクロトロン運動　176
サバール (Félix Savart)　156
差分　109
残留磁束密度　235
ジュール (James Prescott Joule)　151
磁荷　141, 154
磁化電流　219
磁化率　225
磁気双極子　154
磁気双極子モーメント　215
磁気浮上　230
磁気モーメント　291
自己インダクタンス　195
磁性体の透磁率　226
磁束　194
磁束線　155, 228
磁束密度　153
磁場　141, 153
磁場と磁束密度の境界条件　230

磁場のエネルギー　189
磁場の強さ H　224
ジーメンス (Ernst Werner von Siemens)　149
ジーメンス (S)　149
シュインガー (Julian Seymour Schwinger)　99
自由な電荷　125
ジュール熱　151
常磁性体　226
消費電力　152
磁力線　155, 228
真空の透磁率 (μ_0)　157
真空の誘電率 (ε_0)　39
数値解析　108
スカラ場　1
ストークスの定理　27
正孔　62
静電エネルギー　135
静電気力　33
静電遮蔽　65
静電平衡　61
静電ポテンシャル　74
静電容量　102
絶縁体　35
接地　107
線形性　41
線積分　3
線電荷密度　40
前方差分　109
相互インダクタンス　195, 199, 200
相対性の原理　246
束縛された電荷　125
粗視化　117
素電荷　34
ソレノイド　168, 196

た 行
対称性の議論　57
体積積分　5
帯電　35

たすきがけ　281
単位ベクトル　10
単極誘導　275
チタン酸バリウム　127
中心差分　111
中性子　32
超伝導　208
直流発電機　253
直流モーター　254
抵抗率　150
定理　37
デカルト座標　11
テスラ (T)　153
テスラ (Nikola Tesla)　153
電位　75
電荷の保存　33
電荷密度　39
電気映像法　112
電気感受率　125
電気双極子　117
電気双極子モーメント　121, 124
電気伝導率　149
電気力線　45, 129, 240
電子　32
電磁気的仕事　184
電磁石　236
電子スピン　210
電磁波　99, 262
電磁波が運ぶエネルギー　271
電磁ポテンシャル　206
電磁誘導　245
電束　51
電束線　129
電束電流　256
電束密度　51, 115, 128
電場　41
電場と電束密度の境界条件　133
電場のエネルギー　96
電流　143
電流素片　147

電流保存則　146, 257
等高線　2
同軸ケーブル　103, 196
透磁率テンソル　232
導線　143
導体　35, 61
等電位面　76
特殊相対性理論　32, 41, 71, 246
特性インピーダンス　269
トムソン (Joseph John Thomson)　142
朝永振一郎　99
ドリフト速度　144
トロイダルコイル　176

な 行

ナブラ (∇)　20
軟磁性材料　236
二重スリット実験　206
ニュートン (Isaac Newton)　261
ニュートン力学　70
ネオジム磁石　236
ねじり秤　38, 70

は 行

パウリの排他律　38
波数　265
波長　265
発散 (div)　6
反磁性体　227, 230
半導体　35
ビオ (Jean-Baptiste Biot)　156
ビオ-サバールの法則　157, 170
ヒステリシス　233
比誘電率　127
非等方性の物質　129
ファインマン (Richard Phillips Feynman)　99, 260
ファラデー (Michael Faraday)　45, 66, 102, 245, 272
ファラデーの電磁誘導の法則　248

索引

ファラド (F)　102
フィゾー (Armand Hippolyte Louis Fizeau)　261
複素誘電率　136
物質の誘電率　127
プランク長　79
フランクリン (Benjamin Franklin)　143
分極電荷　120
分極ベクトル　118
分布電荷　39
平行平板コンデンサー　102, 130
平面波解　264
ヘヴィサイド (Oliver Heaviside)　206, 260
ベクトル場　2
ベクトルポテンシャル　178, 206
ヘルツ (Heinrich Rudolf Hertz)　206, 263
ヘルムホルツ (Hermann Ludwig Ferdinand von Helmholtz)　263
変位電流　→ 電束電流
ヘンリー (H)　195
ヘンリー (Joseph Henry)　195, 245
ポアソン (Siméon Denis Poisson)　84
ポアソンの方程式　25, 84, 133, 192
ポアンカレ (Jules-Henri Poincaré)　272
ホイヘンス (Christiaan Huygens)　261
放電現象　36
ボーム (David Joseph Bohm)　207
保存力　74
ポテンシャルエネルギー　74, 240
ポテンシャルの任意性　84, 206
ボルタ (Alessandro Giuseppe Antonio Anastasio Volta)　74
ボルツマン (Ludwig Eduard Boltzmann)　260
ボルト (V)　74

ま 行

マイケルソン (Albert Abraham Michelson)　268
マクスウェル (James Clerk Maxwell)　71, 255
マクスウェルの応力　99, 240
マクスウェル方程式　206
メタマテリアル　272
面積分　4
面電荷密度　40
モノポール　181
モーリー (Edward Williams Morley)　268

や 行

誘電体　115
誘電体の誘電率　127
誘電率テンソル　136
誘導起電力　249
誘導電流　245
陽子　32
容量　→ 静電容量

ら 行

ラグランジュ (Joseph-Louis Lagrange)　51
ラザフォードの原子モデル　32
ラプラシアン (∇^2)　24
ラプラス (Pierre-Simon Laplace)　85
ラプラス方程式　84
力学的仕事　183
離散化　109
ルオ (Jun Luo)　72
レンツ (Heinrich Friedrich Emil Lenz)　250
レンツの法則　249
ローレンツ (Hendrik Antoon Lorentz)　142
ローレンツ収縮　159, 247
ローレンツ力　142

わ 行

ワット (W)　152

著者略歴

遠藤　雅守（えんどう・まさもり）
- 1965 年　東京都に生まれる
- 1988 年　慶應義塾大学理工学部電気工学科卒業
- 1993 年　慶應義塾大学理工学研究科後期博士課程修了
- 1993 年　三菱重工業（株）入社
- 2000 年　東海大学理学部物理学科専任講師
- 2004 年　東海大学理学部物理学科助教授
- 2011 年　東海大学理学部物理学科教授
  - 現在に至る
  - 博士（工学）

主な著書："Gas Lasers"（CRC Press, 2006）（共著），「理系人のための関数電卓パーフェクトガイド」とりい書房（2009），「高校と大学をつなぐ穴埋め式電磁気学」講談社（2011）（共著），「マンガでわかる電磁気学」オーム社（2011）．

編集担当　塚田真弓（森北出版）
編集責任　石田昇司（森北出版）
組　　版　アベリー
印　　刷　丸井工文社
製　　本　同

電磁気学－はじめて学ぶ電磁場理論－　　© 遠藤雅守 2013

2013 年 4 月 30 日　第 1 版第 1 刷発行　　【本書の無断転載を禁ず】
2024 年 8 月 30 日　第 1 版第 4 刷発行

著　　者　遠藤雅守
発 行 者　森北博巳
発 行 所　森北出版株式会社
　　　　　東京都千代田区富士見 1-4-11（〒102-0071）
　　　　　電話 03-3265-8341 ／ FAX 03-3264-8709
　　　　　https://www.morikita.co.jp/
　　　　　日本書籍出版協会・自然科学書協会　会員
　　　　　JCOPY ＜（一社）出版者著作権管理機構　委託出版物＞

落丁・乱丁本はお取替えいたします．

Printed in Japan ／ ISBN978-4-627-15491-9

電場と磁場についての観測事実

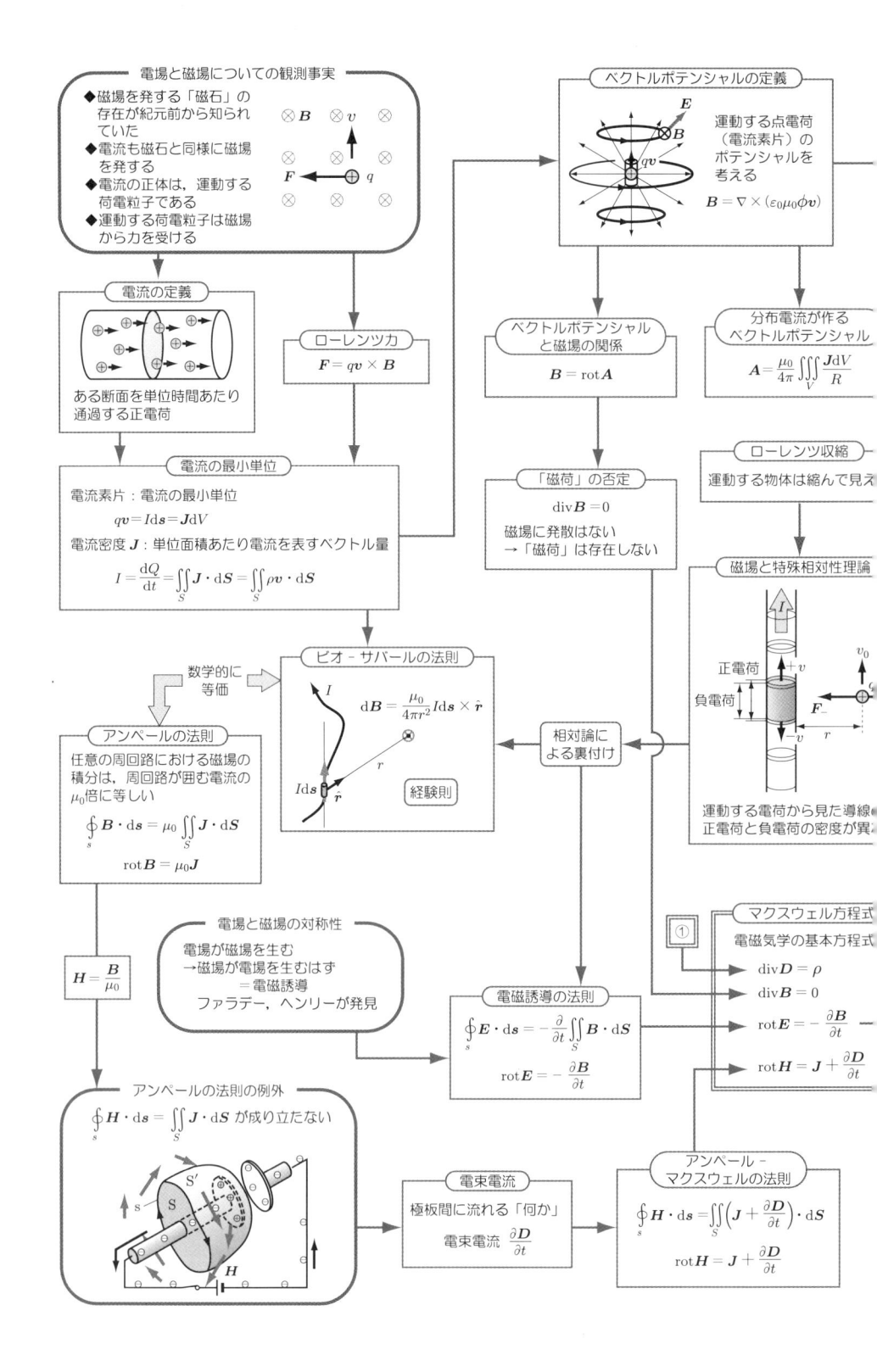

- ◆ 磁場を発する「磁石」の存在が紀元前から知られていた
- ◆ 電流も磁石と同様に磁場を発する
- ◆ 電流の正体は，運動する荷電粒子である
- ◆ 運動する荷電粒子は磁場から力を受ける

電流の定義

ある断面を単位時間あたり通過する正電荷

ローレンツ力

$$F = qv \times B$$

電流の最小単位

電流素片：電流の最小単位
$$qv = Ids = JdV$$

電流密度 J：単位面積あたり電流を表すベクトル量
$$I = \frac{dQ}{dt} = \iint_S J \cdot dS = \iint_S \rho v \cdot dS$$

ビオ-サバールの法則

$$dB = \frac{\mu_0}{4\pi r^2} Ids \times \hat{r}$$

経験則

数学的に等価

アンペールの法則

任意の周回路における磁場の積分は，周回路が囲む電流の μ_0 倍に等しい

$$\oint_s B \cdot ds = \mu_0 \iint_S J \cdot dS$$

$$\text{rot}\, B = \mu_0 J$$

$$H = \frac{B}{\mu_0}$$

ベクトルポテンシャルの定義

運動する点電荷（電流素片）のポテンシャルを考える

$$B = \nabla \times (\varepsilon_0 \mu_0 \phi v)$$

ベクトルポテンシャルと磁場の関係

$$B = \text{rot}\, A$$

分布電流が作るベクトルポテンシャル

$$A = \frac{\mu_0}{4\pi} \iiint_V \frac{J dV}{R}$$

「磁荷」の否定

$$\text{div}\, B = 0$$

磁場に発散はない
→「磁荷」は存在しない

ローレンツ収縮

運動する物体は縮んで見え

磁場と特殊相対性理論

運動する電荷から見た導線
正電荷と負電荷の密度が異

相対論による裏付け

電場と磁場の対称性

電場が磁場を生む
→ 磁場が電場を生むはず
＝ 電磁誘導
ファラデー，ヘンリーが発見

電磁誘導の法則

$$\oint_s E \cdot ds = -\frac{\partial}{\partial t} \iint_S B \cdot dS$$

$$\text{rot}\, E = -\frac{\partial B}{\partial t}$$

アンペールの法則の例外

$$\oint_s H \cdot ds = \iint_S J \cdot dS \text{ が成り立たない}$$

電束電流

極板間に流れる「何か」
電束電流 $\dfrac{\partial D}{\partial t}$

アンペール-マクスウェルの法則

$$\oint_s H \cdot ds = \iint_S \left(J + \frac{\partial D}{\partial t}\right) \cdot dS$$

$$\text{rot}\, H = J + \frac{\partial D}{\partial t}$$

マクスウェル方程式

電磁気学の基本方程式

$$\text{div}\, D = \rho$$
$$\text{div}\, B = 0$$
$$\text{rot}\, E = -\frac{\partial B}{\partial t}$$
$$\text{rot}\, H = J + \frac{\partial D}{\partial t}$$

①